EUL VERLAG

Rechnungslegung und Wirtschaftsprüfung

Herausgegeben von Prof. (em.) Dr. Dr. h. c. Jörg Baetge, Münster, Prof. Dr. Hans-Jürgen Kirsch, Münster, und Prof. Dr. Stefan Thiele, Wuppertal

Band 11
Alexander Scheele
Strategieorientierte Lageberichterstattung – Eine kritische Analyse internationaler Entwicklungen vor dem Hintergrund des Management Commentary des IASB
Lohmar – Köln 2007 • 390 S. • € 56,- (D)
ISBN-13: 978-3-89936-547-4 • ISBN-10: 3-89936-547-X

Band 12
Dirk Meth
Die IFRS als Grundlage der Rechnungslegung mittelständischer Unternehmen – Eine Analyse der Eignung der IFRS für mittelständische Unternehmen unter Berücksichtigung des IASB-Projektes „Accounting Standards for Small and Medium-sized Entities"
Lohmar – Köln 2007 • 346 S. • € 53,- (D) • ISBN 978-3-89936-613-6

Band 13
Leif Steinhauer
Die Objektivierung des kapitalmarktorientierten Value Reporting – Möglichkeiten und Grenzen des Economic Value Added
Lohmar – Köln 2007 • 362 S. • € 54,- (D) • ISBN 978-3-89936-616-7

Band 14
Dirk Mahlstedt
IFRS und Bilanzrating – Eine empirische Untersuchung auf Basis von IFRS-Erstanwendern
Lohmar – Köln 2008 • 388 S. • € 55,- (D) • ISBN 978-3-89936-671-6

Band 15
Peter Koelen
Investitionstheoretische Bewertungskalküle in der IFRS-Rechnungslegung – Möglichkeiten und Grenzen einer unternehmenswertorientierteren Berichterstattung
Lohmar – Köln 2009 • 300 S. • € 59,- (D) • ISBN 978-3-89936-821-5

JOSEF EUL VERLAG

Reihe: Rechnungslegung und Wirtschaftsprüfung · Band 15

Herausgegeben von Prof. (em.) Dr. Dr. h. c. Jörg Baetge, Münster, Prof. Dr. Hans-Jürgen Kirsch, Münster, und Prof. Dr. Stefan Thiele, Wuppertal

Dr. Peter Koelen

Investitionstheoretische Bewertungskalküle in der IFRS-Rechnungslegung

Möglichkeiten und Grenzen einer unternehmenswertorientierteren Berichterstattung

Mit einem Geleitwort von Prof. Dr. Hans-Jürgen Kirsch,
Westfälische Wilhelms-Universität Münster

EUL VERLAG

Bibliografische Information der Deutschen Nationalbibliothek

Die Deutsche Nationalbibliothek verzeichnet diese Publikation in der Deutschen Nationalbibliografie; detaillierte bibliografische Daten sind im Internet über <http://dnb.d-nb.de> abrufbar.

Dissertation, Westfälische Wilhelms-Universität Münster, 2009

D 6 (2009)

ISBN 978-3-89936-821-5
1. Auflage August 2009

JOSEF EUL VERLAG GmbH
Brandsberg 6
53797 Lohmar
Tel.: 0 22 05 / 90 10 6-6
Fax: 0 22 05 / 90 10 6-88
E-Mail: info@eul-verlag.de
http://www.eul-verlag.de

Bei der Herstellung unserer Bücher möchten wir die Umwelt schonen. Dieses Buch ist daher auf säurefreiem, 100% chlorfrei gebleichtem, alterungsbeständigem Papier nach DIN 6738 gedruckt.

Geleitwort

Investoren treffen ihre Kapitalanlageentscheidungen maßgeblich auf Basis der künftig erwarteten Entwicklung der Investitionsobjekte. Deshalb erscheint auch die Vermittlung primär zukunftsorientierter Informationen erforderlich, um die Kapitalanlageentscheidungen der Investoren zu unterstützen. Die IFRS-Rechnungslegung, die sich dem Ziel verschrieben hat, den Investoren entscheidungsnützliche Informationen an die Hand zu geben, steht daher im Mittelpunkt dieser Arbeit. Im Schrifttum werden gegenwärtig indes Zweifel gehegt, ob die IFRS-Rechnungslegung ihr Ziel in hinreichendem Maße erreicht. Die vorwiegend vergangenheitsorientiert ausgerichteten und primär an den Einzelbewertungsgrundsatz geknüpften Bilanzierungsvorschriften würden dem grundsätzlich zukunfts- und unternehmenswertorientierten Informationsinteresse der Investoren nicht ausreichend Rechnung tragen. Deshalb wird von Teilen des Schrifttums gefordert, verstärkt aus der Unternehmensbewertungstheorie stammende, investitionstheoretische Bewertungsverfahren in der IFRS-Rechnungslegung zu verwenden. Die Tendenz einer zunehmenden Verwendung investitionstheoretischer Bewertungskalküle in der IFRS-Rechnungslegung ist in ersten Ansätzen auch bereits auf Ebene des IASB erkennbar.

Wie diese grundsätzlichen Forderungen nach einer unternehmenswertorientierteren Berichterstattung in Bezug auf die Konkretisierung spezifischer Bewertungskalküle umgesetzt werden könnten und welche Konsequenzen mit Blick auf die Zielsetzung der IFRS-Rechnungslegung hieraus zu erwarten wären, wurde im Schrifttum bislang kaum kritisch beleuchtet. Der Verfasser versucht, mit seiner Arbeit diese im Schrifttum bestehende Lücke zu schließen.

Dazu werden im zweiten Kapitel zunächst die Rahmenbedingungen der Kommunikationsbeziehung zwischen dem berichterstattenden Management und dem (potenziellen) Investor als Informationsadressaten analysiert. Im Kontext der IFRS-Rechnungslegung ist dabei zwingend zu beachten, dass sich Informationssender (Management des Investitionsobjekts) und Informationsadressat (Investor) in einem von Informationsasymmetrien und Interessenkonflikten geprägten Berichtsumfeld befinden. Resultat eines solchen Informationsumfelds sind Prinzipal-Agenten-Konflikte. Dieses Konfliktpotenzial zwischen Management und Abschlussadressaten beeinflusst die Anforderungen an die Eigenschaften der zu vermittelnden Informationen. Hierbei stellt der Verfasser insbesondere die zentrale Bedeutung verlässlicher Informationen heraus.

Im dritten Kapitel erläutert der Verfasser zunächst das Zielsystem der IFRS-Rechnungslegung und diskutiert vor diesem Hintergrund die grundsätzliche Möglichkeit einer zukunfts- und unternehmenswertorientiert ausgerichteten IFRS-Berichterstattung. Zukunftsorientierte Informationen, die den primären Informationsbedarf der Investoren darstellen, sind von Natur aus sehr unsicher. Es besteht daher ein grundsätzliches Spannungsverhältnis zwischen den Zielen, einerseits für die Kapitalanlageentscheidung relevante, im Sinne primär zukunftsorientierter, Informationen zu vermitteln, und andererseits zugleich in hohem Maße verlässliche Informationen zu kommunizieren. Dieses grundsätzliche Spannungsverhältnis spiegelt sich auch auf der Zielebene der IFRS-Rechnungslegung wider. Durch den IFRS-Abschluss sollen nämlich zum einen Informationen vermittelt werden, anhand derer die Fähigkeit des Unternehmens, künftig Zahlungsüberschüsse zu erwirtschaften *(valuation usefulness*-Funktion), beurteilt werden kann. Zum anderen sollen Informationen bereitgestellt werden, welche die Investoren in die Lage versetzen, die Managementleistung in der rechenschaftspflichtigen Periode (*stewardship*-Funktion) beurteilen zu können. Während für die *valuation usefulness*-Funktion tendenziell in stärkerem Maße zukunftsorientierte und somit unsichere Informationen erforderlich sind, werden für die *stewardship*-Funktion, die in erster Linie eine Kontrollfunktion darstellt, vorrangig verlässliche Informationen benötigt. Die Forschungsfrage der vorliegenden Arbeit konkretisiert sich darin, inwieweit eine stärkere Berücksichtigung der *valuation usefulness*-Funktion durch unternehmenswertorientierte Bewertungen in der IFRS-Rechnungslegung zum einen möglich und zum anderen auch sachgerecht erscheint. Da die Subzielsetzung der *valuation usefulness*-Funktion aus konzeptioneller Sicht enge inhaltliche Schnittstellen zur Konzeption einer Unternehmensbewertung aufweist, erläutert der Verfasser anschließend an die theoretische Analyse des IFRS-Zielsystems die Grundlagen investitionstheoretisch geprägter, aus der Unternehmensbewertung stammender Bewertungskalküle.

Um die Frage, inwieweit und in welcher Form investitionstheoretische Bewertungskalküle in der IFRS-Rechnungslegung verwendet werden sollten, zu beantworten, sind zwingend die unterschiedlichen Rahmenbedingungen zu berücksichtigen, denen die IFRS-Rechnungslegung und die Unternehmensbewertung ausgesetzt sind. Diese werden daher einleitend im vierten Kapitel erläutert. Fokussiert werden hierbei insbesondere die Unterschiede hinsichtlich der Sender-Empfänger-Beziehungen der Informationskommunikation. Im Anschluss daran leitet der Verfasser ausgehend von der Konzeption einer Unternehmensbewertung unter Berücksichtigung der zum Teil divergierenden Rahmenbedingungen für die IFRS-Rechnungslegung ein theoretisches Fundament her, auf dessen Grundlage unternehmenswertorientierte Bewertungen im IFRS-Abschluss konkretisiert werden könnten. Das theoretische Fundament bilden hierbei allgemeine rechnungslegungsorientierte Bewertungs- und Erläuterungsgrundsätze. Auf Basis dieser Grundsätze konkretisiert der Verfasser anschließend ein investitionstheoretisches Bewertungskalkül. Dabei wird die für die IFRS-Rechnungslegung zentrale Bedeutung verlässlicher Informationen dadurch zu berücksichtigen versucht, dass die einzelnen Parameter des unternehmenswertorientierten Kalküls in möglichst hohem Maße objektiviert ermittelt werden sollen. Hierfür gibt der Verfasser zahlreiche Empfehlungen. Da zukunftsbezogene Bewertungen indes von Natur aus unsicher und nur eingeschränkt zu objektivieren sind, treten regelmäßig Zielkonflikte zwischen einer unternehmenswert- und somit auch zukunftsorientierten Bewertung auf der einen Seite und einer verlässlichen Bewertung auf der anderen Seite auf. Die grundsätzlich nur eingeschränkte Möglichkeit einer objektivierten zukunftsorientierten Bewertung begründet die Notwendigkeit, höhere Anforderungen an die Erläuterung der durchgeführten Bewertung zu stellen. Durch die Erläuterungen soll in erster Linie eine möglichst hohe Transparenz der Bewertung erreicht werden.

Bereits gegenwärtig werden investitionstheoretisch geprägte, aus der Unternehmensbewertung stammende Bewertungskalküle in der IFRS-Rechnungslegung angewendet. Insbesondere die Werthaltigkeitsprüfung eines derivativen Geschäfts- oder Firmenwerts nach IAS 36 fordert eine unternehmenswertorientiert ausgerichtete Bewertung. Ein zentrales Anwendungsbeispiel für ein investitionstheoretisch geprägtes Bewertungskalkül in der IFRS-Rechnungslegung stellt dabei die Ermittlung des Nutzungswerts dar, weshalb die entsprechenden Bewertungsvorschriften des IAS 36 im fünften Kapitel dieser Arbeit einer näheren Analyse unterzogen werden. Dabei wird das im Rahmen des vierten Kapitels konkretisierte Bewertungskalkül als Referenzmodell herangezogen, um die Regelungen des IAS 36 strukturiert analysieren und würdigen zu können. Der Verfasser verdeutlicht, dass die Bewertungsvorschriften des IAS 36 weitreichende Ermessens- und Gestaltungsspielräume bei der Ermittlung des Nutzungswerts gewähren. Die, wie die Konkretisierung des Referenzmodells zeigt, zumindest in gewissem Maße erreichbare Objektivierung unternehmenswertorientierter Bewertungskalküle wird durch weitestgehend fehlende Objektivierungsmechanismen und darüber hinaus durch interpretationsbedürftige sowie teilweise inkonsistente Regelungen des IAS 36 nicht erreicht. Gegenüber dem empfohlenen Referenzmodell arbeitet der Verfasser zahlreiche Schwachstellen der Regelungen des IAS 36 heraus.

Die Möglichkeit, zunehmend unternehmenswertorientierte Bewertungen im IFRS-Abschluss anzuwenden, würdigt der Verfasser abschließend im sechsten Kapitel. Dabei gelangt er zu dem Ergebnis, dass durch das konkretisierte Bewertungskalkül die *valuation usefulness*-Funktion zwar grundsätzlich gestärkt werden könnte, die Erfüllung der *stewardship*-Funktion, die in erster Linie verlässliche Informationen erfordert, indes in Frage gestellt werden würde. Eine (zunehmende) Verwendung investitionstheoretischer Bewertungskalküle im IFRS-Abschluss ist vor dem Hintergrund der IFRS-Zielsetzung insofern sehr kritisch zu sehen. Um der *valuation usefulness*-Funktion möglicherweise dennoch in höherem Maße gerecht werden zu können, schlägt der Verfasser vor, im Sinne der Abkopplungsthese MOXTERS, in einem von der IFRS-Bilanz und IFRS-GuV weitgehend abgekoppelten Berichtsinstrument eine unternehmenswertorientiertere Berichterstattung zu ermöglichen. Als mögliches Berichtsinstrument spricht sich der Verfasser für die Segmentberichterstattung aus. Die unternehmenswertorientierte Berichterstattung sollte dabei ergänzend zu den gegenwärtig bestehenden Berichtspflichten in der Segmentberichterstattung nach IFRS 8 vorgenommen werden, sodass eine mögliche Beeinträchtigung der *stewardship*-Funktion auf diesen zusätzlichen Teil der Segmentberichterstattung beschränkt bliebe.

Die Arbeit schließt im siebten Kapitel mit einer Zusammenfassung und einem Ausblick. Dabei werden die zentralen Erkenntnisse der Arbeit knapp wiedergegeben sowie mögliche künftige Entwicklungen skizziert.

Insgesamt wird mit dieser Arbeit die Verwendung von unternehmenswertorientierten Informationen im IFRS-Kontext umfassend und differenziert analysiert. Dabei überzeugen vor allem die fundierte Analyse der Rahmenbedingungen einer entscheidungsnützlichen IFRS-Rechnungslegung und die Verknüpfung der Ergebnisse dieser Diskussion mit der Bewertung ganzer Unternehmen oder von Unternehmensteilen. Dieses gilt in gleicher Weise für allgemein konzeptionelle Fragen der Unternehmensbewertung wie auch für die Diskussion konkreter wertbestimmender Parameter. Die Ergebnisse fallen dabei für viele Leser vielleicht überraschend konservativ und zurückhaltend aus. Allerdings überzeugen die vorgetragenen Bedenken hinsichtlich der Verwendung unternehmenswertorientierter Informationen in einem IFRS-Abschluss vollends. Die Euphorie einer verstärkten Fair Value-Bilanzierung wird zu Recht gebremst, was sowohl den Normengebern als auch den Anwendern ans Herz gelegt sei. Insofern wünsche ich der Arbeit eine weite Verbreitung sowohl in der theoretischen Diskussion als auch in der praktischen Umsetzung.

Münster, im Juli 2009 — Prof. Dr. Hans-Jürgen Kirsch

Vorwort des Verfassers

Die vorliegende Arbeit entstand während meiner Tätigkeit als wissenschaftlicher Mitarbeiter am Institut für Rechnungslegung und Wirtschaftsprüfung (IRW) der Westfälischen Wilhelms-Universität Münster. Sie wurde von der Wirtschaftswissenschaftlichen Fakultät in Münster im Sommer 2009 als Dissertation angenommen.

An dieser Stelle möchte ich all jenen danken, die mich bei der Anfertigung dieser Arbeit auf vielfältige Weise unterstützt haben. Im Besonderen gilt dies für meinen verehrten akademischen Lehrer und Doktorvater, Herrn Prof. Dr. Hans-Jürgen Kirsch. Ihm danke ich sowohl für die Möglichkeit zur Promotion als auch für die ständige Diskussionsbereitschaft und die wertvollen fachlichen Hinweise, die erheblich zum Gelingen dieser Arbeit beigetragen haben. Bedanken möchte ich mich auch bei Herrn Prof. Dr. Peter Kajüter für die Übernahme des Zweitgutachtens und bei Herrn Prof. Dr. Aloys Prinz für seine Mitwirkung in der Promotionskommission.

Großer Dank gilt auch Herrn Prof. Dr. Dr. h.c. Jörg Baetge und den Mitarbeitern seines Forschungsteams für die stets gute Zusammenarbeit und die wertvollen fachlichen Anregungen in zahlreichen Doktorandenseminaren. Weiterhin ist es mir ein Anliegen, meinen (ehemaligen) Kollegen am Institut in Münster, sowohl für die fachliche Unterstützung als auch für die mitunter notwendige Ablenkung von der Forschung, zu danken. Namentlich erwähnen möchte ich hier Herrn Dipl.-Kfm. Christoph Berentzen, Frau Dipl.-Kffr. Corinna Ewelt, Herrn Dipl.-Kfm. Matthias Knabe, Frau Dipl.-Kffr. Kathrin Köhling, Herrn Dipl.-Kfm. Hannes Köhrmann, Herrn Dipl. Kfm. Lüder Kurz, Herrn Dr. Dirk Meth, Herrn Dipl.-Kfm. Sebastian Nimwegen, Herrn Dipl.-Ök. Sören Peters, Herrn Dr. Alexander Scheele, Herrn Dr. Roland Schulz, Herrn Dipl. Kfm. Daniel Siegel sowie Herrn Dipl.-Kfm. Oliver Tinz. Zudem danke ich den wissenschaftlichen Hilfskräften für die Unterstützung bei der Literaturrecherche.

Ganz besonders möchte ich mich bei meinen Eltern bedanken, die mich auf meinem bisherigen Lebensweg fortwährend unterstützt haben. Ohne ihren großartigen Rückhalt wäre diese Arbeit sicherlich nicht möglich gewesen. Ebenso großen und herzlichen Dank möchte ich meiner Freundin Elise aussprechen, die mir während des gesamten Dissertationsprojektes stets zur Seite gestanden und durch ihre grenzenlose Zuversicht sehr viel Kraft gegeben und somit erheblich zum Gelingen der Arbeit beigetragen hat. Ihnen möchte ich diese Arbeit widmen.

Münster, im Juli 2009 Peter Koelen

Inhaltsübersicht

Inhaltsverzeichnis

Abbildungsverzeichnis

Abkürzungsverzeichnis

a. A.	anderer Auffassung
AAA	American Accounting Association's Financial Accounting Standards Committee
Abschn.	Abschnitt
ADS	Adler/Düring/Schmaltz
AG	Application Guidance (i. V. m. IFRS-Fundstellen verwendet)/ Aktiengesellschaft/ Die Aktiengesellschaft (Zeitschrift)
AICPA	American Institute of Certified Public Accountants
AKEU	Arbeitskreis „Externe Unternehmensrechnung" der Schmalenbach-Gesellschaft für Betriebswirtschaft e. V.
AktG	Aktiengesetz
API	Average Prudent Investor
APV	Adjusted Present Value
Art.	Artikel
ASB	United Kingdom Accounting Standards Board
Aufl.	Auflage
BayObLG	Bayerisches Oberstes Landesgericht
BB	Betriebs-Berater (Zeitschrift)
BC	Basis for Conclusions (i. V. m. IFRS-Fundstellen verwendet)
Bd.	Band
BFuP	Betriebswirtschaftliche Forschung und Praxis (Zeitschrift)
BGH	Bundesgerichtshof
BilReG	Bilanzrechtsreformgesetz
bzw.	beziehungsweise
ca.	circa
CAPM	Capital Asset Pricing Model
c. p.	ceteris paribus
CGU	cash-generating unit(s)
DAX	Deutscher Aktienindex
DB	Der Betrieb (Zeitschrift)
DBW	Die Betriebswirtschaft (Zeitschrift)
DCF	Discounted Cash Flow
d. h.	das heißt
DO	Dissenting Opinions (i. V. m. IFRS-Fundstellen verwendet)

DP	Discussion Paper (i. V. m. IFRS-Fundstellen verwendet)
DRS	Deutscher Rechnungslegungsstandard
DRSC	Deutsches Rechnungslegungs Standards Committee e. V.
DStR	Deutsches Steuerrecht (Zeitschrift)
DStZ	Deutsche Steuerzeitung
d. Verf.	des Verfassers
ED	Exposure Draft
E-DRS	Entwurf eines Deutschen Rechnungslegungsstandards
EFRAG	European Financial Reporting Advisory Group
EG	Europäische Gemeinschaft
ES	Entwurf eines Standards des IDW
etc.	et cetera
EU	Europäische Union
e. V.	eingetragener Verein
evtl.	eventuell
EZB	Europäische Zentralbank
F	Framework
f.	folgende
FASB	Financial Accounting Standards Board
FAUB	Fachausschuss für Unternehmensbewertung und Betriebswirtschaft
FB	Finanz-Betrieb (Zeitschrift)
FN-IDW	Fachnachrichten des Institutes der Wirtschaftsprüfer in Deutschland e. V. (Zeitschrift)
FRS	Financial Reporting Standard
FTSE	Financial Times Stock Exchange Index
GAAP	Generally Accepted Accounting Principles
ggf.	gegebenenfalls
GICS	Global Industry Classification Standard
GoB	Grundsätze ordnungsmäßiger Buchführung
GuV	Gewinn- und Verlustrechnung
HDAX	Hundert Hauptwerte im Deutschen Aktienindex
HFA	Hauptfachausschuss des IDW
HGB	Handelsgesetzbuch
Hrsg.	Herausgeber
hrsg. v.	herausgegeben von

IAS	International Accounting Standard(s)
IASB	International Accounting Standards Board
IASC	International Accounting Standards Committee
ICB	Industry Classification Benchmark
i. d. F.	in der Fassung
i. d. R.	in der Regel
IDW	Institut der Wirtschaftsprüfer in Deutschland e. V.
i. e. S.	im engeren Sinne
IFRIC	International Financial Reporting Interpretations Committee
IFRS	International Financial Reporting Standard(s)
i. H. d.	in Höhe des/ in Höhe der
i. H. v.	in Höhe von
insbes.	insbesondere
IRZ	Zeitschrift für internationale Rechnungslegung
i. S.	im Sinne
i. S. v.	im Sinne von
i. V. m.	in Verbindung mit
KMU	kleinere und mittlere Unternehmen
KonTraG	Gesetz zur Kontrolle und Transparenz im Unternehmensbereich
KoR	Zeitschrift für internationale und kapitalmarktorientierte Rechnungslegung
KPMG	Klynveld Peat Marwick Goerdeler
krp	Kostenrechnungspraxis – Zeitschrift für Controlling, Accounting & System-Anwendungen
LG	Landesgericht
lt.	laut
M&A	Mergers and Acquisitions
MD&A	Management Discussion and Analysis
m. E.	meines Erachtens
MSCI	Morgan Stanley Capital International
m. w. N.	mit weiteren Nachweisen
No.	Number
Nr.	Nummer
NZG	Neue Zeitschrift für Gesellschaftsrecht
OB	Objective (i. V. m. IFRS-Fundstellen verwendet)
OLG	Oberlandesgericht

p. a.	per annum
PiR	Praxis der internationalen Rechnungslegung (Zeitschrift)
PS	Prüfungsstandard des IDW
PWC	PricewaterhouseCoopers
R	Richtlinie
resp.	respektive
Rn.	Randnummer
RS	Stellungnahme zur Rechnungslegung des IDW
S	Standard des IDW
S.	Seite
SEC	Securities and Exchange Commission
SFAC	Statement of Financial Accounting Concepts
SFAS	Statement of Financial Accounting Standards
Sp.	Spalte
StuB	Steuern und Betriebswirtschaft (Zeitschrift)
Tz.	Textziffer(n)
u. a.	und andere
UK	United Kingdom
US	United States
USA	United States of America
u. U.	unter Umständen
v.	von
VaR	Value at Risk
vgl.	vergleiche
VOFI	vollständiger Finanzplan
vs.	versus
WACC	Weighted Average Cost of Capital
WiSt	Wirtschaftswissenschaftliches Studium (Zeitschrift)
WM	Wertpapiermitteilungen – Zeitschrift für Wirtschafts- und Bankrecht
WP	Wirtschaftsprüfer
WPg	Die Wirtschaftsprüfung (Zeitschrift)
z. B.	zum Beispiel
ZfB	Zeitschrift für Betriebswirtschaft

zfbf	Zeitschrift für betriebswirtschaftliche Forschung
ZfCM	Zeitschrift für Controlling & Management
ZfhF	Zeitschrift für handelswissenschaftliche Forschung
ZGE	zahlungsmittelgenerierende(n) Einheit(en)
z. T.	zum Teil
z. Z.	zur Zeit

Symbolverzeichnis

β	Betafaktor
CF_t^{EK}	Erwartungswert des Cashflows an die Eigenkapitalgeber
CF_{T+1}^{EK}	(jährlich gleichbleibender) Erwartungswert des Cashflows an die Eigenkapitalgeber (ewige Rente)
EK	Marktwert des Eigenkapitals
FK	Marktwert des Fremdkapitals
r_{EK}	Renditeforderung der Eigenkapitalgeber
r_f	Risikoloser Zinssatz
r_m	Rendite des Marktportfolios
s	Unternehmenssteuersatz
t	Periodenindex
T	Anzahl der Jahre des Detailplanungszeitraums
w	Wachstumsrate in der ewigen Rente
$\bar{x}$	Erwartungswert der Verteilung
x*	Fundamentaler Wert

1 Problemstellung und Gang der Untersuchung

Die Zukunft ist als Raum
der Möglichkeiten der
Raum unserer Freiheit.[1]

Die Entscheidung von Investoren, Unternehmen Kapital zur Verfügung zu stellen, hängt maßgeblich davon ab, wie sie die künftige wirtschaftliche Entwicklung des kapitalnachfragenden Unternehmens einschätzen.[2] Die Aufgabe, die für diese Entscheidung erforderlichen zukunftsgerichteten Informationen zu vermitteln, wird häufig der IFRS-Rechnungslegung zugeschrieben.[3] Die IFRS-Rechnungslegung hat sich selbst das Ziel auferlegt, **entscheidungsnützliche Informationen** für Investoren zu gewähren[4] und wird als kapitalmarktorientiertes Informationsinstrument zunehmend bedeutender.[5]

Als entscheidungsnützliche Informationen gelten für Investoren gemeinhin zukunftsbezogene Informationen.[6] Für das Gewesene gibt der Kaufmann bekanntlich nichts.[7] Bei der Entscheidungsfindung der Investoren stehen deshalb insbesondere künftige Zahlungsströme, die den Zukunftserfolgswert determinieren, im Mittelpunkt des Informationsinteresses. Der Zukunftserfolgswert stellt eine aus der Unternehmensbewertung bekannte Zielgröße dar, der von der IFRS-Rechnungslegung indes nicht abgebildet wird. Bereits vielfach wurde eine Wertlücke zwischen dem in der IFRS-Rechnungslegung abgebildeten bilanziellen Eigenkapital und dem Zukunftserfolgswert eines Unternehmens konstatiert.[8] Den Zukunftserfolgswert determinieren z. B. zunehmend immaterielle Werte, die indes gegenwärtig durch die IFRS-Rechnungs-

1 JASPERS, K., Zukunft des Menschen, S. 395.

2 Vgl. exemplarisch BRINKMANN, J., Zweckadäquanz, S. 1.

3 Vgl. PAARZ, M., Investororientierte Bankrechnungslegung, S. 10-13 i. V. m. S. 49 f. sowie ausführlich hierzu STREIM, H., Vermittlung von entscheidungsnützlichen Informationen, S. 111-129.

4 Die Vermittlung entscheidungsnützlicher Informationen stellt die übergeordnete Zielsetzung des IFRS-Abschlusses dar, vgl. F.12.

5 Ein aktuelles Beispiel für die stetig zunehmende Bedeutung ist in der jüngst von der SEC veröffentlichten IFRS Roadmap zu sehen, welche die Anerkennung der IFRS durch die SEC in Aussicht stellt, vgl. hierzu ausführlich SEC (Hrsg.), IFRS Roadmap. Ebenso in diesem Kontext auf die zunehmende Bedeutung der IFRS hinweisend KAJÜTER, P., Harmonisierung des Rechnungswesens, S. 342.

6 Vgl. BALLWIESER, W., Informations-GoB, S. 118; BENECKE, B., Internationale Rechnungslegung und Management Approach, S. 17; MOXTER, A., Grundsätze ordnungsgemäßer Rechnungslegung, S. 222; STREIM, H., Diskussionsbeiträge im Rahmen der IAS, S. 282 sowie ausführlich BRINKMANN, J., Zweckadäquanz, S. 36-66.

7 Vgl. MÜNSTERMANN, H., Wert und Bewertung der Unternehmung, S. 21.

8 Vgl. ausführlich zur Erläuterung der bestehenden Wertlücke zwischen bilanziellem Eigenkapital und fundamentalem Unternehmenswert HEPERS, L., Entscheidungsnützlichkeit der Bilanzierung von Intangible Assets, S. 74-88 sowie SCHEELE, A., Lageberichterstattung, S. 47-53.

legung nur teilweise bilanziell erfasst werden.[9] Durch die Entwicklung von einer Industrie- zu einer Dienstleistungs- und Hochtechnologiegesellschaft nimmt die Differenz zwischen bilanziellem Eigenkapital und Zukunftserfolgswert kontinuierlich zu.[10]

Aufgrund dieser (zunehmenden) Wertlücke wird den IFRS häufig vorgeworfen, ihr selbst auferlegtes Ziel, entscheidungsnützliche Informationen zu vermitteln, nicht adäquat zu erfüllen.[11] Die Kritik mündet im Regelfall darin, dass das IFRS-Normensystem vorwiegend vergangenheitsbezogen ausgerichtet ist.[12] Aus dieser Kritik resultierend wird häufig eine verstärkt zukunfts- und insbesondere **unternehmenswertorientiert ausgerichtete IFRS-Rechnungslegung** gefordert.[13] Da Investoren primär an zukunfts- und unternehmenswertorientierten Angaben interessiert sind, soll verstärkt auf Verfahren der Unternehmensbewertung zurückgegriffen werden.[14]

Auch auf Ebene des IASB sind Entwicklungstendenzen in diese Richtung, zumindest in ersten Ansätzen, erkennbar.[15] Exemplarisch hierfür kann die für Geschäftsjahre ab 2005 verpflichtend anzuwendende Werthaltigkeitsprüfung eines derivativen Geschäfts- oder Firmenwerts nach IAS 36 angeführt werden. Durch die Verwendung investitionstheoretischer Bewertungskalküle gelangen unternehmenswertorientierte Größen in den IFRS-Abschluss.[16] Diese Entwicklungstendenzen in den IFRS wurden auch vom IDW erkannt. In der überarbeiteten Fassung des IDW Standards „Grundsätze zur Durchführung von Unternehmensbewertungen" (IDW S1 i. d. F. 2008) werden nämlich erstmals spezielle Bewertungsanlässe für Zwecke der externen Rechnungslegung in einem separaten Gliederungspunkt aufgegriffen.[17] Beispielhaft werden die Kaufpreisallokation (nach IFRS 3) sowie die Werthaltigkeitsprüfung

9 Vgl. LINDEMANN, J., Kapitalmarktrelevanz der Rechnungslegung, S. 988 f. sowie VELTE, P., Intangible Assets und Goodwill, S. 6.

10 Vgl. VELTE, P., Intangible Assets und Goodwill, S. 6 m. w. N.

11 Vgl. KESSLER, H., Fair Value, S. 74; MEYER, M., Unternehmenswertorientierte Berichterstattung, S. 148; STREIM, H., Vermittlung von entscheidungsnützlichen Informationen, S. 111 und im Weiteren ausführlich begründend, vgl. S. 111-129.

12 Vgl. KAHLE, H., Informationsversorgung des Kapitalmarkts, S. 101-104; MEYER, M., Unternehmenswertorientierte Berichterstattung, S. 142; MOXTER, A., Rechnungslegungsmythen, S. 2148.

13 Vgl. hierzu exemplarisch die Vorschläge von BIEKER, M., Analyse des Fair Value Accounting, S. 219-232, von HAAKER, A., Goodwill-Bilanzierung nach IFRS, S. 497-510 sowie von MUJKANOVIC, R., Fair Value im Financial Statement, S. 265-359.

14 Vgl. hierzu exemplarisch VELTE, P., Intangible Assets und Goodwill, S. 7.

15 Vgl. KÜMMEL, J., Grundsätze für die Fair Value-Ermittlung, S. 131; STREIM, H./BIEKER, M./ESSER, M., Vermittlung entscheidungsnützlicher Informationen, S. 464.

16 Vgl. exemplarisch BEYHS, O., Impairment of Assets, S. 201 f.

17 Vgl. IDW (Hrsg.), IDW S1 (2008), Tz. 10 sowie ebenfalls hierauf hinweisend HOMMEL, M./PAULY, D./NAGELSCHMITT, S., Neuerungen beim objektivierten Unternehmenswert, S. 2728.

(nach IAS 36) genannt.[18] Zwischen der **IFRS-Rechnungslegung** und der **Unternehmensbewertung** sind somit verstärkt **Schnittstellen** erkennbar.

Die Verbundenheit der IFRS-Rechnungslegung und der Unternehmensbewertung zeigt sich darüber hinaus auch im IFRS-Zielsystem selbst, das durch zwei Subzielsetzungen konkretisiert wird. Das übergeordnete Ziel, entscheidungsnützliche Informationen zu vermitteln, wird nämlich zum einen dadurch konkretisiert, dass Informationen vermittelt werden sollen, anhand derer die Fähigkeit des Unternehmens beurteilt werden kann, künftig Zahlungsströme zu generieren.[19] Hier zeigen sich deutliche Parallelen hinsichtlich der erforderlichen Informationen für die IFRS-Rechnungslegung und für die Durchführung einer Unternehmensbewertung. Zum anderen sollen mit einem IFRS-Abschluss auch Informationen vermittelt werden, mit denen die Leistung des Managements beurteilt werden kann, um z. B. über eine mögliche Fortbeschäftigung der Unternehmensleitung entscheiden zu können.[20] Auch dieses zweite Informationsziel, das im Kontext der internationalen Rechnungslegung als *stewardship*-Funktion bezeichnet wird,[21] ist Teil der Konkretisierung des übergeordneten Ziels, entscheidungsnützliche Informationen zu vermitteln. Wie noch gezeigt wird, steht die *stewardship*-Funktion der IFRS-Rechnungslegung in direktem Zusammenhang mit der Prinzipal-Agenten-Problematik und gilt für den Schutz der Abschlussadressaten als unverzichtbar.[22] Hier wird ein **zentraler Unterschied** zwischen den Informationszielen der **IFRS-Rechnungslegung** und denen einer **Unternehmensbewertung** deutlich.

Im Rahmen dieser Arbeit soll erörtert werden, inwieweit die bestehenden Schnittstellen zwischen der IFRS-Rechnungslegung und der Unternehmensbewertung unter Berücksichtigung der teilweise heterogenen Rahmenbedingungen möglicherweise zu einer unterschiedlichen Ausgestaltung beider Disziplinen führen sollten. Auf diesen Erkenntnissen aufbauend soll zudem der Frage nachgegangen werden, ob und ggf. in welcher Form die gegenwärtigen Forderungen nach einer verstärkt unternehmenswertorientiert ausgerichteten IFRS-Rechnungslegung sowie die bereits in Ansätzen erkennbaren Entwicklungen des IASB, die in diese Richtung streben, unterstützt werden sollten.

---

18 Vgl. IDW (Hrsg.), IDW S1 (2008), Tz. 10.

19 Dieses Informationsziel wird im IASB-Framework konkretisiert, vgl. F.15.

20 Vgl. F.14.

21 Vgl. BALLWIESER, W., Übernahme amerikanischer Rechnungslegung, S. 30 sowie PAARZ, M., Investororientierte Bankrechnungslegung, S. 51 f. mit zahlreichen weiteren Nachweisen.

22 Im Kontext der IFRS-Rechnungslegung vgl. PLOCK, M., Ertragsrealisation nach IFRS, S. 18 f.; im allgemeineren Kontext vgl. BALLWIESER, W., Übernahme amerikanischer Rechnungslegung, S. 30; BUSSE VON COLBE, W., Unternehmenskontrolle durch Rechnungslegung, S. 45 sowie EMMRICH, M., Perspektiven der externen Rechnungslegung, S. 228.

Hierzu wird im Anschluss an diese Einleitung im **zweiten Kapitel** zunächst der relevante Adressatenkreis der externen Rechnungslegung abgegrenzt. Daran anknüpfend werden die Informationsbedürfnisse der (typisierten) Abschlussadressaten konkretisiert. In diesem Kontext werden die unterschiedlichen Anforderungen an die zu vermittelnden Informationen verdeutlicht, und zwar in Abhängigkeit davon, ob ein durch Prinzipal-Agenten-Konflikte geprägtes Berichtsumfeld vorliegt oder nicht.

Im **dritten Kapitel** wird zunächst das theoretische Grundgerüst der IFRS-Rechnungslegung dargestellt und analysiert, wobei auch flankierend auf ausgewählte Aspekte des aktuellen Exposure Draft zum gemeinsamen Conceptual Framework-Projekt des IASB und des FASB eingegangen wird. Die Zielsetzung der IFRS-Rechnungslegung wird dabei insbesondere vor dem Hintergrund der im zweiten Kapitel konkretisierten Informationsbedürfnisse der Abschlussadressaten und der herausgearbeiteten Erkenntnisse bei einer Informationsvermittlung im Rahmen typischer Prinzipal-Agenten-Beziehungen untersucht. Im Anschluss daran wird die teilweise massive Kritik des Schrifttums, die die gegenwärtig mangelhafte Erfüllung der IFRS-Zielsetzung zum Gegenstand hat, diskutiert. Die im gleichen Atemzug geäußerten Vorschläge des Schrifttums hinsichtlich einer zielkonformeren IFRS-Rechnungslegung werden ebenfalls thematisiert. Diese sehen in erster Linie eine verstärkt unternehmenswertorientiert ausgerichtete IFRS-Rechnungslegung vor. Aus diesem Grund werden der Analyse des IFRS-Zielsystems die theoretische Konzeption sowie die Vorgehensweise bei der Durchführung einer Unternehmensbewertung gegenübergestellt.

Aufbauend auf den theoretischen Konzeptionen der IFRS-Rechnungslegung und der Unternehmensbewertung werden im **vierten Kapitel** zunächst die unterschiedlichen Rahmenbedingungen herausgearbeitet, denen die IFRS und die Unternehmensbewertung ausgesetzt sind. Da die Unternehmensbewertungslehre und die IFRS-Rechnungslegung deutliche Parallelen hinsichtlich ihrer Zielsetzungen aufweisen, wird, ausgehend von der Konzeption der Unternehmensbewertung und unter Berücksichtigung der abweichenden Rahmenbedingungen für die IFRS-Rechnungslegung, herausgearbeitet, auf welchem theoretischen Fundament eine verstärkt unternehmenswertorientiert ausgerichtete IFRS-Rechnungslegung aufbauen könnte. Hierzu werden in einem ersten Schritt allgemeine rechnungslegungsorientierte Grundsätze ordnungsmäßiger Bewertung sowie ordnungsmäßiger Erläuterung hergeleitet, denen unternehmenswertorientierte Bewertungen im IFRS-Abschluss genügen sollen. Auf Basis dieser Grundsätze wird in einem zweiten Schritt ein Bewertungskalkül konkretisiert, welches als grundlegendes Gerüst unternehmenswertorientierter Bewertungen in der IFRS-Rechnungslegung dienen könnte.

Das entwickelte Bewertungskalkül dient im **fünften Kapitel** als Referenzmodell für die Analyse und anschließende Würdigung bereits bestehender unternehmenswertorientierter Bewertungen in der IFRS-Rechnungslegung. Insbesondere die Werthaltigkeitsprüfung eines derivativen Geschäfts- oder Firmenwerts nach IAS 36 fordert eine unternehmenswertorientiert ausgerichtete Bewertung. Die Bewertungsvorschriften des IAS 36, auf deren Grundlage die einzelnen Parameter bei der Durchführung der Werthaltigkeitsprüfung zu bestimmen sind, werden deshalb als ein wichtiges Anwendungsbeispiel für ein investitionstheoretisch geprägtes Kalkül in der IFRS-Rechnungslegung an den Empfehlungen des Referenzmodells gespiegelt sowie umfassend gewürdigt.

Im **sechsten Kapitel** wird die Möglichkeit, unternehmenswertorientiert ausgerichtete Bewertungen in der IFRS-Rechnungslegung zu verwenden, auf einer allgemeineren Basis abschließend erörtert. Hierbei werden zum einen mögliche Ansatzpunkte, zum anderen aber auch zwingend zu beachtende Grenzen für eine Umsetzung im Rahmen des IFRS-Abschlusses verdeutlicht. In diesem Zuge können auch die in jüngster Vergangenheit zunehmenden Forderungen nach einer unternehmenswertorientierteren IFRS-Rechnungslegung sowie die in diese Richtung strebenden Entwicklungen auf Ebene des IASB gewürdigt werden.

Die Arbeit schließt im **siebten Kapitel** mit einer Zusammenfassung und einem Ausblick. Dabei werden die zentralen Erkenntnisse der Arbeit noch einmal knapp wiedergegeben sowie mögliche künftige Entwicklungen skizziert.

2 Abgrenzung des Adressatenkreises der externen Rechnungslegung und Konkretisierung von Informationsbedürfnissen

21 Typisierung der Informationsadressaten

Zwischen Unternehmen und externen Abschlussadressaten bestehen vielfältige und äußerst heterogene Beziehungen, die teilweise unterschiedliche Informationsbedürfnisse der Abschlussadressaten begründen.[23] Um eindeutige Informationsinteressen herausarbeiten und hieraus in einem nachgelagerten Schritt konkrete Informationspflichten ableiten zu können, muss zunächst die relevante Adressatengruppe konkretisiert werden.[24] Informationen sollen grundsätzlich dem Schutz der Interessen der Abschlussadressaten dienen.[25] Aus diesem Grund ist im Folgenden zunächst abzugrenzen, welche Adressatengruppe als primär schutzwürdig gelten sollte.

Als **schutzwürdige Informationsadressaten** kommt eine Vielzahl potenzieller Adressatengruppen mit teilweise sehr heterogenen Informationsinteressen in Frage. Zu nennen sind neben den Kapitalgebern (Eigen- und Fremdkapitalgeber) etwa Arbeitnehmer, Kunden, Lieferanten, der Fiskus oder auch die allgemeine Öffentlichkeit.[26] Während sich beispielsweise Kapitalgeber primär für ihren künftigen Einkommensstrom aus dem Anlageobjekt interessieren, richten sich die Interessen der Kunden eher auf Informationen über die Qualität der Produkte.[27] Aber auch innerhalb einzelner Gruppen zeigen sich, wie im Folgenden noch dargelegt wird, teilweise beträchtliche Unterschiede hinsichtlich der Informationsinteressen, sodass der Informationsadressat hinreichend genau konkretisiert bzw. typisiert werden muss.[28] Aufgrund der Vielfalt der Adressaten kann auf der einen Seite nicht allen Informationsinteressen Rechnung getragen werden. Auf der anderen Seite erscheint auch eine adressatenneutrale Information im Sinne einer „Kompromisslösung", die MOXTER als weitgehend „sinnentleerte" Information beurteilt, wegen der heterogenen Informationsinteressen der Adressaten nicht zielführend.[29]

---

23 Vgl. SCHMIDT, M., Konzept einer kapitalmarktorientierten Rechnungslegung, S. 10-12 sowie ausführlich METH, D., Rechnungslegung mittelständischer Unternehmen, S. 11-16.

24 Vgl. BALLWIESER, W., Informations-GoB, S. 115 f.; MOXTER, A., Fundamentalgrundsätze, S. 94; MOXTER, A., Grundsätze ordnungsgemäßer Rechnungslegung, S. 223.

25 Vgl. BALLWIESER, W., Informations-GoB, S. 115; MOXTER, A., Fundamentalgrundsätze, S. 94 f.

26 Vgl. exemplarisch BAETGE, J./THIELE, S., Gesellschafterschutz versus Gläubigerschutz, S. 15 sowie BALLWIESER, W., Informations-GoB, S. 115.

27 Vgl. HEPERS, L., Entscheidungsnützlichkeit der Bilanzierung von Intangible Assets, S. 13.

28 Vgl. MOXTER, A., Grundsätze ordnungsgemäßer Rechnungslegung, S. 223.

29 Vgl. MOXTER, A., Fundamentalgrundsätze, S. 95.

Um zu beurteilen, welche Adressatengruppe die vorrangig schutzwürdige darstellt, sollten in erster Linie die **Risikoposition** sowie die **Zugangsmöglichkeit zu unternehmensinternen Informationsquellen** der jeweiligen Gruppe berücksichtigt werden.[30] Insbesondere Kapitalgeber (Eigen- und Fremdkapitalgeber) sind aufgrund möglicher Ausfälle der überlassenen Mittel einem **erhöhten** finanziellen **Risiko** ausgesetzt und sollten daher berechtigt sein, Informationen über das Anlageobjekt zu erlangen.[31] Hinsichtlich des eingegangenen Risikos ist indes noch zwischen Eigen- und Fremdkapitalgebern zu differenzieren. Während Fremdkapitalgeber einen vertraglich fixierten Zahlungsanspruch (sowohl hinsichtlich Höhe als auch Zeitpunkt der Zahlung) haben, erzielen Eigenkapitalgeber ihr Einkommen abhängig vom Gewinn des Unternehmens als Residualerlös.[32] Die Zahlungsansprüche der Eigenkapitalgeber sind folglich gegenüber denen der Fremdkapitalgeber nachrangig.[33] Die Anteilseigner nehmen hierdurch eine höhere Risikoposition ein, sodass deren Informationsinteressen c. p. stärker berücksichtigt werden sollten.[34]

Besitzen Eigenkapitalgeber jedoch die Möglichkeit, sich hinreichenden **Zugang zu unternehmensinternen Informationsquellen** zu verschaffen, sind ihre Informationsinteressen durch eine Informationsvermittlung über den Kapitalmarkt indes nicht mehr in besonderem Maße schutzwürdig.[35] Aus diesem Grund sollte die nicht homogene Gruppe an Eigenkapitalgebern differenzierter betrachtet werden. Die Interessen der Anteilseigner, die keinen Zugang zu Unternehmensinterna haben, was i. d. R. mit einer geringeren Machtposition der Anteilseigner korreliert, sollten folglich als besonders schützenswert angesehen werden.[36] Zu unterscheiden sind hier die Gruppen der **Groß- und Kleinanleger**.[37]

Großanleger sind dadurch charakterisiert, dass sie die Möglichkeit haben, einen wesentlichen Einfluss auf unternehmenspolitische Entscheidungen zu nehmen, wofür ein Zugang zu unter-

30 Vgl. NIEMEYER, K., Bilanzierung von Finanzinstrumenten, S. 18; RUHWEDEL, F., Eigentümerstruktur und Unternehmenserfolg, S. 39-42.

31 Vgl. HARTUNG, S., Spannungsfeld zwischen Bilanztheorie und Bilanzpolitik, S. 13-15; HEPERS, L., Entscheidungsnützlichkeit der Bilanzierung von Intangible Assets, S. 13.

32 Vgl. BALLWIESER, W., Kapitalmarkt und Informationsversorgung, S. 163 f.; FRANKE, G./HAX, H., Finanzwirtschaft des Unternehmens und Kapitalmarkt, S. 4; HARTUNG, S., Spannungsfeld zwischen Bilanztheorie und Bilanzpolitik, S. 17 f.

33 Vgl. FRANKE, G./HAX, H., Finanzwirtschaft des Unternehmens und Kapitalmarkt, S. 5; RUHWEDEL, F., Eigentümerstruktur und Unternehmenserfolg, S. 39.

34 Vgl. BALLWIESER, W., Informations-GoB, S. 115; HAAKER, A., Goodwill-Bilanzierung nach IFRS, S. 41; HEPERS, L., Entscheidungsnützlichkeit der Bilanzierung von Intangible Assets, S. 14; SCHREDELSEKER, K., Nutzen von Bilanzinformationen, S. 131.

35 Vgl. HEPERS, L., Entscheidungsnützlichkeit der Bilanzierung von Intangible Assets, S. 16.

36 Vgl. SCHEELE, A., Lageberichterstattung, S. 19.

37 Alternativ zu den Begriffen der Groß- und Kleinanleger wird im Schrifttum auch zwischen institutionellen und nicht-institutionellen Anlegern unterschieden. Vgl. hierzu MACKENSEN, M., Institutionelle Anleger, S. 27 f.; NIEMEYER, K., Bilanzierung von Finanzinstrumenten, S. 18.

nehmensinternen Informationen als Voraussetzung anzusehen ist.[38] **Kleinanleger** haben demgegenüber weder die Möglichkeit die Unternehmenspolitik und damit mittelbar auch die künftigen Zahlungsströme zu beeinflussen, noch den Zugang zu unternehmensinternen Informationsquellen.[39] Die künftigen Zahlungsströme des Unternehmens, in das sie investieren (wollen), stellen somit für die Kleinanleger ein Datum dar.[40] Hinsichtlich der Wahl seines Investitionsobjekts ist der Kleinanleger indes frei.[41] Dies zeigt, dass Kleinanleger aufgrund ihrer Schwächeposition (hohes Risiko i. V. m. geringen Möglichkeiten der Informationsbeschaffung) auf öffentlich publizierte Informationen angewiesen sind, auf Basis derer sie ihre Kapitalentscheidung treffen müssen bzw. können.[42] Aufgrunddessen werden die Informationsinteressen der Kleinanleger als diejenigen angesehen, die vorrangig geschützt werden sollten.[43] Durch die Fokussierung auf die **Informationsinteressen der Kleinanleger** wird zudem erreicht, dass gleichzeitig die Informationsinteressen der restlichen Kapitalgeber und weiterer potenzieller Abschlussadressaten größtenteils befriedigt werden können.[44] Dies ist primär darauf zurückzuführen, dass Kleinanleger aufgrund ihrer informatorischen Schwächeposition einen sehr weitgehenden Informationsbedarf haben und das Informationsinteresse vieler weiterer Adressatengruppen nur eine Teilmenge hiervon darstellt.[45]

Bevor auf die Informationsinteressen der Gruppe der Kleinanleger näher eingegangen wird, sind vorher noch die Fähigkeiten der Kleinanleger zur Auswertung von finanziellen Informationen zu klären. Diese weitergehende Typisierung ist eine notwendige Voraussetzung dafür, dass sich die Informationskommunikation nach den typisierten methodischen Fähigkeiten dieser Kleinanlegergruppe richten kann.[46]

Zur Typisierung der Fähigkeiten zur Informationsauswertung wird hier auf das Konzept des sogenannten *average prudent investor* zurückgegriffen.[47] Der *average prudent investor* be-

---

38 Vgl. SCHEELE, A., Lageberichterstattung, S. 19; WENTLAND, N., Bilanz der wirtschaftlichen Einheit, S. 38 f.

39 Vgl. NIEMEYER, K., Bilanzierung von Finanzinstrumenten, S. 18; WENTLAND, N., Bilanz der wirtschaftlichen Einheit, S. 38 f.

40 Vgl. KRÖNERT, B., Grundsätze informationsorientierter Rechnungslegung, S. 35.

41 Vgl. KRÖNERT, B., Grundsätze informationsorientierter Rechnungslegung, S. 35; SCHEELE, A., Lageberichterstattung, S. 24.

42 Vgl. HEUMANN, R., Value Reporting, S. 23; NIEMEYER, K., Bilanzierung von Finanzinstrumenten, S. 18.

43 So auch HEPERS, L., Entscheidungsnützlichkeit der Bilanzierung von Intangible Assets, S. 16; SCHEELE, A., Lageberichterstattung, S. 20; WENTLAND, N., Bilanz der wirtschaftlichen Einheit, S. 38 f.

44 Vgl. BAETGE, J./THIELE, S., Gesellschafterschutz versus Gläubigerschutz, S. 17 f.; BÖCKING, H.-J./ WESNER, P., Value Reporting und Corporate Governance, S. 99; HEPERS, L., Entscheidungsnützlichkeit der Bilanzierung von Intangible Assets, S. 16; SCHEELE, A., Lageberichterstattung, S. 18.

45 Vgl. BAETGE, J./THIELE, S., Gesellschafterschutz versus Gläubigerschutz, S. 17 f.

46 Vgl. HEPERS, L., Entscheidungsnützlichkeit der Bilanzierung von Intangible Assets, S. 16.

47 Vgl. zum Konzept des *average prudent investor* JUNG, U., Average Prudent Investor, S. 68; LEFFSON, U., Grundsätze ordnungsmäßiger Buchführung, S. 183 f. m. w. N.

zeichnet dabei einen durchschnittlich kompetenten Wertpapieranleger, der über keine Insiderinformationen verfügt.[48] Für ihn stellen öffentlich zugängliche Informationen die wesentliche Entscheidungsgrundlage dar und er ist in der Lage, diese Informationen im Rahmen seiner durchschnittlichen Sachkompetenz aufzunehmen, zu analysieren und in seinem Entscheidungskalkül zu berücksichtigen.[49]

Im weiteren Verlauf der Arbeit wird die Adressatengruppe der Kleinanleger, hier im Folgenden auch als Investoren oder Anteilseigner bezeichnet, deren Möglichkeit, Unternehmensinformationen zu erlangen, auf den Zugang über öffentliche Kommunikationswege beschränkt ist, in den Fokus gerückt. Im nachfolgenden Abschnitt soll daher in einem ersten Schritt auf die Informationsinteressen der Investoren eingegangen werden, um hierauf aufbauend Aussagen über mögliche Inhalte der Kapitalmarktkommunikation der Unternehmen herausarbeiten zu können.

22 Informationsbedürfnisse der typisierten Eigenkapitalgebergruppe

221. Die Annahme konvergierender Interessen zwischen Informationssender und -empfänger

Das Verhältnis zwischen Investoren und dem Management eines Unternehmens ist als **Prinzipal-Agenten-Beziehung** zu charakterisieren.[50] In einer Prinzipal-Agenten-Beziehung schließt ein Auftraggeber (Prinzipal) mit einem Auftragnehmer (Agent) einen Vertrag, durch den sich der Agent verpflichtet, im Sinne des Prinzipals Tätigkeiten auszuführen.[51] Im hier betrachteten Kontext stellen die (potenziellen)[52] Investoren als Eigentümer des Unternehmens die Prinzipale dar, die den Managern als Agenten ihr investiertes Kapital übertragen. Der Agent entscheidet demnach über die ihm übertragenen Ressourcen, während der Prinzipal vorwiegend die wirtschaftlichen Konsequenzen, insbesondere die Risiken, aus den Entscheidungen des Agenten trägt.

---

48 Vgl. JUNG, U., Average Prudent Investor, S. 68; SCHILDBACH, T., US-GAAP, S. 40.

49 Vgl. JUNG, U., Average Prudent Investor, S. 68; SCHEELE, A., Lageberichterstattung, S. 21.

50 Vgl. zu einer ausführlichen Erläuterung der Prinzipal-Agenten-Theorie JENSEN, M. C./MECKLING, W. H., Theory of the Firm, S. 305-360 sowie FAMA, E. F., Agency Problems and the Theory of the Firm, S. 288-307.

51 Vgl. JENSEN, M. C./MECKLING, W. H., Theory of the Firm, S. 308.

52 An dieser Stelle sei darauf hingewiesen, dass zwischen potenziellen Investoren und der Unternehmensleitung (noch) kein Vertragsverhältnis besteht und somit kein Prinzipal-Agenten-Verhältnis im strengen Sinne vorliegt, da dieses vertragliche Beziehungen voraussetzt. Dennoch lässt sich unterstellen, dass die Unternehmensleitung mit Blick auf verbesserte Eigenkapitalbeschaffungsmöglichkeiten sich eine Art Selbstbindung auferlegt, sodass auch potenziellen Investoren die erwünschten Informationen bereitgestellt werden. Vgl. zu diesem Gedankengang im Zusammenhang mit dem Bilanzrecht KIRCHNER, C., Bilanzrecht und neue Institutionenökonomik, S. 279 f.

Im Rahmen dieser Auftragsbeziehung ist davon auszugehen, dass der Prinzipal die Handlungen des Agenten nicht oder nur begrenzt beobachten bzw. beurteilen kann.[53] Dies begründet sich bereits in der Trennung von Eigentum und Verfügungsmacht. Das Management als Agent besitzt gegenüber den Investoren als Prinzipalen somit einen Informationsvorsprung (**Informationsasymmetrie**).[54] Durch diesen Informationsnachteil können die Investoren ihre Kapitalanlage nur unzureichend beurteilen. Da insbesondere Kleinanleger, die als typisierte Investoren im Mittelpunkt dieser Arbeit stehen, in ihrer informatorischen Schwächeposition keinen Zugang zu unternehmensinternen Informationsquellen erhalten und auch keinen direkten Einfluss auf die Entscheidungen des Managements haben,[55] muss das Management die **Investoren** über ihre Kapitalanlage **informieren**.

Information kann als zweckorientiertes Wissen definiert werden.[56] Dieses zweckorientierte Wissen dient der Vorbereitung von Handlungen.[57] SCHILDBACH definiert Informationen in dem Sinne, dass sie „in der Lage sind, bei ihrem Zugang die bisherigen Erwartungen des Empfängers über die künftigen Konsequenzen von Entscheidungsalternativen zu verändern“[58]. Eine Information soll dem Informationsadressaten entscheidungsrelevantes Wissen vermitteln,[59] das entweder die Entscheidung über mögliche Handlungsalternativen verändert oder die Unsicherheit hinsichtlich bestehender **Handlungsentscheidungen** vermindert.[60]

Die Handlungsmöglichkeiten der hier betrachteten Investoren konkretisieren sich in ihren **Kapitalanlageentscheidungen**. Das Management sollte den Investoren aufgrund ihrer oben erläuterten informatorischen Schwächeposition Informationen bereitstellen, damit sie ihr finanzielles Engagement beurteilen und über dieses entscheiden können. Das Entscheidungskalkül des typisierten Kleinanlegers wird in diesem Zusammenhang oftmals als sogenannte *buy-hold-sell*-Option[61] bezeichnet: Um das eingegangene Investment bzw. das potenziell einzugehende Investment beurteilen zu können, muss es mit alternativen Anlageoptionen verglichen werden. Basierend auf diesem Vergleich kann entschieden werden, ob (weitere) Anteile

---

53 Vgl. STIGLITZ, J. E., Principal and Agent, S. 241.

54 Vgl. BUSSE VON COLBE, W., Unternehmenskontrolle durch Rechnungslegung, S. 43; NEUS, W., Betriebswirtschaftslehre, S. 94. Zu verschiedenen Arten asymmetrisch verteilter Informationen vgl. KARMAN, A., Principal-Agent-Modelle und Risikoallokation, S. 558-559.

55 Vgl. WENTLAND, N., Bilanz der wirtschaftlichen Einheit, S. 38 f.; RUHWEDEL, F., Eigentümerstruktur und Unternehmenserfolg, S. 39-42 m. w. N.

56 Vgl. zu diesem Informationsverständnis WITTMANN, W., Unternehmung und unvollkommene Information, S. 14.

57 Vgl. WITTMANN, W., Unternehmung und unvollkommene Information, S. 14.

58 SCHILDBACH, T., Jahresabschluß und Markt, S. 6 f.

59 Vgl. MOXTER, A., Grundsätze ordnungsgemäßer Rechnungslegung, S. 223.

60 Vgl. BALLWIESER, W., Insiderrecht, S. 238; BEAVER, W. H., Financial Reporting, S. 26; CHAMBERS, R. J., Accounting, S. 145 f.; WAGENHOFER, A./EWERT, R., Externe Unternehmensrechnung, S. 46-49.

61 Vgl. KUBIN, K. W., Shareholder Value, S. 533.

an dem Unternehmen gekauft, gehalten oder verkauft werden sollten (*control by exit*)[62].[63] Der hierfür erforderliche Informationsbedarf soll im Folgenden herausgearbeitet werden.[64]

Die Frage, **welche Informationen für die Anlageentscheidung** der Investoren letztendlich „entscheidungsrelevant" sind und somit Nutzen stiften, ist wissenschaftlich bisher nicht eindeutig geklärt.[65] Hierfür müssten zunächst die individuellen Nutzenfunktionen der Investoren bekannt und zudem auch messbar sein.[66] Aufgrund der Vielfalt der Investoren wird dies nicht umsetzbar sein,[67] sodass nach alternativen Vorgehensweisen zu suchen ist. Investoren können mit ihrer Kapitalanlage sowohl finanzielle als auch nicht-finanzielle Ziele verfolgen, die jeweils in ihre individuellen Nutzenfunktionen eingehen. Hierbei sind die nicht-finanziellen Ziele von Investoren, wie beispielsweise das Streben nach Macht oder Prestige,[68] nur schwer operationalisierbar,[69] sodass eine Berücksichtigung dieser Ziele problematisch erscheint. Außerdem steht in dieser Arbeit insbesondere die Berichterstattung des Managements, das aus mangelnder Kenntnis sowie aufgrund von Effizienzüberlegungen[70] über die nicht-finanziellen Ziele der Investoren weder berichten kann noch sollte, im Fokus der Betrachtung. Aus diesen Gründen liegt es nahe, den Investoren eventuell rein finanzielle Ziele zu unterstellen. Der für

---

62 Demgegenüber können Eigentümer mit einer stärkeren Machtposition auch Mitwirkungs- und Eingriffsrechte gegenüber der Unternehmensleitung geltend machen und somit die künftige Entwicklung des Unternehmens z. T. mit beeinflussen. Diese Eigentümer besitzen neben ihrer Ausstiegsmöglichkeit (*control by exit*) somit eine Kontrollmöglichkeit durch Mitbestimmung (sogenannte *control by voice*). Vgl. hierzu KRÖNERT, B., Grundsätze informationsorientierter Rechnungslegung, S. 38 f.; MUELLER, D. C., Information, S. 432 sowie ausführlich HIRSCHMAN, A. O., Exit and Voice.

63 Vgl. BALLWIESER, W., Informations-GoB, S. 117; EGNER, H., Bilanzen, S. 31; MOXTER, A., Grundsätze ordnungsgemäßer Rechnungslegung, S. 6.

64 Der im Folgenden konkretisierte Informationsbedarf der Investoren wird zunächst unter der Annahme betrachtet, dass keine Interessenkonflikte zwischen Prinzipal (Investor) und Agent (Management) existieren, um zu zeigen, welche Informationsinteressen für diesen Fall bestehen. In einem zweiten Schritt wird diese (realitätsferne) Annahme aufgegeben und mögliche, daraus resultierende Änderungen hinsichtlich der Informationswünsche der Investoren herausgearbeitet, vgl. hierzu die folgenden Abschnitte 222. und 223.

65 Vgl. BÖCKING, H.-J., Rechnungslegung und Kapitalmarkt, S. 27; COENENBERG, A. G., Jahresabschluss und Jahresabschlussanalyse, S. 1169-1173; DOHRN, M., Entscheidungsrelevanz des Fair Value Accounting, S. 69; GÜNTHER, T./BEYER, D., Value Based Reporting, S. 1624.

66 Vgl. BÖCKING, H.-J./WESNER, P., Value Reporting und Corporate Governance, S. 103; RUHWEDEL, F./SCHULTZE, W., Value Reporting, S. 605.

67 Vgl. MÖLLER, H. P./HÜFNER, B., Zur Bedeutung der Rechnungslegung, S. 414; GÜNTHER, T./BEYER, D., Value Based Reporting, S. 1624; BÖCKING, H.-J./WESNER, P., Value Reporting und Corporate Governance, S. 103.

68 Vgl. MOXTER, A., Präferenzstruktur und Aktivitätsfunktion, S. 10; MOXTER, A., Grundsätze ordnungsmäßiger Unternehmensbewertung, S. 75-77.

69 Vgl. MOXTER, A., Grundsätze ordnungsgemäßer Rechnungslegung, S. 225.

70 Eine Berichterstattung des Managements soll auch dazu beitragen, eine effiziente Allokation des Kapitals auf dem Kapitalmarkt zu gewährleisten. Nicht-finanzielle Aspekte wie ein Macht- oder Prestigestreben einzelner Investoren tragen nicht zum Ziel eines allokationseffizienten Kapitalmarkts bei. Vgl. hierzu EIERLE, B., Differenzierung der Unternehmensberichterstattung, S. 21.

die Investitionsentscheidung relevante Wert eines Anlageobjekts wird danach durch künftige Zahlungsströme determiniert.

Die Anlageentscheidung und somit auch der Informationsbedarf des Investors bestimmen sich demnach durch die erwarteten künftigen Zahlungsströme zwischen Unternehmen und Investor.[71] Um die Zielfunktion der Investoren zu operationalisieren, bietet es sich daher an, den **Ansatz der Wertrelevanz** von Informationen heranzuziehen.[72] Hiernach sind Informationen (für die Anlageentscheidung) wertrelevant, wenn sie die Bestimmung des fundamentalen Unternehmenswerts unterstützen.[73] Zukunftsorientierte Methoden insbesondere der dynamischen Investitionsrechnung, d. h. kapitaltheoretische Überlegungen, spielen hierbei eine zentrale Rolle.[74] Die Anlageoption mit den vorteilhaftesten Zahlungsstromerwartungen stellt, unter adäquater Berücksichtigung von Risikoaspekten hinsichtlich der Unsicherheit über die Breite und den zeitlichen Verlauf der künftigen Zahlungsströme, die aus finanzieller Sicht optimale Entscheidung des Investors dar.[75] Hierbei wirken die Risiken hinsichtlich der Schwankungsbreite sowie der erwartete zeitliche Verlauf der künftigen Zahlungsströme auf die Stärke der Diskontierung dieser Zahlungsströme.[76] Der Barwert der auf diese Weise diskontierten Zahlungsströme ergibt den Wert der Anlage; dies ist für den Fall eines Unternehmens als betrachtete Anlageoption „der" Unternehmenswert bzw. „der" Marktwert des Eigenkapitals.[77]

Der Investor benötigt folglich Informationen über die Höhe, die Schwankungsbreite und den zeitlichen Verlauf der vom Unternehmen erwirtschafteten (Netto-) Zahlungsströme.[78] Auf der Basis dieser Informationen kann der Investor entscheiden, ob er seine Beteiligung am Unternehmen behält, ausbaut oder aber seinen Anteil veräußert, verbunden mit einer Investition in eine Alternativanlage (*buy-hold-sell*-Entscheidung).[79]

71 Vgl. MOXTER, A., Grundsätze ordnungsgemäßer Rechnungslegung, S. 224; SCHILDBACH, T., Analyse des betrieblichen Rechnungswesens, S. 15.

72 Vgl. hierzu AAA, Equity Valuation, S. 165 f.; RUHWEDEL, F./SCHULTZE, W., Value Reporting, S. 605.

73 Vgl. AICPA (Hrsg.), Improving Business Reporting, S. 18; KAMES, C., Unternehmensbewertung durch Finanzanalysten; RUHWEDEL, F./SCHULTZE, W., Value Reporting, S. 605.

74 Vgl. BURGER, A./BURCHHART, A., Shareholder Value-Ansatz, S. 551-553; DIRRIGL, H., Wertorientierung, S. 547-564; MOXTER, A., Rechnungslegungsmythen, S. 2146-2147.

75 Vgl. MOXTER, A., Grundsätze ordnungsgemäßer Rechnungslegung, S. 225.

76 Vgl. exemplarisch hierzu DRUKARCZYK, J./SCHÜLER, A., Unternehmensbewertung, S. 52-67.

77 Vgl. BAETGE, J./NOELLE, J., Shareholder-Value-Reporting, S. 174; MYERS, S. C., Corporate Financing and Investment Decisions, S. 7.

78 Vgl. KAHLE, H., Informationsversorgung des Kapitalmarkts, S. 96; MOXTER, A., Präferenzstruktur und Aktivitätsfunktion, S. 11; SOLOMONS, D., Economic and Accounting Concepts, S. 379; STREIM, H./BIEKER, M./LEIPPE, B., Theoretische Fundierung, S. 181.

79 Vgl. BAETGE, J./NOELLE, J., Shareholder-Value-Reporting, S. 174; MEYER, M., Unternehmenswertorientierte Berichterstattung, S. 147; WAGENHOFER, A./EWERT, R., Externe Unternehmensrechnung, S. 5.

Das Management seinerseits sollte demnach als Agent des Prinzipal-Agenten-Verhältnisses die für eine optimale Anlageentscheidung erforderlichen Informationen bereitstellen. Solange zwischen Investoren und Management **keine divergierenden Interessen** bestehen, die das Management dazu bewegen könnten, mit der Kommunikation an die Investoren eigene, nicht im Investoreninteresse liegende Ziele zu verfolgen, erscheint dies auch umsetzbar. Bestehen also keine Interessendivergenzen zwischen Management und Investoren, kann davon ausgegangen werden, dass das besser informierte Management den Investoren die für ihre Anlageentscheidung relevanten Informationen überliefert.[80] Die Annahme homogener Interessen von Management und Investoren gilt indes nur in den seltesten Fällen bzw. Auftragsbeziehungen.[81] Ferner ist zu berücksichtigen, dass im Rahmen des hier betrachteten Vertragsverhältnisses regelmäßig von dem Individualziel der persönlichen Nutzenmaximierung beider Parteien ausgegangen wird.[82]

Ob die Annahme homogener Interessen demnach weiter unterstellt werden kann bzw. sollte oder die Annahme divergierender Interessen sachgerechter erscheint, soll nachfolgend erörtert werden. Dabei soll insbesondere auch der Frage nachgegangen werden, ob und ggf. welche geänderten Anforderungen an die zu vermittelnden Informationen aus der Annahme, dass zwischen dem Management und den Investoren Interessenkonflikte bestehen, zu stellen sind.

222. Die Annahme divergierender Interessen zwischen Informationssender und -empfänger

Die Gefahr von **Interessenkonflikten** bzw. -gegensätzen besteht häufig dann, wenn eine an der Vertragsbeziehung beteiligte Partei nicht die vollen finanziellen Konsequenzen aus ihren Handlungen trägt, sondern diese von einer anderen Partei (mit-) getragen werden bzw. auf diese übertragen werden können.[83] „Die von ihm [dem Agenten] realisierten Maßnahmen werden dann regelmäßig von denen abweichen, die er ergreifen würde, wenn er die Folgen seiner Entscheidung alleine zu tragen hätte."[84]

Die hier betrachtete Auftragsbeziehung zwischen Management und Investor zeichnet sich, wie oben bereits erläutert, durch eine solche Trennung von Entscheidungsbefugnis, die dem Management als Agenten obliegt, und finanziellem Risiko, das primär vom Investor zu tragen

80 Vgl. GJESDAL, F., Accounting for Stewardship, S. 218.

81 Vgl. hierzu EIERLE, B., Differenzierung der Unternehmensberichterstattung, S. 24-27 m. w. N.

82 Vgl. HAX, H., Theorie der Unternehmung, S. 56; RICHTER, R./FURUBOTN, E. G., Neue Institutionenökonomik, S. 5 f. sowie SIEFKE, M., Externes Rechnungswesen, S. 45 m. w. N.

83 Vgl. EWERT, R., Agency-Probleme, S. 1; KRÖNERT, B., Grundsätze informationsorientierter Rechnungslegung, S. 15 mit Verweis auf HOMMEL, M., Bilanzierung immaterieller Anlagewerte, S. 19.

84 EWERT, R., Agency-Probleme, S. 1.

ist, aus. Bestehen sowohl Informationsasymmetrien als auch Interessenkonflikte zwischen Management und Investoren, können der hier unterstellten Annahme, dass die beteiligten Parteien jeweils ihren individuellen Nutzen maximieren wollen, zufolge, sogenannte **Prinzipal-Agenten-Konflikte** auftreten. Diese begründen sich darin, dass das Management seinen Informationsvorsprung gegenüber den Investoren zum eigenen Vorteil ausnutzen könnte.[85]

Als typische Beispiele für Prinzipal-Agenten-Konflikte können Situationen angeführt werden, in denen das Management in Prestigeobjekte investiert, die den Marktwert des Unternehmens nicht in dem Maße erhöhen wie dies mit einer Investition in eine Alternativanlage möglich gewesen wäre (sogenanntes Überinvestitionsproblem).[86] Aber auch ausbleibende Investitionen, deren Durchführung im Sinne der Investoren gelegen hätte, sind durchaus typische Situationen (sogenanntes Unterinvestitionsproblem).[87] Diese Situationen können teilweise darauf zurückgeführt werden, dass ein Projekt aus Investorensicht zwar den höchsten Kapitalwert aufweist, die Durchführung des Projekts aber aus Sicht des Managements mit hohen Risiken verbunden ist, beispielsweise mit einem möglichen Arbeitsplatzverlust bei einer Fehlentwicklung des Projekts.[88]

Unabhängig davon, ob das Management im Interesse der Investoren liegende Investitionen durchführt oder tatsächlich im abweichenden Eigeninteresse handelt, besteht ein weiteres, allein durch die Informationsasymmetrie begründetes Problem. Aufgrund des bestehenden Informationsvorsprungs des Managements gegenüber den Investoren hat das Management die Möglichkeit, entscheidungsrelevante Informationen zu verschweigen oder Fehlinformationen zu geben.[89] Es liegt nahe, dass das Management, das beispielsweise an eine positive Veränderung künftiger Ertragsaussichten gekoppelt vergütet wird, die tatsächliche Unternehmenssituation besser darstellen möchte als sie tatsächlich ist.[90] Allein die Gefahr, dass die Informationen verzerrt sein könnten, schränkt die Nützlichkeit der Informationen in hohem Maße ein.[91] Die Annahme divergierender Interessen zwischen den Investoren auf der einen Seite und dem

---

85 Vgl. EIERLE, B., Differenzierung der Unternehmensberichterstattung, S. 25; HARTMANN-WENDELS, T., Agency-Theorie, S. 413; WAGENHOFER, A., Agency Probleme, S. 239-256.

86 Vgl. hierzu HARTMANN-WENDELS, T., Rechnungslegung der Unternehmen, S. 146; JENSEN, M. C./MECKLING, W. H., Theory of the Firm, S. 308; PFAFF, D., Acency-Probleme, S. 43 sowie WAGENHOFER, A./EWERT, R., Externe Unternehmensrechnung, S. 196.

87 Vgl. PFAFF, D., Acency-Probleme, S. 43; WAGENHOFER, A./EWERT, R., Externe Unternehmensrechnung, S. 195 f.

88 Vgl. EIERLE, B., Differenzierung der Unternehmensberichterstattung, S. 27; PFAFF, D., Agency-Probleme, S. 43.

89 Vgl. EIERLE, B., Differenzierung der Unternehmensberichterstattung, S. 26.

90 Vgl. hierzu und zu weiteren Gründen einer verzerrten Darstellung der Lage der Gesellschaft KIRSCH, H.-J./KOELEN, P., IFRS-Rechnungslegung und Unternehmensbewertung, S. 282.

91 Vgl. EIERLE, B., Differenzierung der Unternehmensberichterstattung, S. 26; SCHEELE, A., Lageberichterstattung, S. 28.

Management auf der anderen Seite ist also gerechtfertigt und soll deshalb der weiteren Untersuchung dieser Arbeit zugrunde gelegt werden.[92]

Das Konfliktpotenzial, welches durch die bestehenden Informationsasymmetrien und Interessengegensätze zwischen Management und Investoren hervorgerufen wird, beeinflusst die **Anforderungen an die** Eigenschaften der zu vermittelnden **Informationen**. Zwar bleibt das ursprüngliche Informationsinteresse der Investoren nach Informationen, die eine Abschätzung des fundamentalen Unternehmenswerts ermöglichen, nach wie vor grundsätzlich bestehen. Dadurch, dass diese für die Anlageentscheidung der Investoren höchst relevanten Informationen stark zukunftsbezogen sind, sind sie indes mit einer erhöhten Unsicherheit behaftet.[93] Diese Unsicherheit der Daten eröffnet zwangsläufig Ermessensspielräume, die vor dem Hintergrund der bestehenden Prinzipal-Agenten-Konflikte zu einem Vertrauensverlust führen können.[94] „Gezielt", im Sinne des Interesses der Investoren, zu berichten liegt nämlich, wie oben erläutert, nicht zwangsläufig im Interesse des rechenschaftspflichtigen Managements.[95] Ein derartiger Vertrauensverlust könnte dazu führen, dass die Investoren die übermittelten Informationen ihren Entscheidungen nicht mehr zugrunde legen. Um einen Vertrauensverlust zu verhindern bzw. zu begrenzen, sollte die Berichterstattung hinreichend verlässlich sein, damit die Informationen für die Investoren weiterhin entscheidungsnützlich bleiben.[96] Wegen der vergleichsweise hohen Bedeutung einer verlässlichen Berichterstattung bei Prinzipal-Agenten-Konflikten, soll im folgenden Abschnitt hierauf näher eingegangen werden.

223. Die zentrale Bedeutung verlässlicher Informationen

Unter einer **verlässlichen** Berichterstattung wird im Rahmen dieser Arbeit eine **objektive**, d. h. **intersubjektiv nachprüfbare**, Berichterstattung verstanden.[97] Damit eine Information

---

92 Vgl. JENSEN, M. C./MECKLING, W. H., Theory of the Firm, S. 308 sowie dem folgend EIERLE, B., Differenzierung der Unternehmensberichterstattung, S. 24 m. w. N.

93 Vgl. MOXTER, A., Grundsätze ordnungsgemäßer Rechnungslegung, S. 222 und 225.

94 Vgl. ARBEITSKREIS „EXTERNE UND INTERNE ÜBERWACHUNG DER UNTERNEHMUNG" DER SCHMALENBACH-GESELLSCHAFT FÜR BETRIEBSWIRTSCHAFT E. V., Probleme der Prognoseprüfung, S. 108; MOXTER, A., Grundsätze ordnungsgemäßer Rechnungslegung, S. 252.

95 Vgl. MOXTER, A., Fundamentalgrundsätze, S. 97.

96 Vgl. BRINKMANN, J., Zweckadäquanz, S. 42-44; KRÖNERT, B., Grundsätze informationsorientierter Rechnungslegung, S. 26 und 51; KIRSCH, H.-J./KOELEN, P., IFRS-Rechnungslegung und Unternehmensbewertung, S. 282; SCHEELE, A., Lageberichterstattung, S. 27 f.

97 Das Begriffsverständnis von Verlässlichkeit im Schrifttum ist unterschiedlich. Zu der hier vertretenen Ansicht, dass Verlässlichkeit mit Objektivität bzw. intersubjektiver Nachprüfbarkeit gleichzusetzen ist, vgl. ebenso BAETGE, J., Möglichkeiten der Objektivierung, S. 170; BRINKMANN, J., Zweckadäquanz, S. 43 sowie BRINKMANN, J., Informationsfunktion der Rechnungslegung nach IFRS, S. 231; KÜMMEL, J., Grundsätze für die Fair Value-Ermittlung, S. 90, Fußnote 44; PLOCK, M., Ertragsrealisation nach IFRS, S. 24 f. sowie SCHEELE, A., Lageberichterstattung, S. 28 f. Vertreter des ursprünglich von IJIRI/JAEDICKE etablierten Verständnisses von Verlässlichkeit definieren diese indes umfassender. Hiernach stellt die Objektivität

intersubjektiv nachprüfbar und für jedermann gültig ist,[98] muss sie sich nach bestimmten Gesetzmäßigkeiten ableiten lassen.[99] Hiervon abzugrenzen sind subjektive Überzeugungen, also Hypothesen, die sich (noch) nicht zu Gesetzmäßigkeiten konkretisiert haben und somit dem wissenschaftlichen Verständnis der Objektivität widersprechen.[100] Um einen ursprünglich nicht objektiven Sachverhalt objektiv zu machen, bedarf es **Objektivierungen.**[101] Der Umfang der Objektivierungen bestimmt hierbei den erreichten Objektivierungsgrad.[102]

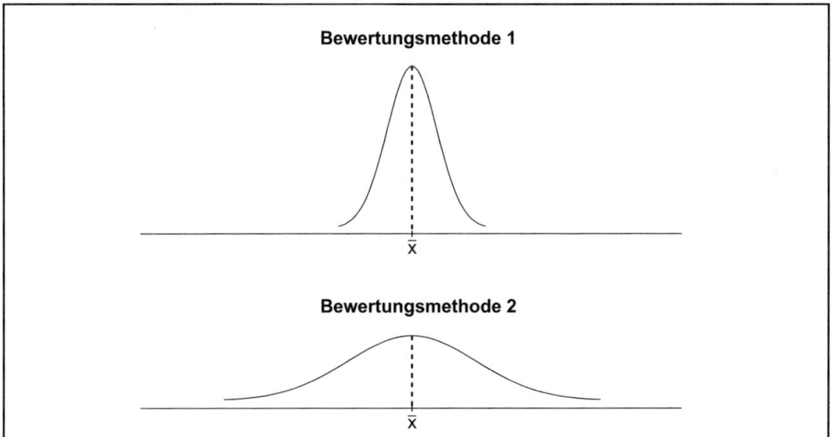

Legende:

$\bar{x}$ = Erwartungswert der Verteilung

Abbildung 1: Der Grad der Objektivierung in Abhängigkeit von der Streuung der Bewertungsergebnisse[103]

Bezogen auf Bilanzierungssachverhalte und speziell für Bewertungsfragen gilt, dass ein Bewertungsverfahren umso objektivierter ist, je geringer die Bandbreite möglicher, noch sachge-

der Informationen nur eine Komponente einer verlässlichen Berichterstattung dar, vgl. hierzu ausführlich IJIRI, Y./JAEDICKE, R. K., Reliability and Objectivity of Accounting Measurements, S. 474-483. Auf diese Sichtweise wird im weiteren Verlauf der Ausführungen zur Definition der Verlässlichkeit noch Bezug genommen, vgl. hierzu insbes. die Ausführungen in Fußnote 116.

98 Vgl. BAETGE, J., Möglichkeiten der Objektivierung, S. 16 unter Verweis auf BRUGGER, W., Philosophisches Wörterbuch, S. 272 sowie SCHISCHKOFF, G., Philosophisches Wörterbuch, S. 473.

99 Vgl. POPPER, K., Logik der Forschung, S. 22.

100 Vgl. POPPER, K., Logik der Forschung, S. 23.

101 Vgl. BAETGE, J., Möglichkeiten der Objektivierung, S. 16.

102 Vgl. IJIRI, Y./JAEDICKE, R. K., Reliability and Objectivity of Accounting Measurements, S. 476.

103 In Anlehnung an IJIRI, Y./JAEDICKE, R. K., Reliability and Objectivity of Accounting Measurements, S. 482.

rechter Ergebnisse ist.[104] „Objectivity of a measurement system gives the degree of consensus in the results (output) or the degree to which the output of the system depends on the measurer."[105] Der Grad an Objektivierung kann hierbei beispielsweise durch die Varianz, also die Streuung der Bewertungsergebnisse um den Erwartungswert einer Verteilung, gemessen werden.[106] Abbildung 1 veranschaulicht einen unterschiedlichen Objektivierungsgrad exemplarisch anhand der Ergebnisse zweier verschiedener Bewertungsmethoden.

Die Bewertungsmethode 1 ist objektivierter und somit auch verlässlicher, da die Bewertungsergebnisse eine geringere Streuung um den Erwartungswert aufweisen, was bedeutet, dass verschiedene Betrachter in ihren Ergebnissen stärker übereinstimmen.[107] Die Bewertungsmethode 1 ist deshalb unter der Vorgabe, Ermessensspielräume bei einer Bewertung möglichst zu reduzieren, gegenüber der Bewertungsmethode 2 vorzuziehen.

Damit ein mit Ermessensspielräumen behaftetes (Bewertungs-) Verfahren verlässlicher wird, müssen, wie bereits angeführt, **Objektivierungen** vorgenommen werden.[108] Während zukunftsorientierte Aussagen oder Bewertungen aufgrund ihrer Unsicherheit mit weitreichenden Ermessensspielräumen behaftet und vergleichsweise schwierig zu objektivieren sind, sind vergangenheitsorientierte Informationen von Natur aus intersubjektiv nachprüfbar.[109] Objektiv feststellbare Informationen, wie beispielsweise rein vergangenheitsorientierte Daten, sind aber tendenziell weniger relevant für die Abschätzung des fundamentalen Unternehmenswerts, der für die Anlageentscheidung des Investors die zentrale Größe darstellt.[110] Es besteht

104 Vgl. hierzu ausführlich IJIRI, Y./JAEDICKE, R. K., Reliability and Objectivity of Accounting Measurements, S. 475-478. Ebenso BERNDT, T., Wahrheits- und Fairnesskonzeptionen in der Rechnungslegung, S. 211; GATTUNG, A./LORSON, P., Forderung nach einer „faithful representation", S. 562; RUHNKE, K./SCHMIDT, M., Prüfung von beizulegenden Zeitwerten, S. 1049; vgl. ferner die Ausführungen des FASB zur Verifiability in SFAC 2.84.

105 IJIRI, Y./JAEDICKE, R. K., Reliability and Objectivity of Accounting Measurements, S. 476. Ebenso BERNDT, T., Wahrheits- und Fairnesskonzeptionen in der Rechnungslegung, S. 205 m. w. N.

106 Vgl. IJIRI, Y./JAEDICKE, R. K., Reliability and Objectivity of Accounting Measurements, S. 477; KUHNER, C., Spannungsverhältnis zwischen Einzelfallgerechtigkeit und Willkürfreiheit, S. 534.

107 Vgl. hierzu auch BAETGE, J./KRUSE, A., Objektivität der Urteilsbildung, S. 204; HAGEST, J./KELLINGHUSEN, G., Zur Problematik der Prognoseprüfung, S. 412 f. sowie KÜMMEL, J., Grundsätze für die Fair Value-Ermittlung, S. 92-95: Werte sind demzufolge als objektiv zu bezeichnen, wenn unabhängige und sachverständige Dritte auf Basis einer bestimmten Datenlage mit den gleichen Bewertungsmethoden zum gleichen Bewertungsergebnis gelangen. Weichen die Bewertungsergebnisse voneinander ab, liegen aber systematisch bedingt in einem bestimmten Wertintervall, so sind sie in diesem Wertintervall bzw. in dieser Bandbreite objektivierbar. Vgl. hierzu auch BAETGE, J., Möglichkeiten der Objektivierung, S. 122-124.

108 Vgl. BAETGE, J., Möglichkeiten der Objektivierung, S. 16; BERNDT, T., Wahrheits- und Fairnesskonzeptionen in der Rechnungslegung, S. 211; IJIRI, Y./JAEDICKE, R. K., Reliability and Objectivity of Accounting Measurements, S. 475-477.

109 Vgl. BALLWIESER, W., Informations-GoB, S. 118; BRINKMANN, J., Zweckadäquanz, S. 43 f.; MOXTER, A., Grundsätze ordnungsgemäßer Rechnungslegung, S. 229.

110 Vgl. BAETGE, J., Möglichkeiten der Objektivierung, S. 169; BALLWIESER, W., Informations-GoB, S. 118; BRINKMANN, J., Zweckadäquanz, S. 44 m. w. N.

folglich ein **Zielkonflikt** zwischen der Vermittlung **entscheidungsrelevanter Informationen** auf der einen und **verlässlicher Informationen** auf der anderen Seite, welchen BAETGE als Zielkonflikt zwischen objektiven und ökonomisch brauchbaren Informationen charakterisiert (vgl. Abbildung 2).[111]

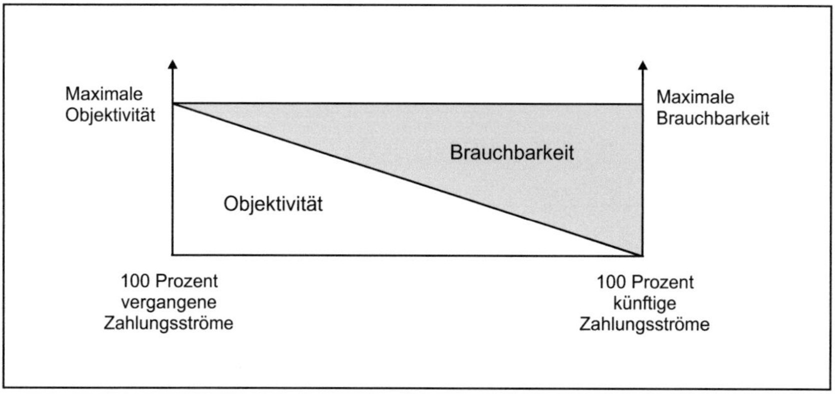

Abbildung 2: Der Zielkonflikt zwischen Objektivität und ökonomischer Brauchbarkeit[112]

BAETGE definiert ökonomisch brauchbare Informationen als solche, die als Entscheidungshilfe dienen können.[113] Somit ist die Definition der ökonomischen Brauchbarkeit mit dem Verständnis der hier angeführten Entscheidungsrelevanz von Informationen für die Kapitalanlageentscheidung der Investoren (Informationen zur Abschätzung des fundamentalen Unternehmenswerts) vergleichbar. Die zweite Dimension des Zielkonflikts, die Objektivität der Informationen, definiert BAETGE als Forderung nach intersubjektiver Nachprüfbarkeit der vermittelten Informationen und führt beispielhaft Vergangenheitszahlen als objektiv an.[114] Auch die Objektivität der Informationen ist demnach mit der hier definierten Verlässlichkeit i. S. einer intersubjektiven Nachprüfbarkeit der vermittelten Informationen in Einklang zu bringen.

---

111 Vgl. BAETGE, J., Möglichkeiten der Objektivierung, S. 168 f.; ebenso dieses Spannungsverhältnis aufgreifend MOXTER, A., Bilanzlehre, S. 256-258 und 274-276; BALLWIESER, W., IFRS-Rechnungslegung, S. 14.

112 In Anlehnung an BAETGE, J., Möglichkeiten der Objektivierung, S. 169.

113 Vgl. BAETGE, J., Möglichkeiten der Objektivierung, S. 168.

114 Vgl. BAETGE, J., Möglichkeiten der Objektivierung, S. 168. Vgl. ferner LEFFSON, U., Grundsätze ordnungsmäßiger Buchführung, S. 202, der die Forderung nach Objektivität durch die Forderung nach intersubjektiver Nachprüfbarkeit konkretisiert unter Verweis auf POPPER. Vgl. hierzu ausführlich POPPER, K., Logik der Forschung, S. 21-25.

Ein höherer Objektivierungsgrad geht häufig mit einem gleichzeitigen Verzicht auf Entscheidungsrelevanz einher,[115] sodass der Objektivierungsgrad einer Bewertungsmethode allein noch keine Aussage darüber zulässt, ob eine Methode als überlegen zu beurteilen ist.[116] Dies soll am Beispiel der beiden bereits in Abbildung 1 dargestellten Bewertungsmethoden veranschaulicht werden. Hierbei soll x* nunmehr den fundamentalen, „wahren" Wert darstellen, über den indes nur ex post Kenntnis erlangt werden kann. Der Erwartungswert der Verteilung möglicher Werte bei Methode 1 liegt dabei weiter vom fundamentalen Wert x* entfernt als bei Methode 2 (vgl. hierzu Abbildung 3).[117]

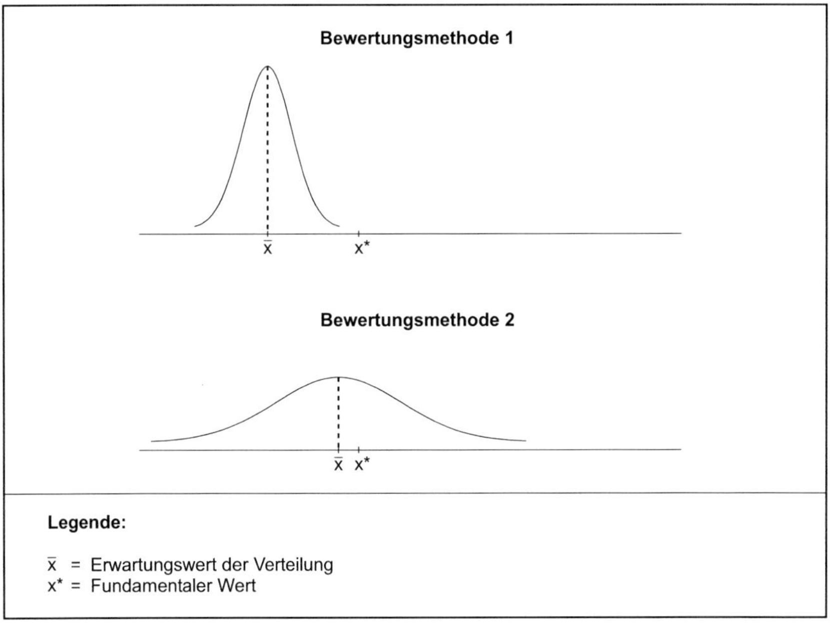

Abbildung 3: Der Grad der Objektivierung und die Güte der Abbildungstreue[118]

115 Vgl. ausführlich BAETGE, J., Möglichkeiten der Objektivierung, S. 167-173; vgl. ferner BERNDT, T., Wahrheits- und Fairnesskonzeptionen in der Rechnungslegung, S. 211 f.; BRINKMANN, J., Informationsfunktion der Rechnungslegung nach IFRS, S. 231; KUHNER, C., Spannungsverhältnis zwischen Einzelfallgerechtigkeit und Willkürfreiheit, S. 535.

116 Vgl. hierzu auch IJIRI, Y./JAEDICKE, R. K., Reliability and Objectivity of Accounting Measurements, S. 482, die indes den Verzicht auf Entscheidungsrelevanz ebenfalls unter den Begriff der Verlässlichkeit subsumieren. Demzufolge identifizieren IJIRI/JAEDICKE bereits auf Ebene der Verlässlichkeit einen Zielkonflikt, vgl. IJIRI, Y./JAEDICKE, R. K., Reliability and Objectivity of Accounting Measurements, S. 482 f.

117 Vgl. zu dieser Vorgehensweise IJIRI, Y./JAEDICKE, R. K., Reliability and Objectivity of Accounting Measurements, S. 482.

118 In Anlehnung an IJIRI, Y./JAEDICKE, R. K., Reliability and Objectivity of Accounting Measurements, S. 482.

Bezogen auf die Bilanzierung könnte Methode 1 beispielsweise eine Bewertung zu fortgeführten Anschaffungskosten repräsentieren und Methode 2 eine Bewertung zu unternehmensindividuellen Nutzungswerten. Dadurch, dass der Nutzungswert zukunftsbezogen ermittelt wird, steigt die Unsicherheit des zu ermittelnden Werts, was zu höheren Beurteilungsspielräumen und letztlich zu einer breiteren Verteilung der Bewertungsergebnisse führt. Die objektiviertere Methode (Bewertung zu fortgeführten Anschaffungskosten) weist eine weitaus geringere Streuung auf, wobei der Erwartungswert der Bewertungsergebnisse annahmegemäß indes weiter vom fundamentalen Wert entfernt liegt. Die objektiviertere Bewertungsmethode liefert im hier gewählten Beispiel folglich verlässlichere, aber weniger relevante Informationen im Sinne einer Annäherung an den fundamentalen Unternehmenswert.[119]

Aus den in Abbildung 3 dargestellten Verteilungen der beiden Bewertungsmethoden könnte gefolgert werden, dass Bewertungsmethode 2 als überlegen anzusehen ist. Zu beachten bleibt indes, dass diese Beurteilung der Methoden nur unter der realitätsfernen Annahme erfolgen kann, dass der „wahre" Wert x* ex ante bekannt ist. Ohne Kenntnis des fundamentalen Werts fällt eine Beurteilung unterschiedlicher (Bewertungs-) Methoden jedoch erheblich schwerer.

Darüber hinaus blieben bislang mögliche negative Konsequenzen aus der bereits erläuterten, im Rahmen dieser Arbeit zu berücksichtigenden Prinzipal-Agenten-Beziehung zwischen den Investoren und dem Management gänzlich unberücksichtigt. Die in Abbildung 3 dargestellte Verteilung der Bewertungsergebnisse von Methode 2 gibt lediglich die Unsicherheit über die unterschiedlichen Szenarien der künftigen Entwicklung wieder. Bewusste Verzerrungen vonseiten des Bewertenden wurden ausgeblendet. Diese realitätsferne[120] Annahme wird nun aufgegeben und durch die realitätsnahe Annahme divergierender Interessen mit dabei verzerrten Informationen ersetzt. Es wird hier beispielhaft unterstellt, dass unter den Bilanzierenden eine Tendenz besteht, die Ermessensspielräume bewusst in der Weise auszunutzen, dass zu hohe Werte angesetzt werden. Dies wird durch die gestrichelten Linien verdeutlicht (vgl. Abbildung 4). Die Bewertungsergebnisse entfernen sich nun vom ursprünglichen Erwartungswert der Verteilung in einen gerade noch zulässigen i. S. v. noch zu plausibilisierenden Bereich.[121]

119 Vgl. exemplarisch BRINKMANN, J., Informationsfunktion der Rechnungslegung nach IFRS, S. 231 sowie JACOBI, A., Analyse bilanztheoretischer Grundlagen, S. 45, die ebenfalls das Beispiel der Bilanzierung zu Anschaffungskosten wählen und diesem Wertmaßstab ebenso eine höhere Verlässlichkeit, indes eine geringere Entscheidungsrelevanz beimessen.

120 Vgl. Abschnitt 222.

121 Vgl. zu dieser Vorgehensweise auch GATTUNG, A./LORSON, P., Forderung nach einer „faithful representation", S. 563 f.

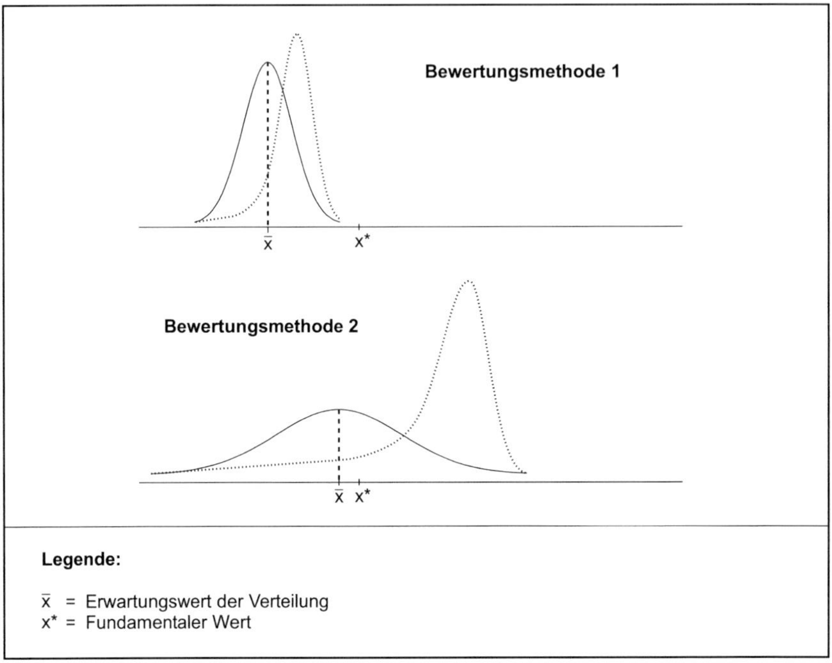

Abbildung 4: Der Einfluss der Annahme bewusster Verzerrungen auf die Güte der Abbildungstreue unterschiedlich objektivierter Bewertungsmethoden[122]

Unter der Annahme bewusster Verzerrungen erscheint nun wiederum Methode 1 vorzugswürdig.[123] Hierdurch wird deutlich, dass die Auswahl von Bewertungsmethoden unter anderem entscheidend davon abhängt, ob zwischen dem Informationssender und -empfänger Prinzipal-Agenten-Konflikte bestehen. Die Entscheidung für eine bestimmte Bewertungsmethode kann sich folglich ändern, wenn den bilanzierenden Agenten unterstellt wird, bewusste Verzerrungen vorzunehmen.[124] Da im Prinzipal-Agenten-Verhältnis zwischen Investoren und Management bewusste Verzerrungen unterstellt werden können,[125] ist der Objektivierung und damit auch der Verlässlichkeit tendenziell ein hoher Stellenwert einzuräumen. Dies ist von

122 In Anlehnung an IJIRI, Y./JAEDICKE, R. K., Reliability and Objectivity of Accounting Measurements, S. 482 sowie GATTUNG, A./LORSON, P., Forderung nach einer „faithful representation", S. 564.

123 Dies bestätigend betont WAGENHOFER im Kontext der Fair Value-Bewertung, dass der Fair Value bei einer abnehmenden Verlässlichkeit, also bei zunehmenden Ermessensspielräumen bei seiner Bestimmung, ab einem bestimmten Moment weniger entscheidungsnützlich ist als die Anschaffungskosten, vgl. hierzu WAGENHOFER, A., Fair Value-Bewertung und nützliche Finanzberichterstattung, S. 189.

124 Vgl. GATTUNG, A./LORSON, P., Forderung nach einer „faithful representation", S. 564.

125 Vgl. hierzu die grundlegenden Ausführungen in Abschnitt 222.

herausragender Bedeutung, damit die vermittelten Informationen als entscheidungsnützlich beurteilt werden können.[126] GJESDAL betont, dass ermessensbeschränkende Objektivierungen insbesondere durch die Vermittlung „harter“ i. S. verlässlicher Informationen erreicht werden können.[127]

Neben der Ausprägung der Prinzipal-Agenten-Problematik bestimmt auch die Unsicherheit des zu bewertenden Sachverhalts die Anforderungen an die Eigenschaften der zu vermittelnden Informationen. Insbesondere zukunftsbezogene Informationen bzw. Bewertungen sind mit erhöhten Unsicherheiten und dadurch auch mit i. d. R. weitreichenden Ermessensspielräumen behaftet, sodass bei gegebener Ausprägung des Prinzipal-Agenten-Konflikts c. p. höhere Objektivierungen zu fordern sind. Der anzustrebende Objektivierungsgrad und somit auch die Festlegung des Bewertungsverfahrens sollten folglich zum einen von der **Ausprägung des Prinzipal-Agenten-Konflikts** zwischen dem Bilanzierenden und dem Adressaten und zum anderen von der **Unsicherheit des zu bewertenden Sachverhalts**, die die Ermessens- und Manipulationsspielräume bei der Bewertung maßgeblich beeinflusst, abhängig gemacht werden. Die Ausprägung dieser beiden zentralen Faktoren wirkt zusammen mit der Wahl der Bewertungsmethode bzw. des Bewertungsverfahrens letztlich auf das Bewertungsergebnis (vgl. hierzu Abbildung 5).

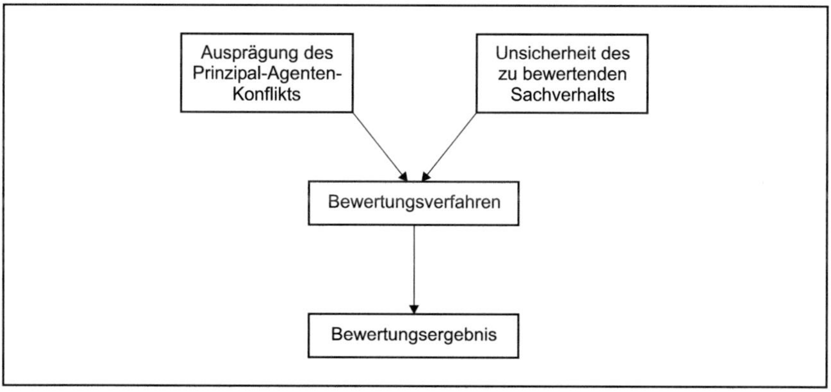

Abbildung 5: Die erforderliche Objektivierung einer Bewertung in Abhängigkeit von der Ausprägung des Prinzipal-Agenten-Konflikts und der Unsicherheit des zu bewertenden Sachverhalts

126 Vgl. IJIRI, Y., Theory of Accounting Measurement, S. 35-40; ebenso GJESDAL, F., Accounting for Stewardship, S. 224 und 226.

127 Vgl. GJESDAL, F., Accounting for Stewardship, S. 224 und 226, der die Vermittlung „harter“ Informationen im Kontext der Erfüllung der *stewardship*-Funktion fordert.

Festzuhalten bleibt, dass sowohl die Entscheidungsrelevanz als auch die Verlässlichkeit zentrale Eigenschaften für eine aus Investorensicht nützliche Information und somit die zu maximierenden Zielgrößen darstellen.[128] Dass diese beiden Größen in einem Zielkonflikt zueinander stehen, erschwert das zu lösende Optimierungsproblem. „Die gleichzeitige Erfüllung beider Ziele [...] scheint nicht möglich zu sein"[129]. Es ist daher eine Gewichtung bzw. Schwerpunktsetzung bezüglich dieser beiden konfliktären Zielgrößen vorzunehmen.[130] Eine solche Gewichtung gestaltet sich insbesondere aus dem Grund, dass der Einfluss auf die Nützlichkeit einer Information bei z. B. erhöhter Entscheidungsrelevanz und zugleich abnehmender Verlässlichkeit ungewiss und nur schwer einzuschätzen ist, problematisch.[131] Der Zielkonflikt wird zudem dadurch komplexer, dass zwischen Management und Investoren durch Informationsasymmetrien und Interessenkonflikte hervorgerufene Prinzipal-Agenten-Konflikte bestehen.

Als kapitalmarktorientiertes Informationsinstrument, das durch Vorschriften zur Berichterstattung für kapitalmarktorientierte Unternehmen die bestehenden Informationsasymmetrien zwischen Management und Investoren vermindern möchte,[132] hat sich die IFRS-Rechnungslegung in den letzten Jahren etabliert.[133] Die IFRS-Rechnungslegung gewährleistet so eine Schutzfunktion gegenüber den Prinzipalen (Investoren) als Vertragspartnern der berichterstattenden Unternehmen.[134] Inwieweit die IFRS-Rechnungslegung die bestehenden Informationsasymmetrien zwischen Investoren und Management aufgreift bzw. durch welche Zielsetzung(en) sie diese zu vermindern und dadurch die bestehenden Prinzipal-Agenten-Konflikte einzuschränken versucht, soll im Folgenden erörtert werden. Dabei soll ebenso der Frage nachgegangen werden, auf welche Weise die IFRS dem Zielkonflikt zwischen der

128 Vgl. hierzu exemplarisch BAETGE, J., DCF-Verfahren in Unternehmensbewertung und Bilanzierung, S. 1 sowie BRINKMANN, J., Zweckadäquanz, S. 40-44.

129 BAETGE, J., Möglichkeiten der Objektivierung, S. 170.

130 Vgl. BAETGE, J./LIENAU, A., Gläubigerschutzgedanke, S. 67; HALLER, A., Grundlagen der externen Rechnungslegung, S. 222 f.

131 Vgl. BRINKMANN, J., Informationsfunktion der Rechnungslegung nach IFRS, S. 231; KIRCHNER, C., Probleme von Ermessensspielräumen, S. 62; WAGENHOFER, A./EWERT, R., Externe Unternehmensrechnung, S. 105.

132 Zur Eignung der Rechnungslegung als Instrument zur Verminderung der Informationsasymmetrien vgl. BAETGE, J./LIENAU, A., Gläubigerschutzgedanke, S. 67; BUSSE VON COLBE, W., Unternehmenskontrolle durch Rechnungslegung, S. 39; EIERLE, B., Differenzierung der Unternehmensberichterstattung, S. 31; KRÖNERT, B., Grundsätze informationsorientierter Rechnungslegung, S. 16; WATRIN, C., Internationale Rechnungslegung, S. 33, 37 und 39.

133 Vgl. zur zentralen Bedeutung der Rechnungslegung nach IFRS deren EU-rechtliche Verankerung in Art. 4 der IAS-Verordnung und hierzu ausführend KIRSCH, H.-J., Entwicklung der deutschen Bilanzierungsnormen, S. 749-751. Vgl. ferner HAYN, S., Entwicklungstendenzen der IFRS, S. 425. Zu aktuellen Änderungen hinsichtlich des Endorsement-Verfahrens vgl. BUCHHEIM, R./KNORR, L./SCHMIDT, M., Anwendung der IFRS in Europa, S. 334-341.

134 Zur Schutzfunktion der Rechnungslegung vgl. exemplarisch BAETGE, J./THIELE, S., Gesellschafterschutz versus Gläubigerschutz, S. 12-17 sowie MOXTER, A., Grundsätze ordnungsgemäßer Rechnungslegung, S. 3-7.

Vermittlung entscheidungsrelevanter und verlässlicher Informationen begegnen. Ferner soll untersucht werden, ob möglicherweise eine Schwerpunktsetzung hinsichtlich einer der beiden Zielgrößen vertreten wird.

3 Grundlagen der IFRS-Rechnungslegung und der Unternehmensbewertung

31 Zielsetzung der IFRS-Rechnungslegung

311. Vermittlung entscheidungsnützlicher Informationen (*decision usefulness*)

Die **Zielsetzung von IFRS-Abschlüssen** ist sowohl im Rahmenkonzept der IFRS (IASB-Framework) als auch in IAS 1 festgehalten.[135] Diese Zielsetzung besteht gemäß Framework 12 (F.12) sowie IAS 1.7 darin, Informationen über das Unternehmen zu vermitteln, die für wirtschaftliche Entscheidungen eines breiten Adressatenkreises nützlich sind. Die **Adressaten** sowie das **Ziel eines IFRS-Abschlusses** werden im Framework näher konkretisiert (vgl. F.9-11 sowie F.12-21).

Der Kreis der **Adressaten** wird hierbei in F.9 zunächst sehr weit gefasst. Neben Investoren werden Kreditgeber, Lieferanten und andere Gläubiger, Kunden, Regierungen und ihre Institutionen sowie die Öffentlichkeit genannt (F.9). In einem zweiten Schritt wird die Annahme getroffen, dass die Interessen dieser Adressatengruppen durch die Interessen der **Investoren** als Risikokapitalgeber weitgehend abgedeckt werden (F.10).[136] Insbesondere die im Rahmen dieser Arbeit typisierten Kleinanleger[137] werden durch den Adressatenkreis der IFRS aufgegriffen: IAS 1.3 betont, dass der IFRS-Abschluss den Informationsbedürfnissen derjenigen Adressaten gerecht werden solle, die nicht in der Lage sind, Berichte anzufordern, die speziell auf ihre Informationsbedürfnisse zugeschnitten sind. Hierunter lassen sich in erster Linie Kleinanleger als anonyme Eigenkapitalgeber vermuten.[138] Hinsichtlich der Analysefähigkeit bei der Auswertung von Rechnungslegungsinformationen wird, ebenso wie in dieser Arbeit, auch nach IFRS von einem sachkundigen Abschlussadressaten im Sinne eines *average prudent investor* ausgegangen.[139] Das **Ziel des IFRS-Abschlusses** liegt gemäß F.12 i. V. m. F.10 darin, den auf diese Weise typisierten Investoren als primären Adressaten für ihre **wirtschaftlichen Entscheidungen nützliche Informationen** (***decision usefulness***) bereitzustellen.

---

135 Die Ausführungen im IFRS-Framework sind gemäß F.2 sowie F.3 gegenüber den Regelungen der einzelnen Standards der IFRS nachrangig. Dadurch, dass die Zielsetzung von IFRS-Abschlüssen auch in IAS 1 kodifiziert wird, erhöht sich ihr Verbindlichkeitscharakter. Vgl. hierzu auch HEUSER, P. J./THEILE, C., IFRS Handbuch, Rn. 200.

136 Der Begriff des Investors wird im IFRS-Rahmenkonzept näher definiert. Unter Investoren werden gemäß F.9(a) Risikokapitalgeber und speziell Eigenkapitalgeber (*shareholder*) verstanden.

137 Vgl. hierzu die grundlegenden Ausführungen in Abschnitt 21.

138 Vgl. PELLENS, B./FÜLBIER, R. U./GASSEN, J./SELLHORN, T., Internationale Rechnungslegung, S. 111; MEYER, M., Unternehmenswertorientierte Berichterstattung, S. 141; SCHEELE, A., Lageberichterstattung, S. 22.

139 Vgl. WOLLMERT, P./ACHLEITNER, A.-K., Konzeptionelle Grundlagen der IAS-Rechnungslegung, S. 213 sowie HEPERS, L., Entscheidungsnützlichkeit der Bilanzierung von Intangible Assets, S. 18 f. m. w. N.

Als wirtschaftliche Entscheidungen der Investoren nennt das IASB-Framework zum einen die Entscheidung, Anteile an einem Unternehmen zu halten oder zu verkaufen und zum anderen das Management eines Unternehmens zu bestätigen oder zu ersetzen (F.14).

Die wirtschaftliche **Entscheidung über den Anteilserwerb oder aber -verkauf** erfordert in erster Linie Informationen über künftige Zahlungsströme zwischen Unternehmen und Investor.[140] Diese wirtschaftliche Entscheidung kann jeder Investor individuell ausüben. Die Aufgabe des IFRS-Abschlusses, diese Art von Informationen bereitzustellen, wird im Folgenden als ***valuation usefulness*-Funktion** bezeichnet.[141]

Ferner soll eine **Beurteilung der Leistung des Managements** durch den IFRS-Abschluss ermöglicht werden. Die in F.14 genannte wirtschaftliche Entscheidung über eine mögliche Fortbeschäftigung des Managements kann ein einzelner Investor tendenziell eher selten maßgeblich beeinflussen. Für den Regelfall, dass ein Investor die Besetzung des Managements aufgrund eines zu geringen Anteilsbesitzes nicht beeinflussen kann, wird eine negative individuelle Beurteilung des Managements i. d. R. zu der Entscheidung führen, bestehende Anteile zu verkaufen (*control by exit*).[142] Dass ein Investor, wie der in dieser Arbeit typisierte Kleinanleger, keinen wesentlichen Einfluss auf die Bestätigung bzw. Abberufung der Unternehmensleitung hat, beeinflusst indes nicht die Zielsetzung des Abschlusses, für diese (fiktive) wirtschaftliche Entscheidung Informationen bereitzustellen.[143] Diese Zielsetzung des IFRS-Abschlusses wird auch als ***stewardship*-Funktion** bezeichnet (F.14).[144]

---

140 Vgl. Abschnitt 22.

141 Eine explizite Bezeichnung für diese Funktion des IFRS-Abschlusses sieht das IASB-Framework in seiner jetzigen Fassung nicht vor. Der Exposure Draft zum Conceptual Framework-Projekt des IASB und des FASB führt für diese Funktion die Bezeichnung „*usefulness of financial reporting in assessing cash flow prospects*“ ein, die das Informationsinteresse der Investoren nach der Höhe, der Unsicherheit und der zeitlichen Struktur künftiger Zahlungsüberschüsse berücksichtigen soll. Aufgrund der inhaltlichen Nähe zum Informationsbedarf in der Unternehmensbewertung wird diese Funktion im Folgenden in Anlehnung an GASSEN als *valuation usefulness*-Funktion bezeichnet. Zu dem in diesem Kontext verwendeten Begriff der *valuation usefulness* vgl. GASSEN, J., Stewardship and valuation usefulness. Dem inhaltlich folgend, verwendet PELGER den entsprechenden deutschen Begriff der „Bewertungsnützlichkeit“ für diese Subzielsetzung, vgl. PELGER, C., Exposure Draft zur Phase A des Conceptual Framework-Projekts, S. 158-160. Dadurch, dass dieses Subziel des IFRS-Abschlusses bislang im IASB-Framework nicht eindeutig benannt wurde, haben sich im Schrifttum unterschiedlichste Bezeichnungen herausgebildet. Inhaltlich dasselbe, wie im Folgenden durch die Bezeichnung *valuation usefulness*-Funktion ausgedrückt werden soll, meinen beispielsweise BUSSE VON COLBE sowie PAARZ mit dem Begriff der Informationsfunktion i. e. S., mit der sie die Bereitstellung von Informationen über die Höhe, die Breite und den zeitlichen Verlauf künftiger Zahlungsströme bezeichnen. Da die Bezeichnung „Informationsfunktion i. e. S.“ indes mit dem übergeordneten Ziel der IFRS-Rechnungslegung, entscheidungsnützliche Informationen zu vermitteln (*decision usefulness*), zu begrifflichen Abgrenzungsproblemen führen könnte, soll hier die Bezeichnung der *valuation usefulness*-Funktion gewählt und im weiteren Verlauf der Arbeit verwendet werden.

142 Vgl. Abschnitt 221.

143 Vgl. ausführlicher zu den bereitzustellenden Informationen Abschnitt 313.

144 Die Begriffe des *predictive value* und des *confirmatory value* sind von den hier verwandten Ausdrücken der *valuation usefulness*-Funktion und der *stewardship*-Funktion inhaltlich abzugrenzen. Während das ers-

Die IFRS-Rechnungslegung dient demnach ausschließlich dem Zweck, Informationen für die wirtschaftlichen Entscheidungen der Investoren zu vermitteln.[145] Eine Zahlungsbemessungsfunktion (z. B. zu Ausschüttungs- oder Steuerbemessungszwecken) ist dem IFRS-Abschluss weder auf Einzel- noch auf Konzernabschlussebene auferlegt worden.[146] Dieses übergeordnete Ziel der Informationsvermittlung (*decision usefulness*) lässt sich, wie oben erläutert, in die beiden Subziele der *valuation usefulness*-Funktion und der *stewardship*-Funktion unterteilen.[147]

Der IASB unterstützt dieses Zielsystem durch zwei Basisannahmen und vier qualitative Anforderungen (ergänzt durch Sekundärgrundsätze und Nebenbedingungen), denen Rechnungslegungsinformationen entsprechen müssen. Hierbei handelt es sich um die Basisannahmen der periodengerechten Erfolgsermittlung (F.22; IAS 1.25f.) und der Unternehmensfortführung (F.23; IAS 1.23f.).[148] Die qualitativen Anforderungen bestehen aus folgenden Grundsätzen:[149]

---

tere Begriffspaar die qualitative Anforderung der Relevanz konkretisiert (vgl. F.27 sowie ED.QC3-6 des Exposure Draft zum gemeinsamen Conceptual Framework-Projekt des IASB und des FASB), sind die Begriffe der *valuation usefulness*-Funktion und der *stewardship*-Funktion auf Ebene der IFRS-Zielsetzung einzuordnen.

145 Vgl. BAETGE, J./KIRSCH, H.-J./THIELE, S., Bilanzen, S. 146 f.; BRINKMANN, J., Zweckadäquanz, S. 85; HEUSER, P. J./THEILE, C., IFRS Handbuch, Rn. 260; ZEITLER, F.-C., Bilanzierung, S. 601; teilweise wird die Auffassung vertreten, dass der IFRS-Rechnungslegung ein Primär- und ein Sekundärzweck zugrunde liegen. Dabei wird die Informationsvermittlung als Primärzweck und die *stewardship*-Funktion als Sekundärzweck charakterisiert. Hierbei wird der sekundäre Zweck der *stewardship* als nachrangig eingeordnet; vgl. hierzu PELLENS, B./FÜLBIER, R. U./GASSEN, J./SELLHORN, T., Internationale Rechnungslegung, S. 112 f. Hierauf wird in Abschnitt 314.1 noch näher eingegangen.

146 Vgl. ADLER, H./DÜRING, W./SCHMALTZ, K., Rechnungslegung nach Internationalen Standards, Abschn. 1, Rn. 42; HAVERMANN, H., Internationale Rechnungslegung, S. 663; KIRSCH, H.-J., Anwendung der IAS/IFRS, S. 276; SELCHERT, F. W./ERHARDT, M., Internationale Rechnungslegung, S. 29 f.

147 Vgl. zu dieser Zielsystematik des übergeordneten Informationszwecks und den nebeneinander stehenden, hierunter zu subsumierenden Zwecken mit jeweils unterschiedlicher Bezeichnung der Subziele auch BUSSE VON COLBE, W., Jahresabschluss als Informationsinstrument, S. 13 f.; KAHLE, H., Informationsversorgung des Kapitalmarkts, S. 97; MUJKANOVIC, R., Fair Value im Financial Statement, S. 54; PAARZ, M., Investororientierte Bankrechnungslegung, S. 10 f.; STREIM, H., Vermittlung von entscheidungsnützlichen Informationen, S. 113 f. Dass zwischen der *valuation usefulness*- und der *stewardship*-Funktion unterschieden werden sollte, betonen bereits DEMSKI, J. S./FELTHAM, G. A., A conceptual approach, S. 240-246 sowie HARTMANN-WENDELS, T., Rechnungslegung der Unternehmen, S. 3, die indes andere Begriffsbezeichnungen verwenden. So unterscheiden DEMSKI/FELTHAM zwischen sogenannten *predecision* und *postdecision information*, vgl. DEMSKI, J. S./FELTHAM, G. A., A conceptual approach, S. 241 und 244. BOGAJEWSKAJA, J., Reporting Financial Performance, S. 23, deutet richtigerweise darauf hin, dass sich die vom IASB intendierte Zielsystematik nur schwer herleiten lässt. Im gegenwärtig vorliegenden Exposure Draft zum Conceptual Framework-Projekt wird diese Zielsystematik eindeutiger herausgestellt, vgl. hierzu die näheren Erläuterungen in Abschnitt 314.2.

148 Vgl. hierzu im Einzelnen BAETGE, J./KIRSCH, H.-J./WOLLMERT, P./BRÜGGEMANN, P., Grundlagen der IFRS-Rechnungslegung, Rn. 30-40.

149 Vgl. BAETGE, J./KIRSCH, H.-J./WOLLMERT, P./BRÜGGEMANN, P., Grundlagen der IFRS-Rechnungslegung, Rn. 41-67.

- Verständlichkeit (F.25),
- Relevanz (F.26-F.30),
- Verlässlichkeit (F.31-38),
- Vergleichbarkeit (F.39-42).

Die Rechnungslegungsdaten müssen, um dem Grundsatz der **Verständlichkeit** gerecht zu werden, für einen sachverständigen Dritten nachvollzogen werden können (F.25). Dies bedeutet allerdings nicht, dass schwer verständliche Informationen, die komplexe Sachverhalte im Abschluss abzubilden versuchen, weggelassen werden dürfen (F.25).

Der Grundsatz der **Relevanz** fordert, dass die Rechnungslegungsdaten für die wirtschaftlichen Entscheidungen der Abschlussadressaten (Investoren) dienlich sein müssen (F.26). Gemäß F.26 gelten Informationen als relevant, wenn sie für eine Beurteilung vergangener, derzeitiger oder künftiger Ereignisse herangezogen werden können oder Beurteilungen aus der Vergangenheit bestätigen bzw. korrigieren. Der Grundsatz der Relevanz wird durch den Sekundärgrundsatz der Wesentlichkeit ergänzt (F.29-30).[150]

Ferner müssen die Informationen verlässlich sein, d. h., sie dürfen weder wesentliche Fehler enthalten noch verzerrenden Einflüssen unterliegen (F.31). Es muss auf die Richtigkeit der Informationen vertraut werden können (F.31).[151] Dies ist insbesondere bei einer geringen Unsicherheit der zugrunde liegenden Sachverhalte und damit einhergehend bei geringen Ermessensspielräumen gegeben.[152] Der Grundsatz der **Verlässlichkeit** weist somit enge inhaltliche Parallelen zu der im Rahmen dieser Arbeit definierten Verlässlichkeit auf.[153] Eine ähnlich konkrete Definition der Verlässlichkeit, wie sie im Rahmen dieser Arbeit vorgenommen wurde, findet sich im IASB-Framework indes nicht.

Der Grundsatz der **Vergleichbarkeit** fordert sowohl eine zwischenbetriebliche als auch eine zeitliche Vergleichbarkeit der Abschlussinformationen (F.39). Die zeitliche Vergleichbarkeit soll dazu dienen, Entwicklungen bzw. bestimmte zeitliche Trends zu erkennen; die zwischenbetriebliche Vergleichbarkeit soll einen finanziellen Vergleich der Investitionsalternativen gestatten (F.39).

---

150 Vgl. hierzu im Detail BAETGE, J./KIRSCH, H.-J./WOLLMERT, P./BRÜGGEMANN, P., Grundlagen der IFRS-Rechnungslegung, Rn. 43-47.

151 Vgl. HEUSER, P. J./THEILE, C., IFRS Handbuch, Rn. 269.

152 Der Grundsatz der Verlässlichkeit wird durch fünf weitere Sekundärgrundsätze konkretisiert. Hierbei handelt es sich um die Grundsätze der glaubwürdigen Darstellung, der wirtschaftlichen Betrachtungsweise, der Neutralität, der Vorsicht und der Vollständigkeit (F.33-38). Vgl. zu diesen fünf Sekundärgrundsätzen ausführlich BAETGE, J./KIRSCH, H.-J./WOLLMERT, P./BRÜGGEMANN, P., Grundlagen der IFRS-Rechnungslegung, Rn. 49-62 sowie BAETGE, J./HOLLMANN, S., Rechnungslegung nach IFRS, S. 350-352.

153 Vgl. hierzu die näheren Erläuterungen in Abschnitt 223.

An die qualitativen Anforderungen der Relevanz und Verlässlichkeit werden darüber hinaus drei Nebenbedingungen geknüpft. Demnach muss zeitnah berichtet werden (F.43), Kosten und Nutzen der aufzubereitenden Informationen müssen berücksichtigt (F.44) sowie die qualitativen Annahmen untereinander abgewogen werden (F.45).[154]

Im Folgenden gilt es herauszuarbeiten, welche Informationen bzw. Anforderungen an Informationen erforderlich sind, um den beiden Subzielen der *valuation usefulness*-Funktion und der *stewardship*-Funktion gerecht zu werden. Hierbei soll untersucht werden, inwieweit die beiden Subziele zu vereinbaren sind bzw. an welchen Punkten sie ggf. kollidieren. Ferner soll in diesem Kontext analysiert werden, ob der IASB den beiden Subzielen im Status quo eine unterschiedliche Bedeutung beimisst, um in Konfliktsituationen eine Tendenz zu einem der beiden Ziele äußern zu können. Auf diese Fragestellung bezogen soll anschließend auch das aktuelle gemeinsame Conceptual Framework-Projekt des IASB und des FASB analysiert werden.

312. Konkretisierung der *valuation usefulness*-Funktion

Um der *valuation usefulness*-Funktion gerecht werden zu können, soll der IFRS-Abschluss gemäß F.15 Informationen bereitstellen, mit Hilfe derer die Investoren die Fähigkeit des Unternehmens, künftig Zahlungsströme zu erwirtschaften, beurteilen können.[155] Hierbei stellt die voraussichtliche Höhe der künftigen Zahlungsströme eine zentrale Größe dar.[156] Aber auch die Wahrscheinlichkeiten der erwarteten Zahlungsströme sowie den Zeitpunkt der Zuflüsse sollen Investoren anhand des IFRS-Abschlusses beurteilen können (F.15).[157] Durch die Angabe von Informationen, mit denen die Investoren die Höhe, die Wahrscheinlichkeiten und somit auch die Unsicherheit sowie den zeitlichen Verlauf künftiger Zahlungsströme einschätzen können, erhalten sie erste Informationen, die sie in ihre Beurteilung des Werts ihrer Anlage (-option) einfließen lassen können.[158] Auf der Basis dieser Beurteilung könnten die Investoren über eine (weitere) Investition in diese Anlage bzw. über eine mögliche Desinvestition ent-

154 Vgl. hierzu auch BAETGE, J./KIRSCH, H.-J./WOLLMERT, P./BRÜGGEMANN, P., Grundlagen der IFRS-Rechnungslegung, Rn. 63 f.

155 Vgl. neben F.15 auch BAETGE, J./BEERMANN, T., Bilanzierung von Vermögenswerten, S. 160; vgl. ausführlich zur *valuation usefulness*-Funktion KAHLE, H., Informationsversorgung des Kapitalmarkts, S. 97-104.

156 Vgl. KAHLE, H., Informationsversorgung des Kapitalmarkts, S. 96 f.; MOXTER, A., Präferenzstruktur und Aktivitätsfunktion, S. 11; STREIM, H./BIEKER, M./LEIPPE, B., Theoretische Fundierung, S. 181.

157 Vgl. neben F.15 auch KIRSCH, H.-J./KOELEN, P., IFRS-Rechnungslegung und Unternehmensbewertung, S. 282; STREIM, H./BIEKER, M./LEIPPE, B., Theoretische Fundierung, S. 181.

158 Vgl. LABHART, P. A./VOLKART, R., Value Reporting, S. 126; MEYER, M., Unternehmenswertorientierte Berichterstattung, S. 147.

scheiden (*buy-hold-sell*-Entscheidung).[159] (Potenzielle) Investoren sollten demnach primär **zukunftsorientierte Informationen** erhalten, die wichtige Parameter darstellen, um den Wert und die Wertentwicklung ihrer Anlage (-möglichkeiten) einschätzen zu können.[160]

Der IASB betont in diesem Kontext jedoch auch die Relevanz von Vergangenheitsdaten, denn laut F.16 und F.28 sind Informationen über die Fähigkeit in der Vergangenheit, Zahlungsmittel zu erwirtschaften, nützlich, um die Fähigkeit des Unternehmens zur künftigen Erwirtschaftung von Zahlungsmitteln zu prognostizieren und um für Prognosen verwendbar zu sein, müssen die Informationen selbst keine konkreten Prognosen darstellen.

Hieraus könnte geschlossen werden, dass dem IASB die Manipulationsanfälligkeit einer zukunftsgerichteten Berichterstattung wohl bewusst ist.[161] Vor dem Hintergrund, dass zukunftsgerichtete und damit unsichere und vor allem subjektiv geprägte Informationen weniger verlässlich sind und hierdurch Teile ihres konzeptionell hohen Informationswerts verlieren,[162] ist es durchaus nachvollziehbar, dass überprüfbare, vergangenheitsorientierte Informationen, insbesondere aufgrund der erläuterten Prinzipal-Agenten-Konflikte,[163] tendenziell eine höhere Bedeutung erlangen. Hiermit verbunden ist zugleich eine höhere Bedeutung verlässlicher Informationen. Der oben bereits erläuterte Zielkonflikt zwischen für die Anlageentscheidung höchst relevanten, zukunftsbezogenen Informationen und verlässlichen Informationen tritt hier hervor.[164] Die für die *valuation usefulness*-Funktion zentrale Prognoserelevanz von vergangenheitsorientierten Daten wird in der Literatur nach herrschender Meinung indes stark angezweifelt.[165] Der für die Erfüllung der *valuation usefulness*-Funktion erforderliche Zu-

---

159 Vgl. BAETGE, J./NOELLE, J., Shareholder-Value-Reporting, S. 174 f.; HAAKER, A., Goodwill-Bilanzierung nach IFRS, S. 195 und 236; WAGENHOFER, A./EWERT, R., Externe Unternehmensrechnung, S. 5.

160 Vgl. FREIDANK, C.-C., Internationale Rechnungslegungspolitik und Unternehmenswertsteigerung, S. 22 f.; HAAKER, A., Goodwill-Bilanzierung nach IFRS, S. 236, 238 und 239; KIRSCH, H.-J./SCHEELE, A., Management Commentary, S. 89; WERNER, T./PADBERG, T./KRIETE, T., IFRS-Bilanzanalyse, S. 6.

161 So BRINKMANN, J., Zweckadäquanz, S. 87.

162 Vgl. neben F.31 auch LÜDENBACH, N./HOFFMANN, W.-D., § 1 Rahmenkonzept, Rn. 16; MEYER, M., Unternehmenswertorientierte Berichterstattung, S. 148; WAGENHOFER, A./EWERT, R., Externe Unternehmensrechnung, S. 6 f.

163 Vgl. hierzu grundlegend die Ausführungen in den Abschnitten 222. und 223.

164 Vgl. Abschnitt 223.

165 Vgl. hierzu BECHTEL, W./KÖSTER, H./STEENKEN, H.-U., Die Veröffentlichung und Prüfung von Vorhersagen, S. 207; BRINKMANN, J., Zweckadäquanz, S. 60-65 und 88; KAHLE, H., Zur Zukunft der Rechnungslegung, S. 265 f. und 274; MOXTER, A., Grundsätze ordnungsgemäßer Rechnungslegung, S. 221 f.; MOXTER, A., Rechnungslegungsmythen, S. 2148 sowie STREIM, H., Diskussionsbeiträge im Rahmen der IAS, S. 282. Im Kontext der Lageberichterstattung nach HGB vgl. BAETGE, J./SCHULZE, D., Möglichkeiten der Objektivierung der Lageberichterstattung, S. 938 und 490; a. A. ist beispielsweise HOLLMANN, der vergangenheitsorientierten Rechnungslegungsdaten ein durchaus bedeutendes Informationspotenzial für Prognosen zuspricht, vgl. HOLLMANN, S., Reporting Performance, S. 80.

sammenhang zwischen vergangenheitsorientierten Abschlussdaten und künftigen Zahlungsströmen sei nicht gegeben.[166]

Eine zukunftsorientierte Berichterstattung, die über die erwartete Höhe, über die Unsicherheit (bzw. über die Wahrscheinlichkeiten) sowie über den erwarteten zeitlichen Verlauf künftiger Zahlungsströme informiert, ist für die Anlageentscheidung der Investoren im Sinne der *valuation usefulness*-Funktion demnach höchst relevant. Allerdings ist zu berücksichtigen, dass auch für die *valuation usefulness*-Funktion ein hinreichendes Maß an Verlässlichkeit einzuhalten ist, damit die Informationen (weiterhin) entscheidungsnützlich sind.[167] Dies steht in Einklang mit den qualitativen Anforderungen des IASB-Framework, die für jegliche Berichterstattung (und demnach auch für beide Subziele) gelten. Somit ist bezüglich der *valuation usefulness*-Funktion auch dem Grundsatz der Verlässlichkeit zu entsprechen. Da im Rahmen des Subziels der *valuation usefulness*-Funktion Informationen vermittelt werden sollen, mit Hilfe derer Investoren künftige Zahlungsströme hinsichtlich der Dimensionen Höhe, Unsicherheit und zeitlicher Struktur einschätzen können, ist hier von einer vergleichsweise hohen Bedeutung von zukunftsbezogenen Informationen auszugehen.[168] Hiermit zusammenhängend wäre bei der *valuation usefulness*-Funktion die qualitative Anforderung der Verlässlichkeit tendenziell geringer zu gewichten,[169] obwohl der IASB dies nicht explizit erwähnt.

313. Konkretisierung der *stewardship*-Funktion

Historisch betrachtet liegt der primäre Zweck einer (gesetzlichen) externen Rechnungslegung in der *stewardship*-Funktion begründet.[170] Die Bedeutung der *stewardship*-Funktion ist insbesondere auf die bestehenden Informationsasymmetrien und Interessenkonflikte zwischen den Kapital gewährenden Investoren und der Unternehmensleitung zurückzuführen.[171] Die Investoren erwarten einen effizienten und gewinnbringenden Einsatz der überlassenen Ressour-

166 Vgl. KAHLE, H., Informationsversorgung des Kapitalmarkts, S. 101; SCHNEIDER, D., Eine Warnung vor Frühwarnsystemen, S. 1492; STREIM, H., Vermittlung von entscheidungsnützlichen Informationen, S. 120-127. Auf diese Auffassung des Schrifttums wird im Rahmen der Konkretisierung des Untersuchungsgegenstands der Arbeit noch näher eingegangen, vgl. Abschnitt 315.

167 Vgl. exemplarisch WAGENHOFER, A., Fair Value-Bewertung und nützliche Finanzberichterstattung, S. 187 sowie die grundlegenden Ausführungen in Abschnitt 223.

168 PAARZ führt in diesem Zusammenhang die Schlussfolgerung an, dass die *valuation usefulness*-Funktion, die er als Informationsfunktion i. e. S. bezeichnet, tendenziell prognoseorientiert zu sein scheint, vgl. PAARZ, M., Investororientierte Bankrechnungslegung, S. 11.

169 Vgl. HAAKER, A., Goodwill-Bilanzierung nach IFRS, S. 174; PAARZ, M., Investororientierte Bankrechnungslegung, S. 10 f.

170 Vgl. DOBLER, M./HETTICH, S., Geplante Änderungen der Rahmenkonzepte von IASB und FASB, S. 32; IJIRI, Y., Theory of Accounting Measurement, S. 32.

171 Vgl. hierzu die grundlegenden Ausführungen in Abschnitt 222.

cen.[172] Um der *stewardship*-Funktion im Sinne des IASB-Framework gerecht werden zu können, soll der IFRS-Abschluss Informationen bereitstellen, mit denen die Managementleistung in Bezug auf die Verwendung der überlassenen Ressourcen beurteilt werden kann (F.14). Hierdurch könnten die bestehenden Informationsasymmetrien zwischen Investoren und Management verringert werden.[173]

Diese (Kontroll-) Informationen dienen für den hier typisierten Kleinanleger wiederum als Entscheidungsgrundlage dafür, in eine mögliche Anlageoption zu investieren oder bestehende Anlagen zu verkaufen (*control by exit*). Dies ist damit zu begründen, dass der Kleinanleger die Informationen i. d. R. nicht wie von F.14 beispielhaft genannt[174] für die Entscheidung über eine mögliche Fortbeschäftigung des Managements verwenden kann (*control by voice*).[175] Folglich dient die *stewardship*-Funktion des IFRS-Abschlusses letztendlich mittelbar der gleichen wirtschaftlichen Entscheidung wie die *valuation usefulness*-Funktion.[176] Dies bedeutet indes nicht, dass auch die gleichen Anforderungen an die Eigenschaften der zu vermittelnden Informationen gestellt werden sollten. Inwieweit sich diese Anforderungen aus der *stewardship*-Funktion möglicherweise von denen der *valuation usefulness*-Funktion unterscheiden, soll im Folgenden untersucht werden.

Während die *valuation usefulness*-Funktion durch die Bereitstellung von Informationen zur Abschätzung der Höhe, der Unsicherheit und des zeitlichen Verlaufs künftiger Zahlungsströme inhaltlich näher beschrieben wird, wird die *stewardship*-Funktion im IASB-Framework nicht weiter konkretisiert.[177] Im Folgenden sollen dennoch mögliche Anforderungen an die Eigenschaften der zu vermittelnden Informationen herausgearbeitet werden.

Um die Leistung des Managements beurteilen zu können, sollte den Investoren im „theoretischen Ideal" darüber berichtet werden, welche Veränderungen des Unternehmenswerts durch die Tätigkeiten des Managements in der vergangenen (rechenschaftspflichtigen) Periode be-

172 Vgl. WÜSTEMANN, J., Accounting Principles, S. 130.

173 Vgl. KRÖNERT, B., Grundsätze informationsorientierter Rechnungslegung, S. 16; PAARZ, M., Investororientierte Bankrechnungslegung, S. 16.

174 Gemäß F.14 dient die *stewardship*-Funktion über die Anlageentscheidung hinaus auch der Bestätigung bzw. Ersetzung des Managements. Die Entscheidung über eine mögliche Fortbeschäftigung des Managements (*control by voice*) kann von Kleinanlegern i. d. R. indes nicht individuell getroffen werden, sodass letztendlich wieder die Anlageentscheidung die einzige Handlungsalternative darstellt (*control by exit*).

175 Vgl. hierzu die erläuternden Ausführungen in Abschnitt 311.

176 Vgl. Abschnitt 312. Dies ebenso verdeutlichend BOGAJEWSKAJA, J., Reporting Financial Performance, S. 23.

177 BOGAJEWSKAJA schlägt deshalb vor, die qualitativen Anforderungen des Framework heranzuziehen, um die *stewardship*-Funktion inhaltlich zu konkretisieren. Auf diese wird auch im Folgenden flankierend eingegangen. Vgl. BOGAJEWSKAJA, J., Reporting Financial Performance, S. 24 sowie KIESO, D. E./ WEYGANDT, J. J./WARFIELD, T. D., Accounting, S. 37.

wirkt wurden.[178] Dies würde bedeuten, dass der IFRS-Abschluss Daten bereitstellen müsste, die den Unternehmenswert zu Beginn einer Rechenschaftsperiode und zum Ende der Periode ermitteln ließen.[179] Die Informationen wären demnach primär zukunftsorientiert und in hohem Maße unsicher. Dies hätte zur Folge, dass dem (bilanzierenden) Management erhebliche Ermessensspielräume gewährt würden.[180] Aufgrund der bestehenden Interessenkonflikte zwischen Management und Investoren könnten hieraus Verzerrungen in der Berichterstattung folgen, die von den Investoren aufgrund mangelnder Informationen nur schwerlich erkannt werden könnten.[181]

„Für die Wirksamkeit eines Kontrollinstruments ist es [deshalb] von herausragender Bedeutung, dass es vom Kontrollierten nicht beeinflusst werden kann."[182] Aus diesem Grund folgt aus der *stewardship*-Funktion, in der die Kontrolle bzw. Beurteilung der Leistung des Managements den primären Zweck darstellt, dass eine hinreichende Manipulationsfreiheit der Rechnungslegungsdaten zu gewährleisten ist.[183] In Bezug auf die qualitativen Anforderungen des IASB-Framework ist hierdurch eine hohe Bedeutung des Kriteriums der Verlässlichkeit zu begründen.[184] HALLER führt in diesem Kontext aus, dass die *stewardship*-Funktion den entscheidenden Grund für die Forderung nach verlässlichen Informationen darstellt.[185] Um der *stewardship*-Funktion gerecht werden zu können, müssen folglich Ermessensspielräume weitgehend eingeschränkt werden und hiermit zusammenhängend insbesondere objektivierte Informationen i. S. v. intersubjektiv nachprüfbaren (verlässlichen) Informationen kommuniziert werden.[186]

Im Gegensatz zur *valuation usefulness*-Funktion enthält die *stewardship*-Funktion also einen stärkeren Kontrollaspekt, der eine höhere Gewichtung der Verlässlichkeit verlangt. Während

---

178 Vgl. HAAKER, A., Goodwill-Bilanzierung nach IFRS, S. 205-210; MOXTER, A., Interpretation des True-and-fair-view-Gebots, S. 107.

179 Vgl. HAAKER, A., Goodwill-Bilanzierung nach IFRS, S. 206; MOXTER, A., Rechnungslegungsmythen, S. 2144 und 2147.

180 Vgl. ARBEITSKREIS „EXTERNE UND INTERNE ÜBERWACHUNG DER UNTERNEHMUNG" DER SCHMALENBACH-GESELLSCHAFT FÜR BETRIEBSWIRTSCHAFT E. V., Probleme der Prognoseprüfung, S. 108.

181 Vgl. BAETGE, J./BALLWIESER, W., Bilanzpolitischer Spielraum der Unternehmensleitung, S. 215; EIERLE, B., Differenzierung der Unternehmensberichterstattung, S. 26.

182 COENENBERG, A. G./STRAUB, B., Rechenschaft versus Entscheidungsunterstützung, S. 18.

183 Vgl. BUSSE VON COLBE, W., Unternehmenskontrolle durch Rechnungslegung, S. 45; COENENBERG, A. G./STRAUB, B., Rechenschaft versus Entscheidungsunterstützung, S. 18-20; HAX, H., Investitionsrechnung und Periodenerfolgsmessung, S. 163.

184 Vgl. BUSSE VON COLBE, W., Unternehmenskontrolle durch Rechnungslegung, S. 45; COENENBERG, A. G./STRAUB, B., Rechenschaft versus Entscheidungsunterstützung, S. 19; KIRSCH, H.-J./KOELEN, P., IFRS-Rechnungslegung und Unternehmensbewertung, S. 282.

185 Vgl. HALLER, A., Grundlagen der externen Rechnungslegung, S. 223.

186 Vgl. BUSSE VON COLBE, W., Unternehmenskontrolle durch Rechnungslegung, S. 45; KAHLE, H., Informationsversorgung des Kapitalmarkts, S. 104; HALLER, A., Grundlagen der externen Rechnungslegung, S. 130; PAARZ, M., Investororientierte Bankrechnungslegung, S. 13.

in Bezug auf die *valuation usefulness*-Funktion eine eingeschränkte Verlässlichkeit für vertretbar gehalten und insbesondere die Bedeutung der Zukunftsorientierung der Rechnungslegungsdaten hervorgehoben wurde, sollte bei der *stewardship*-Funktion die vergangenheitsorientierte Sichtweise tendenziell in stärkerem Maße eingenommen werden.[187] Eine **vergangenheitsorientierte Berichterstattung** wird dem für die *stewardship*-Funktion bedeutenden Kriterium der Verlässlichkeit eher gerecht, da Unsicherheit und Manipulationsspielräume stärker eingeschränkt werden.[188] Eine Berichterstattung über den in einer Periode veränderten Unternehmenswert gemäß der oben angeführten theoretischen Idealvorstellung ist daher nicht zu befürworten.

Eine hinreichende Verlässlichkeit, die eine vergangenheitsorientierte Rechnungslegung tendenziell eher gewährleistet, könnte ferner einer wirksamen Kontrolle vergangener Prognosen dienlich sein. Die Investoren werden nämlich in die Lage versetzt, ihre ursprünglichen Erwartungen anhand einer verlässlichen Abbildung der tatsächlich eingetretenen Entwicklung zu vergleichen.[189] Die Entscheidungsnützlichkeit derartiger Kontrollen wird durch den IASB explizit in F.26 genannt: „To be useful, information must [...] influence [...] the economic decisions of users by helping them [...] confirming, or correcting, their past evaluations."[190]

Zusammenfassend bleibt festzuhalten, dass die beiden Subzielsetzungen der *valuation usefulness*- und der *stewardship*-Funktion der IFRS-Rechnungslegung abweichende Anforderungen an Rechnungslegungsinformationen stellen.[191] Der zentrale Unterschied liegt in einer unterschiedlichen **Gewichtung der qualitativen Anforderung der Verlässlichkeit** im Verhältnis

---

187 Vgl. BOGAJEWSKAJA, J., Reporting Financial Performance, S. 23; COENENBERG, A. G./STRAUB, B., Rechenschaft versus Entscheidungsunterstützung, S. 19-20; GJESDAL, F., Accounting for Stewardship, S. 224; KAHLE, H., Informationsversorgung des Kapitalmarkts, S. 104; KRÖNERT, B., Grundsätze informationsorientierter Rechnungslegung, S. 31; PAARZ, M., Investororientierte Bankrechnungslegung, S. 13; SCHMIDT, I. M., Rechnungslegung zur Informationsvermittlung, S. 18.

188 Vgl. GJESDAL, F., Accounting for Stewardship, S. 224 und 226, der für die Erfüllung der *stewardship*-Funktion insbesondere „harte" Informationen fordert. In diesem Zusammenhang verweist GJESDAL auf IJIRI, vgl. IJIRI, Y., Theory of Accounting Measurement.

189 Vgl. COENENBERG, A. G./STRAUB, B., Rechenschaft versus Entscheidungsunterstützung, S. 19. Für derartige Kontrollen ist das Kriterium der Vergleichbarkeit sehr bedeutend, vgl. hierzu MOXTER, A., Betriebswirtschaftliche Gewinnermittlung, S. 221.

190 F.26. Ein weiterer positiver Nebeneffekt der Vergangenheitsorientierung im Rahmen der *stewardship*-Funktion liegt in einer aus Investorensicht positiven Anreizwirkung für das Management. Durch die wirksamen Kontrollen, die verlässliche Informationen zulassen, werden gleichzeitig auch die Zielvorstellungen der Investoren vom Management in ihr Entscheidungskalkül mit einbezogen. Vgl. hierzu auch COENENBERG, A. G./STRAUB, B., Rechenschaft versus Entscheidungsunterstützung, S. 18.

191 Ebenso GJESDAL, F., Accounting for Stewardship, S. 224 und 226; HARTMANN-WENDELS, T., Rechnungslegung der Unternehmen, S. 3; COENENBERG, A. G./STRAUB, B., Rechenschaft versus Entscheidungsunterstützung, S. 22; a. A. ist PAARZ, M., Investororientierte Bankrechnungslegung, S. 16, der die *stewardship*-Funktion der sogenannten Informationsfunktion i. e. S., mit der er die *valuation usefulness*-Funktion bezeichnet, unterordnet und bei seiner weiteren Analyse lediglich die Informationsfunktion i. e. S. als maßgebende Zielsetzung zugrunde legt.

zur Relevanz der vermittelten Informationen.[192] Während die *valuation usefulness*-Funktion tendenziell eher Informationen mit Zukunftsbezug und eine hiermit einhergehende geringere Verlässlichkeit verlangt, sind für die *stewardship*-Funktion tendenziell eher vergangenheitsbezogene Informationen, die sich durch einen hohen Verlässlichkeitsgrad auszeichnen, erforderlich. Ein hinreichendes Maß an Verlässlichkeit ist dabei sowohl für die *valuation usefulness*- als auch für die *stewardship*-Funktion wichtig.[193]

Um beiden Subzielen der IFRS-Rechnungslegung gerecht werden zu können, müssten idealerweise zwei Unternehmensrechnungen erstellt werden, die jeweils die oben erläuterte, zweckadäquate Gewichtung von Relevanz und Verlässlichkeit berücksichtigen.[194] Sollen indes beide Ziele in einer Unternehmensrechnung (zumindest näherungsweise) erfüllt werden, muss ein Zielkompromiss vorgenommen werden, der, wie bereits erläutert,[195] einer Gewichtung beider Zielsetzungen bedarf.[196] Inwieweit eine solche Gewichtung der beiden Subzielsetzungen vom IASB vorgesehen ist oder im Schrifttum vertreten wird, soll im Folgenden untersucht werden.

314. Verhältnis der Zielsetzungen „*valuation usefulness*" und „*stewardship*"

314.1 Das Verhältnis der Zielsetzungen im Status quo

Der IASB gibt im Framework nur wenige Anhaltspunkte für die Einordnung der *valuation usefulness*- und der *stewardship*-Funktion in die Zielhierarchie. Den Ausführungen über die Zielsetzung der IFRS-Rechnungslegung zufolge sollen Investoren, wie oben erläutert, sowohl die Fähigkeit des Unternehmens, künftig Cashflows zu erwirtschaften (Höhe, Unsicherheit, zeitlicher Verlauf), als auch die Leistung des Managements beurteilen können. Eine Schwerpunktsetzung auf eine der beiden Subzielsetzungen wird weder explizit genannt noch ist eine

192 Vgl. COENENBERG, A. G./STRAUB, B., Rechenschaft versus Entscheidungsunterstützung, S. 22.

193 Vgl. BREKER, N., Rechenschaftsfunktion und Verlässlichkeit des IASB-Framework, S. I; THIELE, S., Zeitbewertung und Rechnungslegungsgrundsätze, S. 633; WAGENHOFER, A., Fair Value-Bewertung und nützliche Finanzberichterstattung, S. 187.

194 Vgl. hierzu auch COENENBERG, A. G./STRAUB, B., Rechenschaft versus Entscheidungsunterstützung, S. 22.

195 Vgl. die Ausführungen in den Abschnitten 223. und 311.

196 So auch COENENBERG, A. G./STRAUB, B., Rechenschaft versus Entscheidungsunterstützung, S. 22 f.

solche m. E. aus dem IASB-Framework ableitbar.[197] Es sollte demnach davon ausgegangen werden, dass keine der beiden Subzielsetzungen die jeweils andere dominiert.[198]

Von Teilen des Schrifttums wird die Auffassung vertreten, dass die *stewardship*-Funktion lediglich eine untergeordnete Rolle spielt.[199] Fraglich erscheint in diesem Zusammenhang indes, ob hiermit eine Unterordnung der *stewardship*-Funktion gegenüber der *valuation usefulness*-Funktion gemeint ist. Bei dieser Auffassung wird nämlich als übergeordnete Zielsetzung zwar auch die Vermittlung entscheidungsnützlicher Informationen (*decision usefulness*) angesehen; neben der *stewardship*-Funktion wird allerdings keine weitere Subzielsetzung definiert, d. h. die in dieser Arbeit als Subzielsetzung definierte *valuation usefulness*-Funktion wird in diesen Teilen des Schrifttums nicht als solche aus dem IASB-Framework abgeleitet.[200] Hieraus könnte gefolgert werden, dass dem übergeordneten Ziel, entscheidungsnützliche Information zu vermitteln, implizit auch die *valuation usefulness*-Funktion zuzuordnen wäre. Dies könnte wiederum bedeuten, dass die *stewardship*-Funktion dieser fiktiven *valuation usefulness*-Funktion untergeordnet wäre, sodass der *valuation usefulness*-Funktion implizit ein höheres Gewicht verliehen würde. Ob eine derartige Auslegung tatsächlich von der betreffenden Literatur vertreten wird, bleibt indes unklar. Vielmehr kann festgehalten werden, dass eine solche aus dem IASB-Framework abgeleitete Zielhierarchie nicht vollständig mit dem in dieser Arbeit abgeleiteten Hierarchiesystem übereinstimmt,[201] weswegen die Auffassung des Schrifttums hinsichtlich der Bedeutung bzw. Gewichtung der in dieser Arbeit abgeleiteten Subzielsetzungen nur schwer interpretiert bzw. übertragen werden kann.

---

197 Vgl. hierzu auch BOGAJEWSKAJA, J., Reporting Financial Performance, S. 20-24, welche die Zielhierarchie in den Rahmenkonzepten des IASB, des FASB und des ASB analysiert und ebenfalls zu dem Ergebnis gelangt, dass nur sehr vage Anhaltspunkte zur Gewichtung der beiden Subziele in den einzelnen Rahmenkonzepten gegeben werden.

198 In Bezug auf das gegenwärtige IASB-Framework so wohl auch COENENBERG, A. G./STRAUB, B., Rechenschaft versus Entscheidungsunterstützung, S. 22 f.; COENENBERG/STRAUB deuten indes an, dass die Zielsetzung der Rechenschaft künftig eine untergeordnete Rolle spielen könnte, vgl. COENENBERG, A. G./STRAUB, B., Rechenschaft versus Entscheidungsunterstützung, S. 24 f. Auch WAGENHOFER stellt fest, dass die *stewardship*-Funktion „neuerdings von den entscheidenden internationalen Standardsettern weitgehend heruntergespielt" wird, vgl. WAGENHOFER, A., Fair Value-Bewertung und nützliche Finanzberichterstattung, S. 190. Vgl. hierzu auch die näheren Ausführungen in Abschnitt 314.2.

199 Vgl. HAAKER, A., Goodwill-Bilanzierung nach IFRS, S. 191; PAARZ, M., Investororientierte Bankrechnungslegung, S. 51; PELLENS, B./FÜLBIER, R. U./GASSEN, J./SELLHORN, T., Internationale Rechnungslegung, S. 113.

200 Vgl. HAAKER, A., Goodwill-Bilanzierung nach IFRS, S. 191; PELLENS, B./FÜLBIER, R. U./GASSEN, J./SELLHORN, T., Internationale Rechnungslegung, S. 113; ähnlich: PAARZ, M., Investororientierte Bankrechnungslegung, S. 51.

201 Für die im Rahmen dieser Arbeit abgeleitete Zielhierarchie spricht auch die im gegenwärtigen Conceptual Framework-Projekt vorgesehene Hierarchie. Im Exposure Draft zum Conceptual Framework-Projekt werden unter dem Oberziel der *decision usefulness* zwei Subzielsetzungen definiert, die den in dieser Arbeit aus dem gegenwärtigen IASB-Framework abgeleiteten Subzielen der *valuation usefulness*- und der *stewardship*-Funktion entsprechen. Vgl. hierzu die Ausführungen in Abschnitt 314.2.

Die vom IASB intendierte Zielhierarchie hinsichtlich der Bedeutung der beiden Subzielsetzungen ist demnach nicht abschließend zu klären. Im Rahmen dieser Arbeit werden die *valuation usefulness*- und die *stewardship*-Funktion deshalb als **gleichrangige Subziele** identifiziert, da, wie oben erläutert, keine weitergehenden Anhaltspunkte im IASB-Framework auf eine mögliche Gewichtung erkennbar sind. Inwieweit das aktuelle Conceptual Framework-Projekt des IASB und des FASB hierüber möglicherweise Klarheit schafft, soll im Rahmen der folgenden Ausführungen erörtert werden.

314.2 Mögliche Verlagerung durch das Conceptual Framework-Projekt des IASB und des FASB

Der IASB und der FASB führen seit Oktober 2004 ein gemeinsames Projekt zur Überarbeitung und Angleichung ihrer Rahmenkonzepte durch.[202] Ziel ist es, ein in sich geschlossenes, konsistentes und verständliches Rahmenkonzept zu erarbeiten, auf dessen Basis künftig prinzipienbasierte und international konvergente Rechnungslegungsstandards abgeleitet werden können.[203] Das gemeinsame Projekt ist in insgesamt acht Phasen aufgeteilt.[204] Die hier zu erörternden Rechnungslegungsziele werden in der Projektphase A behandelt. Zu dieser Phase haben die beiden Standardsetter zunächst im Juli **2006** ein **Discussion Paper** mit ersten Ergebnissen zur Überarbeitung ihrer Rahmenkonzepte veröffentlicht.[205] Im Mai **2008** folgte dann die Veröffentlichung eines **Exposure Draft**.[206] Auf den bisherigen Entstehungsprozess des künftigen Rahmenkonzepts sei im Folgenden knapp eingegangen, da dieser Prozess zur Auslegung des gegenwärtig vorliegenden Exposure Draft hinsichtlich der Gewichtung der beiden Subziele beitragen kann.

Einer der strittigsten Punkte des **Discussion Paper** stellte die implizite Subsumtion der *stewardship*-Funktion unter das Oberziel der Vermittlung entscheidungsnützlicher Informationen (*decision usefulness*) dar. Im Discussion Paper wurde die *stewardship*-Funktion als eigenständiges (Sub-) Ziel nicht mehr explizit angeführt.[207] Insgesamt 78 % der zu diesem Discussion Paper eingereichten Comment Letter kritisierten diesen Schritt und sprachen sich dafür

---

202 Zu einer ausführlichen Projektbeschreibung vgl. FASB/IASB (Hrsg.), Conceptual Framework.

203 Vgl. DOBLER, M./HETTICH, S., Geplante Änderungen der Rahmenkonzepte von IASB und FASB, S. 30 sowie KAMPMANN, H./SCHWEDLER, K., Rahmenkonzept von FASB und IASB, S. 521.

204 Zu einem knappen Überblick über die einzelnen Projektphasen vgl. exemplarisch ZÜLCH, H./GEBHARDT, R., Conceptual Framework, S. 203.

205 Vgl. IASB (Hrsg.), Discussion Paper.

206 Vgl. IASB (Hrsg.), Exposure Draft.

207 Vgl. hierzu auch DOBLER, M./HETTICH, S., Geplante Änderungen der Rahmenkonzepte von IASB und FASB, S. 32; KIRSCH, H., Tendenzen durch das Discussion Paper, S. 417 und 419 sowie ZÜLCH, H./GEBHARDT, R., Conceptual Framework, S. 203.

aus, die *stewardship*-Funktion weiterhin als eigenständige Zielsetzung aufrechtzuerhalten.[208] Obwohl nach Ansicht des IASB die *stewardship*-Funktion weiterhin im Zielsystem eingeschlossen ist und keine Veränderungen der Bedeutung dieser Funktion beabsichtigt sind,[209] befürchtete die Mehrheit der Kommentierenden eine aus diesem Schritt resultierende „nicht zu unterschätzende problematische Signalwirkung“[210] sowie eine Herabstufung der Bedeutung der *stewardship*-Funktion.[211] Insbesondere wurde hieraus gefolgert, dass für die Zukunft eine Lockerung von Objektivierungsanforderungen an Rechnungslegungsinformationen erwartet werden könne.[212] Hiermit einhergehend sei eine Verlagerung der Gewichtung der qualitativen Anforderungen der Relevanz und Verlässlichkeit zugunsten der Relevanz zu erwarten.[213] Verwirklichten der IASB und der FASB ihre im Discussion Paper veröffentlichten diesbezüglichen Überlegungen, komme dies COENENBERG/STRAUB zufolge „einer endgültigen ‚Absage an eine zweckduale Rechnungslegung' gleich“[214].

Aufgrund der massiven Kritik am Discussion Paper wurden im **Exposure Draft** entsprechende Änderungen vorgenommen (ED.BC1.29). Die *stewardship*-Funktion wurde in den Exposure Draft wieder mit aufgenommen, sodass nun neben der *valuation usefulness*-Funktion[215] die *stewardship*-Funktion explizit als Subzielsetzung der *decision usefulness* angeführt wird (ED.OB9-12, ED.BC1.29). Diese Änderung gegenüber dem Discussion Paper wird überwiegend positiv begrüßt.[216]

---

208 Vgl. zu einer Auswertung der Comment Letter durch die EFRAG und mehreren nationalen Standardsettern: EFRAG (Hrsg.), Stewardship as an Objective, Rn. 1.2 sowie Rn. 3.2. Zu einer ausführlichen theoretischen Begründung der Aufrechterhaltung einer eigenständigen *stewardship*-Funktion GASSEN, J., Stewardship and valuation usefulness.

209 Vgl. hierzu die Ausführungen im Discussion Paper: IASB (Hrsg.), Discussion Paper, DP.OB27 f. und DP.BC1.32-41 sowie KIRSCH, H., Tendenzen durch das Discussion Paper, S. 419.

210 KIRSCH, H., Tendenzen durch das Discussion Paper, S. 419 f. unter Verweis auf BARNEY, J., Investors fear stewardship, S. 12.

211 Vgl. BREKER, N., Rechenschaftsfunktion und Verlässlichkeit des IASB-Framework, S. I; COENENBERG, A. G./STRAUB, B., Rechenschaft versus Entscheidungsunterstützung, S. 24; KAMPMANN, H./SCHWEDLER, K., Rahmenkonzept von FASB und IASB, S. 525.

212 Vgl. BAETGE, J./KIRSCH, H.-J./WOLLMERT, P./BRÜGGEMANN, P., Grundlagen der IFRS-Rechnungslegung, Rn. 191; KAMPMANN, H./SCHWEDLER, K., Rahmenkonzept von FASB und IASB, S. 525; KIRSCH, H., Tendenzen durch das Discussion Paper, S. 420 sowie PELLENS, B./FÜLBIER, R. U./GASSEN, J./SELLHORN, T., Internationale Rechnungslegung, S. 130.

213 Vgl. KAMPMANN, H./SCHWEDLER, K., Rahmenkonzept von FASB und IASB, S. 525; PELLENS, B./FÜLBIER, R. U./GASSEN, J./SELLHORN, T., Internationale Rechnungslegung, S. 129.

214 COENENBERG, A. G./STRAUB, B., Rechenschaft versus Entscheidungsunterstützung, S. 24.

215 Bereits oben wurde die im Rahmen dieser Arbeit getroffene Begriffswahl der „*valuation usefulness*“ erläutert, vgl. hierzu die Ausführungen in Fußnote 141. Die im Exposure Draft gewählte Bezeichnung lautet „Usefulness of financial reporting in assessing cash flow prospects“, vgl. ED.OB10 f.

216 Vgl. exemplarisch DELOITTE (Hrsg.), Stellungnahme zum Exposure Draft, S. 4 sowie IDW (Hrsg.), Stellungnahme zum Exposure Draft, S. 3 f. Vgl. zu einer vollständigen Übersicht der eingereichten Comment Letter: IASB (Hrsg.), Comment Letters – Conceptual Framework.

Darüber hinaus werden die beiden Subziele im Vergleich zum gegenwärtigen IASB-Framework stärker hervorgehoben, indem die Aufteilung des übergeordneten Ziels (*decision usefulness*) in die beiden Subziele der *valuation usefulness*- und der *stewardship*-Funktion nun auch durch die Gliederungssystematik des geplanten Rahmenkonzepts unterstrichen wird.[217] Hieraus wiederum könnten Rückschlüsse auf die Gewichtung der beiden Subziele gezogen werden. Dass beide Subziele auf der gleichen Gliederungsebene direkt unter der *decision usefulness*-Zielsetzung eingeordnet werden, spricht dafür, dass **beide Subzielsetzungen** als **gleichbedeutend** angesehen werden könnten.[218] Die Ausführungen des Exposure Draft lassen zumindest keine eindeutige Schwerpunktsetzung auf eine der beiden Zielsetzungen erkennen. Somit wird die bereits aus dem gegenwärtigen IASB-Framework abgeleitete Gleichgewichtung der *valuation usefulness*- und der *stewardship*-Funktion[219] durch den Exposure Draft bekräftigt.

315. Kritik des Schrifttums hinsichtlich der Erfüllung der IFRS-Zielsetzung und Konkretisierung des Untersuchungsgegenstands der Arbeit

Es wurde herausgearbeitet, dass sowohl die *valuation usefulness*- als auch die *stewardship*-Funktion mit jeweils gleichem Nachdruck verfolgt werden sollten, um die übergeordnete *decision usefulness*-Zielsetzung zu erfüllen.[220] In weiten Teilen des Schrifttums wird die Auffassung vertreten, dass der IFRS-Abschluss seiner Zielsetzung, Informationen zu vermitteln, mit denen die Fähigkeit des Unternehmens beurteilt werden kann, künftig Zahlungsströme zu erwirtschaften (*valuation usefulness*-Funktion), gegenwärtig nicht hinreichend gerecht wird.[221] Es wird ein **Widerspruch** zwischen der im Framework kodifizierten Zielsetzung und dem tatsächlich umgesetzten IFRS-Normensystem identifiziert.[222]

---

217 Ähnlich erläutert es PELGER, der in diesem Zusammenhang von den beiden Subzielen der „Bewertungsnützlichkeit" als Einschätzungsfähigkeit künftiger Cashflows und der „Anreiznützlichkeit" als Einschätzungsfähigkeit über die Erfüllung der Rechenschaftspflichten spricht, die das Oberziel der Entscheidungsnützlichkeit konkretisieren, vgl. PELGER, C., Exposure Draft zur Phase A des Conceptual Framework-Projekts, S. 158.

218 Auch PELGER betont, dass beide Subzielsetzungen auf einer Ebene stehen, vgl. PELGER, C., Exposure Draft zur Phase A des Conceptual Framework-Projekts, S. 158. Auf eine mögliche Gleichgewichtung beider Subzielsetzungen könnte auch eine Äußerung des IASB in den Basis for Conclusions im Zusammenhang mit der Bedeutung von Informationen über die finanzielle Performance eines Unternehmens hindeuten, vgl. ED.BC1.36.

219 Vgl. Abschnitt 314.1.

220 Vgl. die Abschnitte 314.1 sowie 314.2.

221 Vgl. BRINKMANN, J., Zweckadäquanz, S. 60-65 m. w. N. sowie S. 87 f.; KAHLE, H., Informationsversorgung des Kapitalmarkts, S. 98 sowie S. 101-104; KESSLER, H., Fair Value, S. 73 f.; MEYER, M., Unternehmenswertorientierte Berichterstattung, S. 148; MOXTER, A., Rahmenkonzept, S. I; hierzu ausführlich STREIM, H., Vermittlung von entscheidungsnützlichen Informationen, S. 111-129.

222 Vgl. KESSLER, H., Fair Value, S. 74; MEYER, M., Unternehmenswertorientierte Berichterstattung, S. 148 sowie STREIM, H., Vermittlung von entscheidungsnützlichen Informationen, S. 111 und im Weiteren ausführlich begründend, vgl. S. 111-129.

Als zentrale Ursache für das bestehende Missverhältnis zwischen dem Anspruch des IASB und der praktischen Wirklichkeit wird im Schrifttum die primäre Vergangenheitsorientierung des IFRS-Abschlusses angesehen, denn einer vergangenheitsorientierten Rechnungslegung sei eine Prognosefähigkeit weitgehend abzusprechen.[223] In der Literatur wird diese Feststellung sowohl theoretisch fundiert als auch durch empirische Untersuchungen bestätigt.[224] SCHNEIDER betont, „dass mit Mitteln der Logik [...] allein nicht von der Vergangenheit auf die Zukunft geschlossen werden kann, sondern dass es dazu des Wissens um eine empirische Gesetzmäßigkeit bedarf."[225] Der für die Erfüllung der *valuation usefulness*-Funktion erforderliche gesetzmäßige Zusammenhang zwischen vergangenheitsorientierten Abschlussdaten und den zu erwartenden künftigen Zahlungsströmen sei hierbei weitgehend unbekannt.[226] Aufgrund der verstärkt vergangenheitsorientierten IFRS-Rechnungslegung wird deshalb auch von einer Überbetonung der *stewardship*-Funktion gegenüber der *valuation usefulness*-Funktion gesprochen.[227] „Die derzeit weitgehend fehlende Prognoseorientierung [der IFRS...] vernachlässig[e] Entscheidungsrelevanz zu Gunsten einer auf Vergangenheitswerten basierenden Objektivierung"[228]. Informationen seien umso entscheidungsnützlicher, je zukunftsbezogener sie sind.[229] MOXTER betont in diesem Kontext, dass, obwohl „[d]ie Verfasser der IAS [...] das Erfordernis einer Offenlegung der Ertragserwartungen zweifellos gesehen [haben...[230]], zu viele und zu wichtige Informationen über Ertragserwartungen unterdrückt werden."[231]

Resultierend aus dieser Kritik wurden in jüngster Vergangenheit zahlreiche Vorschläge unterbreitet, die eine verstärkt zukunfts-, gesamtbewertungs- und somit auch **unternehmenswertorientierte IFRS-Rechnungslegung** fordern. Als Beispiele hierfür können die von MUJKA-

223 Vgl. BEYHS, O., Impairment of Assets, S. 216; BRINKMANN, J., Zweckadäquanz, S. 60-65 m. w. N. sowie S. 87 f.; KAHLE, H., Informationsversorgung des Kapitalmarkts, S. 101-104; KAHLE, H., Zur Zukunft der Rechnungslegung, S. 265 f. und 274; MEYER, M., Unternehmenswertorientierte Berichterstattung, S. 142; MOXTER, A., Grundsätze ordnungsgemäßer Rechnungslegung, S. 221 f.; MOXTER, A., Rechnungslegungsmythen, S. 2148; STREIM, H., Vermittlung von entscheidungsnützlichen Informationen, S. 127.

224 Vgl. exemplarisch BRINKMANN, J., Zweckadäquanz, S. 60-65 sowie STREIM, H., Vermittlung von entscheidungsnützlichen Informationen, S. 120-127.

225 SCHNEIDER, D., Eine Warnung vor Frühwarnsystemen, S. 1492.

226 Vgl. KAHLE, H., Informationsversorgung des Kapitalmarkts, S. 101; SCHNEIDER, D., Eine Warnung vor Frühwarnsystemen, S. 1492.

227 Vgl. MOXTER, A., Rechnungslegungsmythen, S. 2149; STREIM, H., Vermittlung von entscheidungsnützlichen Informationen, S. 122 m. w. N.

228 MOXTER, A., Rechnungslegungsmythen, S. 2149. Ebenso FISCHER, A., Shareholder Value Reporting, S. 5.

229 Vgl. BALLWIESER, W., Informations-GoB, S. 118; BRINKMANN, J., Zweckadäquanz, S. 54; MOXTER, A., Grundsätze ordnungsgemäßer Rechnungslegung, S. 222; STREIM, H., Diskussionsbeiträge im Rahmen der IAS, S. 282.

230 An dieser Stelle verweist MOXTER im Weiteren auf die Ausführungen des IASB-Framework zur *valuation usefulness*-Funktion.

231 Vgl. MOXTER, A., Grundsätze ordnungsgemäßer Rechnungslegung, S. 333 f.

NOVIC befürwortete bilanzielle Abbildung eines originären Geschäfts- oder Firmenwerts[232] sowie die von BIEKER und HAAKER geäußerten Forderungen nach einer „Informations-“ bzw. einer „CGU-Informationsbilanz“[233] angeführt werden, auf die im Folgenden knapp eingegangen werden soll.

MUJKANOVIC schlägt den bilanziellen Ansatz eines originären Geschäfts- oder Firmenwerts auf Ebene des Gesamtunternehmens vor.[234] Dieser soll sich als bilanzielle Ausgleichsgröße aus der Differenz zwischen dem Marktwert des Eigenkapitals und der bilanzierten Nettosubstanz von Vermögenswerten und Schulden ergeben.[235] Um den Marktwert des Eigenkapitals ermitteln zu können, ist zwingend eine Unternehmensbewertung durchzuführen.[236]

BIEKER schlägt zur Erfüllung der *valuation usefulness*-Funktion[237] eine Informationsbilanz auf Basis zahlungsmittelgenerierender Einheiten vor.[238] Um Ertragswertbeiträge der unternehmerischen Erfolgspotenziale zeigen zu können, sei es erforderlich, die Einzelbewertungsbasis zu verlassen. Die Bilanz soll deshalb Bereichswerte im Sinne des Barwerts der erwarteten künftigen Zahlungsüberschüsse des jeweiligen Bereichs abbilden. Es sind folglich bereichsbezogene Teilunternehmenswerte zu ermitteln.[239]

HAAKER kombiniert die Ansätze von MUJKANOVIC und BIEKER und schlägt eine einzelbewertungsorientierte CGU-Informationsbilanz vor.[240] Hierbei soll der Einzelbewertungsgrundsatz insofern beachtet werden, als dass alle isolierbaren Vermögenswerte und Schulden innerhalb einer CGU ansatzpflichtig sind. Die separierbaren Vermögenswerte und Schulden sollen zu

232 Vgl. zur Abbildung des originären Geschäfts- oder Firmenwerts in der Bilanz insbesondere MUJKANOVIC, R., Fair Value im Financial Statement, S. 265-359 sowie hierauf bezugnehmend HAAKER, A., Goodwill-Bilanzierung nach IFRS, S. 499-504. Vgl. hierzu ferner PELLENS, B./NEUHAUS, S./SCHMIDT, A., Ausgestaltung der Unternehmensberichterstattung, S. 86-88.

233 Vgl. zu den Begriffen der „Informationsbilanz“ sowie der „CGU-Informationsbilanz“ insbesondere BIEKER, M., Analyse des Fair Value Accounting, S. 219-232; HAAKER, A., Ausgestaltung einer IFRS-Informationsbilanz, Teil I; HAAKER, A., Ausgestaltung einer IFRS-Informationsbilanz, Teil II; HAAKER, A., Goodwill-Bilanzierung nach IFRS, S. 497-510 sowie insbesondere S. 510-526; STREIM, H./BIEKER, M./ESSER, M., Überlegungen zum Inhalt einer Informationsbilanz.

234 Vgl. ausführlich zu diesem Ansatz MUJKANOVIC, R., Fair Value im Financial Statement, S. 284-334.

235 Vgl. MUJKANOVIC, R., Fair Value im Financial Statement, S. 284.

236 Hierfür schlägt MUJKANOVIC die Verwendung des Flow-to-Equity-Ansatzes vor, der unter den etablierten Zukunftserfolgsverfahren einzuordnen ist, vgl. MUJKANOVIC, R., Fair Value im Financial Statement, S. 287-289.

237 BIEKER verwendet in diesem Kontext nicht den Begriff der *valuation usefulness*-Funktion, sondern die Bezeichnung „Informationsfunktion“. Dass sinngemäß die im Rahmen dieser Arbeit unter dem Begriff der *valuation usefulness* bezeichnete Funktion gemeint ist, lässt sich daran erkennen, dass BIEKER die Informationsfunktion dadurch charakterisiert, dass die Verlässlichkeit zur Erfüllung der Informationsfunktion eine Nebenbedingung darstellt, vgl. hierzu BIEKER, M., Analyse des Fair Value Accounting, S. 219.

238 Vgl. ausführlich zu diesem Ansatz BIEKER, M., Analyse des Fair Value Accounting, S. 219-232.

239 Vgl. BIEKER, M., Analyse des Fair Value Accounting, S. 219-225.

240 Vgl. ausführlich zu diesem Ansatz HAAKER, A., Goodwill-Bilanzierung nach IFRS, S. 510-526.

einem marktorientierten Fair Value bewertet werden. Dieser Substanzwert der zu bewertenden CGU ist um den Ansatz eines CGU-bezogenen Geschäfts- oder Firmenwerts zu ergänzen. Der jeweilige Geschäfts- oder Firmenwert ergibt sich dabei aus der Differenz zwischen dem Barwert der erwarteten künftigen Zahlungsüberschüsse und dem Substanzwert der Bewertungseinheit. Über die Fair Value-Berechnungen der einzelnen Substanzkomponenten hinaus sind demnach zusätzlich bereichsbezogene Teilunternehmenswerte zu ermitteln.[241]

Während sich die bislang vorgestellten Vorschläge primär auf das Informationsinstrument der Bilanz konzentrieren, wird ebenso vielfach gefordert, die „Informationsdefizite" hinsichtlich der *valuation usefulness*-Funktion durch eine außerbilanzielle Berichterstattung einzuschränken.[242] Auch hierbei wird die Forderung nach einer unternehmenswertorientierteren IFRS-Rechnungslegung vertreten.[243] Von diesen Vorschlägen inhaltlich abzugrenzen sind Forderungen nach einem sogenannten (Shareholder) Value Reporting[244] bzw. Value Based Reporting[245]. Hierbei handelt es sich um eine „freiwillige Zusatzberichterstattung"[246], die über die IFRS-Berichterstattung hinaus zusätzlich vorgenommen werden kann[247] und im Rahmen dieser Arbeit nicht Gegenstand der Analyse ist.

Aber auch **Entwicklungstendenzen** auf Ebene des **IASB**, wie beispielsweise die Regelungen zur Durchführung einer Werthaltigkeitsprüfung nach IAS 36, könnten in Richtung einer stärker zukunfts- und gesamtbewertungsorientiert und somit auch stärker unternehmenswertorientiert ausgerichteten IFRS-Rechnungslegung interpretiert werden.[248] In diesem Kontext betonen STREIM/BIEKER/ESSER, dass „der Bezug eines bilanziellen Wertmaßstabes auf ‚Teilunternehmenswerte' als bedeutender Schritt des Übergangs des externen Rechnungswesens von einer einzel- auf eine gesamtbewertungsorientierte Konzeption interpretiert werden"[249] kön-

241 Vgl. HAAKER, A., Goodwill-Bilanzierung nach IFRS, S. 511-514.

242 Vgl. exemplarisch KAHLE, H., Informationsversorgung des Kapitalmarkts, S. 107 sowie MEYER, M., Unternehmenswertorientierte Berichterstattung, S. 85-88 m. w. N.

243 Vgl. KAHLE, H., Informationsversorgung des Kapitalmarkts, S. 98-104 und 107; MEYER, M., Unternehmenswertorientierte Berichterstattung, S. 115.

244 Vgl. hierzu FISCHER, T. M./WENZEL, J., Value Reporting, S. 327-332; HEUMANN, R., Value Reporting, S. 1-13; LABHART, P. A., Value Reporting, S. 29-31; PELLENS, B./HILLEBRANDT, F./TOMASZEWSKI, C., Value Reporting, S. 178-181; SCHULTZE, W./FINK, C./STRAUB, B., Value Reporting, S. 563-571 sowie STEINHAUER, L., Value Reporting, S. 104-115.

245 Vgl. exemplarisch GÜNTHER, T., Entwicklungsperspektiven, S. 202-205 sowie GÜNTHER, T./BEYER, D., Value Based Reporting, S. 1623-1630.

246 RUHWEDEL, F./SCHULTZE, W., Value Reporting, S. 603.

247 Vgl. RUHWEDEL, F./SCHULTZE, W., Value Reporting, S. 608 f.; HAYN, S./MATENA, S., Prüfung des Value Reporting, S. 426.

248 Vgl. zu diesen Entwicklungstendenzen auch BALLWIESER, W., Unternehmensbewertung im Rahmen der IFRS, S. 353-362.

249 STREIM, H./BIEKER, M./ESSER, M., Vermittlung entscheidungsnützlicher Informationen, S. 464.

ne.[250] Von einem Übergang zu einer gesamtbewertungs- und zudem auch zukunftsorientierten Konzeption ist die IFRS-Rechnungslegung indes z. Z. noch weit entfernt. Einer möglichen weitergehenden Entwicklung in diese Richtung soll aber ebenfalls durch den nun zu konkretisierenden Untersuchungsgegenstand dieser Arbeit Rechnung getragen werden.

Festzuhalten bleibt, dass im Schrifttum erhebliche Zweifel geäußert werden, ob die *valuation usefulness*-Funktion durch die gegenwärtigen Regelungen der IFRS adäquat erfüllt wird. Mehrfach wird eine verstärkt unternehmenswertorientiert ausgerichtete IFRS-Rechnungslegung gefordert. Auf Ebene des IASB sind Entwicklungstendenzen in diese Richtung zumindest in ersten Ansätzen erkennbar. Im Rahmen dieser Arbeit soll deshalb analysiert werden, ob und ggf. auf welche Weise das von der Literatur konstatierte gegenwärtige Missverhältnis zwischen der *valuation usefulness-* und der *stewardship*-Funktion eingeschränkt bzw. aufgehoben werden könnte. Als **Untersuchungsgegenstand** soll **dieser Arbeit** demnach die Frage zugrunde liegen, inwieweit die *valuation usefulness*-Funktion im Rahmen des IFRS-Abschlusses möglicherweise verstärkt berücksichtigt werden könnte und welche möglichen Konsequenzen hieraus zu erwarten wären.[251] Dies gilt insbesondere auch hinsichtlich der Frage, ob der *stewardship*-Funktion noch hinreichend entsprochen werden würde. Darauf aufbauend soll die Frage beantwortet werden, inwieweit eine stärkere Berücksichtigung der *valuation usefulness*-Funktion letztlich tatsächlich geeignet erscheint, im IFRS-Abschluss angewendet zu werden.[252]

Zwischen den für die ***valuation usefulness*-Funktion** erforderlichen Informationen, die eine Einschätzung der Höhe, der Unsicherheit und des zeitlichen Verlaufs der künftigen Zahlungsströme eines Unternehmens gewährleisten sollen, und den für eine **Unternehmensbewertung** erforderlichen Informationen zeigt sich ein deutlicher inhaltlicher Überschneidungsbereich. Auf Grundlage der für eine Unternehmensbewertung erforderlichen Datenbasis könnten Investoren unter Anwendung von Barwertkalkülen das betreffende Unternehmen bewerten und hierauf basierend ihre *buy-hold-sell*-Entscheidungen treffen.[253] Die Unternehmensbewertung setzt im Zähler künftig erwartete Zahlungsüberschüsse an (Berücksichtigung der Höhe) und diskontiert diese mit einem risikoorientierten Zinssatz (Berücksichtigung der Unsicherheit und des zeitlichen Verlaufs).

---

250 Ebenso KÜMMEL sowie LIENAU/ZÜLCH, die im Zusammenhang mit dem Wertminderungstest nach IAS 36 von einer Durchbrechung bzw. Aufgabe des Einzelbewertungsgrundsatzes sprechen, vgl. hierzu KÜMMEL, J., Grundsätze für die Fair Value-Ermittlung, S. 50 und LIENAU, A./ZÜLCH, H., Ermittlung des value in use nach IFRS, S. 320.

251 Vgl. hierzu insbesondere die Ausführungen in Kapitel 4, in dem diese Frage erörtert wird. Eine abschließende Würdigung der möglichen Konsequenzen einer verstärkt unternehmenswertorientiert ausgerichteten IFRS-Rechnungslegung wird in Kapitel 6 vorgenommen.

252 Vgl. Kapitel 6.

253 Vgl. hierzu die grundlegenden Ausführungen in Abschnitt 221.

Zwar haben im Rahmen der externen Rechnungslegung im Gegensatz zur Unternehmensbewertung aufgrund bestehender Prinzipal-Agenten-Konflikte verlässliche Informationen eine vergleichsweise höhere Bedeutung.[254] Indes könnte die Vorgehensweise bei einer Unternehmensbewertung wichtige Hinweise geben, auf welche Weise eine stärkere Berücksichtigung des Subziels der *valuation usefulness* in der IFRS-Rechnungslegung gelingen könnte. Aufgrund der Vielzahl an unterschiedlichen Methoden der Unternehmensbewertung und der verschiedensten Ansichten über das Verständnis „des" Unternehmenswerts, soll im Folgenden zunächst auf grundlegende Aspekte der Unternehmensbewertungstheorie eingegangen werden.

32 Konzeption einer Unternehmensbewertung

321. Werttheorien der Unternehmensbewertung

321.1 Die objektive und die subjektive Unternehmensbewertung

Etwa bis zum Jahr 1960 war die **objektive Unternehmensbewertung** in der Literatur der dominierende Bewertungsansatz.[255] Bei der objektiven Unternehmensbewertung wird der Unternehmenswert als eine natürliche Eigenschaft des Unternehmens angesehen.[256] Der (objektive) Unternehmenswert kann demnach von jeder Person realisiert werden. Die Bewertung erfolgt unabhängig von den spezifischen Umweltbedingungen des Bewertungssubjekts (z. B. Fähigkeiten oder Interessen des Bewertungssubjekts), sodass es auch nur einen (objektiven) Unternehmenswert geben kann.[257] Implizit verbunden mit dieser Konzeption ist eine starke Betonung der vergangenen und gegenwärtigen Verhältnisse des Unternehmens, denn nur diese können objektiv erfasst werden.[258] Größen, die dem Bewertenden einen subjektiven Beurteilungs- bzw. Gestaltungsspielraum bieten, fließen nicht in das Bewertungsverfahren mit ein.[259] Künftige Chancen, aber auch künftige Risiken, die den zukunftsorientierten Ertragswert u. U. in hohem Maße beeinflussen, die indes nicht ohne Beurteilungsspielräume bzw. individuelle Einschätzungen konkretisiert werden können, werden demnach tendenziell rudi-

254 Vgl. hierzu die näheren Erläuterungen in den Abschnitten 222. sowie 223.

255 Vgl. LEITNER, F., Wirtschaftslehre der Unternehmung, S. 184; MELLEROVICZ, K., Wert der Unternehmung, S. 11-17; MÜNSTERMANN, H., Wert und Bewertung der Unternehmung, S. 20-28 m. w. N. Zu einer historischen Entwicklung der in der Bewertungsliteratur jeweils dominierenden Bewertungsansätze vgl. DRUKARCZYK, J./SCHÜLER, A., Unternehmensbewertung, S. 101.

256 Vgl. PEEMÖLLER, V. H., Wert und Werttheorien, Rn. 8.

257 Vgl. MATSCHKE, M. J./BRÖSEL, G., Unternehmensbewertung, S. 14; MELLEROVICZ, K., Wert der Unternehmung, S. 60.

258 Vgl. MATSCHKE, M. J./BRÖSEL, G., Unternehmensbewertung, S. 14-17; PEEMÖLLER, V. H., Wert und Werttheorien, Rn. 10.

259 Vgl. MATSCHKE, M. J./BRÖSEL, G., Unternehmensbewertung, S. 15 f.; MOXTER, A., Grundsätze ordnungsmäßiger Unternehmensbewertung, S. 33.

mentär berücksichtigt. Unter dem objektiven Unternehmenswert wird also eher eine Art Substanzwert bzw. eine Mischung aus Substanz- und Ertragswert verstanden.[260]

Die Kritik an der objektiven Unternehmensbewertung, die maßgeblich dazu beitrug, dass sich die subjektive Unternehmensbewertung durchsetzte, äußerte sich insbesondere darin, dass der Begriff „Unternehmens**wert**" nur schwer mit dem Begriff „**objektiv**" in Einklang zu bringen war.[261] „Der Wert eines Unternehmens wird aus dem **subjektiven Nutzen** bestimmt, den seine Eigentümer aus ihm ziehen können."[262] Es hat sich die Erkenntnis durchgesetzt, dass sich der Wert des Unternehmens nur aus einer Subjekt-Objekt-Beziehung ergeben kann.[263] Abhängig von den subjektiven Planungen und Vorstellungen des Bewertungssubjekts ergibt sich für das Bewertungsobjekt ein unterschiedlicher Wert. Folglich konnte es **den** objektiven Unternehmenswert an sich nicht geben, sondern nur den Unternehmenswert für ein bestimmtes Bewertungssubjekt.[264]

Im Laufe der 60er Jahre setzte sich die **subjektive Unternehmensbewertung** in der Literatur endgültig durch.[265] Diese interpretiert den Unternehmenswert im Gegensatz zur objektiven Unternehmensbewertung nicht als natürliche Eigenschaft des Unternehmens, sondern als Gebrauchswert.[266] Der Unternehmenswert zeigt demnach den Grad der Befriedigung der individuellen Bedürfnisse des Bewertungssubjekts.[267] Er berücksichtigt also die individuellen Vorteile des Bewertungssubjekts, die aus dem Unternehmen generiert werden können. Neben diesem sogenannten Prinzip der Subjektbezogenheit wird die subjektive Unternehmensbewertung ferner durch das Prinzip der Zukunftsbezogenheit sowie durch das Gesamtbewertungsprinzip charakterisiert.[268]

---

260 Vgl. MATSCHKE, M. J./BRÖSEL, G., Unternehmensbewertung, S. 15; DRUKARCZYK, J./SCHÜLER, A., Unternehmensbewertung, S. 101; MOXTER, A., Grundsätze ordnungsmäßiger Unternehmensbewertung, S. 33.

261 Vgl. hierzu umfassend sowohl BUSSE VON COLBE, W., Zukunftserfolg als auch MÜNSTERMANN, H., Wert und Bewertung der Unternehmung.

262 IDW (Hrsg.), WP-Handbuch 2008, Abschn. A, Rn. 7.

263 PEEMÖLLER, V. H., Wert und Werttheorien, Rn. 5.

264 Vgl. MOXTER, A., Grundsätze ordnungsmäßiger Unternehmensbewertung, S. 6; PEEMÖLLER, V. H., Wert und Werttheorien, Rn. 11.

265 Maßgeblich trugen hierzu die umfassenden Werke von BUSSE VON COLBE, W., Zukunftserfolg und MÜNSTERMANN, H., Wert und Bewertung der Unternehmung bei. Vgl. zu einem Überblick über die historische Entwicklung ferner DRUKARCZYK, J./SCHÜLER, A., Unternehmensbewertung, S. 101.

266 Vgl. PEEMÖLLER, V. H., Wert und Werttheorien, Rn. 13.

267 Vgl. PEEMÖLLER, V. H., Wert und Werttheorien, Rn. 13.

268 Zu diesen drei Prinzipien im Einzelnen vgl. POOTEN, H., Grundsätze ordnungsmäßiger Unternehmensbewertung, S. 113-119 sowie umfassend MÜNSTERMANN, H., Wert und Bewertung der Unternehmung.

Das Prinzip der Zukunftsbezogenheit folgt der Aussage SCHMALENBACHS, dass der Kaufmann für das Gewesene nichts gibt.[269] Die Unternehmensbewertung hat sich also an den in der Zukunft zu erwartenden Erfolgen (in Zusammenhang mit dem Prinzip der Subjektbezogenheit) aus Sicht des Bewertungssubjekts zu orientieren.[270] Somit dienen die in der Vergangenheit realisierten Erfolge lediglich als Anhaltspunkt für die zu prognostizierenden künftigen Erfolge.[271]

Das Prinzip der Gesamtbewertung als drittes Prinzip der subjektiven Unternehmensbewertung lehnt den Ansatz eines Substanzwerts oder einer Mischung aus Substanz- und Ertragswert ab und betrachtet die Ertragskraft des Unternehmens als Ganzes.[272] Die bestehenden Interdependenzen bzw. realisierbaren Synergien zwischen den einzelnen materiellen und immateriellen Vermögenswerten eines Unternehmens werden damit im Rahmen der Bewertung berücksichtigt.[273]

Im Gegensatz zur objektiven Unternehmensbewertung, die letztlich zu einem eindeutigen Unternehmenswert führen sollte, existiert der subjektiven Theorie zufolge für jedes Bewertungssubjekt gemäß den individuellen Interessen ein grundsätzlich verschiedener Wert.[274]

Da der ermittelte Unternehmenswert in der subjektiven Werttheorie für jeweils nur eine Person gilt, kann dieser für eine Einigung zweier bzw. mehrerer Parteien nicht maßgebend sein.[275] Die zugrunde liegenden subjektiven Annahmen und Planungen divergieren mitunter stark (beispielsweise stehen sie nicht zwingend mit dem vergangenen bzw. gegenwärtigen Unternehmenskonzept in Einklang), sodass der ermittelte Unternehmenswert u. U. intersubjektiv nur schwer nachvollziehbar ist.[276] Einen Versuch, diese mangelnde intersubjektive Nachvollziehbarkeit zu begrenzen, unternimmt die funktionale Werttheorie[277], welche die drei Prinzipien der subjektiven Unternehmensbewertung um das Prinzip der Zweckabhängigkeit

269 Vgl. SCHMALENBACH, E., Werte von Anlagen und Unternehmungen, S. 11; MÜNSTERMANN, H., Wert und Bewertung der Unternehmung, S. 21.

270 Vgl. POOTEN, H., Grundsätze ordnungsmäßiger Unternehmensbewertung, S. 114.

271 Vgl. MÜNSTERMANN, H., Wert und Bewertung der Unternehmung, S. 20 f.; SCHMALENBACH, E., Werte von Anlagen und Unternehmungen, S. 1.

272 Vgl. POOTEN, H., Grundsätze ordnungsmäßiger Unternehmensbewertung, S. 116; SIEBEN, G./KIRCHNER, M., Substanzwert, S. 542.

273 Vgl. POOTEN, H., Grundsätze ordnungsmäßiger Unternehmensbewertung, S. 117 m. w. N.

274 Vgl. MATSCHKE, M. J./BRÖSEL, G., Unternehmensbewertung, S. 20 f.; MOXTER, A., Grundsätze ordnungsmäßiger Unternehmensbewertung, S. 23-32.

275 Vgl. MATSCHKE, M. J./BRÖSEL, G., Unternehmensbewertung, S. 21; PEEMÖLLER, V. H., Wert und Werttheorien, Rn. 16 f.

276 Vgl. GORNY, C., Unternehmensbewertung, S. 4; PEEMÖLLER, V. H., Wert und Werttheorien, Rn. 17.

277 Vgl. grundlegend zur funktionalen Unternehmensbewertung MATSCHKE, M. J., Gesamtwert der Unternehmung als Entscheidungswert sowie SIEBEN, G., Funktionenlehre der Unternehmensbewertung.

bzw. um das sogenannte Zweckadäquanzprinzip erweitert,[278] das im Folgenden näher beleuchtet werden soll.

321.2 Die funktionale Unternehmensbewertung

Die Diskussion um den „richtigen“ Unternehmenswert i. S. eines objektiven bzw. subjektiven Unternehmenswerts wurde in den 70er Jahren durch den Ansatz der **funktionalen Unternehmensbewertungslehre**[279] um einen zentralen Aspekt erweitert. Der von der KÖLNER SCHULE begründete Ansatz der funktionalen Werttheorie, der bis heute in der Unternehmensbewertungsliteratur vorherrschend ist,[280] stellt die **Zweckabhängigkeit des Unternehmenswerts** in den Vordergrund.[281] Ein ermittelter Unternehmenswert kann nicht unabhängig vom Zweck der zugrunde liegenden Unternehmensbewertung interpretiert werden[282] bzw. eine Unternehmensbewertung kann ohne einen vorher konkretisierten Bewertungszweck nicht sachgerecht durchgeführt werden.[283] Sowohl vor als auch bei und nach jeder Unternehmensbewertung sollte der Bewertungszweck folglich explizit berücksichtigt werden. Vor der Unternehmensbewertung sollte der verfolgte Zweck festgelegt werden, da dieser unter anderem die zu verwendenden Methoden und die Annahmen der Bewertung bestimmt.[284] Das Bewertungsergebnis nach Durchführung der Unternehmensbewertung kann ebenfalls nur vor dem Hintergrund des Zwecks sinnvoll interpretiert werden, da die einfließenden Prämissen den Unternehmenswert entscheidend beeinflussen.[285] „Das Wort ‚**Wert**‘ […] hat nur dann einen Sinn, wenn hinter der Aussage ein **Zweck** – eine Norm – steht.“[286]

Bezugnehmend auf die Diskussionen um den richtigen Unternehmenswert ist demnach festzuhalten, dass es **den** richtigen Unternehmenswert schlechthin nicht gibt. „Da Unternehmenswertermittlungen sehr unterschiedlichen Zwecken dienen können, ist der richtige Unter-

278 Zum Zweckadäquanzprinzip vgl. BALLWIESER, W., Unternehmensbewertung, S. 1 f.; MOXTER, A., Grundsätze ordnungsmäßiger Unternehmensbewertung, S. 5-8.

279 Vgl. grundlegend zur funktionalen Unternehmensbewertung MATSCHKE, M. J., Gesamtwert der Unternehmung als Entscheidungswert sowie SIEBEN, G., Funktionenlehre der Unternehmensbewertung.

280 Vgl. BRÖSEL, G., Nebenfunktionen der funktionalen Unternehmensbewertungstheorie, S. 128; GORNY, C., Unternehmensbewertung, S. 155; HELBLING, C., Unternehmensbewertung, S. 45 sowie MATSCHKE, M. J./BRÖSEL, G., Unternehmensbewertung, S. 22.

281 Zum Zweckadäquanzprinzip vgl. BALLWIESER, W., Unternehmensbewertung, S. 1 f.; MOXTER, A., Grundsätze ordnungsmäßiger Unternehmensbewertung, S. 5-8.

282 Vgl. BALLWIESER, W., Unternehmensbewertung, S. 1; IDW (Hrsg.), WP-Handbuch 2008, Abschn. A, Rn. 12; MOXTER, A., Grundsätze ordnungsmäßiger Unternehmensbewertung, S. 5-8.

283 Vgl. exemplarisch MATSCHKE, M. J./BRÖSEL, G., Unternehmensbewertung, S. 23.

284 Vgl. MANDL, G./RABEL, K., Methoden der Unternehmensbewertung, Rn. 524; MATSCHKE, M. J./BRÖSEL, G., Unternehmensbewertung, S. 23; MOXTER, A., Grundsätze ordnungsmäßiger Unternehmensbewertung, S. 6; PEEMÖLLER, V. H., Grundsätze ordnungsmäßiger Unternehmensbewertung, Rn. 205 f.

285 Vgl. PEEMÖLLER, V. H., Wert und Werttheorien, Rn. 19.

286 PEEMÖLLER, V. H., Wert und Werttheorien, Rn. 3.

nehmenswert jeweils der zweckadäquate."[287] Somit kann einer Unternehmensbewertung sowohl eine Wertermittlung zugrunde liegen, die im Vergleich zum bisherigen Unternehmenskonzept eine Neuorientierung des Unternehmens annimmt, als auch eine Wertermittlung, die auf vergangenen Geschäftsentwicklungen (-zahlen) basiert und hierdurch objektiviert wird. Im ersten Fall könnte der Zweck der Bewertung z. B. die Ermittlung eines käuferspezifischen Grenzpreises sein, im zweiten Fall könnte z. B. die Ermittlung eines von individuellen Wertvorstellungen unabhängigen und mit möglichst geringen Ermessensspielräumen behafteten Unternehmenswerts, beispielsweise für Zwecke der Steuerbemessung, beabsichtigt sein. Dadurch, dass der funktionalen Werttheorie zufolge der Zweck einer Unternehmensbewertung dieser jeweils vorangestellt wird, lässt sich die durchgeführte Bewertung bzw. das Ergebnis der Bewertung intersubjektiv besser nachvollziehen.[288]

Unternehmensbewertungen finden aufgrund unterschiedlichster Anlässe statt, sodass eine Klassifizierung dieser Anlässe schwer fällt bzw. entsprechend auf verschiedenste Weise vorgenommen werden kann.[289] Die einzelnen Anlässe der Unternehmensbewertungen definieren wiederum deren Zwecke bzw. Aufgaben.[290] Die Bewertungszwecke und mithin auch die -anlässe lassen sich gemäß der funktionsorientierten Unternehmensbewertungslehre der KÖLNER SCHULE in verschiedene Funktionen unterteilen.[291] In einem ersten Schritt werden drei Haupt- und drei Nebenfunktionen unterschieden, denen eine Wertermittlung dienen kann.[292] Die drei **Hauptfunktionen** umfassen hierbei die

- Beratungs- bzw. Entscheidungsfunktion, die
- Vermittlungsfunktion und die
- Argumentationsfunktion.

---

287 MOXTER, A., Grundsätze ordnungsmäßiger Unternehmensbewertung, S. 6.

288 Vgl. PEEMÖLLER, V. H., Wert und Werttheorien, Rn. 18.

289 Vgl. zu einer möglichen Klassifizierung PEEMÖLLER, V. H., Anlässe der Unternehmensbewertung, Rn. 102. Eine weitere Systematisierung der Anlässe findet sich bei KUHNER, C./MALTRY, H., Unternehmensbewertung, S. 7-11.

290 Vgl. BELLINGER, B./VAHL, G., Unternehmensbewertung, S. 30; PEEMÖLLER, V. H., Anlässe der Unternehmensbewertung, Rn. 101.

291 Neben der hier behandelten Funktionslehre der KÖLNER SCHULE existiert eine Funktionslehre des IDW, welche auf Basis der KÖLNER Funktionslehre entwickelt wurde. Die Funktionslehre des IDW definiert in Teilen vergleichbare Funktionen, aber auch von der KÖLNER SCHULE abweichende Funktionen. Zu den Parallelen und Unterschieden der beiden Funktionslehren vgl. HAYN, S., Die funktionalen Wertkonzeptionen, S. 1346-1353. HAYN gelangt zu dem Schluss, dass die Kölner Funktionslehre im Gegensatz zur Funktionslehre des IDW in konzeptioneller Hinsicht vorzuziehen ist, vgl. zu einer fundamentalen Kritik an der Funktionslehre des IDW: HAYN, S., Die funktionalen Wertkonzeptionen, S. 1346-1353. Ebenso kritisch gegenüber der Funktionslehre des IDW äußern sich MOXTER, A., Grundsätze ordnungsmäßiger Unternehmensbewertung, S. 28 f. sowie MATSCHKE, M. J./BRÖSEL, G., Unternehmensbewertung, S. 52-58.

292 Vgl. HINZ, H./BEHRINGER, S., Unternehmensbewertung, S. 21 f.; MATSCHKE, M. J./BRÖSEL, G., Unternehmensbewertung, S. 23; PEEMÖLLER, V. H., Wert und Werttheorien, Rn. 19. Zu den sogenannten Nebenfunktionen der Unternehmensbewertung vgl. ferner ausführlich BRÖSEL, G., Nebenfunktionen der funktionalen Unternehmensbewertungstheorie, S. 128-143.

Die drei **Nebenfunktionen** konkretisieren sich in der

- Vertragsgestaltungsfunktion, in der
- Steuerbemessungsfunktion sowie in der
- Informationsfunktion.

Die drei **Hauptfunktionen** beziehen sich auf Bewertungen von Unternehmen, bei denen sich die **Eigentumsverhältnisse ändern**.[293] Hierbei geht es in erster Linie um interpersonelle Konflikte hinsichtlich der Bedingungen über die Änderung der Eigentumsverhältnisse.[294] Typische Bewertungsanlässe, die unter die Hauptfunktionen fallen, sind z. B. Käufe bzw. Verkäufe von Unternehmen oder Unternehmensteilen wie auch Spaltungen und Verschmelzungen. Im Folgenden soll knapp auf die wesentlichen Charakteristika der drei Hauptfunktionen eingegangen werden.

Bei der **Beratungs- bzw. Entscheidungsfunktion** wird mit der Unternehmensbewertung das Ziel verfolgt, einen subjektiven Grenzpreis aus Sicht des jeweiligen Bewertungssubjekts zu ermitteln.[295] Das heißt, dass unter Berücksichtigung der individuellen Vorstellungen und Planungen des Bewertungssubjekts, z. B. beim geplanten Kauf eines Unternehmens, die Preisobergrenze des Investors (Bewertungssubjekt) ermittelt wird, bei der er gerade indifferent wäre, das Unternehmen zu kaufen oder nicht.[296] Zu diesem Preis würde der Kauf die ökonomische Situation des Investors also nicht verändern. Bis zu dieser Preisgrenze wäre es für den Käufer vorteilhaft, das Unternehmen zu erwerben. Die Wertvorstellungen und -interessen der Gegenpartei(en) bleiben bei der Wertermittlung außer Acht, sodass mit dieser Funktion (lediglich) eine individuelle Entscheidungshilfe für das Bewertungssubjekt geliefert werden soll.[297] Die Ermittlung der Grenzpreise aus Sicht der an einer Transaktion beteiligten Parteien zeigt demnach die Breite des Verhandlungsspielraums auf.[298]

Die **Vermittlungsfunktion** als zweite Hauptfunktion soll eine Einigung der interpersonellen Konflikte über die Änderung der Eigentumsverhältnisse herbeiführen.[299] Es soll ein von den beteiligten Parteien akzeptierter Preis durch einen angemessenen Interessenausgleich gefun-

293 Vgl. BRÖSEL, G., Nebenfunktionen der funktionalen Unternehmensbewertungstheorie, S. 128.

294 Vgl. GORNY, C., Unternehmensbewertung, S. 155.

295 Vgl. MATSCHKE, M. J./BRÖSEL, G., Unternehmensbewertung, S. 51; MOXTER, A., Grundsätze ordnungsmäßiger Unternehmensbewertung, S. 9-15; PEEMÖLLER, V. H., Wert und Werttheorien, Rn. 21-23.

296 Vgl. IDW (Hrsg.), WP-Handbuch 2008, Abschn. A, Rn. 21; MOXTER, A., Grundsätze ordnungsmäßiger Unternehmensbewertung, S. 9.

297 Vgl. IDW (Hrsg.), WP-Handbuch 2008, Abschn. A, Rn. 22; PEEMÖLLER, V. H., Wert und Werttheorien, Rn. 21.

298 Vgl. PEEMÖLLER, V. H., Wert und Werttheorien, Rn. 22.

299 Vgl. MATSCHKE, M. J./BRÖSEL, G., Unternehmensbewertung, S. 51; MOXTER, A., Grundsätze ordnungsmäßiger Unternehmensbewertung, S. 16-22; PEEMÖLLER, V. H., Wert und Werttheorien, Rn. 24-27.

den werden. Dieser sogenannte „faire Einigungspreis“[300] muss zwischen den jeweiligen Grenzpreisen der Bewertungssubjekte (siehe Beratungs- und Entscheidungsfunktion) liegen.[301] Um einen solchen Einigungspreis bestimmen zu können, müssen folglich zunächst die jeweiligen subjektiven Interessen bzw. Grenzpreise der beteiligten Parteien bekannt sein. Die Vermittlungsfunktion baut also auf der Beratungs- bzw. Entscheidungsfunktion auf. Zur Ermittlung des Einigungspreises existieren in der Literatur zahlreiche Vorschläge, auf die hier nicht näher eingegangen werden soll.[302] Herauszustellen ist allerdings, dass der Einigungspreis kein allgemein zu akzeptierender oder gar objektiver Unternehmenswert ist, da er lediglich auf den subjektiven Wertvorstellungen der beteiligten Parteien basiert.[303] Findet die Transaktion mit demselben Bewertungsobjekt zum selben Zeitpunkt unter anderen Parteien statt, ist der Einigungspreis aufgrund der im Regelfall divergierenden subjektiven Wertvorstellungen lediglich zufälligerweise derselbe.

Die **Argumentationsfunktion** als dritte Hauptfunktion im Sinne der funktionalen Werttheorie hat die Beeinflussung des Verhandlungspartners zum Ziel.[304] Mit dem Ergebnis der durchgeführten Bewertung wird versucht, den Einigungspreis möglichst nahe an den Grenzpreis des Verhandlungspartners zu rücken.[305] So wird versucht, den gemeinsamen „Gewinn“ aus der Transaktion zu Lasten der Gegenpartei für sich selbst zu vereinnahmen. Um dies zu realisieren, müssen sowohl der Grenzpreis des Bewertungssubjekts als auch der Grenzpreis des Verhandlungspartners zumindest näherungsweise bekannt sein.[306] Ist dies nicht der Fall, birgt die Argumentation zum ausschließlichen Vorteil des Bewertungssubjekts die Gefahr, dass eine ursprünglich von den beteiligten Parteien erwünschte Transaktion unterbleibt.

Allen drei Hauptfunktionen ist gemein, dass jeweils individuelle subjektive Grenzpreise, entweder aus Sicht eines Bewertungssubjekts oder aus Sicht mehrerer an einer Transaktion beteiligter Parteien, berechnet werden müssen. Hieraus ist zu folgern, dass **Bewertungen für Zwecke der IFRS-Rechnungslegung**, die an einen weiten Adressatenkreis gerichtet sind, keiner der drei Hauptfunktionen zuzuordnen sind. Die Bestimmung subjektiver Grenzpreise in den IFRS wäre nämlich aufgrund der Vielzahl der Adressaten und deren Anonymität nicht

300 Vgl. MOXTER, A., Grundsätze ordnungsmäßiger Unternehmensbewertung, S. 17.

301 Vgl. MOXTER, A., Grundsätze ordnungsmäßiger Unternehmensbewertung, S. 17 sowie TSCHÖPEL, A., Grenzpreisbestimmungen S. 17 f.

302 Vgl. hierzu indes ausführlich MATSCHKE, M. J., Funktionale Unternehmensbewertung; ferner MOXTER, A., Grundsätze ordnungsmäßiger Unternehmensbewertung, S. 17-19; PEEMÖLLER, V. H., Wert und Werttheorien, Rn. 26.

303 Vgl. PEEMÖLLER, V. H., Wert und Werttheorien, Rn. 25.

304 Vgl. MATSCHKE, M. J./BRÖSEL, G., Unternehmensbewertung, S. 51 f.; PEEMÖLLER, V. H., Wert und Werttheorien, Rn. 28.

305 Vgl. WAGENHOFER, A., Bestimmung von Argumentationspreisen in der Unternehmensbewertung, S. 341 f.

306 Vgl. MATSCHKE, M. J./BRÖSEL, G., Unternehmensbewertung, S. 52.

durchführbar. Dies bedeutet indes nicht, dass die in der IFRS-Berichterstattung gegebenen Informationen für eine aus Investorensicht durchzuführende subjektive Unternehmensbewertung nicht nützlich sein sollen. Die Tatsache indes, dass Bewertungen im Rahmen der IFRS-Rechnungslegung nicht unmittelbar anlässlich einer Änderung von Eigentumsverhältnissen und einer Lösung von Konfliktsituationen zwischen den beteiligten Transaktionspartner durchgeführt werden, grenzt den IFRS-Bewertungszweck definitionsgemäß von den Hauptfunktionen der KÖLNER SCHULE ab. Aus diesem Grund sollen die drei Hauptfunktionen im Rahmen dieser Arbeit nicht weiter berücksichtigt werden.

Während den drei Hauptfunktionen stets Transaktionen mit einer Änderung der Eigentumsverhältnisse des Bewertungsobjekts zugrunde liegen, werden die Bewertungsanlässe, die den drei **Nebenfunktionen** zuzuordnen sind, hiervon negativ abgegrenzt. Das heißt, dass die Nebenfunktionen sich auf Bewertungsanlässe beziehen, bei denen Unternehmen nicht zum Zwecke einer Entscheidungsunterstützung bezüglich der Bedingungen über die Änderung der Eigentumsverhältnisse bewertet werden.[307] BÖRNER führt aus, dass Bewertungen im Rahmen der Nebenfunktionen (lediglich) eine Deklarationsfunktion haben.[308] Während über die drei Hauptfunktionen in der Literatur weitgehend Einigkeit herrscht, werden die Nebenfunktionen unterschiedlich systematisiert und bezeichnet.[309] Die in der Literatur diskutierten Erweiterungen[310] der ursprünglichen, von der KÖLNER SCHULE hergeleiteten Nebenfunktionen geben zwar einen Hinweis auf weitere mögliche Bewertungszwecke. Im Rahmen dieser Arbeit sind diese Vorschläge aber von eher nachrangiger Bedeutung, sodass im Folgenden lediglich die drei Ursprungsnebenfunktionen erläutert werden sollen.

Die **Vertragsgestaltungsfunktion** bezieht sich auf (potenzielle) Unternehmensbewertungen bei gesellschaftsrechtlichen oder vertraglichen Gestaltungsproblemen und verfolgt i. d. R. das Ziel, das Verhalten der Gesellschafter zu beeinflussen.[311] Häufig stellen die Wertfindungen dieser Funktion auf die Ermittlung des Abfindungsbetrags bei Kündigung eines Gesellschafters ab.[312] Die Vertragsgestaltungsfunktion zielt hierbei auf eine mögliche, indes ex ante nicht

307 Vgl. MATSCHKE, M. J., Funktionale Unternehmensbewertung, S. 17.

308 Vgl. BÖRNER, D., Unternehmensbewertung, S. 116.

309 Vgl. BRÖSEL, G., Nebenfunktionen der funktionalen Unternehmensbewertungstheorie, S. 129; SIEBEN, G., Funktionen der Bewertung ganzer Unternehmen, S. 539. Teilweise wird in der Literatur die Unterscheidung in Haupt- und Nebenfunktionen indes auch aufgegeben, vgl. hierzu insbesondere COENENBERG, A. G./SCHULTZE, W., Unternehmensbewertung: Konzeptionen und Perspektiven, S. 599 f. sowie BALLWIESER, W., Unternehmensbewertung, S. 1 f.

310 Vgl. beispielhaft zu einem Versuch, den Nebenfunktionenkatalog möglichst umfassend neu zu strukturieren, BRÖSEL, G., Nebenfunktionen der funktionalen Unternehmensbewertungstheorie, S. 133-141.

311 Vgl. hierzu sowie zu den folgenden Ausführungen SIEBEN, G./LUTZ, H., Abfindungsklauseln in Gesellschaftsverträgen, S. 200-213; MATSCHKE, M. J./BRÖSEL, G., Unternehmensbewertung, S. 69-71 sowie PEEMÖLLER, V. H., Wert und Werttheorien, Rn. 35.

312 Im Zeitpunkt der Kündigung liegt zwar eine Änderung der Eigentumsverhältnisse vor, sodass auf den ersten Blick eine Zuordnung der Vertragsgestaltungsfunktion zu den Hauptfunktionen naheliegt. Indes gilt

beabsichtigte Unternehmensbewertung ab, sodass diese Funktion nicht zwingend auch tatsächlich eine Unternehmensbewertung nach sich ziehen muss.[313] Für den Fall, dass zu einem späteren Zeitpunkt dennoch eine Unternehmensbewertung durchgeführt wird, sollten bereits im Vertragsgestaltungsprozess die Bedingungen über die Art bzw. den Zweck der Unternehmensbewertung festgehalten werden. Bezogen auf die Wertermittlung im Abfindungsfall, wird i. d. R. das Wohl der Gesellschaft in den Vordergrund gestellt, d. h., der Bewertende hat „das gesamte, von den vertragsschließenden Parteien gemeinsam mit der Abfindungsregelung verfolgte Zielsystem zu berücksichtigen“[314], auch wenn der ausscheidende Gesellschafter gemessen am tatsächlichen Unternehmenswert benachteiligt wird.[315] Beispielhaft kann für den Kündigungsfall eine Abfindung zum Buchwert anstelle des Marktwerts des Eigenkapitals vereinbart werden. Der Zweck der Unternehmensbewertung umfasst hier also primär einen präventiven und verhaltenssteuernden Charakter.[316] Dadurch, dass die Unternehmensbewertung aus Sicht des Kündigenden ex ante meist nachteilig ausgestaltet wird,[317] besteht für den Kündigenden nämlich der Anreiz, weiterhin Eigentümer des Unternehmens zu bleiben, verbunden mit der aus Sicht des Unternehmens bzw. der weiteren Eigentümer positiven Wirkung einer gleichbleibenden Kapitalausstattung.

Unternehmensbewertungen werden ferner durchgeführt, um eine Bemessungsgrundlage für die Besteuerung zu ermitteln.[318] Im Rahmen dieser **Steuerbemessungsfunktion** werden Unternehmensbewertungsverfahren so angewandt, dass den detaillierten steuerrechtlichen Vorschriften entsprochen wird.[319] Der Zweck der Bewertungen ist darin zu sehen, dass durch die detaillierten Vorgaben zur Wertermittlung sowie durch die Vorgabe standardisierter Parameter, die primär auf vergangenen und somit verlässlichen Daten basieren sollten, das Ermessen bei der Ermittlung des Steuerbemessungswerts weitgehend beseitigt wird.[320] Hierdurch wird ein hohes Maß an Rechtssicherheit der Besteuerung geschaffen.[321]

---

es zu beachten, dass das Bewertungssubjekt zum Zeitpunkt der Vertragsgestaltung die Kündigung i. d. R. nicht beabsichtigt, sodass die Vertragsgestaltungsfunktion den Nebenfunktionen zugeordnet wird.

313 Vgl. BORN, K., Unternehmensanalyse und Unternehmensbewertung, S. 25.

314 SIEBEN, G./LUTZ, H., Abfindungsklauseln in Gesellschaftsverträgen, S. 209.

315 Vgl. SIEBEN, G./LUTZ, H., Abfindungsklauseln in Gesellschaftsverträgen, S. 209.

316 Vgl. MATSCHKE, M. J./BRÖSEL, G., Unternehmensbewertung, S. 70; SIEBEN, G./LUTZ, H., Abfindungsklauseln in Gesellschaftsverträgen, S. 209.

317 Indes gilt zu berücksichtigen, dass die Rechtsprechung eine Benachteiligung des Kündigenden z. T. beseitigt, sodass der beabsichtigte Effekt bzw. Anreiz eingeschränkt wird.

318 Vgl. MOXTER, A., Grundsätze ordnungsmäßiger Unternehmensbewertung, S. 64-73; SIELAFF, M., Die Steuerbemessungsfunktion der Unternehmensbewertung, S. 105-119.

319 Vgl. MOXTER, A., Grundsätze ordnungsmäßiger Unternehmensbewertung, S. 64 f.; BRÖSEL, G., Unternehmenswert, S. 416 f.

320 Vgl. MATSCHKE, M. J./BRÖSEL, G., Unternehmensbewertung, S. 74.

321 Vgl. exemplarisch PEEMÖLLER, V. H., Wert und Werttheorien, Rn. 34.

Die **Informationsfunktion** umfasst „Bewertungen von Unternehmen oder abgrenzbaren Unternehmensteilen, welche darauf zielen, Werte zu ermitteln, die einem Subjekt als Information i. S. v. zweckorientiertem Wissen zur Vorbereitung von zielorientiertem Handeln dienen.“[322] Hierunter sind auch Unternehmens- oder Teilunternehmensbewertungen im Rahmen der **Rechnungslegung** zu fassen, die beabsichtigen, „den Eigen- und/oder Fremdkapitalgebern normierte planungs- und entscheidungsrelevante Informationen, also Normwerte, zukommen zu lassen.“[323] Die Art der präsentierten Informationen bzw. die Wertermittlung bei der Unternehmensbewertung hängt stark vom (Informations-) Zweck des zugrunde liegenden Rechnungslegungssystems, und hierbei in erster Linie von den Entscheidungen, die auf Basis dieser Informationen getroffen werden sollen, ab.[324] Ein beispielsweise von Vorsichtsgedanken geprägtes Rechnungslegungssystem könnte die Aussagekraft der durchgeführten Unternehmensbewertung hinsichtlich einer Abschätzung des Unternehmenswerts möglicherweise einschränken.[325] Für den Fall, dass die jeweiligen Rechnungslegungsnormen die Verfahren und die Durchführung der Unternehmensbewertung nicht bereits detailliert regeln, muss die Art der Wertermittlung aus den Zielen des jeweiligen Rechnungslegungssystems abgeleitet werden.[326] Zu beachten ist, dass sowohl bei der Festlegung (Standardsetter), als auch bei der Durchführung (bilanzierendes Unternehmen) sowie bei der Interpretation (Adressaten der Rechnungslegung) der Wertermittlung jeweils unterschiedliche Gruppen beteiligt sind.[327] Dies erfordert insbesondere eine intersubjektiv nachprüfbare Wertermittlung. Im Kontext von Bewertungen im Rahmen der **IFRS-Rechnungslegung,** die in dieser Arbeit im Fokus der Betrachtung stehen, sind die bereits ausführlich erläuterten Konsequenzen zu beachten, die aus einem von Prinzipal-Agenten-Konflikten geprägten Berichtsumfeld in Verbindung mit den bei einer zukunftsorientierten Bewertung bestehenden Ermessensspielräumen resultieren.[328]

Festzuhalten bleibt, dass bei Bewertungen, die den Hauptfunktionen zuzuordnen sind, stets die individuellen Grenzpreise, also die rein subjektiven Vorstellungen des Bewertungssubjekts, berechnet werden, während bei Bewertungen im Rahmen der Nebenfunktionen von den individuellen Wertvorstellungen abstrahiert wird. Sowohl die Vertragsgestaltungs- als auch die Steuerbemessungs- sowie die Informationsfunktion erfordern, teilweise aus unterschiedlichen Gründen, eine von subjektiven Wertvorstellungen unabhängige Bewertung. Wie oben erläutert, sind Bewertungen für Zwecke der IFRS-Rechnungslegung der Informationsfunktion

322 MATSCHKE, M. J./BRÖSEL, G., Unternehmensbewertung, S. 76.

323 BRÖSEL, G., Nebenfunktionen der funktionalen Unternehmensbewertungstheorie, S. 141. Ebenso MATSCHKE, M. J./BRÖSEL, G., Unternehmensbewertung, S. 77.

324 Vgl. BRÖSEL, G., Unternehmenswert, S. 416 f. sowie PEEMÖLLER, V. H., Wert und Werttheorien, Rn. 33.

325 Vgl. PEEMÖLLER, V. H., Wert und Werttheorien, Rn. 33.

326 Vgl. BRÖSEL, G., Unternehmenswert, S. 416 f.

327 Vgl. MATSCHKE, M. J./BRÖSEL, G., Unternehmensbewertung, S. 77.

328 Vgl. hierzu die grundlegenden Ausführungen in den Abschnitten 222. und 223.

zuzuordnen, wobei die Methoden und Annahmen der Bewertungen aus den Zwecken der IFRS-Rechnungslegung abzuleiten sind. Bevor diese vor dem Hintergrund des hier verfolgten Untersuchungsgegenstands einer stärkeren Berücksichtigung der *valuation usefulness*-Funktion zu spezifizierenden Bewertungen konkretisiert werden, soll im Folgenden ein knapper Überblick über die methodischen Grundlagen einer Unternehmensbewertung gegeben werden.

322. Methodische Grundlagen der Unternehmensbewertung

322.1 Systematisierung der Unternehmensbewertungsverfahren

Die Gesamtheit der gängigen Unternehmensbewertungsverfahren lässt sich in drei Verfahrensgruppen systematisieren, denen jeweils eine unterschiedliche Bewertungskonzeption zugrunde liegt.[329] In konzeptioneller Hinsicht sind Gesamtbewertungsverfahren, Einzelbewertungsverfahren und Mischverfahren voneinander abzugrenzen (vgl. Abbildung 6).

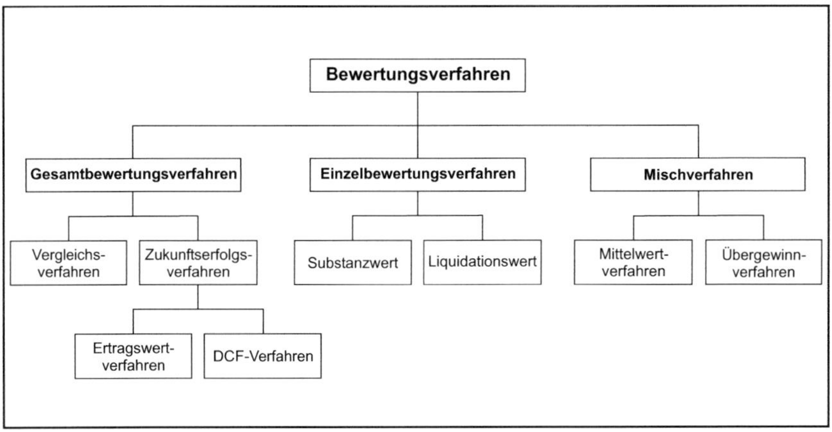

Abbildung 6: Bewertungsverfahren im Überblick[330]

Gesamtbewertungsverfahren betrachten das Unternehmen als Bewertungseinheit.[331] Sie können weiter in Zukunftserfolgsverfahren und Vergleichsverfahren unterteilt werden.[332] **Zu-**

329 Vgl. MANDL, G./RABEL, K., Unternehmensbewertung, S. 29 f. sowie SCHUMANN, J., Unternehmenswertorientierung in Konzernrechnungslegung und Controlling, S. 13-15.

330 In Anlehnung an MANDL, G./RABEL, K., Unternehmensbewertung, S. 30.

331 Vgl. KUHNER, C./MALTRY, H., Unternehmensbewertung, S. 271.

kunftserfolgsverfahren ermitteln den Zukunftserfolgswert eines Unternehmens, indem sie den Barwert der zu erwartenden finanziellen Überschüsse berechnen (Kapitalwertkalkül).[333] Der Wert eines Unternehmens ergibt sich folglich dadurch, dass in der Zukunft Zahlungsüberschüsse erwirtschaftet werden können, die auf den Bewertungszeitpunkt zu diskontieren sind.[334] Unter die Zukunftserfolgsverfahren sind sowohl **Ertragswert-** als auch **DCF-Verfahren** zu subsumieren, die sich als gängige und anerkannte Zukunftserfolgsverfahren herausgebildet haben.[335]

Neben den zukunftserfolgsorientierten Verfahren umfassen die Gesamtbewertungsverfahren ferner vergleichsorientierte Verfahren. **Vergleichsverfahren** ermitteln den Wert eines Unternehmens, indem sie Marktpreise „ähnlicher" Unternehmen als Vergleichsmaßstab heranziehen.[336] Die Bewertung wird anhand von Multiplikatoren durchgeführt, die aus branchenbezogenen Erfahrungswerten oder aus Daten vergleichbarer Unternehmen abgeleitet werden.[337] Die Bewertung durch Vergleichsverfahren beruht auf zahlreichen Vereinfachungen und kann lediglich zu einer groben Schätzung von Unternehmenswerten dienen,[338] weshalb Vergleichsverfahren häufig lediglich für Plausibilitätskontrollen empfohlen werden.[339] Nach herrschender Meinung werden Vergleichsverfahren als theoretisch nicht fundiert beurteilt[340] und sollen aus diesem Grund nicht weiter behandelt werden.

Einzelbewertungsverfahren ermitteln den Wert eines Unternehmens durch eine isolierte Bewertung einzelner Vermögensbestandteile und Schulden.[341] Als Ergebnis dieser Bewertung erhält man unter der Annahme der Fortführung der Unternehmenstätigkeit den sogenannten

332 Vgl. SCHUMANN, J., Unternehmenswertorientierung in Konzernrechnungslegung und Controlling, S. 13 f.; ähnlich MANDL, G./RABEL, K., Unternehmensbewertung, S. 30.

333 Vgl. IDW (Hrsg.), WP-Handbuch 2008, Abschn. A, Rn. 8 und 10; MANDL, G./RABEL, K., Unternehmensbewertung, S. 31 und 37; SCHUMANN, J., Unternehmenswertorientierung in Konzernrechnungslegung und Controlling, S. 13.

334 Vgl. BALLWIESER, W., Unternehmensbewertung, S. 8-10; IDW (Hrsg.), WP-Handbuch 2008, Abschn. A, Rn. 8 und 47.

335 Vgl. IDW (Hrsg.), IDW S1 (2008), Tz. 7; IDW (Hrsg.), WP-Handbuch 2008, Abschn. A, Rn. 10; SIEPE, G./DÖRSCHELL, A./SCHULTE, J., Grundsätze zur Durchführung von Unternehmensbewertungen, S. 953.

336 Vgl. DRUKARCZYK, J./SCHÜLER, A., Unternehmensbewertung, S. 473; MANDL, G./RABEL, K., Unternehmensbewertung, S. 42.

337 Vgl. MANDL, G./RABEL, K., Methoden der Unternehmensbewertung, Rn. 483.

338 Vgl. MANDL, G./RABEL, K., Methoden der Unternehmensbewertung, Rn. 499.

339 Exemplarisch kann hier die Empfehlung des Instituts der Wirtschaftsprüfer im IDW S1 angeführt werden, vgl. IDW (Hrsg.), IDW S1 (2008), Tz. 143.

340 Vgl. BALLWIESER, W., Unternehmensbewertung, S. 205 f.; MANDL, G./RABEL, K., Unternehmensbewertung, S. 273 f.; SCHUMANN, J., Unternehmenswertorientierung in Konzernrechnungslegung und Controlling, S. 19.

341 Vgl. BALLWIESER, W., Unternehmensbewertung, S. 10; MANDL, G./RABEL, K., Methoden der Unternehmensbewertung, Rn. 501.

Substanzwert.[342] Beim Substanzwert handelt es sich um den Gebrauchswert der betrieblichen Substanz (auch als Reproduktionswert bezeichnet).[343] Diesem wird nach herrschender Meinung eine äußerst geringe (Entscheidungs-) Relevanz beigemessen, da zentrale Wertfaktoren verfahrensbedingt nicht bestimmt werden können und folglich auch nicht berücksichtigt werden.[344] Der **Liquidationswert** eines Unternehmens wird unter der Annahme der Zerschlagung (Liquidation) eines Unternehmens ermittelt und liegt deshalb im Regelfall unterhalb des Substanzwerts.[345] Er besitzt in den Fällen Aussagekraft, in denen tatsächlich von einer Zerschlagung des Unternehmens auszugehen ist, wovon im Rahmen dieser Arbeit abstrahiert werden soll.[346] Aus diesem Grund soll im weiteren Verlauf der Arbeit nicht näher auf Einzelbewertungsverfahren eingegangen werden.

Mischverfahren sind eine Kombination aus Gesamtbewertungs- und Einzelbewertungsverfahren.[347] Sie bauen auf dem theoretischen Gerüst der Substanzwertverfahren auf und mischen dem Substanzwert Elemente der Gesamtbewertungskonzeption bei.[348] So wird im **Mittelwertverfahren** das arithmetische Mittel aus Substanz- und Ertragswert gebildet und beim **Übergewinnverfahren** werden zum Substanzwert bestimmte Übergewinne addiert.[349] In theoretischer Hinsicht können sie folglich lediglich so gut sein wie der Substanzwert selbst und werden deshalb nach herrschender Meinung abgelehnt.[350]

Somit überzeugen lediglich die Gesamtbewertungsverfahren und hier in erster Linie die Zukunftserfolgsverfahren, die sich unter der Annahme der Fortführung der Unternehmenstätigkeit gegenüber den Einzelbewertungs- und den Mischverfahren als konzeptionell überlegen

---

342 Vgl. exemplarisch BALLWIESER, W., Unternehmensbewertung, S. 10 sowie ausführlich zur Konzeption des Substanzwerts MOXTER, A., Grundsätze ordnungsmäßiger Unternehmensbewertung, S. 41-55.

343 Vgl. IDW (Hrsg.), WP-Handbuch 2008, Abschn. A, Rn. 437; MANDL, G./RABEL, K., Methoden der Unternehmensbewertung, Rn. 501-512.

344 Vgl. BALLWIESER, W., Unternehmensbewertung, S. 10; IDW (Hrsg.), IDW S1 (2008), Tz. 171; IDW (Hrsg.), WP-Handbuch 2008, Abschn. A, Rn. 438-442; MANDL, G./RABEL, K., Methoden der Unternehmensbewertung, Rn. 508-511; ZIEGER, M./SCHÜTTE-BIASTOCH, S., Fragen bei der Bewertung von KMU, S. 593.

345 Vgl. MANDL, G./RABEL, K., Methoden der Unternehmensbewertung, Rn. 513-515.

346 Im Rahmen dieser Arbeit werden Bewertungen in der IFRS-Rechnungslegung betrachtet. Der IFRS-Rechnungslegung liegt die Basisannahme der Fortführung der Unternehmenstätigkeit zugrunde, vgl. hierzu die Ausführungen in Abschnitt 311. Der Liquidationsfall führt zu abweichenden Bilanzierungsvorschriften in den IFRS und soll daher nicht näher betrachtet werden.

347 Vgl. zu einem ausführlicheren Überblick beispielsweise MOXTER, A., Grundsätze ordnungsmäßiger Unternehmensbewertung, S. 57-63.

348 Vgl. BALLWIESER, W., Unternehmensbewertung, S. 10; MANDL, G./RABEL, K., Unternehmensbewertung, S. 49.

349 Zum Mittelwert- und Übergewinnverfahren vgl. statt vieler MANDL, G./RABEL, K., Unternehmensbewertung, S. 49-51.

350 Vgl. BALLWIESER, W., Unternehmensbewertung, S. 10; MOXTER, A., Grundsätze ordnungsmäßiger Unternehmensbewertung, S. 60-62 mit zahlreichen weiteren Nachweisen.

erweisen.[351] Deshalb soll im Folgenden näher auf die Zukunftserfolgsverfahren eingegangen werden.

322.2 Konzeption der Zukunftserfolgsverfahren

322.21 Überblick

Bei den Zukunftserfolgsverfahren[352] wird der Unternehmenswert, wie oben bereits erwähnt, durch die Diskontierung der künftig erwarteten finanziellen Überschüsse berechnet.[353] Hierbei wird i. d. R. von einem unendlichen Betrachtungshorizont ausgegangen.[354] Es lassen sich zunächst Ertragswert- und DCF-Verfahren voneinander abgrenzen, wobei jeweils unterschiedliche Ausprägungen der Verfahren zu einer weiteren Differenzierung führen.[355] Diese Differenzierung bestimmt sich danach, auf welche Weise zum einen die Erfolgsgröße (Zahlungsreihe im Zähler) und zum anderen der Diskontierungsfaktor (Zinssatz im Nenner) ermittelt werden.[356] Diese verschiedenen Varianten lassen sich wiederum in eine **Nettokapitalisierung** und eine **Bruttokapitalisierung** kategorisieren.

Eine **Nettokapitalisierung** der Zukunftserfolge bedeutet, dass der Unternehmenswert, also der Marktwert des Eigenkapitals, direkt durch Diskontierung der den Eigentümern zufließenden finanziellen Überschüsse ermittelt wird.[357] Dadurch, dass im Zähler des Bewertungskalküls unmittelbar den Eignern zufließende Überschüsse angesetzt werden, sind die Überschüsse entsprechend mit einem Zinssatz zu diskontieren, der ausschließlich die Eigenkapitalkosten repräsentiert.[358] Zu den Nettokapitalisierungsverfahren sind beispielsweise das Ertragswertverfahren und das Flow to Equity-Verfahren als Ausprägung der DCF-Kalküle zu zählen.[359]

---

351 Vgl. BAETGE, J./SOLMECKE, H., Grundsätze des Value Reporting, S. 23; IDW (Hrsg.), IDW S1 (2008), Tz. 5-7; HEUMANN, R., Value Reporting, S. 47; KUHNER, C./MALTRY, H., Unternehmensbewertung, S. 68; ZIEGER, M./SCHÜTTE-BIASTOCH, S., Fragen bei der Bewertung von KMU, S. 590 m. w. N.

352 Vgl. zum Begriff des Zukunftserfolgs BUSSE VON COLBE, W., Zukunftserfolg.

353 Vgl. IDW (Hrsg.), WP-Handbuch 2008, Abschn. A, Rn. 8 und 10; MANDL, G./RABEL, K., Unternehmensbewertung, S. 31 und 37; SCHUMANN, J., Unternehmenswertorientierung in Konzernrechnungslegung und Controlling, S. 13.

354 Vgl. IDW (Hrsg.), WP-Handbuch 2008, Abschn. A, Rn. 157; KRUSCHWITZ, L./LÖFFLER, A., Unendliche Probleme bei der Unternehmensbewertung, S. 1041.

355 Vgl. IDW (Hrsg.), WP-Handbuch 2008, Abschn. A, Rn. 225; MANDL, G./RABEL, K., Unternehmensbewertung, S. 31-42.

356 Vgl. MANDL, G./RABEL, K., Unternehmensbewertung, S. 31-42; SCHULTZE, W., Methoden der Unternehmensbewertung, S. 73.

357 Vgl. BAETGE, J./NIEMEYER, K./KÜMMEL, J., Bewertungsverfahren, Rn. 335; IDW (Hrsg.), WP-Handbuch 2008, Abschn. A, Rn. 237.

358 Vgl. BAETGE, J./NIEMEYER, K./KÜMMEL, J., Bewertungsverfahren, Rn. 336; IDW (Hrsg.), WP-Handbuch 2008, Abschn. A, Rn. 239; MANDL, G./RABEL, K., Unternehmensbewertung, S. 41.

359 Vgl. IDW (Hrsg.), WP-Handbuch 2008, Abschn. A, Rn. 237; MANDL, G./RABEL, K., Unternehmensbewertung, S. 40 f.; MATSCHKE, M. J./BRÖSEL, G., Unternehmensbewertung, S. 684 f.

Bewertungsverfahren, die eine **Bruttokapitalisierung** vorsehen, ermitteln den Wert des Unternehmens in zwei Schritten.[360] Zunächst wird der Marktwert des gesamten Kapitals, also der Wert des Eigen- und des Fremdkapitals zusammen, ermittelt, bevor in einem zweiten Schritt der Marktwert des Fremdkapitals isoliert berechnet wird; die Differenz zwischen Gesamtkapitalwert und Marktwert des Fremdkapitals ergibt dann den Marktwert des Eigenkapitals.[361] Die international gebräuchlichen DCF-Verfahren sind Bewertungsverfahren, die eine Bruttokapitalisierung anwenden.[362] So wird beispielsweise bei den WACC-Verfahren der Gesamtkapitalwert ermittelt, indem die finanziellen Überschüsse, die sowohl den Eigen- als auch den Fremdkapitalgebern zustehen, mit einem gewogenen Kapitalkostensatz, der die Eigen- und Fremdkapitalkosten den Kapitalanteilen von Eigen- und Fremdkapital entsprechend gewichtet, diskontiert werden.[363] Von diesem Gesamtkapitalwert ist schließlich der Marktwert des Fremdkapitals abzuziehen, um den Unternehmenswert (Marktwert des Eigenkapitals) zu ermitteln.[364] Die einzelnen Varianten der Bruttokapitalisierungsverfahren unterscheiden sich im Wesentlichen dadurch, wie die Unternehmenssteuerersparnis aus der Fremdfinanzierung, der sogenannte *tax shield*, berücksichtigt wird.[365]

Die unterschiedlichen Varianten der Netto- und Bruttokapitalisierungsverfahren als Ausprägungen der Zukunftserfolgsverfahren beruhen alle auf dem gleichen (investitions-) theoretischen Fundament und führen bei gleichen Bewertungsannahmen zu gleichen Unternehmenswerten.[366] Sowohl in stärkerem Maße objektivierte Unternehmenswerte als auch Entscheidungswerte i. S. v. rein subjektiven Grenzpreisen können in konzeptioneller Hinsicht mit Netto- und Bruttokapitalisierungsverfahren ermittelt werden.[367] Um objektivierte oder subjektive Unternehmenswerte korrekt ermitteln zu können, ist somit nicht das Verfahren entscheidend (Zukunftserfolgsverfahren vorausgesetzt), sondern die zweckentsprechende Festlegung der Bewertungsannahmen, die primärer Gegenstand des Abschnitts 43 ist.

---

360 Vgl. BAETGE, J./NIEMEYER, K./KÜMMEL, J., Bewertungsverfahren, Rn. 309; BALLWIESER, W., Unternehmensbewertung, S. 116; IDW (Hrsg.), WP-Handbuch 2008, Abschn. A, Rn. 224.

361 Vgl. BALLWIESER, W., Unternehmensbewertung, S. 116; MATSCHKE, M. J./BRÖSEL, G., Unternehmensbewertung, S. 659.

362 Vgl. BALLWIESER, W., Unternehmensbewertung, S. 116; IDW (Hrsg.), WP-Handbuch 2008, Abschn. A, Rn. 225 sowie 337. Die verschiedenen Varianten der DCF-Verfahren unterscheiden sich unter anderem in der Art der Berücksichtigung des *tax shield*.

363 Vgl. BAETGE, J./NIEMEYER, K./KÜMMEL, J., Bewertungsverfahren, Rn. 310; IDW (Hrsg.), WP-Handbuch 2008, Abschn. A, Rn. 337; MANDL, G./RABEL, K., Unternehmensbewertung, S. 38 f.; MATSCHKE, M. J./BRÖSEL, G., Unternehmensbewertung, S. 672.

364 Vgl. MANDL, G./RABEL, K., Unternehmensbewertung, S. 39 f.; MATSCHKE, M. J./BRÖSEL, G., Unternehmensbewertung, S. 672 f.

365 Vgl. BAETGE, J./NIEMEYER, K./KÜMMEL, J., Bewertungsverfahren, Rn. 314. Zu einem ausführlicheren Überblick über die Verfahren der Bruttokapitalisierung vgl. BAETGE, J./NIEMEYER, K./KÜMMEL, J., Bewertungsverfahren, Rn. 314-333.

366 Vgl. DRUKARCZYK, J., DCF-Methoden und Ertragswertmethode, S. 330; IDW (Hrsg.), IDW S1 (2008), Tz. 101; RICHTER, F., Finanzierungsprämissen des Entity-Ansatzes, S. 1076.

367 Vgl. IDW (Hrsg.), IDW S1 (2008), Tz. 101.

Den weiteren Überlegungen der Arbeit soll ein Bewertungsverfahren zugrunde liegen, das von einer **Nettokapitalisierung der Zukunftserfolge** ausgeht. Wie bereits erläutert, führen sowohl Brutto- als auch Nettoverfahren unter gleichen Annahmen zu den gleichen Unternehmenswerten. Aus didaktischen Überlegungen soll ein Nettokapitalisierungsverfahren gewählt werden.[368] Es werden also die erwarteten finanziellen Überschüsse nach Berücksichtigung der Zahlungen an die Fremdkapitalgeber ermittelt, die mit einer risikoäquivalenten Renditeforderung der Eigentümer diskontiert werden. Im Folgenden sollen zunächst die grundlegenden Parameter der Zählergröße und im Anschluss die grundlegenden Parameter der Nennergröße des hier zugrunde liegenden Bewertungskalküls erläutert werden.

322.22 Die Ermittlung der zu diskontierenden Zahlungsreihe

Alle Varianten der Zukunftserfolgsverfahren sehen unter der Annahme der Fortführung der Unternehmenstätigkeit vor, die künftigen finanziellen Überschüsse getrennt für den betriebsnotwendigen Bereich und für das nicht betriebsnotwendige Vermögen zu bestimmen.[369] Da die Bewertung des **betriebsnotwendigen Vermögens** i. d. R. wesentlich bedeutender für den Unternehmenswert ist und zudem auch das zentrale Kernproblem bei der Bewertung darstellt,[370] beziehen sich die folgenden Ausführungen ausschließlich auf die Bewertung des betriebsnotwendigen Vermögens.[371] Die Zählergröße des hier zugrunde liegenden Bewertungskalküls sollte folglich alle künftigen finanziellen Überschüsse umfassen, die aus dem betriebsnotwendigen Vermögen generiert werden und den Eigenkapitalgebern zuzurechnen sind.

Die Definition der Größe „finanzielle Überschüsse" steht als Synonym für den künftigen Nutzen, den die Eigenkapitalgeber aus dem Unternehmen insgesamt ziehen können.[372] Für den künftigen Nutzen sind zwar grundsätzlich auch nicht-finanzielle „Erträge" zu beachten. Im Rahmen dieser Arbeit sollen aber, insbesondere aufgrund des verfolgten Bewertungszwecks, nicht-finanzielle Wertbeiträge unberücksichtigt bleiben.[373] Die Konzentration auf lediglich

368 In den Nettokapitalisierungsverfahren werden unter anderem der Fremdkapitalzins und die Kapitalstruktur, die im Rahmen dieser Arbeit zwar berücksichtigt, indes eine eher untergeordnete Rolle spielen, nicht als einzelne Bestandteile in der Nennergröße expliziert, sodass aufgrund didaktischer Überlegungen ein Nettokapitalisierungsverfahren zugrunde gelegt werden soll.

369 Vgl. exemplarisch IDW (Hrsg.), WP-Handbuch 2008, Abschn. A, Rn. 143.

370 Vgl. IDW (Hrsg.), WP-Handbuch 2008, Abschn. A, Rn. 143.

371 Vgl. zur Abgrenzung von betriebsnotwendigem und nicht betriebsnotwendigen Vermögen sowie zur Bewertung des nicht betriebsnotwendigen Vermögens exemplarisch IDW (Hrsg.), WP-Handbuch 2008, Abschn. A, Rn. 130-136 m. w. N.

372 Vgl. MANDL, G./RABEL, K., Methoden der Unternehmensbewertung, Rn. 409.

373 Zu näheren Erläuterungen hierzu vgl. die Ausführungen in Abschnitt 422.3.

finanzielle Überschüsse stellt eine übliche und aus Gründen der Vereinfachung wohl auch unstrittige Annahme dar.[374]

Desweiteren ist zu klären, wie die Unsicherheit über die künftigen finanziellen Überschüsse im Bewertungskalkül berücksichtigt werden soll. Da der typische und hier unterstellte Investor grundsätzlich als risikoavers einzuschätzen ist, lässt sich der Investor das übernommene unternehmerische Risiko, d. h. die Unsicherheit über die künftigen Überschüsse, durch eine Risikoprämie abgelten.[375] Diese Risikoprämie kann in rein technischer Hinsicht sowohl im Zähler als auch im Nenner des Bewertungskalküls berücksichtigt werden.[376] Die Risikoabschlagsmethode (auch Sicherheitsäquivalenzmethode genannt) sieht vor, auf die im Zähler angesetzten, erwarteten finanziellen Überschüsse einen Risikoabschlag vorzunehmen, um das sogenannte Sicherheitsäquivalent zu erhalten, das im Anschluss mit einem risikofreien Zinssatz diskontiert wird.[377] Die Risikozuschlagsmethode erfasst die Risikoprämie im Nenner des Bewertungskalküls, indem der Diskontierungszinssatz um einen Risikozuschlag erhöht wird.[378] Risikoabschlags- und -zuschlagsmethode müssen hierbei stets zum gleichen Unternehmenswert führen.[379] Aus verschiedenen Gründen, auf die an dieser Stelle lediglich verwiesen werden soll, wird die Risikoprämie üblicherweise durch Anwendung der **Risikozuschlagsmethode** im Nenner des Bewertungskalküls berücksichtigt, was für das im Rahmen dieser Arbeit verwendete Bewertungsmodell ebenfalls gelten soll.[380]

Wie bereits oben angeführt, wird bei der Unternehmensbewertung i. d. R. von einer unbegrenzten Lebensdauer des Unternehmens ausgegangen.[381] Da die Planungen und Prognosen, je weiter sie in die Zukunft reichen, zunehmend unsicherer werden, liegen nur für einen ge-

---

374 Vgl. MANDL, G./RABEL, K., Methoden der Unternehmensbewertung, Rn. 409; MOXTER, A., Grundsätze ordnungsgemäßer Rechnungslegung, S. 225.

375 Vgl. DRUKARCZYK, J./SCHÜLER, A., Unternehmensbewertung, S. 50; MOXTER, A., Grundsätze ordnungsmäßiger Unternehmensbewertung, S. 158.

376 Vgl. hierzu ausführlich BALLWIESER, W., Unternehmensbewertung, S. 75-81 sowie IDW (Hrsg.), WP-Handbuch 2008, Abschn. A, Rn. 183.

377 Vgl. BALLWIESER, W., Unternehmensbewertung, S. 75-78; MOXTER, A., Grundsätze ordnungsmäßiger Unternehmensbewertung, S. 146-149.

378 Vgl. exemplarisch MOXTER, A., Grundsätze ordnungsmäßiger Unternehmensbewertung, S. 155-158.

379 Vgl. statt vieler MOXTER, A., Grundsätze ordnungsmäßiger Unternehmensbewertung, S. 157.

380 Insbesondere bei der Bestimmung objektivierter Unternehmenswerte ist die Sicherheitsäquivalenzmethode im Regelfall nicht anwendbar, vgl. hierzu BUSCH, K., Unternehmensbewertung von kleinen und mittleren Unternehmen, S. 168. Vgl. ferner zur Vorteilhaftigkeit der Risikozuschlagsmethode gegenüber der Risikoabschlags- bzw. Sicherheitsäquivalenzmethode COPELAND, T./KOLLER, T./MURRIN, J., Unternehmenswert, S. 250-280; IDW (Hrsg.), WP-Handbuch 2008, Abschn. A, Rn. 184 f.; OBERMAIER, R., Unternehmensbewertung – Risikozu- oder -abschlag, S. 2762; WAGNER, W./JONAS, M./BALLWIESER, W./TSCHÖPEL, A., Grundsätze zur Durchführung von Unternehmensbewertungen, S. 891.

381 Vgl. IDW (Hrsg.), WP-Handbuch 2008, Abschn. A, Rn. 157; KRUSCHWITZ, L./LÖFFLER, A., Unendliche Probleme bei der Unternehmensbewertung, S. 1041. Ob und wieweit es sinnvoll ist, von einer unbegrenzten Lebensdauer eines Unternehmens auszugehen, untersucht STELLBRINK, vgl. hierzu STELLBRINK, J., Restwert in der Unternehmensbewertung, S. 42-44.

wissen Zeitraum (i. d. R. wird hierfür ein Zeitraum von drei bis fünf Jahren angenommen) Planungsdaten vor, denen eine hinreichende prognostische Verlässlichkeit zukommt.[382] Aus diesem Grund wird der Bewertungszeitraum in der Mehrzahl der Fälle in eine nähere Phase (Detailplanungszeitraum) und eine fernere Phase (ewige Rente) unterteilt (sog. **Zweiphasenmodell**),[383] wenngleich im konkreten Bewertungsfall durchaus auch ein Dreiphasenmodell sinnvoll erscheinen kann.[384] Von einem Zweiphasenmodell soll auch im Folgenden ausgegangen werden.

Da lediglich für den Detailplanungszeitraum von einer hinreichenden Verlässlichkeit der Prognosen ausgegangen werden kann und über diesen Zeitraum hinaus häufig auch keine Planungsdaten mehr zur Verfügung stehen, kann die Prognose der künftigen finanziellen Überschüsse jenseits der Detailplanungsphase i. d. R. nur noch auf pauschalisierte Annahmen gestützt werden.[385] Aus diesem Grund basiert die Prognose der Überschüsse in der Phase der ewigen Rente meist auf Fortschreibungen von Trendentwicklungen unter besonderer Berücksichtigung von künftigen markt- und unternehmensbezogenen Ertragsveränderungen.[386]

Um das Modell der ewigen Rente anwenden zu können, ist es erforderlich, dass sich das Unternehmen zum Ende des Detailplanungszeitraums in einem sogenannten Gleichgewichts- bzw. Beharrungszustand befindet.[387] Der Gleichgewichtszustand stellt einen repräsentativen Durchschnitt der finanziellen Überschüsse über einen gesamten Konjunktur- sowie Produktlebenszyklus hinweg dar.[388] Dieser Überschuss kann dann, ggf. durch eine konstante Wachstumsrate erweitert, als nachhaltig (ewige Rente) im Bewertungsmodell abgebildet werden.[389] Das Bewertungsmodell stellt sich hierdurch fomelmäßig wie folgt dar (vgl. nachstehende Formel):[390]

---

382 Vgl. HELBLING, C., DCF-Methode, S. 159; IDW (Hrsg.), IDW S1 (2008), Tz. 77; STELLBRINK, J., Restwert in der Unternehmensbewertung, S. 44.

383 Vgl. statt vieler STELLBRINK, J., Restwert in der Unternehmensbewertung, S. 42 und 44-57 mit zahlreichen weiteren Nachweisen.

384 Vgl. IDW (Hrsg.), WP-Handbuch 2008, Abschn. A, Rn. 158; STELLBRINK, J., Restwert in der Unternehmensbewertung, S. 56.

385 Vgl. IDW (Hrsg.), IDW S1 (2008), Tz. 76; STELLBRINK, J., Restwert in der Unternehmensbewertung, S. 44 f.

386 Vgl. IDW (Hrsg.), WP-Handbuch 2008, Abschn. A, Rn. 159.

387 Vgl. hierzu ausführlicher STELLBRINK, J., Restwert in der Unternehmensbewertung, S. 50-52.

388 Vgl. BALLWIESER, W., Unternehmensbewertung, S. 59 sowie STELLBRINK, J., Restwert in der Unternehmensbewertung, S. 51 f.

389 Vgl. BALLWIESER, W., Unternehmensbewertung, S. 60; IDW (Hrsg.), WP-Handbuch 2008, Abschn. A, Rn. 159 f.; STELLBRINK, J., Restwert in der Unternehmensbewertung, S. 51 f. m. w. N.

390 Vgl. hierzu exemplarisch auch IDW (Hrsg.), WP-Handbuch 2008, Abschn. A, Rn. 178.

$$EK = \sum_{t=1}^{T} \frac{CF_t^{EK}}{(1+r_{EK})^t} + \frac{CF_{T+1}^{EK}}{r_{EK}-w} \cdot \frac{1}{(1+r_{EK})^T}$$

Legende:

EK = Marktwert des Eigenkapitals
CF_t^{EK} = Erwartungswert des Cashflows an die Eigenkapitalgeber in der Periode t
r_{EK} = Renditeforderung der Eigenkapitalgeber
w = Wachstumsrate in der ewigen Rente
t = Periodenindex
T = Anzahl der Jahre des Detailplanungszeitraums
CF_{T+1}^{EK} = (jährlich gleichbleibender) Erwartungswert des Cashflows an die Eigenkapitalgeber (ewige Rente)

Grundsätzlich bedeutender als die bislang eher bewertungstechnischen Fragen nach der Anwendung der Risikoabschlags- oder -zuschlagsmethode oder der Anzahl der Phasen im Bewertungsmodell sind die **Annahmen**, die der Ermittlung der künftigen Überschüsse im Zähler zugrunde gelegt werden. Diese sind, wie oben bereits erläutert, stets abhängig vom **Bewertungszweck** zu treffen.[391] Das im Rahmen dieser Arbeit verfolgte Untersuchungsziel, die Möglichkeit einer stärkeren Berücksichtigung der *valuation usefulness*-Funktion im IFRS-Abschluss,[392] soll hierbei den Bewertungszweck determinieren. Die hierauf aufbauende (zweckadäquate) Herleitung der Prognoseannahmen und somit letztlich auch die Konkretisierung der finanziellen Überschüsse im Zähler des Bewertungskalküls sind primärer Gegenstand der Ausführungen im vierten Kapitel dieser Arbeit.[393]

322.23 Die Ermittlung des Kapitalisierungszinssatzes und der Wachstumsrate

322.231. Die Ermittlung des Kapitalisierungszinssatzes

„Bewerten heißt vergleichen“[394]. Die Ermittlung von Kapitalwerten, wie beispielhaft durch das oben dargestellte Bewertungskalkül illustriert, beruht auf einem Vergleich unterschiedlicher Investitionen.[395] Verglichen werden die finanziellen Überschüsse aus dem Bewertungs-

391 Vgl. neben den Ausführungen in Abschnitt 321.2 ferner MATSCHKE, M. J./BRÖSEL, G., Unternehmensbewertung, S. 23; MOXTER, A., Grundsätze ordnungsmäßiger Unternehmensbewertung, S. 6 sowie PEEMÖLLER, V. H., Grundsätze ordnungsmäßiger Unternehmensbewertung, Rn. 205 f.

392 Vgl. hierzu bereits die Ausführungen in Abschnitt 315.

393 Vgl. hierzu insbesondere die Ausführungen in Abschnitt 432.1.

394 MOXTER, A., Grundsätze ordnungsmäßiger Unternehmensbewertung, S. 123.

395 Vgl. KUHNER, C./MALTRY, H., Unternehmensbewertung, S. 80; MANDL, G./RABEL, K., Methoden der Unternehmensbewertung, Rn. 408.

objekt mit den Überschüssen aus der besten Alternativanlage.[396] Die Überschüsse der Alternativanlage werden im Nenner des Bewertungskalküls erfasst und stellen folglich den Diskontierungsfaktor für die finanziellen Überschüsse des zu bewertenden Objekts dar.[397] Die aus dem Bewertungsobjekt erwarteten Überschüsse werden somit an dem gemessen, was aus der Alternativinvestition zu erwarten ist.[398]

Damit ein sinnvoller Alternativenvergleich vorliegt, müssen die finanziellen Überschüsse aus dem Bewertungsobjekt und dem Vergleichsobjekt vergleichbar sein.[399] Das heißt, dass das Bewertungsobjekt in Bezug auf mehrere Dimensionen dieselben Merkmale aufweisen muss wie die Alternativanlage.[400] Hierbei handelt es sich um die sogenannten **Äquivalenzprinzipien**, denen die finanziellen Überschüsse aus der Alternativanlage, die im Nenner des Bewertungskalküls durch den Diskontierungsfaktor abgebildet werden, entsprechen müssen.[401] Die Äquivalenz muss insbesondere hinsichtlich der **Laufzeitstruktur**, des **Arbeitseinsatzes**, der **Verfügbarkeit**, der **Kaufkraft** und des **Risikos** gegeben sein.[402]

Das Prinzip der **Laufzeitäquivalenz** verlangt, dass die finanziellen Überschüsse der Alternativanlage mit denen des Bewertungsobjekts hinsichtlich ihrer Laufzeitstruktur vergleichbar sind.[403] Die Alternativanlage muss demnach insbesondere die gleiche Fristigkeit wie die zu bewertende Investition aufweisen. Theoretisch würde es sich anbieten, zu den einzelnen Zeitpunkten der Überschüsse aus dem Bewertungsobjekt periodenspezifische Alternativzinssätze zu verwenden.[404]

---

396 Vgl. KUHNER, C./MALTRY, H., Unternehmensbewertung, S. 80; MANDL, G./RABEL, K., Methoden der Unternehmensbewertung, Rn. 408; METZ, V., Kapitalisierungszinssatz bei der Unternehmensbewertung, S. 20.

397 Vgl. MANDL, G./RABEL, K., Methoden der Unternehmensbewertung, Rn. 408.

398 Vgl. IDW (Hrsg.), WP-Handbuch 2008, Abschn. A, Rn. 174.

399 Vgl. METZ, V., Kapitalisierungszinssatz bei der Unternehmensbewertung, S. 20; MANDL, G./RABEL, K., Unternehmensbewertung, S. 75.

400 Vgl. BALLWIESER, W., Unternehmensbewertung, S. 82; KUHNER, C./MALTRY, H., Unternehmensbewertung, S. 86; MANDL, G./RABEL, K., Unternehmensbewertung, S. 75.

401 Zu einer ausführlichen Begründung der Äquivalenzprinzipien vgl. insbesondere MOXTER, A., Grundsätze ordnungsmäßiger Unternehmensbewertung, S. 155-202. Ferner die Äquivalenzprinzipien erläuternd, vgl. BALLWIESER, W., Unternehmensbewertung, S. 82 sowie MANDL, G./RABEL, K., Unternehmensbewertung, S. 75.

402 Vgl. KUHNER, C./MALTRY, H., Unternehmensbewertung, S. 86-91; MANDL, G./RABEL, K., Unternehmensbewertung, S. 75-78; METZ, V., Kapitalisierungszinssatz bei der Unternehmensbewertung, S. 10. BALLWIESER ergänzt die hier genannten Äquivalenzprinzipien noch um das Prinzip der Währungsäquivalenz, vgl. BALLWIESER, W., Unternehmensbewertung, S. 82.

403 Vgl. BALLWIESER, W., Unternehmensbewertung, S. 83; KUHNER, C./MALTRY, H., Unternehmensbewertung, S. 86; MANDL, G./RABEL, K., Unternehmensbewertung, S. 75 f.

404 Vgl. KUHNER, C./MALTRY, H., Unternehmensbewertung, S. 86 sowie ausführlich hierzu BALLWIESER, W., Unternehmensbewertung, S. 83-89.

Ferner müssen die finanziellen Überschüsse des Bewertungs- und des Vergleichsobjekts in gleichem Maße den Arbeitseinsatz einbeziehen (**Arbeitseinsatzäquivalenz**).[405] Demzufolge müssen Unternehmergehälter gleichermaßen in der Zähler- und in der Nennergröße berücksichtigt werden. Das Äquivalenzprinzip ist als unkritisch zu erachten, da selbst für den Fall, dass beispielsweise beim Bewertungsobjekt kein Unternehmergehalt „gewinn-"mindernd berücksichtigt wurde,[406] durch eine einfache Anpassung der Zählergröße oder einer entsprechenden Adjustierung der Nennergröße eine Äquivalenz zwischen Bewertungs- und Vergleichsobjekt hergestellt werden kann.[407]

Das **Verfügbarkeitsäquivalenzprinzip** impliziert, dass Zähler- und Nennergröße, also die finanziellen Überschüsse des Bewertungs- und des Vergleichsobjekts, von der gleichen Verfügbarkeitsebene ausgehen.[408] Eine zentrale Bedeutung besitzt hierbei die sogenannte Besteuerungsäquivalenz, welche fordert, dass in der Zähler- und in der Nennergröße einheitlich entweder persönliche Steuern explizit berücksichtigt werden oder nicht.[409] Würden die erwarteten finanziellen Überschüsse der zu bewertenden Investition beispielsweise vor persönlichen Steuern des Bewertungssubjekts kalkuliert und der Zinssatz im Nenner würde einen Nachsteuerzinssatz repräsentieren, würde ein falscher (zu hoher) Unternehmenswert berechnet werden.

Die Forderung nach **Kaufkraftäquivalenz** verlangt, dass die finanziellen Überschüsse im Zähler und im Nenner vom gleichen Geldwert ausgehen müssen.[410] Entweder werden Nominalwerte oder alternativ Realwerte zugrunde gelegt.[411] Während die prognostizierten finanziellen Überschüsse bei Nominalrechnungen nicht um erwartete Kaufkraftverluste im Zeitablauf bereinigt werden, werden bei Realrechnungen alle Nominalbeträge stets auf die gleiche Kaufkraft umgerechnet.[412]

---

405 Vgl. exemplarisch MANDL, G./RABEL, K., Unternehmensbewertung, S. 76.

406 Dieser Fall tritt insbesondere bei der Bewertung kleinerer Unternehmen und Freiberuflerpraxen auf, vgl. KUHNER, C./MALTRY, H., Unternehmensbewertung, S. 88.

407 Vgl. METZ, V., Kapitalisierungszinssatz bei der Unternehmensbewertung, S. 10; NONNENMACHER, R., Personengesellschaft als Gegenstand der Unternehmensbewertung, S. 354-357.

408 Vgl. KUHNER, C./MALTRY, H., Unternehmensbewertung, S. 88 f.

409 Vgl. BALLWIESER, W., Unternehmensbewertung, S. 102; KUHNER, C./MALTRY, H., Unternehmensbewertung, S. 89. Vgl. hierzu ausführlich MOXTER, A., Grundsätze ordnungsmäßiger Unternehmensbewertung, S. 185-202, der in diesem Zusammenhang vom sogenannten Realrechnungsprinzip spricht.

410 Vgl. BALLWIESER, W., Unternehmensbewertung, S. 89; MANDL, G./RABEL, K., Unternehmensbewertung, S. 77.

411 Vgl. KUHNER, C./MALTRY, H., Unternehmensbewertung, S. 90.

412 Vgl. BALLWIESER, W., Unternehmensbewertung, S. 89; MANDL, G./RABEL, K., Unternehmensbewertung, S. 77.

Dem Prinzip der **Risikoäquivalenz** (auch als Unsicherheitsäquivalenz bezeichnet) entsprechend müssen die finanziellen Überschüsse der Alternativinvestition die gleiche Unsicherheit wie die Überschüsse des Bewertungsobjekts aufweisen.[413] Die Risikoäquivalenz soll, wie oben bereits erläutert, durch einen Risikozuschlag im Nenner gewährleistet werden.[414] Für den Fall, dass die Unsicherheit der künftigen Überschüsse des Bewertungsobjekts höher (geringer) einzuschätzen ist als die Unsicherheit der Überschüsse der Alternativanlage, ist die Risikoäquivalenz durch einen Zuschlag (Abschlag) auf die Rendite der Alternativanlage im Nenner herzustellen.[415] Da die Risikopräferenzen einzelner Investoren sehr unterschiedlich sind, werden individuell unterschiedlich hohe Risikoprämien (-zuschläge) gefordert, was dazu beiträgt, dass die Herstellung der Risikoäquivalenz als eines der größten Probleme der Unternehmensbewertung beurteilt wird.[416]

Der Diskontierungsfaktor im Nenner des Bewertungskalküls wird i. d. R. zweistufig ermittelt.[417] Zunächst wird die Verzinsung einer **risikolosen Alternativanlage** ermittelt, die im zweiten Schritt um einen **Risikozuschlag** erhöht wird, um die geforderte Risikoäquivalenz zu den finanziellen Überschüssen des Bewertungsobjekts herzustellen.[418]

Der risikolose Zinssatz wird als **Basiszinssatz** bezeichnet und ist als Anlage ohne Währungs-, Termin- und Ausfallrisiko zu verstehen, d. h. hinsichtlich Währung, Zeitpunkt und Höhe soll keine Unsicherheit der Zins- und Tilgungszahlungen bestehen.[419] Problematisch ist, dass eine derartig risikolose Anlage nicht existiert, weshalb näherungsweise i. d. R. auf Staatsanleihen zurückgegriffen wird, bei denen bezüglich Währung, Zeitpunkt und Höhe der Zahlungen von einer vernachlässigbar geringen Unsicherheit ausgegangen werden kann.[420] Die Zins- und Tilgungszahlungen sind somit als „quasisicher" zu bezeichnen.[421] Bei der Bestimmung des

413 Vgl. MANDL, G./RABEL, K., Unternehmensbewertung, S. 77 sowie ausführlich MOXTER, A., Grundsätze ordnungsmäßiger Unternehmensbewertung, S. 155-167, der hier vom sogenannten Kapitalzinsäquivalenzprinzip spricht.

414 Vgl. Abschnitt 322.22.

415 Vgl. exemplarisch MANDL, G./RABEL, K., Unternehmensbewertung, S. 78.

416 Vgl. KUHNER, C./MALTRY, H., Unternehmensbewertung, S. 90 f.; MANDL, G./RABEL, K., Unternehmensbewertung, S. 78.

417 Vgl. MANDL, G./RABEL, K., Methoden der Unternehmensbewertung, Rn. 428 sowie MUNKERT, M. J., Der Kapitalisierungszinssatz in der Unternehmensbewertung, S. 120 m. w. N.

418 Vgl. MOXTER, A., Grundsätze ordnungsmäßiger Unternehmensbewertung, S. 155; MUNKERT, M. J., Der Kapitalisierungszinssatz in der Unternehmensbewertung, S. 120.

419 Vgl. BALLWIESER, W., Unternehmensbewertung, S. 83; MUNKERT, M. J., Der Kapitalisierungszinssatz in der Unternehmensbewertung, S. 120.

420 Vgl. exemplarisch MOXTER, A., Grundsätze ordnungsmäßiger Unternehmensbewertung, S. 146.

421 Vgl. BALLWIESER, W., Unternehmensbewertung, S. 83; MOXTER, A., Grundsätze ordnungsmäßiger Unternehmensbewertung, S. 146; MUNKERT, M. J., Der Kapitalisierungszinssatz in der Unternehmensbewertung, S. 120.

Basiszinssatzes ist insbesondere darauf zu achten, dass die Laufzeitäquivalenz zu den prognostizierten finanziellen Überschüssen des Bewertungsobjekts hergestellt ist.[422]

Der Basiszinssatz, der lediglich eine risikolos verzinsliche Alternativanlage repräsentiert, muss in einem zweiten Schritt um einen **Risikozuschlag** ergänzt werden, damit die Rendite der Alternativanlage hinsichtlich der Unsicherheitsdimension mit der Rendite des Bewertungsobjekts vergleichbar ist.[423] Um diese Risikoäquivalenz herzustellen, werden verschiedene Arten von Risikozuschlägen diskutiert. Unterschieden wird in erster Linie zwischen subjektiven bzw. individualistischen und objektivierten bzw. kapitalmarktorientierten Risikozuschlägen.[424] Der individualistische Ansatz berücksichtigt bei der Bestimmung der Höhe des Risikozuschlags die persönliche Risikoneigung des Bewertungssubjekts,[425] während der kapitalmarktorientierte Ansatz die Zuschlagshöhe präferenzfrei, also ohne Annahmen über individuelle Risikoeinstellungen, anhand der Entwicklung von Marktpreisen bestimmt.[426] Der kapitalmarktorientierte Ansatz basiert dabei i. d. R. auf dem Capital Asset Pricing Model, bei dem der Risikozuschlag durch eine multiplikative Verknüpfung einer Prämie für das allgemeine Marktrisiko (Marktrisikoprämie) und einem Faktor, der das individuelle Risiko des Bewertungsobjekts abbildet (sog. Betafaktor), abgeleitet wird.[427] Sowohl die konkrete Bestimmung des Basiszinssatzes als auch die Entscheidung für den individualistischen oder den kapitalmarktorientierten Ansatz zur Ableitung des Risikozuschlags werden vom zugrunde liegenden Bewertungszweck beeinflusst, weshalb an dieser Stelle, analog zur Konkretisierung der finanziellen Überschüsse des Bewertungsobjekts im Zähler des Kalküls, auf die Ausführungen im vierten Kapitel verwiesen sei.[428]

---

422 Vgl. MANDL, G./RABEL, K., Methoden der Unternehmensbewertung, Rn. 429. Sehr ausführlich und detailliert zur Problematik der Herstellung der Laufzeitäquivalenz bei der Bestimmung des Basiszinssatzes MUNKERT, M. J., Der Kapitalisierungszinssatz in der Unternehmensbewertung, S. 123-185.

423 Vgl. statt vieler MANDL, G./RABEL, K., Methoden der Unternehmensbewertung, Rn. 430. Als Voraussetzung für einen Risikozuschlag ist neben der höheren Unsicherheit der finanziellen Überschüsse des Bewertungsobjekts zusätzlich noch die Risikoaversion der Bewertungssubjekte zu unterstellen, wovon i. d. R. indes auszugehen ist, vgl. MUNKERT, M. J., Der Kapitalisierungszinssatz in der Unternehmensbewertung, S. 199.

424 Vgl. zum individualistischen sowie zum kapitalmarktorientierten Ansatz im Detail METZ, V., Kapitalisierungszinssatz bei der Unternehmensbewertung, S. 125-245; MUNKERT, M. J., Der Kapitalisierungszinssatz in der Unternehmensbewertung, S. 218-253 sowie TSCHÖPEL, A., Grenzpreisbestimmungen S. 30-32.

425 Vgl. KUHNER, C./MALTRY, H., Unternehmensbewertung, S. 127; METZ, V., Kapitalisierungszinssatz bei der Unternehmensbewertung, S. 125 f.

426 Vgl. BALLWIESER, W., Unternehmensbewertung, S. 93-99; METZ, V., Kapitalisierungszinssatz bei der Unternehmensbewertung, S. 179.

427 Vgl. exemplarisch BALLWIESER, W., Unternehmensbewertung, S. 93 f. sowie DRUKARCZYK, J./SCHÜLER, A., Unternehmensbewertung, S. 69.

428 Vgl. hierzu insbesondere die Ausführungen in Abschnitt 433.12.

322.232. Die Berücksichtigung von Wachstum bei der Bestimmung des nachhaltigen Zahlungsüberschusses

Bereits oben wurde erläutert, dass das **Wachstum** der finanziellen Überschüsse des Bewertungsobjekts in der Phase der ewigen Rente im Nenner des Kalküls abgebildet werden soll.[429] Hierzu wird vom risikoadjustierten Zinssatz (Basiszinssatz + Risikozuschlag) das erwartete Wachstum subtrahiert. Dass ein mögliches Wachstum der Überschüsse des Bewertungsobjekts im Nenner des Kalküls berücksichtigt wird, liegt allein in der hierdurch erreichbaren mathematischen Vereinfachung des Bewertungsmodells begründet.[430]

Die einschlägige Unternehmensbewertungsliteratur, wie auch das IDW, identifizieren insbesondere drei verschiedene Wachstumskomponenten: das inflationsbedingte, das mengen- bzw. strukturbedingte sowie das thesaurierungsbedingte Wachstum.[431] Während das inflationsbedingte Wachstum ausschließlich auf Preissteigerungen des Unternehmens zurückzuführen ist, ist das mengen- bzw. strukturbedingte Wachstum auf tatsächlich gesteigerte leistungswirtschaftliche Erfolgsfaktoren zurückzuführen.[432] Ein thesaurierungsbedingtes Wachstum kann durch eine Wiederanlage nicht ausgeschütteter Mittel im Unternehmen generiert werden.[433] Unter der Annahme einer kapitalwertneutralen Wiederanlage der thesaurierten Mittel ist der werterhöhende Effekt aus der Thesaurierung beispielsweise allein auf den Steuerstundungseffekt zurückzuführen.[434] Da sich bereits geringe Modifikationen der Wachstumsannahmen i. d. R. erheblich auf das Bewertungsergebnis auswirken,[435] sollte der Ermittlung der Wachstumsrate eine hohe Aufmerksamkeit gewidmet werden. Die Annahme eines möglichen Wachstums in der Phase der ewigen Rente ist ebenfalls zweckadäquat zu konkretisieren.[436]

---

429 Vgl. Abschnitt 322.22.

430 Zum mathematischen Beweis vgl. HENSELMANN, K./WEILER, A., Erkenntnisse zu Restwertverläufen in der Unternehmensbewertung, S. 354.

431 Vgl. IDW (Hrsg.), WP-Handbuch 2008, Abschn. A, Rn. 207; WAGNER, W./JONAS, M./BALLWIESER, W./TSCHÖPEL, A., Grundsätze zur Durchführung von Unternehmensbewertungen, S. 895; WIESE, J., Komponenten des Zinsfußes in Unternehmensbewertungskalkülen, S. 55.

432 Vgl. BUSCH, K., Unternehmensbewertung von kleinen und mittleren Unternehmen, S. 236; IDW (Hrsg.), WP-Handbuch 2008, Abschn. A, Rn. 207; MUNKERT, M. J., Der Kapitalisierungszinssatz in der Unternehmensbewertung, S. 336.

433 Vgl. BUSCH, K., Unternehmensbewertung von kleinen und mittleren Unternehmen, S. 241; IDW (Hrsg.), WP-Handbuch 2008, Abschn. A, Rn. 221 sowie WAGNER, W./JONAS, M./BALLWIESER, W./TSCHÖPEL, A., Grundsätze zur Durchführung von Unternehmensbewertungen, S. 894 f.

434 Vgl. WAGNER, W./JONAS, M./BALLWIESER, W./TSCHÖPEL, A., Grundsätze zur Durchführung von Unternehmensbewertungen, S. 895. Dem folgend BUSCH, K., Unternehmensbewertung von kleinen und mittleren Unternehmen, S. 242.

435 Vgl. COPELAND, T./KOLLER, T./MURRIN, J., Unternehmenswert, S. 336; SEPPELFRICKE, P., Handbuch Aktien- und Unternehmensbewertung, S. 82 f.

436 Vgl. hierzu insbesondere die Ausführungen in Abschnitt 433.13.

33 Zwischenfazit

Investoren vergleichen bei ihrer Anlageentscheidung typischerweise den Marktpreis einer Anlage mit dem subjektiven Wert, den diese ihnen stiftet: Beim Kauf eines gesamten Unternehmens wird somit der von der Gegenpartei geforderte Kauf**preis** idealerweise mit dem subjektiven Unternehmens**wert** verglichen. Der Kaufpreis, den ein Investor maximal zu zahlen bereit wäre (der sogenannte Grenzpreis des Investors)[437], wird durch den subjektiven Unternehmenswert bestimmt.[438] Aus Investorensicht müsste die IFRS-Rechnungslegung insoweit versuchen, die für die jeweilige subjektive Unternehmensbewertung erforderlichen Parameter bereitzustellen. Da der IFRS-Abschluss aber einem breiten Spektrum von Investoren entscheidungsnützliche Daten bereitstellen soll, erscheint diese Vorgehensweise nicht zielführend. Eine individuelle bzw. subjektive Unternehmensbewertung ist aufgrund der Vielzahl an Investoren nicht umsetzbar.[439] Es könnte lediglich eine die individuellen Verhältnisse der Investoren typisierende Bewertung erreicht werden.

Im Schrifttum wird die Forderung nach zukunfts- und unternehmenswertorientierteren Informationen erhoben, um dem Subziel der *valuation usefulness* des IFRS-Abschlusses in stärkerem Maße gerecht werden zu können.[440] Aufgrund der in konzeptioneller Hinsicht unverkennbaren Schnittstellen zwischen der *valuation usefulness*-Funktion der IFRS-Rechnungslegung und den Methoden der Unternehmensbewertung[441] soll ein Unternehmensbewertungsmodell (Nettokapitalisierungsverfahren) den Ausgangspunkt der weiteren Überlegungen darstellen.[442] Im Fokus der Untersuchung steht hierbei die Frage, ob und inwieweit aus der Unternehmensbewertung stammende Bewertungskalküle in der IFRS-Rechnungslegung angewendet werden sollten.

Für Unternehmensbewertungen und Bewertungen in der IFRS-Rechnungslegung gelten über die oben erwähnten, unterschiedlichen Charakteristika des Adressatenkreises hinaus weitere divergente Rahmenbedingungen, die bei der Konkretisierung investitionstheoretischer Bewertungskalküle für Zwecke der IFRS-Rechnungslegung zwingend zu beachten sind. Da zwischen den Investoren und dem Management ausgeprägte Informationsasymmetrien und Interessenkonflikte bestehen, ist in der IFRS-Rechnungslegung insbesondere auch die *steward-*

437 Vgl. hierzu Abschnitt 321.2.

438 Vgl. INWINKL, P./SCHNEIDER, G., Unternehmensbewertung und Zustands-Grenzpreismodelle, S. 277; MOXTER, A., Grundsätze ordnungsmäßiger Unternehmensbewertung, S. 9-15 und 23 f.; POOTEN, H., Grundsätze ordnungsmäßiger Unternehmensbewertung, S. 15 m. w. N.

439 Vgl. DOHRN, M., Entscheidungsrelevanz des Fair Value Accounting, S. 61; SEICHT, G., Objektivierter und subjektiver Wert von Unternehmen, S. 4.

440 Vgl. Abschnitt 315.

441 Vgl. hierzu bereits die Ausführungen in Abschnitt 315.

442 Vgl. Abschnitt 322.2.

ship-Funktion hinreichend zu berücksichtigen. Auf diese unterschiedlichen „Ausgangspunkte“ soll im nachfolgenden Abschnitt 41 zunächst eingegangen werden, bevor darauf aufbauend Anforderungen an unternehmenswertorientierte Bewertungskalküle in der IFRS-Rechnungslegung abgeleitet werden sollen.

4 Herleitung allgemeiner Grundsätze für Bewertungen in der IFRS-Rechnungslegung und Konkretisierung des Bewertungskalküls

41 Unterschiedliche Rahmenbedingungen für Unternehmensbewertungen und Bewertungen in der IFRS-Rechnungslegung

Informationen müssen in einem von Informationsasymmetrien und Interessenkonflikten charakterisierten Berichtsumfeld hinreichend verlässlich sein, damit diese weiterhin entscheidungsnützlich sind.[443] Solchen Rahmenbedingungen sieht sich die externe Rechnungslegung allgemein und somit auch die **Rechnungslegung nach IFRS** ausgesetzt.

In der **Unternehmensbewertung** hingegen, zumindest bei einer Vielzahl von Unternehmensbewertungsanlässen, sind Informationsasymmetrien und Interessenkonflikte weniger stark ausgeprägt bzw. leichter einzuschränken als dies bei der externen Rechnungslegung der Fall ist. Dies kann in erster Linie auf die unterschiedlichen „Sender-Empfänger-Beziehungen" zurückgeführt werden. Zahlreiche Anlässe für Unternehmensbewertungen, wie beispielsweise Bewertungen im Rahmen der Beratungsfunktion,[444] sehen im Gegensatz zur (IFRS-) Rechnungslegung eine direkte Kommunikation zwischen dem Bewertenden und dem Adressaten der Bewertung vor, die einen gezielten Abbau der bestehenden Informationsasymmetrien ermöglicht.[445] Ein Abbau von Informationsasymmetrien durch eine Verständigung zwischen dem Auftraggeber und dem Bewertenden führt c. p. zu einem geringer ausgeprägten Prinzipal-Agenten Konflikt. Zudem wird die Informationsvermittlung in der Unternehmensbewertung i. d. R. nicht, wie es in der (IFRS-) Rechnungslegung der Fall ist, durch systematische Interessenkonflikte zwischen Bewerter und Adressaten behindert bzw. erschwert.[446] Geringer ausgeprägte Interessenkonflikte schwächen die Prinzipal-Agenten-Problematik ebenfalls c. p. ab. Dies hat zur Folge, dass auf die ermittelten Werte tendenziell eher vertraut werden kann und an eine Objektivierung der Bewertung vergleichsweise geringere Anforderungen zu stellen sind.[447]

Die unterschiedlichen Rahmenbedingungen, die für die IFRS-Rechnungslegung und für die Unternehmensbewertung gelten, bedingen folglich unterschiedliche Anforderungen, die an

443 Vgl. hierzu die Ausführungen in Abschnitt 222. und insbesondere in Abschnitt 223. Vgl. hierzu ferner BERNDT, T., Wahrheits- und Fairnesskonzeptionen in der Rechnungslegung, S. 236.

444 Vgl. hierzu die näheren Erläuterungen in Abschnitt 321.2.

445 Ähnlich BAETGE, J., Verwendung von DCF-Kalkülen, S. 23.

446 Vgl. KIRSCH, H.-J./KOELEN, P., IFRS-Rechnungslegung und Unternehmensbewertung, S. 284.

447 Vgl. KIRSCH, H.-J./KOELEN, P., IFRS-Rechnungslegung und Unternehmensbewertung, S. 284.

die zu verwendenden Bewertungsverfahren zu stellen sind.[448] Während die Unsicherheit der zu bewertenden Sachverhalte in der Unternehmensbewertung und in der IFRS-Rechnungslegung exogen vorgegeben und somit bei identischen Bewertungsobjekten gleich hoch ist, liegen die zentralen Unterschiede in der Ausprägung des Prinzipal-Agenten-Konflikts (vgl. Abbildung 7).

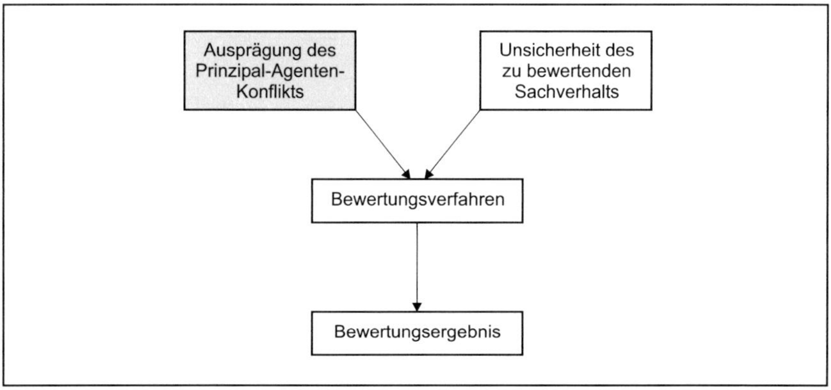

Abbildung 7: Der Einfluss der Ausprägung des Prinzipal-Agenten-Konflikts auf die erforderliche Objektivierung einer Bewertung (I)

Der gegenüber der Unternehmensbewertung tendenziell **stärker ausgeprägte Prinzipal-Agenten-Konflikt** in der IFRS-Rechnungslegung, der insbesondere in der divergierenden Interessenlage von Management und Anteilseigner bezüglich der Güte der vermittelten Information begründet liegt,[449] führt zudem dazu, dass die **Unsicherheit** der zu bewertenden Sachverhalte **stärker beachtet** werden muss. Durch die Unsicherheit entstehen Ermessensspielräume, die das berichtende Management zu bewussten Verzerrungen nutzen kann und unter der Annahme divergierender Interessen auch nutzen wird, solange die Möglichkeit hierzu gegeben ist.[450] Dies ist bei der Konkretisierung von Bewertungskalkülen für Zwecke der IFRS-Rechnungslegung zwingend zu berücksichtigen. Insofern sollen im Folgenden Grundsätze für Bewertungen und diese ergänzende Erläuterungen hergeleitet werden, die auf der Forderung des Schrifttums nach einer stärkeren Betonung der *valuation usefulness*-Funktion basieren,[451] zugleich aber versuchen, die von der IFRS-Rechnungslegung auferlegten Grenzen zu berücksichtigen.

448 Vgl. hierzu grundlegend die Ausführungen in Abschnitt 223.

449 Vgl. hierzu ausführlicher KIRSCH, H.-J./KOELEN, P., IFRS-Rechnungslegung und Unternehmensbewertung, S. 284.

450 Vgl. hierzu auch die Ausführungen in den Abschnitten 222. und 223.

451 Vgl. hierzu auch Abschnitt 315.

42 Grundsätze ordnungsmäßiger Bewertung und ordnungsmäßiger Erläuterung

421. Vorbemerkungen

Die Grundsätze ordnungsmäßiger Bewertung und ordnungsmäßiger Erläuterung werden im Rahmen dieser Arbeit problemorientiert und zweckspezifisch abgeleitet, d. h., die Grundsätze fokussieren primär Problembereiche, die aus einer zukunfts- und unternehmenswertorientiert ausgerichteten IFRS-Berichterstattung resultieren. Allgemeine Grundsätze, die sowohl für die Bewertung als auch für die Erläuterung zu berücksichtigen sind und für den Bereich der Bilanzierung für jede Art von Informationsvermittlung zugrunde gelegt werden, werden nicht explizit in den Grundsätzen ordnungsmäßiger Bewertung und Erläuterung behandelt; inhaltliche Überschneidungen zu diesen allgemeinen, häufig auch als Rahmengrundsätze[452] bezeichneten Grundsätze sind in den problemorientiert abgeleiteten Bewertungs- und Erläuterungsgrundsätzen indes nicht auszuschließen. Unter diesen allgemeinen Berichtsgrundsätzen, die sich zudem sowohl auf die Bewertungs- als auch auf die Erläuterungsebene beziehen, werden hier der Grundsatz der Vollständigkeit, der Grundsatz der Wirtschaftlichkeit sowie der Grundsatz der Richtigkeit gefasst.

Der **Grundsatz der Vollständigkeit**[453] soll auf Ebene der Bewertung sicherstellen, dass alle bewertungsrelevanten Informationen, beispielsweise die unterschiedlichen, für möglich gehaltenen Szenarien der künftigen Entwicklung, im Bewertungskalkül berücksichtigt werden. Auf Ebene der Erläuterung soll der Grundsatz gewährleisten, dass z. B. umfassend über die möglichen Szenarien berichtet wird. Der Grundsatz der Vollständigkeit wird, wie in den allgemeinen Rahmengrundsätzen üblich, durch den **Grundsatz der Wirtschaftlichkeit**[454] eingeschränkt. Bezogen auf das Beispiel der unterschiedlichen Szenarien der künftigen Entwicklung, sind aus Gründen der Wirtschaftlichkeit nicht alle denkbaren „Ausgänge" der künftigen Entwicklung in die Bewertung einzubeziehen. Dies gilt auch für die Erläuterung der durchgeführten Bewertung, da nicht über alle möglichen Szenarien umfassend berichtet werden sollte; eine Fokussierung auf wesentliche Szenarien erscheint hierbei i. d. R. hinreichend. Der

---

452 Beispielhaft können die im handelsrechtlichen GoB-System i. S. v. BAETGE/KIRSCH/THIELE entwickelten Rahmengrundsätze, vgl. hierzu ausführlich BAETGE, J./KIRSCH, H.-J./THIELE, S., Bilanzen, S. 117-125 und BAETGE, J./KIRSCH, H.-J., Grundsätze ordnungsmäßiger Buchführung, Rn. 58-75, sowie die Rahmengrundsätze ordnungsmäßiger Rechenschaft von MOXTER genannt werden, vgl. hierzu MOXTER, A., Fundamentalgrundsätze, S. 91-94.

453 Vgl. hierzu ausführlich BAETGE, J./KIRSCH, H.-J./THIELE, S., Bilanzen, S. 123 f.; BAETGE, J./FISCHER, T. R./PASKERT, D., Lagebericht, S. 18 f.; LEFFSON, U., Grundsätze ordnungsmäßiger Buchführung, S. 179 i. V. m. S. 219-238; MOXTER, A., Fundamentalgrundsätze, S. 92 f.

454 Vgl. detailliert BAETGE, J./KIRSCH, H.-J., Grundsätze ordnungsmäßiger Buchführung, Rn. 74; vgl. zu weiteren Ausführungen zum Grundsatz der Wirtschaftlichkeit BAETGE, J./FISCHER, T. R./PASKERT, D., Lagebericht, S. 21 f.; HEUMANN, R., Value Reporting, S. 73-75; KIRSCH, H.-J./KÖHRMANN, H., Grundlagen der Lageberichterstattung, Rn. 35.

Grundsatz der Richtigkeit[455] soll an dieser Stelle lediglich die rechnerische Richtigkeit im Rahmen der Bewertung sowie die sachlich korrekte Erläuterung der Bewertung gewährleisten. Der Grundsatz der Richtigkeit wird i. d. R. wesentlich umfassender definiert, worauf jedoch erst im Rahmen der zweckspezifischen Konkretisierung der Grundsätze ordnungsmäßiger Bewertung zurückgegriffen werden soll, da der Grundsatz bezogen auf eine zukunftsorientierte IFRS-Rechnungslegung einer tiefgehenderen, zweckspezifischen Konkretisierung bedarf.[456]

Im Folgenden sind nun die problem- und zweckbezogen abzuleitenden **Grundsätze ordnungsmäßiger Bewertung** und **Grundsätze ordnungsmäßiger Erläuterung** zu konkretisieren. Hierbei ist insbesondere die Unsicherheit der zu bewertenden Sachverhalte zu berücksichtigen, die einer zukunftsorientierten Bewertung inhärent ist. Diese Unsicherheit gewährt auf zwei unterschiedlichen Ebenen Ermessens- und somit auch Manipulationsspielräume, deren (Aus-) Nutzung eingeschränkt oder zumindest transparent gemacht werden sollte.

Zum einen bestehen auf **Ebene der Bewertung** Ermessensspielräume. Da die Parameter des Bewertungsmodells zukunftsbezogen bestimmt werden sollen, sind sie mit einer erhöhten Unsicherheit behaftet.[457] Diese Unsicherheit der Daten eröffnet zwangsläufig Beurteilungs- und Ermessensspielräume bei ihrer Bestimmung.[458] Dies führt bei unterschiedlichen Bewertenden grundsätzlich zu einer höheren Streuung der Bewertungsergebnisse.[459] Die bestehenden Ermessensspielräume bei der Bestimmung der einzelnen Parameter des Bewertungsmodells, also auf Ebene der Bewertung, sollen deshalb durch noch herzuleitende **Bewertungsgrundsätze** eingeschränkt werden.

Zum anderen bestehen auch auf **Ebene der Berichterstattung** Ermessensspielräume, da die unsicheren künftigen Entwicklungen keine eineindeutige i. S. einer einwertigen Berichterstattung ermöglichen.[460] Es kann und sollte mehrwertig berichtet werden.[461] Beispielsweise sollte

455 Vgl. hierzu ausführlich vgl. BAETGE, J./KIRSCH, H.-J., Grundsätze ordnungsmäßiger Buchführung, Rn. 59-65 sowie LEFFSON, U., Grundsätze ordnungsmäßiger Buchführung, S. 179 i. V. m. S. 200-202.

456 Der Grundsatz der Richtigkeit wird häufig wesentlich umfassender definiert, so beispielsweise im handelsrechtlichen GoB-System i. S. v. BAETGE/KIRSCH/THIELE, wonach der Grundsatz der Richtigkeit nicht nur eine rechnerische Richtigkeit, sondern z. B. darüber hinaus auch eine willkürfreie Bewertung verlangt, vgl. exemplarisch BAETGE, J./KIRSCH, H.-J./THIELE, S., Bilanzen, S. 118 f. Vgl. zu dieser weitergehenden Auslegung des Grundsatzes der Richtigkeit die Ausführungen in Abschnitt 422.7.

457 Vgl. exemplarisch MOXTER, A., Grundsätze ordnungsgemäßer Rechnungslegung, S. 222 und 225.

458 Vgl. ARBEITSKREIS „EXTERNE UND INTERNE ÜBERWACHUNG DER UNTERNEHMUNG" DER SCHMALENBACH-GESELLSCHAFT FÜR BETRIEBSWIRTSCHAFT E. V., Probleme der Prognoseprüfung, S. 108; BAETGE, J., Möglichkeiten der Objektivierung, S. 124; BAETGE, J./KIRSCH, H.-J., Grundsätze ordnungsmäßiger Buchführung, Rn. 62; MANDL, G./RABEL, K., Unternehmensbewertung, S. 405.

459 Vgl. hierzu auch Abschnitt 223.

460 Vgl. exemplarisch HEUMANN, R., Value Reporting, S. 66.

über mehrere mögliche Szenarien der künftigen Entwicklungen berichtet werden und je nach Bedeutung dieser Szenarien auch jeweils unterschiedlich ausführlich.[462] Die Auswahl der Berichtselemente sowie die Schwerpunktsetzung der Berichterstattung gewähren dem Berichtenden zwangsläufig Ermessensspielräume. Somit sollten neben den Bewertungsgrundsätzen, aus denen die konkreten Parameter des Bewertungskalküls abgeleitet werden, **Erläuterungsgrundsätze** hergeleitet werden, die diesen Freiräumen Rechnung tragen. Basierend auf den Erläuterungsgrundsätzen können dann konkrete Berichtspflichten abgeleitet werden, mit denen die bestehenden Ermessensspielräume, die grundsätzlich eine tendenziöse Berichterstattung ermöglichen,[463] zumindest in gewissem Maße eingeschränkt werden.

Darüber hinaus sollen die Offenlegungspflichten den Prozess der Bewertung derart transparent werden lassen, dass das Bewertungsergebnis von den Adressaten nachvollzogen, beurteilt und u. U. entsprechend ihrer individuellen Einschätzungen modifiziert werden kann. Hierdurch würden die berichteten Informationen glaubwürdiger und somit letztlich auch entscheidungsnützlicher werden. Mittelbar könnte die Erläuterungspflicht auch dazu beitragen, dass die Gefahr einer im Interesse des Managements liegenden Ausnutzung von Ermessensspielräumen auf Ebene der Bewertung reduziert würde.[464]

Das im Rahmen dieser Arbeit zunächst als sinnvoll unterstellte Untersuchungsziel, eine stärkere Betonung der *valuation usefulness*-Funktion durch unternehmenswertorientierte Bewertungen im IFRS-Abschluss zu erreichen,[465] soll den primären Bewertungszweck der im Folgenden herzuleitenden Grundsätze darstellen. Aufgrund der inhaltlichen Parallelen zwischen der *valuation usefulness*-Funktion der IFRS-Rechnungslegung und der Konzeption einer Unternehmensbewertung wurde ein zukunftsbezogenes Unternehmensbewertungsmodell als Ausgangspunkt der Analyse gewählt. Die einzelnen Parameter dieses Zukunftserfolgsverfahrens sowie die Erläuterungsvorschriften zur durchgeführten Bewertung sind indes so zu konkretisieren, dass sie den in der IFRS-Rechnungslegung weitaus stärker ausgeprägten Prinzipal-Agenten-Konflikt zwischen Informationssender und -empfänger entsprechend berücksichtigen.

461 Vgl. BAETGE, J./SOLMECKE, H., Grundsätze des Value Reporting, S. 20; HEUMANN, R., Value Reporting, S. 65-67.

462 Vgl. hierzu im Detail die Ausführungen zu den Grundsätzen ordnungsmäßiger Erläuterung in Abschnitt 423.

463 Vgl. ARBEITSKREIS „EXTERNE UNTERNEHMENSRECHNUNG“ DER SCHMALENBACH-GESELLSCHAFT FÜR BETRIEBSWIRTSCHAFT E. V., Value Reporting, S. 2340.

464 Vgl. hierzu die näheren Erläuterungen zu den Grundsätzen ordnungsmäßiger Erläuterung in Abschnitt 423.

465 Vgl. hierzu bereits die Ausführungen in Abschnitt 315.

Aus diesem Zweck der Bewertungen im Rahmen der IFRS-Rechnungslegung werden in einem ersten Schritt (zweck-) entsprechende Grundsätze für die Durchführung der Bewertungen abgeleitet (Abschnitt 422.). In einem zweiten Schritt werden Erläuterungsgrundsätze entwickelt, welche die Bewertungsgrundsätze in der Form ergänzen sollen, dass sie die Unsicherheit der zu bewertenden Sachverhalte transparent und die durchgeführte Bewertung selbst nachvollziehbar werden lassen (Abschnitt 423.). Die Bewertungs- und die Erläuterungsgrundsätze werden im Anschluss daran herangezogen, um die einzelnen Parameter des Bewertungskalküls sowie die ergänzenden Erläuterungsvorschriften zu konkretisieren (Abschnitt 43).

Die Frage, inwieweit die im Folgenden auszuarbeitenden Grundsätze und das auf dieser Basis hergeleitete Bewertungskalkül einschließlich der Erläuterungsvorschriften tatsächlich geeignet sind, im IFRS-Abschluss angewendet zu werden, führt aufgrund der Zweckadäquanz der Bewertung zu der Frage zurück, inwieweit der verfolgte Zweck einer stärkeren Betonung der *valuation usefulness*-Funktion im IFRS-Abschluss sinnvoll ist. Eine Antwort auf diese Frage gäbe zugleich Aufschluss darüber, ob die unterschiedlichen Rahmenbedingungen für Bewertungen in der IFRS-Rechnungslegung und Unternehmensbewertungen, insbesondere hinsichtlich des verschärften Prinzipal-Agenten-Konflikts in der IFRS-Rechnungslegung, überhaupt unternehmenswertorientierte Bewertungen in den IFRS erlauben.[466]

422. Grundsätze ordnungsmäßiger Bewertung

422.1 Bestehende Grundsatzsysteme

Den Ausgangspunkt für die Ausarbeitung der Bewertungsgrundsätze sollen in erster Linie die theoretischen Erkenntnisse der Unternehmensbewertungslehre und diesbezüglich insbesondere die **Grundsätze ordnungsmäßiger Unternehmensbewertung** bilden.[467] Diese allgemeinen Grundsätze sind zweckadäquat für das hier verfolgte Untersuchungsziel zu konkretisieren.[468] Gemäß dem obersten Grundsatz einer ordnungsmäßigen Unternehmensbewertung, der Maßgeblichkeit des Bewertungszwecks, werden für die zu entwickelnden Bewertungsgrundsätze der Bewertungsanlass (IFRS-Rechnungslegung) und hierbei primär der verfolgte Be-

466 Hierauf wird in Kapitel 6 näher eingegangen.

467 Vgl. zu den Grundsätzen ordnungsmäßiger Unternehmensbewertung die grundlegenden Arbeiten von MOXTER, A., Grundsätze ordnungsmäßiger Unternehmensbewertung sowie von POOTEN, H., Grundsätze ordnungsmäßiger Unternehmensbewertung.

468 Vgl. exemplarisch MATSCHKE, M. J./BRÖSEL, G., Unternehmensbewertung, S. 756 sowie die Ausführungen in Abschnitt 321.2 m. w. N.

wertungszweck (Stärkung der *valuation usefulness*-Funktion) explizit in den Mittelpunkt gerückt (Zweckadäquanzprinzip[469]).

Da die zahlreichen möglichen Bewertungsanlässe bzw. -zwecke sehr heterogen sind, ist eine allgemeingültige, d. h. zweckunabhängige Formulierung von Bewertungsgrundsätzen, nicht sinnvoll.[470] MATSCHKE/BRÖSEL z. B. kritisieren die Grundsätze zur Ermittlung von Unternehmenswerten des IDW S1. Diese wiesen einen zu geringen Bezug zum jeweiligen Bewertungszweck auf und seien somit als unzureichend konkretisiert zu beurteilen.[471] Auf eine **zweckgerichtete Konkretisierung** der Grundsätze ordnungsmäßiger Bewertung ist demnach in besonderem Maße zu achten. Die allgemein gehaltenen Grundsätze ordnungsmäßiger Unternehmensbewertung bilden also das theoretische Fundament, auf dessen Basis die Bewertungsgrundsätze zweckgerichtet konkretisiert werden sollen. Da in dieser Arbeit Bewertungen für den IFRS-Abschluss im Vordergrund stehen, sollen aufgrund der höheren Bedeutung verlässlicher Informationen auch die Bestimmungen des IDW-Standards „Grundsätze zur Durchführung von Unternehmensbewertungen" (**IDW S1** i. d. F. 2008) berücksichtigt werden.[472] In diesem werden Grundsätze zur Durchführung **objektivierter Unternehmensbewertungen** formuliert, die bei der Ableitung der Bewertungsgrundsätze beachtet werden sollen.

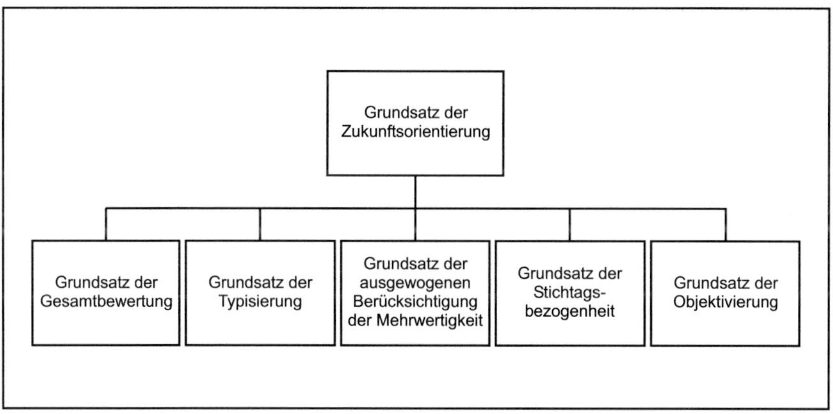

Abbildung 8: Überblick über die Grundsätze ordnungsmäßiger Bewertung

469 Zum Zweckadäquanzprinzip vgl. Abschnitt 321.2 sowie MOXTER, A., Grundsätze ordnungsmäßiger Unternehmensbewertung, S. 5-8; MATSCHKE, M. J./BRÖSEL, G., Unternehmensbewertung, S. 761. Das IDW spricht im IDW S1 i. d. F. 2008 vom Grundsatz der „Maßgeblichkeit des Bewertungszwecks", vgl. IDW (Hrsg.), IDW S1 (2008), Tz. 17.

470 Vgl. MATSCHKE, M. J./BRÖSEL, G., Unternehmensbewertung, S. 743 sowie POOTEN, H., Grundsätze ordnungsmäßiger Unternehmensbewertung, S. 1 f.

471 Vgl. MATSCHKE, M. J./BRÖSEL, G., Unternehmensbewertung, S. 743.

472 Vgl. IDW (Hrsg.), IDW S1 (2008) sowie diesen Standard ausführlich erläuternd IDW (Hrsg.), WP-Handbuch 2008, Abschn. A.

Abbildung 8 gibt vorab einen Überblick über die im Folgenden zu konkretisierenden Grundsätze ordnungsmäßiger Bewertung.

422.2 Der Grundsatz der Zukunftsorientierung

Der Grundsatz der Zukunftsorientierung ist zentraler Bestandteil der Grundsätze ordnungsmäßiger Unternehmensbewertung.[473] MOXTER verwendet den Begriff des Zukunftsbezogenheitsprinzips und stellt klar, dass vergangenheitsorientierte Informationen für Zwecke der Unternehmensbewertung höchstens von nachgelagerter Bedeutung sein können, beispielsweise für Zwecke der Plausibilisierung von Prognosen.[474] „Wer einen ‚nachhaltigen' Ertrag auf der Basis durchschnittlicher Vergangenheitserträge ermittelt, verletzt das Prinzip der Zukunftsbezogenheit selbst dann, wenn der durchschnittliche Vergangenheitsertrag als ‚bestmögliche Schätzung des Zukunftsertrags' ausgegeben wird."[475] Unter Objektivierungsaspekten sei diese Aussage indes zu relativieren.[476] Dominiert der Objektivierungsaspekt bei einer Bewertung, sind zwar nach wie vor Zukunftsgrößen zu schätzen, indes ist die Bindung an die Ergebnisse der Vergangenheit faktisch stärker.[477] An dieser Stelle wird erneut die Notwendigkeit einer zweckgerichteten Modifizierung bzw. Konkretisierung der allgemeinen Grundsätze deutlich.

Um das Subziel der *valuation usefulness*-Funktion des **IFRS-Abschlusses** stärker zu berücksichtigen, wurde im Schrifttum indes die Forderung nach primär zukunftsorientierten Informationen erhoben.[478] Vergangenheitsorientierte Informationen würden nach herrschender Meinung der *valuation usefulness*-Funktion des IFRS-Abschlusses nicht gerecht werden können.[479] Der hier konkretisierte Grundsatz der Zukunftsorientierung verlangt demnach, dass die einzelnen Parameter, die in die Bewertungskalküle einfließen, grundsätzlich zukunftsbezogen hergeleitet werden sollten, wenngleich Vergangenheitsdaten insbesondere auch für Plausibili-

473 Vgl. MOXTER, A., Grundsätze ordnungsmäßiger Unternehmensbewertung, S. 116-121 mit zahlreichen weiteren Nachweisen. Ebenso POOTEN, H., Grundsätze ordnungsmäßiger Unternehmensbewertung, S. 114-116 m. w. N.

474 Vgl. MOXTER, A., Grundsätze ordnungsmäßiger Unternehmensbewertung, S. 116-118. Vgl. hierzu ferner IDW (Hrsg.), WP-Handbuch 2008, Abschn. A, Rn. 147 und 151 sowie POOTEN, H., Grundsätze ordnungsmäßiger Unternehmensbewertung, S. 114-116.

475 MOXTER, A., Grundsätze ordnungsmäßiger Unternehmensbewertung, S. 117 f.

476 Vgl. MOXTER, A., Grundsätze ordnungsmäßiger Unternehmensbewertung, S. 119 unter Verweis auf BELLINGER und ZEHNER, vgl. BELLINGER, B., Stichtagsbezogenheit jeder Unternehmensbewertung, S. 575-584 sowie ZEHNER, K., Unternehmensbewertung im Rechtsstreit, S. 2109-2117. Auf die Notwendigkeit einer Objektivierung im Rahmen der IFRS-Rechnungslegung sowie auf den möglichen Einfluss der Objektivierungsnotwendigkeit auf den Grundsatz der Zukunftsorientierung sei an dieser Stelle auf die Ausführungen in den Abschnitten 422.7, 432.13 sowie 433.14 verwiesen.

477 Vgl. hierzu MOXTER, A., Grundsätze ordnungsmäßiger Unternehmensbewertung, S. 119.

478 Vgl. hierzu ausführlich Abschnitt 315.

479 Vgl. Abschnitte 312. und 315.

sierungszwecke herangezogen werden sollten.[480] Alle bis zum Bewertungsstichtag vorliegenden Bewertungsinformationen und -annahmen über die künftige Entwicklung sind im Bewertungskalkül zu berücksichtigen.[481]

Da die stärkere Berücksichtigung der *valuation usefulness*-Funktion den Untersuchungsgegenstand dieser Arbeit darstellt, wird dem **Grundsatz der Zukunftsorientierung**, als Konsequenz aus der im Schrifttum geäußerten Kritik hinsichtlich einer vor dem Hintergrund der Zielsetzung des IASB-Framework derzeit unzureichenden Zukunftsorientierung,[482] ein hohes Gewicht beigemessen. Daher soll der Grundsatz der Zukunftsorientierung im System der Grundsätze ordnungsmäßiger Bewertung eine **übergeordnete Stellung** einnehmen. Dieser übergeordnete Grundsatz wird durch weitere Grundsätze, die im Folgenden näher erläutert werden, konkretisiert, unterstützt und auch eingeschränkt.

422.3 Der Grundsatz der Gesamtbewertung

Der Grundsatz der Gesamtbewertung ist ebenfalls ein zentraler Bestandteil der Grundsätze ordnungsmäßiger Unternehmensbewertung.[483] Hinsichtlich der Verfahren der Unternehmensbewertung haben sich, wie bereits erläutert, die Zukunftserfolgsverfahren in der Unternehmensbewertungslehre als die theoretisch „richtigen“ Verfahren erwiesen.[484] Die Zukunftserfolgsverfahren[485] folgen dem Prinzip der Gesamtbewertung.[486] Danach ergibt sich der Unternehmenswert aus den auf den Bewertungsstichtag diskontierten prognostizierten finanziellen Überschüssen, die den jeweiligen Unternehmenseignern aus dem Unternehmen zufließen.[487] Im IDW-Standard „Grundsätze zur Durchführung von Unternehmensbewertungen“ (IDW S1

480 Vgl. KÜMMEL, J., Grundsätze für die Fair Value-Ermittlung, S. 128; MOXTER, A., Grundsätze ordnungsmäßiger Unternehmensbewertung, S. 117.

481 Vgl. KÜMMEL, J., Grundsätze für die Fair Value-Ermittlung, S. 128; MOXTER, A., Grundsätze ordnungsmäßiger Unternehmensbewertung, S. 168. Vgl. hierzu auch die Ausführungen zum Grundsatz der Stichtagsbezogenheit in Abschnitt 422.6.

482 Vgl. Abschnitt 315.

483 Vgl. exemplarisch MOXTER, A., Grundsätze ordnungsmäßiger Unternehmensbewertung, S. 75-78 sowie POOTEN, H., Grundsätze ordnungsmäßiger Unternehmensbewertung, S. 116-119 mit jeweils zahlreichen weiteren Nachweisen.

484 Vgl. BAETGE, J./SOLMECKE, H., Grundsätze des Value Reporting, S. 23; IDW (Hrsg.), IDW S1 (2008), Tz. 5-7; HEUMANN, R., Value Reporting, S. 47; KUHNER, C./MALTRY, H., Unternehmensbewertung, S. 68; MANDL, G./RABEL, K., Unternehmensbewertung, S. 74. Vgl. ferner IDW (Hrsg.), WP-Handbuch 2008, Abschn. A, Rn. 8, auch m. w. N. aus der Rechtsprechung.

485 Vgl. Abschnitt 322.1.

486 Vgl. BAETGE, J./SOLMECKE, H., Grundsätze des Value Reporting, S. 23; HEUMANN, R., Value Reporting, S. 47; KUHNER, C./MALTRY, H., Unternehmensbewertung, S. 68; MANDL, G./RABEL, K., Unternehmensbewertung, S. 74.

487 Vgl. exemplarisch IDW (Hrsg.), WP-Handbuch 2008, Abschn. A, Rn. 8.

i. d. F. 2008) wird der Gesamtbewertungsgrundsatz innerhalb der Erläuterungen des Grundsatzes der „Bewertung der wirtschaftlichen Unternehmenseinheit" kodifiziert.[488]

Der Grundsatz der Gesamtbewertung besagt, dass diejenigen künftigen Zahlungsströme betrachtet bzw. ermittelt werden sollen, die aus dem Zusammenspiel aller vorhandenen Vermögenswerte bzw. Nutzenpotenziale des zu bewertenden Objekts generiert werden. Der Gesamtwert ist daher nicht als Saldo aus den Werten der einzelnen Vermögenswerte und Schulden des Bewertungsobjekts zu ermitteln.[489] Der Grundsatz der Gesamtbewertung sieht folglich keine bestandsorientierte Bewertung einzelner Vermögenswerte und Schulden vor, sondern zeichnet sich durch eine Zahlungsstromorientierung aus.[490] Demnach sind auch Synergieeffekte innerhalb der zu bewertenden Einheit, die erst durch den Verbund von Vermögenswerten und Schulden realisiert werden können, zu berücksichtigen.[491] Die Ermittlung der Zahlungsströme, die in den Zähler des Bewertungskalküls einfließen, soll sich also nach dem Grundgedanken der Gesamtbewertung richten.

Dabei bezieht sich der Grundsatz der Gesamtbewertung nicht zwingend auf eine Bewertung eines gesamten Unternehmens, sondern, wie oben beschrieben, auf das jeweils zu definierende **Bewertungsobjekt**. Das Bewertungsobjekt kann in der IFRS-Rechnungslegung unterschiedlich umfassend hinsichtlich beispielsweise der Größe oder der Aggregationsebene sein. Es könnte sich um einzelne Vermögenswerte und Schulden, um einen kleinen Verbund von Vermögenswerten und Schulden oder auch um Vermögenswerte und Schulden größerer Segmente handeln, die u. U. auch rechtlich eigenständige Gesellschaften darstellen oder enthalten könnten. Beispielhaft könnten hier zahlungsmittelgenerierende Einheiten im Rahmen der Werthaltigkeitsprüfung nach IAS 36 als mögliche Bewertungsobjekte angeführt werden.

In den Fällen, in denen dem Grundsatz der Gesamtbewertung nicht (stringent) gefolgt wird, falls beispielsweise der Grundsatz der Einzelbewertung angewendet wird, wird ein Bewertungsobjekt, das sich aus mehreren Vermögenswerten (und Schulden) zusammensetzt, i. d. R. systematisch unterbewertet. Nur die Gesamtbewertung versucht, die tatsächliche Ertragskraft des Bewertungsobjekts, d. h. die Fähigkeit, finanzielle Überschüsse zu erwirtschaften, zu er-

488 Vgl. IDW (Hrsg.), WP-Handbuch 2008, Abschn. A, Rn. 47-50.

489 Vgl. BALLWIESER, W., Unternehmensbewertung, S. 8-10; MANDL, G./RABEL, K., Unternehmensbewertung, S. 73; MATSCHKE, M. J./BRÖSEL, G., Unternehmensbewertung, S. 765 f.

490 Vgl. IDW (Hrsg.), WP-Handbuch 2008, Abschn. A, Rn. 132; KIRSCH, H.-J./KOELEN, P., IFRS-Rechnungslegung und Unternehmensbewertung, S. 287; PEEMÖLLER, V. H., Grundsätze ordnungsmäßiger Unternehmensbewertung, Rn. 211 und 214.

491 Vgl. BALLWIESER, W., Unternehmensbewertung, S. 9; KIRSCH, H.-J./KOELEN, P., IFRS-Rechnungslegung und Unternehmensbewertung, S. 287 und 290.

mitteln.[492] Vor dem Hintergrund der *valuation usefulness*-Funktion der **IFRS-Rechnungslegung**, die genau diese Fähigkeit des Unternehmens in der Berichterstattung herausstellen möchte, ist daher in konzeptioneller Hinsicht dem Grundsatz der Gesamtbewertung zu folgen.

422.4 Der Grundsatz der Typisierung

Eine subjektive, strikt die individuellen Verhältnisse berücksichtigende Unternehmensbewertung scheitert oft daran, dass die Informationen, die für eine subjektive Bewertung erforderlich sind, häufig nicht mit vertretbarem Aufwand zu beschaffen sind.[493] Die wertrelevanten, individuellen Verhältnisse müssen demnach in generalisierter Form berücksichtigt werden. „Es bleibt dann nur übrig, anstelle der für die betreffenden Eigner spezifischen Wertdeterminanten von ‚typisierten' Wertdeterminanten auszugehen."[494] MOXTER weist auf diese Typisierungsnotwendigkeit im Zuge der Erläuterung des allgemeinen Unternehmensbewertungsgrundsatzes der Eignerbezogenheit hin.[495] Typisierungen in der Unternehmensbewertung sind nahezu durchgängig erforderlich.[496] Lediglich bei streng subjektbezogenen Unternehmensbewertungen sind Typisierungen möglichst vollständig zu vermeiden.[497]

Auch das IDW betont mehrfach die Notwendigkeit von Typisierungen bei Unternehmensbewertungen. So ist z. B. bei objektivierten Unternehmensbewertungen, die eine Vielzahl von Investoren als Adressaten betreffen, von deren jeweils individuellen Wertvorstellungen zu abstrahieren.[498] Typisierungen der persönlichen Verhältnisse der Investoren sind zwingend vorzunehmen.[499]

492 Vgl. exemplarisch IDW (Hrsg.), WP-Handbuch 2008, Abschn. A, Rn. 8. Vgl. hierzu auch die Ausführungen in Abschnitt 322.1, in denen die konzeptionelle Überlegenheit der Gesamtbewertungsverfahren herausgearbeitet wurde.

493 Vgl. MANDL, G./RABEL, K., Unternehmensbewertung, S. 398 f.; MOXTER, A., Grundsätze ordnungsmäßiger Unternehmensbewertung, S. 25.

494 MOXTER, A., Grundsätze ordnungsmäßiger Unternehmensbewertung, S. 25.

495 Vgl. MOXTER, A., Grundsätze ordnungsmäßiger Unternehmensbewertung, S. 25 f. Dem folgend MANDL, G./RABEL, K., Unternehmensbewertung, S. 398 f.

496 Zum Typisierungsprinzip vgl. MOXTER, A., Grundsätze ordnungsmäßiger Unternehmensbewertung, S. 25 f. Ebenso IDW (Hrsg.), WP-Handbuch 2008, Abschn. A, Rn. 78, 84 oder 104 sowie MANDL, G./RABEL, K., Unternehmensbewertung, S. 399 f.

497 Vgl. MOXTER, A., Grundsätze ordnungsmäßiger Unternehmensbewertung, S. 25.

498 Vgl. IDW (Hrsg.), IDW S1, Rn. 12 und 30 sowie IDW (Hrsg.), WP-Handbuch 2008, Abschn. A, Rn. 20 i. V. m. Rn. 78.

499 Vgl. IDW (Hrsg.), WP-Handbuch 2008, Abschn. A, Rn. 78, 84 oder 104.

Der Grundsatz der Typisierung besagt demnach, dass sich eine Bewertung nicht durchweg an den individuellen Verhältnissen des jeweiligen Bewertungssubjekts orientieren kann.[500] MOXTER warnt indes davor, dass Typisierungen u. U. dem Bewertungszweck zuwiderlaufen könnten und weist hierdurch implizit darauf hin, dass der Bewertungszweck das Ausmaß der Typisierung bestimmen sollte.[501]

Insbesondere für **Zwecke der IFRS-Rechnungslegung** scheint eine Typisierung von wesentlich entscheidenderer Bedeutung zu sein als beispielsweise bei beratenden Unternehmensbewertungen zur Unterstützung einer Kauf- oder Verkaufentscheidung, da im IFRS-Abschluss keine Bewertung aus Sicht eines speziellen Auftraggebers durchgeführt wird, sondern ein breiter Kreis heterogener Investoren Adressat der Bewertung ist. Für auf individuelle Verhältnisse zugeschnittene Bewertungen ist der IFRS-Abschluss als öffentliches Informationsinstrument nicht geeignet; es bedarf hier einer sinnvollen Typisierung.[502] Hinzu kommt, dass das die Bewertung durchführende Management im Regelfall die individuellen Verhältnisse der Investoren gar nicht kennt, sodass man sich an den Verhältnissen, die für Investoren „als üblich, als typisch gelten können“[503], orientieren sollte. „Soweit individuelle Verhältnisse nicht bekannt und nicht ermittelbar sind und soweit Entscheidungswerte **für Personenmehrheiten** bestimmt werden müssen [...], muß im unvermeidlichen Umfange typisiert bzw. generalisiert werden.“[504]

Da Bewertungen im IFRS-Abschluss einem breiten Kreis heterogener Adressaten dienen sollen, ist eine Typisierung immer dann vorzunehmen, wenn individuell unterschiedliche Wertvorstellungen, Einstellungen oder auch individuell unterschiedliche Möglichkeiten auf Seiten der einzelnen Investoren existieren. Dies sei anhand der Berücksichtigung von Risiken der Geschäftstätigkeit nachfolgend illustriert.

Verschiedene Investoren können zum Risiko aus der Geschäftstätigkeit des Unternehmens (operatives Risiko), also zur möglichen Bandbreite künftiger Zahlungsstromszenarien auf-

---

500 In diesem Zusammenhang betont MOXTER, dass Typisierung nicht mit Objektivierung verwechselt werden darf. Ziele und Wege beider Instrumente seien teilweise verschieden. So sei der für die Objektivierung charakteristische Rückgriff auf Daten der Vergangenheit für den Typisierungsbereich nicht kennzeichnend. Vgl. hierzu ausführlicher MOXTER, A., Grundsätze ordnungsmäßiger Unternehmensbewertung, S. 26 und 32.

501 Vgl. MOXTER, A., Grundsätze ordnungsmäßiger Unternehmensbewertung, S. 26.

502 Vgl. HAAKER, A., Goodwill-Bilanzierung nach IFRS, S. 180-183 sowie S. 199. Vgl. darüber hinaus zur Notwendigkeit einer Typisierung von Unternehmenswerten für Zwecke der Bilanzierung HENSELMANN, K., Typisierte Unternehmensbewertungen, S. 154 f.

503 MOXTER, A., Grundsätze ordnungsmäßiger Unternehmensbewertung, S. 25.

504 BÖRNER, D., Unternehmensbewertung, S. 119 (Hervorhebung d. Verf.); ebenso HENSELMANN, K., Typisierte Unternehmensbewertungen, S. 147 sowie HOMMEL, M./PAULY, D./NAGELSCHMITT, S., Neuerungen beim objektivierten Unternehmenswert, S. 2728 f.

grund unterschiedlicher Umweltzustände, eine unterschiedliche Einstellung haben.[505] Dies könnte zum einen daran liegen, dass sich ein Investor im Gegensatz zu anderen Investoren durch ein sinnvoll diversifiziertes Portfolio gegen diese operativen Risiken „geschützt" bzw. die Risiken zumindest minimiert hat.[506] Zum anderen kann sich aber auch die persönliche Risikoeinstellung der Investoren von Grund auf unterscheiden, was bedeutet, dass die einzelnen Investoren divergente Nutzenfunktionen haben und somit ein jeweils unterschiedliches Sicherheitsäquivalent zu derselben Investition fordern würden.[507] Wird die Risikozuschlagsmethode bei der Bewertung angewendet, führen diese unterschiedlichen, subjektiven Risikoeinstellungen demnach auch zu jeweils unterschiedlichen Risikozuschlägen bei der Bewertung der Investition in das betreffende Unternehmen. Die divergierenden Risikozuschläge würden eine unterschiedlich starke Diskontierung nach sich ziehen, die letztendlich zu individuellen, also subjektiven Unternehmenswerten führen würde. Da in der IFRS-Rechnungslegung eine investorindividuelle Bewertung und somit eine individuelle Berücksichtigung des Risikos nicht umsetzbar ist,[508] sind die Risikoeinstellungen der Investoren bei der Bewertung folglich typisierend zu berücksichtigen. Dies könnte beispielsweise durch eine kapitalmarktorientierte Ableitung des Risikozuschlags erreicht werden, die zugleich auch eine objektivierte Ermittlung ermöglicht.[509]

Welche konkreten Typisierungen bei Bewertungen für Zwecke des IFRS-Abschlusses vorgenommen werden sollten, kann indes erst im Anschluss an die Erläuterung aller Grundsätze vorgenommen werden.[510]

422.5 Der Grundsatz der ausgewogenen Berücksichtigung der Mehrwertigkeit

Der Grundsatz der ausgewogenen Berücksichtigung der Mehrwertigkeit baut auf dem von MOXTER begründeten sogenannten Risiken-Chancen-Prinzip auf,[511] das sich in der Unter-

505 Vgl. ROMMELFANGER, H. J./EICKEMEIER, S. H., Entscheidungstheorie, S. 85-87; WIESE, H., Entscheidungs- und Spieltheorie, S. 40 f.

506 Nach der Portfolio-Theorie von MARKOWITZ können Investoren durch geeignete Diversifikation das sogenannte unsystematische Risiko eliminieren, vgl. hierzu FAMA, E. F., Foundations of Finance, S. 58-62 sowie ausführlich zur Portfolio-Theorie MARKOWITZ, H. M., Portfolio Selection – Efficient Diversification. Es ist indes davon auszugehen, dass Investoren i. d. R. über kein perfekt diversifiziertes Portfolio verfügen, sodass verschiedene Investoren einem unterschiedlich hohen Risiko ausgesetzt sind, vgl. hierzu BLUME, M. E./CROCKETT, J./FRIEND, I.: Stockownership, S. 31-33; MAUL, K.-H., Probleme der Bewertung von Unternehmen, S. 1259.

507 Vgl. DRUKARCZYK, J./SCHÜLER, A., Unternehmensbewertung, S. 49; METZ, V., Kapitalisierungszinssatz bei der Unternehmensbewertung, S. 129-149 mit zahlreichen weiteren Nachweisen.

508 Vgl. zur Typisierungsnotwendigkeit in der IFRS-Rechnungslegung HAAKER, A., Goodwill-Bilanzierung nach IFRS, S. 180-183 sowie S. 199; HENSELMANN, K., Typisierte Unternehmensbewertungen, S. 154 f.

509 Zu dieser Möglichkeit im Detail vgl. die Ausführungen in Abschnitt 433.122.

510 Zur Konkretisierung der einzelnen Parameter des Bewertungskalküls vgl. Abschnitt 43.

511 Vgl. MOXTER, A., Grundsätze ordnungsmäßiger Unternehmensbewertung, S. 118.

nehmensbewertungslehre etabliert hat.[512] Zusätzlich zum Risiken-Chancen-Prinzip, auf das im Folgenden noch näher eingegangen wird, fordert der hier konkretisierte Grundsatz, dass künftige positive und negative Entwicklungen ausgewogen berücksichtigt werden. Das IDW fordert eine ausgewogene Berücksichtigung künftiger Chancen und Risiken im Rahmen des Grundsatzes der Unbeachtlichkeit des (bilanziellen) Vorsichtsprinzips.[513]

Der hier definierte Grundsatz der ausgewogenen Berücksichtigung der Mehrwertigkeit verlangt, dass die Unsicherheit über die künftige Entwicklung sachgerecht im Bewertungskalkül berücksichtigt werden muss. Dies meint zum einen, dass das Risiko, also die Schwankungsbreite möglicher künftiger Zahlungsüberschüsse, adäquat berücksichtigt wird und zum anderen, dass die unterschiedlichen künftigen Entwicklungsszenarien sachgerecht gewichtet im Bewertungskalkül abgebildet werden.

Im Gegensatz zu einer Investition in risikolose Anlagen ist eine Investition in ein Unternehmen mit Chancen und Risiken verbunden.[514] Dieses Unternehmerrisiko wird allgemein als jede mögliche positive oder negative Abweichung vom Erwartungswert der künftigen Ertrags- oder Einzahlungsüberschüsse definiert.[515] Ein rational handelnder Investor[516] ist nämlich nur dann bereit in ein Unternehmen zu investieren, wenn das hiermit verbundene **Risiko** durch eine entsprechende Zahlungsüberschusserwartung zumindest ausgeglichen wird.[517] Die künftigen Zahlungsströme, die aus der Unternehmenstätigkeit erwirtschaftet werden, können nur unter Unsicherheit und somit nicht einwertig prognostiziert werden.[518] „Das Verdecken der Prognoseunsicherheit durch Zugrundelegen eines einwertigen Ertrags ist [...] unsachgemäß.“[519] Der Begriff der Unsicherheit impliziert die Mehrwertigkeit künftiger Entwicklungen.[520]

---

512 Vgl. exemplarisch DRUKARCZYK, J./SCHÜLER, A., Unternehmensbewertung, S. 47-52 sowie WAGNER, W./JONAS, M./BALLWIESER, W./TSCHÖPEL, A., Unternehmensbewertung, S. 1014.

513 Vgl. IDW (Hrsg.), WP-Handbuch 2008, Abschn. A, Rn. 137-140.

514 Vgl. BAETGE, J./KRAUSE, C., Berücksichtigung des Risikos in der Unternehmensbewertung, S. 434.

515 Vgl. DRUKARCZYK, J./SCHÜLER, A., Unternehmensbewertung, S. 47; IDW (Hrsg.), WP-Handbuch 2008, Abschn. A, Rn. 182.

516 Im Rahmen dieser Arbeit wird von der Annahme ausgegangen, dass die betrachteten Investoren risikoavers sind. Risikoaversion ist die grundlegende Voraussetzung für die Berücksichtigung einer Risikoprämie in der Unternehmensbewertung. Vgl. zu dieser allgemein anerkannten Annahme GÜNTHER, R., Unternehmensbewertung, S. 1836; METZ, V., Kapitalisierungszinssatz bei der Unternehmensbewertung, S. 85-91 mit zahlreichen weiteren Nachweisen aus Literatur und Rechtsprechung.

517 Vgl. hierzu exemplarisch BAETGE, J./KRAUSE, C., Berücksichtigung des Risikos in der Unternehmensbewertung, S. 434.

518 Vgl. BALLWIESER, W., Unternehmensbewertung, S. 48 f.; DRUKARCZYK, J./SCHÜLER, A., Unternehmensbewertung, S. 45 f.; MOXTER, A., Grundsätze ordnungsmäßiger Unternehmensbewertung, S. 122.

519 BALLWIESER, W., Unternehmensbewertung II, Sp. 2084.

520 Vgl. BRETZKE, W.-R., Prognoseproblem bei der Unternehmensbewertung, S. 91; KÜMMEL, J., Grundsätze für die Fair Value-Ermittlung, S. 210.

Für Prognosen über künftige Zahlungsströme sollten folglich Szenarien über verschiedene Entwicklungsmöglichkeiten künftiger Zahlungsströme, „bestenfalls unter Angabe subjektiver Wahrscheinlichkeiten“[521], bestimmt werden.[522] Die hierdurch ermittelte Bandbreite möglicher künftiger Zahlungsüberschüsse gibt erst Aufschluss über das der Investition zugrunde liegende, bewertungsrelevante Risiko.[523] Je höher die mögliche Streuung (Volatilität), also das Ausmaß der Schwankungen der künftigen Zahlungsströme,[524] beurteilt wird, desto höher ist c. p. der Risikozuschlag anzusetzen.[525] Da letztendlich **ein** Bewertungsergebnis ermittelt werden soll, muss die mehrwertige Prognose zu einem einwertigen Ergebnis verdichtet werden.[526] Hierzu können die mehrwertigen Prognosen z. B. mit ihren jeweiligen Eintrittswahrscheinlichkeiten multipliziert werden.[527] Auf diese Weise wird der sogenannte Erwartungswert der künftigen Zahlungsüberschüsse ermittelt.[528] Zu betonen ist, dass erst auf der Stufe der Ertragsbewertung, nicht aber bereits auf der Stufe der Ertragsermittlung, eine mehrwertige Ertragserwartung zu einer einwertigen reduziert werden darf.[529]

Der hier konkretisierte Grundsatz verlangt ferner, dass die Chancen und Risiken der künftigen Entwicklung im Bewertungskalkül **ausgewogen** berücksichtigt werden müssen. Das heißt, dass die positiven wie auch die negativen Ertragsszenarien grundsätzlich gleichermaßen gewichtet werden müssen, wenn der Erwartungswert der künftigen Zahlungsströme ermittelt wird.[530] Hierdurch soll eine realistische und keine durch Vorsichtsgedanken geprägte, verzerrte Einschätzung künftiger Zahlungsströme gewährleistet werden.[531] Eine einseitig stärkere Gewichtung der negativen Szenarien in Form einer „vorsichtigen“ Prognose wäre nicht sachgerecht.[532] Vom Erwartungswert abweichende pessimistischere wie optimistischere Szenarien

521 KÜNNEMANN, M., Objektivierte Unternehmensbewertung, S. 242 mit zahlreichen weiteren Nachweisen.

522 Vgl. BALLWIESER, W., Unternehmensbewertung, S. 49; MANDL, G./RABEL, K., Unternehmensbewertung, S. 405. Vgl. ausführlich zum Mehrwertigkeitsprinzip MOXTER, A., Grundsätze ordnungsmäßiger Unternehmensbewertung, S. 116-122.

523 Vgl. MOXTER, A., Grundsätze ordnungsmäßiger Unternehmensbewertung, S. 118; WAGNER, W./JONAS, M./BALLWIESER, W./TSCHÖPEL, A., Unternehmensbewertung, S. 1014.

524 Die Schwankungsbreite, die die Unsicherheit ausdrückt, wird üblicherweise als Varianz bzw. Standardabweichung einer Verteilung bezeichnet. Vgl. zu einer beispielhaften Darstellung WOLLNY, C., Der objektivierte Unternehmenswert, S. 294-299.

525 Vgl. IDW (Hrsg.), WP-Handbuch 2008, Abschn. A, Rn. 192 m. w. N.

526 Vgl. exemplarisch DRUKARCZYK, J./SCHÜLER, A., Unternehmensbewertung, S. 47.

527 Vgl. DRUKARCZYK, J./SCHÜLER, A., Unternehmensbewertung, S. 47.

528 Vgl. BALLWIESER, W., Unternehmensbewertung II, Sp. 2085. DRUKARCZYK, J./SCHÜLER, A., Unternehmensbewertung, S. 47; SIEGEL, T., Unternehmensbewertung, Unsicherheit und Komplexitätsreduktion, S. 468 f.

529 Vgl. MOXTER, A., Grundsätze ordnungsmäßiger Unternehmensbewertung, S. 118.

530 Vgl. ARBEITSKREIS „EXTERNE UNTERNEHMENSRECHNUNG“ DER SCHMALENBACH-GESELLSCHAFT FÜR BETRIEBSWIRTSCHAFT E. V., Value Reporting, S. 2340; BAETGE, J./SOLMECKE, H., Grundsätze des Value Reporting, S. 22 sowie HEUMANN, R., Value Reporting, S. 65-67.

531 Vgl. IDW (Hrsg.), WP-Handbuch 2008, Abschn. A, Rn. 140.

532 Vgl. IDW (Hrsg.), WP-Handbuch 2008, Abschn. A, Rn. 138 und 140.

können und sollten indes durch zusätzliche Erläuterungen verdeutlicht werden,[533] worauf in den Ausführungen zu den Erläuterungsgrundsätzen noch näher eingegangen wird.[534]

Um die Fähigkeit des Unternehmens beurteilen zu können, in welcher Höhe künftig Zahlungsströme erwirtschaftet werden können und insbesondere mit welcher Unsicherheit (Breite der Zahlungsströme) diese behaftet sind (*valuation usefulness*-Funktion), erscheinen mehrwertige Prognosen nützlich. Die theoretisch korrekte Vorgehensweise der Unternehmensbewertungslehre, Wahrscheinlichkeitsverteilungen für künftige Zahlungsströme zu schätzen und somit mehrwertig zu prognostizieren,[535] gibt sowohl Informationen über mögliche Entwicklungsrichtungen bzw. -szenarien künftiger Zahlungsüberschüsse (Unsicherheit/ Breite der Zahlungsströme) als auch Informationen über die jeweilige Höhe der Zahlungsströme. Ebenso steht die ausgewogene, realistische Prognose künftiger Zahlungsströme in Einklang mit dem hier verfolgten Zweck einer stärkeren Hervorhebung des Subziels der *valuation usefulness*-Funktion der **IFRS-Rechnungslegung**. Eine verzerrte i. S. einer zu pessimistischen Prognose würde nämlich die Beurteilung der Fähigkeit des Unternehmens, künftig Zahlungsströme zu generieren, erschweren.

422.6 Der Grundsatz der Stichtagsbezogenheit

Der Grundsatz der Stichtagsbezogenheit[536] (auch als Stichtagsprinzip bezeichnet) ist ein zentraler Bestandteil der im Schrifttum entwickelten Grundsätze ordnungsmäßiger Unternehmensbewertung.[537] Auch in den Grundsätzen zur Ermittlung von Unternehmenswerten des IDW stellt das Stichtagsprinzip einen der sieben Bewertungsgrundsätze dar.[538]

Die Umweltbedingungen eines Unternehmens unterliegen einem ständigen Wandel, sodass die Informationslage zu unterschiedlichen Zeitpunkten differiert. Nach dem Grundsatz der Stichtagsbezogenheit ist die Wertermittlung auf einen bestimmten Bewertungsstichtag zu beziehen.[539] Das heißt, dass die am Bewertungsstichtag herrschenden Verhältnisse maßgeblich

---

533 Vgl. ARBEITSKREIS „EXTERNE UNTERNEHMENSRECHNUNG“ DER SCHMALENBACH-GESELLSCHAFT FÜR BETRIEBSWIRTSCHAFT E. V., Value Reporting, S. 2340.

534 Vgl. Abschnitt 423. und hierbei insbesondere Abschnitt 423.4.

535 Vgl. BALLWIESER, W., Unternehmensbewertung, S. 49.

536 Den Begriff der Stichtagsbezogenheit der Bewertung verwendend, vgl. exemplarisch BELLINGER, B., Stichtagsbezogenheit jeder Unternehmensbewertung sowie KÜNNEMANN, M., Objektivierte Unternehmensbewertung, S. 383.

537 Vgl. MANDL, G./RABEL, K., Unternehmensbewertung, S. 405 f.; MATSCHKE, M. J./BRÖSEL, G., Unternehmensbewertung, S. 768; MOXTER, A., Grundsätze ordnungsmäßiger Unternehmensbewertung, S. 168-175; PEEMÖLLER, V. H./KUNOWSKI, S., Ertragswertverfahren, Rn. 43-45.

538 Vgl. IDW (Hrsg.), WP-Handbuch 2008, Abschn. A, Rn. 51-59.

539 Vgl. BELLINGER, B., Stichtagsbezogenheit jeder Unternehmensbewertung, S. 575; MOXTER, A., Grundsätze ordnungsmäßiger Unternehmensbewertung, S. 168, der in diesem Zusammenhang vom Stichtagsprinzip

sind.[540] Es kommt hierbei nicht darauf an, ob die bewertungsrelevante Information tatsächlich zum Bewertungsstichtag bereits bekannt war, sondern darauf, ob diese bei sorgfältiger Analyse erkennbar gewesen wäre.[541] Für Bewertungen in der **IFRS-Rechnungslegung** stellt i. d. R. das Ende der Berichtsperiode (Bilanzstichtag) den jeweiligen Bewertungsstichtag dar. In der IFRS-Rechnungslegung wird zwischen sogenannten wertaufhellenden und wertbegründenden Ereignissen differenziert.[542] Wertaufhellende Ereignisse bezeichnen hierbei Ereignisse, die weitere substanzielle Hinweise zu Gegebenheiten liefern, die bereits am Bilanzstichtag vorgelegen haben (IAS 10.3 (a)). Hingegen handelt es sich bei Ereignissen, die Sachverhalte konkretisieren, die erst nach dem Bilanzstichtag eingetreten sind, um wertbegründende Ereignisse (IAS 10.3 (b)).[543]

Die auf den Bewertungsstichtag bezogene Wertermittlung berücksichtigt, dass Zahlungsüberschüsse mit zunehmender zeitlicher Entfernung vom Bewertungsstichtag zum einen c. p. von geringerem Nutzen für den Investor sind (Zeitwert des Geldes).[544] Zum anderen nimmt ebenso die Sicherheit der Prognose künftiger Zahlungsströme mit zunehmender zeitlicher Entfernung vom Bewertungsstichtag ab.[545] Der Zeitwert des Geldes sowie die zunehmende Unsicherheit führen in der Unternehmensbewertung jeweils zu einer stärkeren Diskontierung zeitlich weiter entfernt liegender Zahlungsüberschüsse.[546]

Der hier konkretisierte Grundsatz der Stichtagsbezogenheit fordert ferner, dass sachgerechte und zweckadäquate Annahmen über das Wachstum der Zahlungsströme im Zeitablauf zu treffen sind. Diese Annahmen müssen ebenfalls auf den zum Bewertungsstichtag vorhandenen Informationen basieren. Der Wachstumsannahme kommt bei der Bewertung eine hohe Bedeutung zu, da bereits geringfügige Änderungen dieser Annahme i. d. R. erhebliche Auswir-

---

spricht. Ferner vgl. PEEMÖLLER, V. H./KUNOWSKI, S., Ertragswertverfahren, Rn. 43-45, die von der Maßgeblichkeit des Bewertungsstichtags sprechen.

540 Vgl. MANDL, G./RABEL, K., Unternehmensbewertung, S. 405 f.; ausführlich MOXTER, A., Grundsätze ordnungsmäßiger Unternehmensbewertung, S. 168-175.

541 Vgl. exemplarisch MOXTER, A., Grundsätze ordnungsmäßiger Unternehmensbewertung, S. 168. In diesem Zusammenhang spricht MOXTER auch vom sogenannten Wertaufhellungsprinzip, vgl. MOXTER, A., Grundsätze ordnungsmäßiger Unternehmensbewertung, S. 168 f. Ebenso wird in diesem Kontext häufig von der sogenannten Wurzeltheorie gesprochen, nach der nur solche Entwicklungen bei der Bewertung zu berücksichtigen sind, deren Wurzeln vor dem Bewertungsstichtag liegen. Die Wurzeltheorie wurde vom BGH begründet, vgl. BGH, Urteil vom 17.01.1973, S. 565; vgl. hierzu ferner BGH, Beschluss vom 04.03.1998, S. 380 sowie OLG Düsseldorf, Beschluss vom 02.04.1998, S. 2062.

542 Zum Wertaufhellungsprinzip nach IFRS vgl. ausführlich KIRSCH, H.-J./KOELEN, P., IAS 10, Rn. 6-57.

543 Vgl. KIRSCH, H.-J./KOELEN, P., IAS 10, Rn. 4.

544 Vgl. BENNINGA, S. Z./SARIG, O. H., Corporate Finance, S. 226; BÖRSIG, C., Unternehmenswert und Unternehmensbewertung, S. 86.

545 Vgl. PEEMÖLLER, V. H., Grundsätze ordnungsmäßiger Unternehmensbewertung, Rn. 227 f.

546 Vgl. STELLBRINK, J., Restwert in der Unternehmensbewertung, S. 44 f. m. w. N.

kungen auf das Bewertungsergebnis nach sich ziehen.[547] Aufgrund der Sensitivität des Unternehmenswerts in Bezug auf Veränderungen der Wachstumsannahmen ist der Herleitung der Wachstumsrate erhöhte Aufmerksamkeit zu schenken.[548]

422.7 Der Grundsatz der Objektivierung

Informationen müssen, wie bereits herausgearbeitet, in einem von Informationsasymmetrien und Interessenkonflikten charakterisierten Berichtsumfeld, wie in der IFRS-Rechnungslegung gegeben, hinreichend verlässlich bzw. objektiviert sein, damit sie weiterhin entscheidungsnützlich sind.[549] Ferner wurde bereits erläutert, dass Informationsasymmetrien und Interessenkonflikte bei einer Vielzahl von Unternehmensbewertungsanlässen weniger stark ausgeprägt bzw. leichter einzuschränken sind als dies bei der externen Rechnungslegung möglich ist.[550] Hieraus ließ sich begründen, weshalb in der Unternehmensbewertungslehre vergleichsweise moderate Anforderungen an die Verlässlichkeit gestellt werden.

Diese in der Unternehmensbewertung im Vergleich zur IFRS-Rechnungslegung unterschiedlichen „Ausgangspunkte" sind zwingend zu beachten. Sie führen insbesondere dazu, dass die Verlässlichkeit und somit die Objektivierungen von Bewertungen in der IFRS-Rechnungslegung einen höheren Stellenwert einnehmen sollten.

Der hier kodifizierte Grundsatz der Objektivierung[551] wird in der Unternehmensbewertungslehre auch nicht explizit aufgegriffen.[552] Es gilt indes zu beachten, dass die höhere Gewichtung einer verlässlichen Bewertung indirekt über die Maßgeblichkeit des Bewertungszwecks herzuleiten ist, wenn der Zweck der Bewertung es erfordert. Dies betont auch MOXTER, der die Gewichtung der Objektivierung zweckabhängig macht.[553] Bei Objektivierungsdominanz sollte die Unternehmensbewertung sowohl mit objektivierten Erträgen als auch mit objektivierten Kapitalisierungszinssätzen arbeiten.[554] Wie eine solche Objektivierung der Zähler- und Nennergrößen konkret auszulegen ist, sollte ebenso vom jeweiligen Bewertungszweck

547 Vgl. COPELAND, T./KOLLER, T./MURRIN, J., Unternehmenswert, S. 336; SEPPELFRICKE, P., Handbuch Aktien- und Unternehmensbewertung, S. 82 f.

548 Hinsichtlich der Frage, inwieweit die einzelnen Wachstumskomponenten für Bewertungszwecke der IFRS-Rechnungslegung beachtet werden sollten, sei an dieser Stelle auf die Ausführungen in Abschnitt 433.13 verwiesen.

549 Vgl. hierzu die grundlegenden Ausführungen in den Abschnitten 222. und insbesondere 223.

550 Vgl. Abschnitt 41.

551 Vgl. zu näheren Erläuterungen zur Objektivierung die Ausführungen in Abschnitt 223.

552 Vgl. hierzu exemplarisch den fehlenden Grundsatz der Objektivierung in den (Basis-) Grundsätzen funktionsgemäßer Unternehmensbewertung nach MATSCHKE/BRÖSEL, vgl. MATSCHKE, M. J./BRÖSEL, G., Unternehmensbewertung, S. 762.

553 Vgl. MOXTER, A., Grundsätze ordnungsmäßiger Unternehmensbewertung, S. 38.

554 Vgl. hierzu exemplarisch MOXTER, A., Grundsätze ordnungsmäßiger Unternehmensbewertung, S. 33.

abhängig gemacht werden.[555] Auch das IDW erkennt die Notwendigkeit der Berücksichtigung der Objektivierung bei Unternehmensbewertungen[556] und unterscheidet bei der Bestimmung von Zähler- und Nennergröße zwischen subjektiven und objektivierten Unternehmensbewertungen.[557]

Zu erörtern ist, welcher **Grad an Objektivierung** anzustreben ist, damit die vermittelten Informationen noch als entscheidungsnützlich einzustufen sind. BERNDT betont, dass es keinen „wahren" Grad an Objektivierung gebe: „Die Frage, wie viel Maß an Objektivierung der Rechnungslegung zugrunde gelegt werden soll, lässt sich nicht abstrakt bestimmen."[558]

Verlässliche Informationen wurden in dieser Arbeit als objektive i. S. v. intersubjektiv nachprüfbaren Informationen definiert.[559] Zukunftsbezogene Informationen sind indes nur ex post exakt nachprüfbar.[560] Somit kann eine verlässliche prospektive Berichterstattung ex ante zwar höchstens eingeschränkt erreicht werden.[561] Dennoch steht die „Zukunftsbezogenheit der Bewertung [...] nicht in Widerspruch zum Nachprüfbarkeitspostulat."[562] Die intersubjektive Nachprüfbarkeit darf nämlich nicht mit Richtigkeit im Sinne einer absoluten „Wahrheit" gleichgesetzt werden.[563] Dieses wird analog beim Grundsatz der Richtigkeit im Rahmen des handelsrechtlichen GoB-Systems diskutiert.[564]

555 Vgl. MOXTER, A., Grundsätze ordnungsmäßiger Unternehmensbewertung, S. 38 f. Zu möglichen Ausgestaltungen von Unternehmensbewertungen bei Objektivierungsdominanz, vgl. MOXTER, A., Grundsätze ordnungsmäßiger Unternehmensbewertung, S. 33-40. Vgl. zu den im Rahmen dieser Arbeit empfohlenen Objektivierungen die Ausführungen in den Abschnitten 432.13 und 433.14.

556 Der objektivierte Unternehmenswert stellt nach IDW S1 (i. d. F. 2008) einen intersubjektiv nachprüfbaren Zukunftserfolgswert dar, vgl. IDW (Hrsg.), IDW S1 (2008), Tz. 27. Dies bedeutet, dass insbesondere die Unabhängigkeit der künftigen finanziellen Überschüsse von rein subjektiven Merkmalen und Gestaltungsmöglichkeiten einzelner Anteilseigner im Vordergrund steht, vgl. hierzu IDW (Hrsg.), WP-Handbuch 2008, Abschn. A, Rn. 76 f. Das Begriffsverständnis der intersubjektiven Nachprüfbarkeit i. S. d. IDW S1 (i. d. F. 2008) kann somit mit dem in dieser Arbeit verwendeten Begriff der Objektivierung gleichgesetzt werden.

557 Vgl. IDW (Hrsg.), WP-Handbuch 2008, Abschn. A, Rn. 76-129 sowie Rn. 284-309.

558 BERNDT, T., Wahrheits- und Fairnesskonzeptionen in der Rechnungslegung, S. 212. Ebenso BRINKMANN, J., Informationsfunktion der Rechnungslegung nach IFRS, S. 231.

559 Vgl. hierzu die Ausführungen in Abschnitt 223.

560 Vgl. BALLWIESER, W., Informations-GoB, S. 118; SCHEELE, A., Lageberichterstattung, S. 29.

561 Vgl. LEFFSON, U., Grundsätze ordnungsmäßiger Buchführung, S. 472; MOXTER, A., Grundsätze ordnungsgemäßer Rechnungslegung, S. 229.

562 MANDL, G./RABEL, K., Unternehmensbewertung, S. 405.

563 Vgl. BALLWIESER, W., Informations-GoB, S. 118; MOXTER, A., Grundsätze ordnungsgemäßer Rechnungslegung, S. 229.

564 Ausführlich zu den handelsrechtlichen GoB vgl. BAETGE, J./KIRSCH, H.-J., Grundsätze ordnungsmäßiger Buchführung, S. 1-44 sowie speziell zum GoB der Richtigkeit vgl. BAETGE, J./KIRSCH, H.-J., Grundsätze ordnungsmäßiger Buchführung, Rn. 59-65.

„Richtigkeit“ wird im handelsrechtlichen GoB-System nicht in dem Sinne ausgelegt, dass die Schätzung über die künftige Entwicklung mit der später tatsächlich eintretenden Entwicklung übereinstimmen muss.[565] Der Grundsatz der Richtigkeit wird bei ermessensbehafteten Bewertungen, unter anderem folglich auch bei zukunftsorientierten Bewertungen, durch den Grundsatz der intersubjektiven Nachprüfbarkeit modifiziert bzw. um diesen ergänzt.[566] Die intersubjektive Nachprüfbarkeit verlangt hierbei, dass bei ermessensbehafteten Bewertungen eine objektivierte Abbildung der realen Sachverhalte einer „subjektiv richtigen“ Abbildung vorzuziehen ist.[567] Dabei kann eine objektivierte Abbildung u. U. weniger aussagekräftig i. S. v. weniger relevant sein; allerdings bietet sie den Vorteil einer geringeren Manipulationsgefahr, was c. p. zu einer höheren Verlässlichkeit der vermittelten Informationen führt.[568] Der hier konkretisierte Grundsatz der Objektivierung ist dem im handelsrechtlichen GoB-System hergeleiteten Grundsatz der Richtigkeit bei ermessensbehafteten Bewertungen folglich inhaltlich sehr ähnlich.

Bei der Berücksichtigung von Wertansätzen in der Rechnungslegung, die durch unternehmenswertorientierte Kalküle ermittelt sind, stellen sich für die Objektivierung besondere Problemfelder dar.

Erstens gilt zu beachten, dass künftige Entwicklungen, wie bereits oben erläutert, lediglich mehrwertig zu prognostizieren und somit per se unsicher sind.[569] Künftige Zahlungsströme können aus diesem Grund nur in einer Bandbreite geschätzt werden, was dem Bewertenden nicht unbedeutende Ermessensspielräume gewährt.[570] Dass die Existenz von Ermessensspielräumen insbesondere bei asymmetrisch verteilten Informationen und Interessenkonflikten zwischen Bewertenden und Adressat zu weitgehenden Verzerrungen und zu einem „fatalen“ Vertrauensverlust führen könnte, wurde bereits mehrfach erläutert.[571]

Das Problem der Ermessensspielräume hinsichtlich der zu prognostizierenden künftigen Entwicklung des Unternehmens wird zweitens insbesondere dadurch weiter verschärft, dass die Prognose künftiger Zahlungsströme i. d. R. auf unternehmensindividuellen Planungen beruht,

565 Vgl. LEFFSON, U., Grundsätze ordnungsmäßiger Buchführung, S. 197-199. Ebenso KIRSCH, H.-J., Die Equity-Methode, S. 12.

566 Vgl. BAETGE, J./KIRSCH, H.-J., Grundsätze ordnungsmäßiger Buchführung, Rn. 61 f.; BAETGE, J./KIRSCH, H.-J./THIELE, S., Bilanzen, S. 118.

567 Vgl. BAETGE, J./KIRSCH, H.-J., Grundsätze ordnungsmäßiger Buchführung, Rn. 62 f.; BAETGE, J./KIRSCH, H.-J./THIELE, S., Bilanzen, S. 118.

568 Vgl. BAETGE, J./KIRSCH, H.-J., Grundsätze ordnungsmäßiger Buchführung, Rn. 63.

569 Vgl. Abschnitt 422.5.

570 Vgl. BAETGE, J., Möglichkeiten der Objektivierung, S. 123 f.; MANDL, G./RABEL, K., Unternehmensbewertung, S. 405.

571 Vgl. hierzu beispielhaft die Ausführungen in Abschnitt 223.

die sich durch eine hohe Subjektivität auszeichnen.[572] Die zu schätzenden Zahlungsüberschüsse können nämlich nicht durch ein Raster von unternehmensübergreifenden Sollprognosen plausibilisiert werden.[573] Anders hingegen wäre es im Beispiel eines Schadensersatzprozesses, in dem die möglichen (mehrwertigen) Ausgänge ex ante bekannt sein mögen. Denkbare (diskrete) Ausgänge wären z. B. 0 [€] und 200.000 [€]. Erwartungen hinsichtlich der künftigen finanziellen Belastung aus einem derartigen Schadensersatzprozess sind aufgrund der ex ante vorgegebenen Ausgänge mit geringeren Unsicherheiten und Ermessensspielräumen behaftet als eine Prognose der unternehmensindividuell beeinflussbaren künftigen Entwicklung von Zahlungsüberschüssen, die zudem quasi-stetig verteilt sind.[574] Eine verlässliche Bewertung scheint auch aus diesem Grund erschwert zu werden.

Darüber hinaus wird das Ziel, verlässliche (Zukunfts-) Informationen zu berichten, drittens dadurch beeinträchtigt, dass die Höhe der künftigen Zahlungsüberschüsse z. T. von den Handlungen des Prognosegebers selbst beeinflusst wird.[575] Dieser Zusammenhang verstärkt den Prinzipal-Agenten-Konflikt, da das rechnungslegungspflichtige Management im Gegensatz zu einer vergangenheitsorientierten Rechnungslegung durch eigene Maßnahmen die künftigen Zahlungsströme und somit auch die Datengrundlage für die Berichterstattung beeinflussen kann.[576] Die Subjektivität und mithin auch die Ermessensspielräume nehmen hierdurch deutlich zu.

Die skizzierten Problemfelder verdeutlichen, dass eine Objektivierung von zukunftsbezogenen Rechnungslegungsdaten aufgrund der Unsicherheit, die der Zukunft inhärent ist, schwer fällt. Aufgrund des bestehenden Trade Off zwischen dem Grundsatz der Zukunftsorientierung und dem Grundsatz der Objektivierung sind bei der Konkretisierung der Parameter einer unternehmenswertorientierten und zugleich objektivierten Bewertung regelmäßig Zielkonflikte zwischen diesen beiden Grundsätzen zu erwarten. Unter der Prämisse einer unternehmenswertorientierten Berichterstattung in der **IFRS-Rechnungslegung** bestehen wegen des Trade Off nur eingeschränkte Möglichkeiten einer objektivierten Bewertung, weshalb lediglich ein noch zu konkretisierendes Mindestmaß an Objektivierung realistisch umsetzbar erscheint. Hier soll versucht werden, die Parameter, die in das noch zu konkretisierende Bewertungskal-

572 Vgl. ARBEITSKREIS „EXTERNE UND INTERNE ÜBERWACHUNG DER UNTERNEHMUNG" DER SCHMALENBACH-GESELLSCHAFT FÜR BETRIEBSWIRTSCHAFT E. V., Probleme der Prognoseprüfung, S. 108.

573 Vgl. im Zusammenhang mit einer Berichterstattung über künftige Strategien eines Unternehmens, SCHEELE, A., Lageberichterstattung, S. 118 f.

574 Vgl. ausführlich zur Verlässlichkeit der bilanziellen Abbildung in Abhängigkeit des Sicherheitsgrades der Erwartungen HEPERS, L., Entscheidungsnützlichkeit der Bilanzierung von Intangible Assets, S. 110-115.

575 Vgl. SCHILDBACH, T., Jahresabschluss, S. 35; SCHEELE, A., Lageberichterstattung, S. 117.

576 Vgl. hierzu auch SCHILDBACH, der in diesem Zusammenhang von einem sogenannten Urbildspielraum spricht, vgl. SCHILDBACH, T., Jahresabschluss, S. 35.

kül einfließen, hinreichend zu objektivieren.[577] Ob letztendlich eine hinreichende Verlässlichkeit des zukunftsorientierten Bewertungsmodells erreicht werden kann, sodass die zukunftsorientierten Informationen noch als entscheidungsnützlich beurteilt werden können, wird im Anschluss daran zu erörtern sein.[578]

Auf Ebene der Bewertung sollen folglich Objektivierungen vorgenommen werden, um die weitreichenden Ermessensspielräume zumindest teilweise einschränken zu können. Dies bedeutet, dass sowohl die zu prognostizierenden Zahlungsüberschüsse als auch der Kapitalisierungszinssatz zu objektivieren sind. Aufgrund der in der IFRS-Rechnungslegung zentralen Bedeutung verlässlicher Informationen ist für die in die Bewertung einfließenden Parameter ein möglichst eng geschnürtes „Objektivierungs-Korsett"[579] zu entwickeln. Um die Glaubwürdigkeit der vermittelten Informationen weiter zu erhöhen, sollen die Objektivierungen auf Bewertungsebene durch eine transparente und nachvollziehbare Erläuterung der durchgeführten Bewertung unterstützt werden, worau nachfolgend näher eingegangen werden soll.

423. Grundsätze ordnungsmäßiger Erläuterung

423.1 Bestehende Grundsatzsysteme

Den Ausgangspunkt für die Ausarbeitung der Erläuterungsgrundsätze bilden in erster Linie wissenschaftliche Arbeiten über Berichtsgrundsätze, die sich insbesondere auch auf die Kommunikation zukunftsorientierter Angaben beziehen. Zu nennen sind hier in erster Linie **Grundsätze für ein ordnungsmäßiges Value Reporting**[580] sowie **Grundsätze ordnungsmäßiger Lageberichterstattung**.[581] Beide Arten von Berichtsgrundsätzen zielen auf die Kommunikation zwischen Management und (potenziellen) Anteilseignern. Das ist hervorzuheben, weil bei der Ausarbeitung dieser Grundsätze, im Gegensatz zu den allgemeinen Grundsätzen ordnungsmäßiger Unternehmensbewertung, explizit die Informationsasymmetrien und Interessenkonflikte (Prinzipal-Agenten-Konflikte) zwischen dem Informationsgewährenden und den Informationsadressaten berücksichtigt sein sollten. Die bestehenden Grundsätze sollten also bereits zentrale Ansatzpunkte bieten, wie die Ermessensspielräume,

577 Auf die Frage, wie ein solches Mindestmaß an Objektivierung für Bewertungszwecke in der IFRS-Rechnungslegung bezogen auf die konkrete Ausgestaltung der einzelnen Parameter des Bewertungskalküls aussehen könnte, sei auf die Ausführungen in Abschnitt 43 verwiesen.

578 Vgl. hierzu Kapitel 6.

579 Den Begriff des „Objektivierungs-Korsetts" prägt in diesem Kontext BAETGE, vgl. BAETGE, J., Verwendung von DCF-Kalkülen, S. 23.

580 Vgl. exemplarisch BAETGE, J./SOLMECKE, H., Grundsätze des Value Reporting; HEUMANN, R., Value Reporting sowie LABHART, P. A., Value Reporting.

581 Vgl. hierzu insbesondere BAETGE, J./FISCHER, T. R./PASKERT, D., Lagebericht, S. 16-27 sowie KIRSCH, H.-J./KÖHRMANN, H., Grundlagen der Lageberichterstattung, Rn. 28-39.

die aus der Unsicherheit der zu bewertenden Sachverhalte resultieren, auf Berichtsebene eingeschränkt werden könnten.

Die Rahmenbedingungen des Value Reporting und der IFRS-Rechnungslegung unterscheiden sich indes deutlich. Ein zentraler Unterschied liegt darin, dass es sich beim Value Reporting um eine „freiwillige Zusatzberichterstattung“[582] handelt, die also über die IFRS-Berichterstattung hinaus zusätzlich erfolgen kann.[583] Dies bedeutet, dass neben dem Value Reporting noch eine „verlässliche“ IFRS-Rechnungslegung besteht. Hieraus könnte gefolgert werden, dass bei den Grundsätzen für ein ordnungsmäßiges Value Reporting bezüglich einer Einschränkung der Ermessensspielräume geringere Anforderungen akzeptiert werden könnten.

Die Grundsätze ordnungsmäßiger Lageberichterstattung sind entwickelt worden, da die Inhalte des Lageberichts durch die Vorschrift des § 289 HGB nur allgemein formuliert werden, sodass bei der Aufstellung des Lageberichts Ermessensspielräume verbleiben.[584] Die Interpretationsspielräume bei der Lageberichterstattung können durch die Grundsätze ordnungsmäßiger Lageberichterstattung zwar begrenzt werden, sie lassen sich jedoch nicht völlig beseitigen.[585] Insbesondere bei zukunftsbezogenen Angaben des Lageberichts, die auf Prognosen des Managements beruhen, verbleiben Ermessensspielräume auf Seiten des Bilanzierenden.[586]

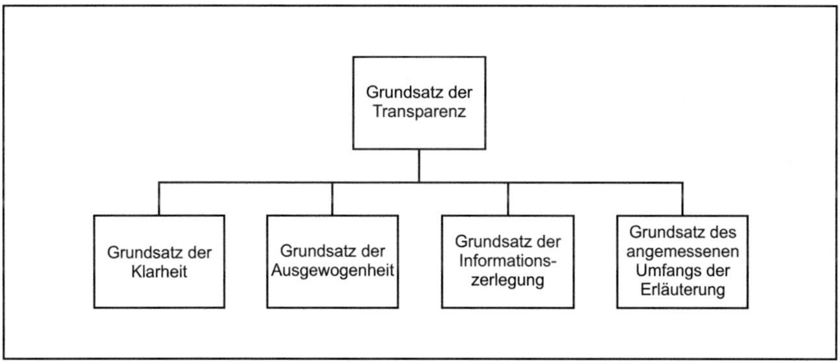

Abbildung 9: Überblick über die Grundsätze ordnungsmäßiger Erläuterung

582 RUHWEDEL, F./SCHULTZE, W., Value Reporting, S. 603.

583 Vgl. RUHWEDEL, F./SCHULTZE, W., Value Reporting, S. 608 f.; HAYN, S./MATENA, S., Prüfung des Value Reporting, S. 426.

584 Vgl. BÖCKING, H.-J./DUTZI, A., § 289 HGB, Rn. 49; KIRSCH, H.-J./KÖHRMANN, H., Grundlagen der Lageberichterstattung, Rn. 28.

585 Vgl. KIRSCH, H.-J./KÖHRMANN, H., Grundlagen der Lageberichterstattung, Rn. 28 m. w. N.

586 Dies im Kontext des Grundsatzes der Richtigkeit im Rahmen des Systems der Grundsätze ordnungsmäßiger Lageberichterstattung erläuternd KIRSCH, H.-J./KÖHRMANN, H., Grundlagen der Lageberichterstattung, Rn. 30.

Die im Folgenden zu konkretisierenden allgemeinen Erläuterungsgrundsätze sollen die Bewertungsgrundsätze insbesondere dadurch ergänzen, dass sie die Unsicherheit der zu bewertenden Sachverhalte transparent und die durchgeführte Bewertung selbst nachvollziehbar werden lassen. Abbildung 9 gibt einen ersten Überblick über die Grundsätze ordnungsmäßiger Erläuterung.

423.2 Der Grundsatz der Transparenz

Gerade bei zukunftsbezogenen Aussagen wird vielfach in Berichtsgrundsätzen eine transparente Berichterstattung gefordert.[587] Die Begriffsbezeichnung für den zugrunde liegenden Grundsatz ist indes recht heterogen.[588]

Der hier definierte Grundsatz der Transparenz verlangt, dass den Investoren die Annahmen der Bewertung sowie die Abbildungsgrundsätze bekannt sind und die Auswirkungen der Annahmen auf das Bewertungsergebnis nachvollzogen werden können.[589] Hierzu ist insbesondere der Prozess der Informationsentstehung zu verdeutlichen.[590] Das bedeutet, dass den Investoren z. B. ein Einblick in die Schätzungen und Annahmen, die den mit zahlreichen Ermes-

587 Vgl. Arbeitskreis „Externe Unternehmensrechnung" der Schmalenbach-Gesellschaft für Betriebswirtschaft e. V., Value Reporting, S. 2339; Baetge, J./Solmecke, H., Grundsätze des Value Reporting, S. 20; Dohrn, M., Entscheidungsrelevanz des Fair Value Accounting, S. 82-84; Hepers, L., Entscheidungsnützlichkeit der Bilanzierung von Intangible Assets, S. 117-121; Scheele, A., Lageberichterstattung, S. 29 f.

588 Neben der hier verwendeten Bezeichnung des Grundsatzes der Transparenz findet sich beispielsweise der Grundsatz der Richtigkeit oder der Grundsatz der intersubjektiven Nachprüfbarkeit, die inhaltlich als sehr ähnlich zum hier definierten Grundsatz der Transparenz zu erachten sind. Die Entscheidung für den Begriff der Transparenz liegt in erster Linie in didaktischen Überlegungen begründet. Insbesondere sollen nämlich Begriffsüberschneidungen zu Grundsätzen vermieden werden, die bereits auf der Bewertungsebene verwendet wurden. Ebenso der Bezeichnung des Grundsatzes der „Transparenz" folgend Dohrn, M., Entscheidungsrelevanz des Fair Value Accounting, S. 82-84 sowie Scheele, A., Lageberichterstattung, S. 29 f., vgl. zu den abweichenden Bezeichnungen Baetge, J./Solmecke, H., Grundsätze des Value Reporting, S. 20 sowie Hepers, L., Entscheidungsnützlichkeit der Bilanzierung von Intangible Assets, S. 117-121. Teilweise werden die Inhalte des hier definierten Grundsatzes der Transparenz auch unter andere, im Folgenden noch zu erörternde Erläuterungsgrundsätze subsumiert. Exemplarisch hierfür können die vom AKEU hergeleiteten Grundsätze für das Value Reporting angeführt werden, die keinen eigenständigen Grundsatz der Transparenz kodifizieren; indes werden die Inhalte des Transparenzgrundsatzes als Bestandteil des Grundsatzes der Klarheit dargestellt, vgl. Arbeitskreis „Externe Unternehmensrechnung" der Schmalenbach-Gesellschaft für Betriebswirtschaft e. V., Value Reporting, S. 2339. Ähnlich Heumann, R., Value Reporting, S. 70 f. Der in diesen Arbeiten kodifizierte Grundsatz der Klarheit geht somit in inhaltlicher Hinsicht über den im Rahmen dieser Arbeit definierten Grundsatz der Klarheit hinaus.

589 Ebenso Arbeitskreis „Externe Unternehmensrechnung" der Schmalenbach-Gesellschaft für Betriebswirtschaft e. V., Value Reporting, S. 2339; Baetge, J./Solmecke, H., Grundsätze des Value Reporting, S. 20; Hepers, L., Entscheidungsnützlichkeit der Bilanzierung von Intangible Assets, S. 117.

590 Vgl. Dohrn, M., Entscheidungsrelevanz des Fair Value Accounting, S. 82; Scheele, A., Lageberichterstattung, S. 30.

sensspielräumen behafteten Wertermittlungen zugrunde liegen, gewährt werden soll.[591] Hierdurch soll erreicht werden, dass die durchgeführte Bewertung und die ihr zugrunde liegende Informationsbasis von den Adressaten nachvollzogen und plausibilisiert werden können.[592] Ohne Erläuterungen wäre dies nicht möglich, worunter die Glaubwürdigkeit der Informationen leiden würde.[593] Ähnliche Informationen werden bei der Prüfung zukunftsorientierter Informationen benötigt, da in erster Linie auf die sachgerechte und fundierte Herleitung der Bewertungsergebnisse sowie auf die Plausibilisierung der verwendeten Annahmen geachtet wird und überprüft wird, ob die Wertermittlungen angemessen erläutert wurden.[594]

Die Anforderungen an die Transparenz sind abhängig vom individuellen Sachverhalt. Eine umfassende Erläuterung der durchgeführten Bewertung(en) wird für die Entscheidungsnützlichkeit der Informationen umso bedeutender, je ermessensbehafteter sich die Bewertung der zugrunde liegenden Sachverhalte darstellt.[595]

Die Ermessensspielräume nehmen insbesondere bei zukunftsorientierten Bewertungen beträchtlich zu.[596] Die Investoren sollen durch umfassende Erläuterungen in erster Linie die Unsicherheit der Bewertungen einschätzen und die subjektiven Schätzungen des Bilanzierenden plausibilisieren können. Über die verwendeten Annahmen hinaus sollten deshalb idealerweise auch die Bandbreiten möglicher Werte der zu schätzenden Größen sowie deren Verteilungen angegeben werden.[597] Dies hätte den weiteren Vorteil, dass die Adressaten die Auslegung von Ermessensspielräumen gemäß ihren eigenen Einschätzungen modifizieren bzw. bestimmte Werte der ermittelten Bandbreite der Ergebnisse, die sie selbst für realistischer erachten, ihrer Anlageentscheidung zugrunde legen könnten. Zu geringe Anforderungen an die Transparenz

591 Vgl. BAETGE, J./KIRSCH, H.-J., Grundsätze ordnungsmäßiger Buchführung, Rn. 62; HEPERS, L., Entscheidungsnützlichkeit der Bilanzierung von Intangible Assets, S. 117; MANDL, G./RABEL, K., Unternehmensbewertung, S. 405.

592 Vgl. BAETGE, J./KIRSCH, H.-J./THIELE, S., Bilanzen, S. 806; HEPERS, L., Entscheidungsnützlichkeit der Bilanzierung von Intangible Assets, S. 119; HEUMANN, R., Value Reporting, S. 109.

593 Vgl. hierzu im Kontext der Prognoseprüfung HAGEST, J./KELLINGHUSEN, G., Zur Problematik der Prognoseprüfung, S. 409.

594 Vgl. hierzu z. B. IDW (Hrsg.), IDW PS 314, Rn. 9 und 17. Vgl. zur Prognoseprüfung ferner HAGEST, J./KELLINGHUSEN, G., Zur Problematik der Prognoseprüfung, S. 405-415; KIRSCH, H.-J./SCHEELE, A., Prüfung im Lagebericht, S. 345 f. sowie KIRSCH, H.-J./NIMWEGEN, S., Prüfung des Lageberichts, Rn. 25-34. Im Kontext der Prüfung von Risikoberichten vgl. KAJÜTER, P., Risikoberichterstattung, S. 243-247 sowie KIRSCH, H.-J., Erwartungslücke, S. 971.

595 Vgl. HEPERS, L., Entscheidungsnützlichkeit der Bilanzierung von Intangible Assets, S. 113 und 126.

596 Vgl. exemplarisch ARBEITSKREIS „EXTERNE UND INTERNE ÜBERWACHUNG DER UNTERNEHMUNG" DER SCHMALENBACH-GESELLSCHAFT FÜR BETRIEBSWIRTSCHAFT E. V., Probleme der Prognoseprüfung, S. 108. Zur Notwendigkeit umfangreicherer Offenlegungspflichten bei zunehmenden Ermessensspielräumen vgl. auch BERNDT, T., Wahrheits- und Fairnesskonzeptionen in der Rechnungslegung, S. 211.

597 Vgl. BAETGE, J./SOLMECKE, H., Grundsätze des Value Reporting, S. 20; HEPERS, L., Entscheidungsnützlichkeit der Bilanzierung von Intangible Assets, S. 119; RICHTER, M., Bewertung des Goodwill, S. 63.

der Bewertungen resp. an die Erläuterungspflichten würden das Vertrauen in die vermittelten Informationen und somit auch deren Entscheidungsnützlichkeit stark einschränken.[598]

Für die im Rahmen dieser Arbeit im Fokus stehenden zukunftsorientierten Bewertungen in der **IFRS-Rechnungslegung** wird dem Grundsatz der Transparenz aus den oben beschriebenen Gründen ein zentraler Stellenwert beigemessen. Es ist folglich ein hoher Grad an Transparenz anzustreben, der weitgehenden Erläuterungen der Bewertung bedarf. Diese umfassenden Erläuterungen sollen lediglich aus Gründen der Wirtschaftlichkeit eingeschränkt werden.[599] Der **Grundsatz der Transparenz** soll deshalb im System der Grundsätze ordnungsmäßiger Erläuterung eine **übergeordnete Stellung** einnehmen.

Durch die übergeordnete Stellung, die dem Grundsatz der Transparenz in den Erläuterungsgrundsätzen eingeräumt wird, soll das **Vertrauen** in die vermittelten Werte gestärkt werden.[600] Die hohe Bedeutung einer transparenten Bewertung in der IFRS-Rechnungslegung zeigt sich auch in aktuellen Diskussionen. So wurden als Schwachstellen in der IFRS-Rechnungslegung von vielen Seiten unter anderem die Erläuterungen der angewandten Bewertung identifiziert, insbesondere die durchgeführten Bewertungen seien zu wenig transparent und könnten deshalb aus externer Sicht nur unzureichend nachvollzogen werden.[601] Der Ausschuss der europäischen Wertpapieraufsichtsbehörde formulierte jüngst, dass umfangreichere Finanzinformationen nötig seien, um das Vertrauen in die vermittelten Werte zu stärken. Unternehmen sollten „die wichtigsten Angaben zu ihren Bewertungsmethoden und -annahmen, damit verbundene Unsicherheiten und die Einschätzung des Managements offenlegen“[602].

Die Erläuterungspflichten sollen durch eine gesteigerte Transparenz der Bewertungen auch **disziplinierend** auf das Management wirken. Die Erläuterungsgrundsätze sollen zu diesem Zweck sicherstellen, dass die (Aus-) Nutzung von Ermessensspielräumen, die dem Management bei zukunftsorientierten Bewertungen eröffnet werden, transparenter wird. Dadurch, dass beispielsweise über die Bandbreite möglicher Ergebniswerte und deren Verteilung berichtet wird, können sowohl die Ergebnisse als auch die zugrunde liegenden Bewertungspa-

598 Vgl. BAETGE, J./SOLMECKE, H., Grundsätze des Value Reporting, S. 29; HEPERS, L., Entscheidungsnützlichkeit der Bilanzierung von Intangible Assets, S. 113, 120, 124 und 126.

599 Vgl. zur Bedeutung von Wirtschaftlichkeitsüberlegungen die Ausführungen in Abschnitt 423.6.

600 Vgl. zu der Forderung nach Transparenz im Kontext der Subprime-Krise BAETGE, J./BREMBT, T./BRÜGGEMANN, P., Mark-to-Model-Bewertung des IAS 39 in der Subprime-Krise, S. 1010.

601 Vgl. DRSC (Hrsg.), Financial reporting issues sowie DRSC (Hrsg.), Gemeinsames Statement zur Finanzmarktkrise.

602 GRASS, D., Aufseher fordern transparentere Bilanzen, S. 17.

rameter besser nachvollzogen und eingeschätzt werden.[603] Die Wahrscheinlichkeit, dass das Management die bestehenden Ermessensspielräume zum eigenen Vorteil ausübt, wird durch die weitergehenden Berichtspflichten c. p. sinken, wodurch das Vertrauen in die vermittelten Werte gestärkt werden kann.[604]

Ein weiterer Vorteil der erhöhten Offenlegungspflichten bei zukunftsorientierten Bewertungen könnte in der verbesserten Möglichkeit gesehen werden, vergangene Schätzungen zu überprüfen und zu analysieren.[605] Dadurch, dass die Schätzungen und Annahmen des Managements transparent gemacht werden, wird ex post eine detailliertere Abweichungsanalyse und somit auch eine verbesserte Kontrolle ermöglicht. Hierdurch können erste Rückschlüsse auf die Prognosekompetenz des Managements gezogen werden, was für die Einschätzung von künftigen Prognosen des Managements möglicherweise unterstützend wirken könnte.[606] Auch aus diesem Grund ist von einer disziplinierenden Wirkung auf das Management hinsichtlich der Auslegung von Ermessensspielräumen auszugehen.[607] Der übergeordnete Grundsatz der Transparenz wird durch weitere Grundsätze konkretisiert, unterstützt und auch eingeschränkt, die im Folgenden erläutert werden.

423.3 Der Grundsatz der Klarheit

Der Grundsatz der Klarheit ist eine Bedingung für jede Art von Informationsvermittlung, die der Entscheidungsunterstützung dienen soll.[608] Von vielen Seiten wird in unterschiedlichen Sachzusammenhängen eine klare Berichterstattung gefordert. Beispielhaft seien die Grundsätze ordnungsmäßiger Buchführung,[609] die Grundsätze ordnungsmäßiger Lageberichterstattung[610] sowie die Grundsätze für ein ordnungsmäßiges Value Reporting[611] genannt, deren Vertreter den Grundsatz der Klarheit durchweg fordern.

603 Vgl. BAETGE, J./SOLMECKE, H., Grundsätze des Value Reporting, S. 20; HEPERS, L., Entscheidungsnützlichkeit der Bilanzierung von Intangible Assets, S. 119.

604 Vgl. BEYHS, O., Impairment of Assets, S. 296 f., der in diesem Zusammenhang von einer disziplinierenden ex ante-Wirkung spricht. Vgl. hierzu ferner HEUMANN, R., Value Reporting, S. 66 m. w. N.

605 Vgl. SCHEELE, A., Lageberichterstattung, S. 30.

606 Vgl. BUSSE VON COLBE, W., Prognosepublizität, S. 116.

607 Vgl. HAGEST, J./KELLINGHUSEN, G., Zur Problematik der Prognoseprüfung, S. 414.

608 Vgl. beispielhaft BAETGE, J./KIRSCH, H.-J./THIELE, S., Bilanzen, S. 117 f. sowie LEFFSON, U., Grundsätze ordnungsmäßiger Buchführung, S. 179 i. V. m. S. 207-219.

609 Vgl. BAETGE, J./FEY, D./FEY, G., Kommentierung von § 243 HGB, Rn. 41-84; BAETGE, J./KIRSCH, H.-J., Grundsätze ordnungsmäßiger Buchführung, Rn. 70 f.; BAETGE, J./ZÜLCH, H., Rechnungslegungsgrundsätze nach HGB und IFRS, Rn. 59; LEFFSON, U., Grundsätze ordnungsmäßiger Buchführung, S. 207-219.

610 Vgl. BAETGE, J./FISCHER, T. R./PASKERT, D., Lagebericht, S. 19 f. sowie KIRSCH, H.-J./KÖHRMANN, H., Grundlagen der Lageberichterstattung, Rn. 32 f. m. w. N.

611 Vgl. ARBEITSKREIS „EXTERNE UNTERNEHMENSRECHNUNG" DER SCHMALENBACH-GESELLSCHAFT FÜR BETRIEBSWIRTSCHAFT E. V., Value Reporting, S. 2339; BAETGE, J./SOLMECKE, H., Grundsätze des Value Reporting, S. 20; HEUMANN, R., Value Reporting, S. 70 f.

Der Grundsatz der Klarheit fordert prägnante, verständliche und übersichtliche Angaben und verbietet insbesondere einen mehrdeutigen und insofern irreführenden Berichtsinhalt.[612] Die Informationen sollen in einer klaren Sprache und in einer systematischen Darstellung wieder gegeben werden.[613] Die bereitgestellten Informationen sollten einen möglichst geringen Interpretationsspielraum zulassen,[614] „Aussagen und Inhalt [müssen] in einer eindeutigen Beziehung zueinander stehen."[615] Beispielsweise sind für gleiche Sachverhalte sowohl innerhalb einer Berichtsperiode als auch in aufeinanderfolgenden Berichtsperioden gleiche Bezeichnungen zu verwenden.[616] Eine klare Berichterstattung ist eine grundlegende Voraussetzung dafür, dass die vermittelten Informationen nachvollziehbar sind,[617] weshalb der Grundsatz der Klarheit den übergeordneten Grundsatz der Transparenz unterstützt.

Unter den Grundsatz der Klarheit ist auch die Forderung nach einer **verständlichen Berichterstattung** zu fassen.[618] Die verständliche Darstellung soll dazu beitragen, dass die vermittelten Informationen von den Adressaten besser nachvollzogen werden können und unterstützt somit den übergeordneten Grundsatz der Transparenz.[619] Didaktische Möglichkeiten, wie z. B. Tabellen oder Grafiken, können hierbei zu einem besseren Verständnis beitragen.[620] Um eine verständliche und eindeutige Berichterstattung zu gewährleisten, ist ferner ein *information overload* des Investors zu vermeiden.[621] Einer Bereitstellung zu vieler Informationen wird durch noch näher zu konkretisierende Wirtschaftlichkeitsüberlegungen entgegengewirkt.[622] Hinsichtlich einer verständlichen Darstellung ist auch stets die Frage zu klären, wel-

612 Vgl. BAETGE, J./FISCHER, T. R./PASKERT, D., Lagebericht, S. 19; BAETGE, J./SOLMECKE, H., Grundsätze des Value Reporting, S. 20; BALLWIESER, W., Informations-GoB, S. 118; HEUMANN, R., Value Reporting, S. 70; MOXTER, A., Fundamentalgrundsätze, S. 93.

613 Vgl. BAETGE, J./KIRSCH, H.-J./THIELE, S., Bilanzen, S. 122; BAETGE, J./SOLMECKE, H., Grundsätze des Value Reporting, S. 20.

614 Vgl. BAETGE, J./FEY, D./FEY, G., Kommentierung von § 243 HGB, Rn. 45; BAETGE, J./FISCHER, T. R./PASKERT, D., Lagebericht, S. 20; DOHRN, M., Entscheidungsrelevanz des Fair Value Accounting, S. 83; MOXTER, A., Fundamentalgrundsätze, S. 93.

615 BAETGE, J./FEY, D./FEY, G., Kommentierung von § 243 HGB, Rn. 47.

616 Vgl. hierzu ausführlich BAETGE, J./FEY, D./FEY, G., Kommentierung von § 243 HGB, Rn. 47-52; vgl. ferner BAETGE, J./KIRSCH, H.-J./THIELE, S., Bilanzen, S. 122 sowie LEFFSON, U., Grundsätze ordnungsmäßiger Buchführung, S. 210 f.

617 Vgl. HEUMANN, R., Value Reporting, S. 70 m. w. N.

618 Vgl. BAETGE, J./FISCHER, T. R./PASKERT, D., Lagebericht, S. 20; FINK, C., Lageberichterstattung und Erfolgspotenzialanalyse, S. 153; HAGEST, J./KELLINGHUSEN, G., Zur Problematik der Prognoseprüfung, S. 414; HEUMANN, R., Value Reporting, S. 70; LEFFSON, U., Grundsätze ordnungsmäßiger Buchführung, S. 208 f.; MOXTER, A., Fundamentalgrundsätze, S. 93.

619 Vgl. BAETGE, J./FISCHER, T. R./PASKERT, D., Lagebericht, S. 20; HEUMANN, R., Value Reporting, S. 70.

620 Vgl. BAETGE, J./SOLMECKE, H., Grundsätze des Value Reporting, S. 20; FINK, C., Lageberichterstattung und Erfolgspotenzialanalyse, S. 153; KIRSCH, H.-J./KÖHRMANN, H., Grundlagen der Lageberichterstattung, Rn. 32; MOXTER, A., Fundamentalgrundsätze, S. 93.

621 Vgl. DOHRN, M., Entscheidungsrelevanz des Fair Value Accounting, S. 83.

622 Vgl. hierzu die Ausführungen in Abschnitt 423.6.

che Fachkenntnisse den Adressaten unterstellt werden können.[623] Hierbei wird von dem in der IFRS-Rechnungslegung und auch im Rahmen dieser Arbeit typisierten *average prudent investor* ausgegangen, der als kundiger Bilanzleser mit einer durchschnittlichen Sachkompetenz ausgestattet ist.[624]

Ferner soll der Grundsatz der Klarheit eine **stetige Berichterstattung**[625] sicherstellen, d. h., dass im Zeitablauf vergleichbare Informationen vermittelt werden.[626] Eine in aufeinanderfolgenden Geschäftsjahren stetige Berichterstattung ist wichtig für eine klare und nachvollziehbare Berichterstattung.[627] Durch einen Bruch in der stetigen Darstellung wird die Klarheit im Sinne einer mangelnden Vergleichbarkeit und einer beschränkten Nachvollziehbarkeit von kommunizierten Entwicklungen beeinträchtigt.[628] In diesem Zusammenhang ist auch die bereits oben erläuterte Forderung anzuführen, dass für gleichartige Sachverhalte in unterschiedlichen Berichtsperioden stets gleiche Bezeichnungen zu verwenden sind.[629] Eine stetige Berichterstattung ermöglicht erst einen aussagekräftigen Zeitvergleich,[630] d. h., einzelne Größen oder Kennzahlen aufeinanderfolgender Abschlüsse können ohne weitere Modifikationen in

623 Vgl. exemplarisch LEFFSON, U., Grundsätze ordnungsmäßiger Buchführung, S. 208.

624 Vgl. hierzu die Ausführungen in Abschnitt 21.

625 Hierbei handelt es sich um die sogenannte formelle Stetigkeit, d. h., insbesondere sollen die Bezeichnungs-, die Gliederungs- und die Ausweisstetigkeit eingehalten werden. Die sogenannte materielle Stetigkeit besagt hingegen, dass einmal angewandte Bewertungsmethoden in aufeinanderfolgenden Berichtsperioden beibehalten werden sollen, vgl. zur formellen und materiellen Stetigkeit BAETGE, J./KIRSCH, H.-J./THIELE, S., Bilanzen, S. 119 sowie HAGEST, J./KELLINGHUSEN, G., Zur Problematik der Prognoseprüfung, S. 414, die in diesem Zusammenhang von formeller und materieller Kontinuität sprechen. Somit ist die formelle Stetigkeit im Rahmen der hier konkretisierten Erläuterungsgrundsätze zu beachten, während die materielle Stetigkeit thematisch den Bewertungsgrundsätzen zuzuordnen ist und im Rahmen dieses Abschnitts nicht aufgegriffen wird.

626 Teilweise wird im Schrifttum die Forderung nach einer im Zeitablauf vergleichbaren Berichterstattung dem Grundsatz der Klarheit untergeordnet, teilweise wird sie aber auch in einem eigenständigen Grundsatz der Vergleichbarkeit kodifiziert. Für die Untersuchung dieser Arbeit ist die Einhaltung einer stetigen Berichterstattung für den übergeordneten Grundsatz der Transparenz der Bewertung grundsätzlich wichtig, die hierarchische Anordnung indes von untergeordneter Bedeutung, weshalb es aus konzeptioneller Sicht nicht entscheidend ist, welcher der Literaturmeinungen gefolgt wird. Im Rahmen dieser Arbeit soll aus didaktischen Gründen der Auffassung gefolgt werden, dass eine im Zeitablauf stetige Berichterstattung die Klarheit der Berichterstattung unterstützt, weshalb sie unter den Grundsatz der Klarheit subsumiert werden soll. Ebenso MOXTER, der das Stetigkeitsprinzip dem Grundsatz der Klarheit unterordnet, vgl. MOXTER, A., Grundsätze ordnungsgemäßer Rechnungslegung, S. 232; dem folgend FINK, C., Lageberichterstattung und Erfolgspotenzialanalyse, S. 153. Vgl. ferner DRS 15.22-27, in dem die Forderung nach Vergleichbarkeit dem Grundsatz der Klarheit und Übersichtlichkeit untergeordnet wird. LEFFSON klassifiziert den Grundsatz der Klarheit als Rahmengrundsatz und den Grundsatz der Stetigkeit als ergänzenden Grundsatz, vgl. LEFFSON, U., Grundsätze ordnungsmäßiger Buchführung, S. 179. Auch HEUMANN leitet einen Grundsatz der Vergleichbarkeit her, der den Grundsatz der Klarheit und Übersichtlichkeit ergänzen soll, vgl. HEUMANN, R., Value Reporting, S. 70-73.

627 Vgl. FINK, C., Lageberichterstattung und Erfolgspotenzialanalyse, S. 153; HEUMANN, R., Value Reporting, S. 71 f.

628 Vgl. FINK, C., Lageberichterstattung und Erfolgspotenzialanalyse, S. 153; MOXTER, A., Grundsätze ordnungsgemäßer Rechnungslegung, S. 232.

629 Vgl. exemplarisch BAETGE, J./FEY, D./FEY, G., Kommentierung von § 243 HGB, Rn. 49.

630 Eine stetige Berichterstattung ist auch eine grundlegende Voraussetzung für einen Betriebsvergleich.

Beziehung zueinander gesetzt und interpretiert werden.[631] Ferner können ex post-Kontrollen zukunftsorientierter Aussagen bei einer stetigen Berichterstattung durchgeführt werden.[632] Der Zeitvergleich wird aus diesen Gründen auch als wichtigster Vergleich im Rahmen der Bilanzanalyse bezeichnet.[633]

Der Anspruch auf eine klare Berichterstattung im strengen Sinne muss indes zunehmend relativiert werden, je komplexer die abzubildenden Sachverhalte werden.[634] So kann der Rechenschaftspflichtige „nicht eindeutiger berichten, als er den Sachverhalt selbst zu sehen vermag."[635] Dies ist insbesondere bei Sachverhalten zu berücksichtigen, bei denen unsichere Erwartungen vorliegen. Beispielhaft hierfür können Bewertungen, die auf einer Prognose der künftigen Entwicklung basieren, genannt werden. Um hierbei dem Grundsatz der Klarheit zu entsprechen, ist der Rechenschaftspflichtige indes nicht verpflichtet, die effektiv eintretende Entwicklung zu „prophezeien".[636] Vielmehr erfordert eine klare Berichterstattung, dass über derartige Sachverhalte mehrwertig berichtet werden sollte, d. h., potenzielle Szenarien sollten ausgewogen und nachvollziehbar begründet dargelegt werden.[637]

423.4 Der Grundsatz der Ausgewogenheit

Der Grundsatz der ausgewogenen bzw. neutralen[638] Berichterstattung wird häufig in Berichterstattungsgrundsätzen berücksichtigt,[639] wobei im Folgenden auf eine vergleichsweise hohe

631 Vgl. LEFFSON, U., Grundsätze ordnungsmäßiger Buchführung, S. 186.

632 Vgl. RÜCKLE, D., Prognosen und Prognoseprüfung, S. 67 und 69.

633 Vgl. LEFFSON, U., Grundsätze ordnungsmäßiger Buchführung, S. 186.

634 Vgl. MOXTER, A., Fundamentalgrundsätze, S. 93 f.

635 MOXTER, A., Fundamentalgrundsätze, S. 94.

636 Vgl. MOXTER, A., Fundamentalgrundsätze, S. 94.

637 Vgl. hierzu auch die Ausführungen zum Grundsatz der Ausgewogenheit in Abschnitt 423.4; vgl. ferner ARBEITSKREIS „EXTERNE UNTERNEHMENSRECHNUNG" DER SCHMALENBACH-GESELLSCHAFT FÜR BETRIEBSWIRTSCHAFT E. V., Value Reporting, S. 2339 sowie MOXTER, A., Fundamentalgrundsätze, S. 94.

638 Der Grundsatz der ausgewogenen bzw. neutralen Berichterstattung geht über die in den handelsrechtlichen GoB im Rahmen des Grundsatzes der Richtigkeit geforderte Willkürfreiheit hinaus. Eine ausgewogene bzw. neutrale Berichterstattung ist nämlich noch nicht zwingend gegeben, wenn das Verhalten des Bilanzierenden willkürfrei ist. Beispielsweise wäre die Angabe eines Punktwerts aus einer Bandbreite für möglich gehaltener, gleich wahrscheinlicher Werte nicht ausgewogen bzw. neutral, wenn der Punktwert ein *best case*-Szenario repräsentieren würde. Nichtsdestotrotz kann die Angabe dieses Werts als willkürfrei beurteilt werden, vgl. hierzu auch HEPERS, L., Entscheidungsnützlichkeit der Bilanzierung von Intangible Assets, S. 122.

639 Vgl. ARBEITSKREIS „EXTERNE UNTERNEHMENSRECHNUNG" DER SCHMALENBACH-GESELLSCHAFT FÜR BETRIEBSWIRTSCHAFT E. V., Value Reporting, S. 2340; BAETGE, J./SOLMECKE, H., Grundsätze des Value Reporting, S. 22; BALLWIESER, W., Informations-GoB, S. 117; BRINKMANN, J., Zweckadäquanz, S. 44 f.; FINK, C., Lageberichterstattung und Erfolgspotenzialanalyse, S. 151; HEUMANN, R., Value Reporting, S. 65-67; ZÜLCH, H., Bilanzierung von Investment Properties nach IAS 40, S. 221.

Bedeutung dieses Berichtsgrundsatzes bei zukunftsorientierten Bewertungen hingewiesen werden soll.

Der Grundsatz der Ausgewogenheit verlangt, dass Informationen über negative Sachverhalte und Entwicklungen gleichermaßen darzustellen und zu gewichten sind wie Informationen über positive Sachverhalte und Entwicklungen.[640] Hierdurch soll eine tendenziöse Berichterstattung in Form einer überwiegend positiven oder negativen Darstellung des zugrunde liegenden Sachverhalts vermieden werden.[641] Durch eine nicht ausgewogene Berichterstattung können die realen Gegebenheiten aus Sicht der Informationsadressaten nicht korrekt verstanden bzw. die Bewertung durch die verzerrte Berichterstattung nicht korrekt nachvollzogen werden. Informationen müssen in dem Sinne unverzerrt sein, dass sie nicht durch Interessen der berichterstattenden Personen beeinflusst sind, damit die Investoren als Adressaten eine neutrale Anlageentscheidung treffen können.[642] Deshalb sollte eine bilanzpolitisch motivierte Informationsgewährung möglichst ausgeschlossen werden.[643]

Problematisch stellt sich hierbei die Berichterstattung über Prognosen der künftigen Entwicklung dar, die in die zukunftsorientierten Bewertungen einfließen. Da keine sicheren Aussagen über die künftige Entwicklung getroffen werden können, entstehen durch die grundsätzliche Mehrwertigkeit der künftigen Entwicklung Ermessensspielräume bei der Berichterstattung, die bilanzpolitisch genutzt werden könnten.[644] Werden die vermittelten Informationen verzerrt wiedergegeben, könnten die Investoren dazu veranlasst werden, im Sinne der informationsbereitstellenden Personen zu handeln, sodass keine neutrale Anlageentscheidung mehr getroffen

640 Vgl. ARBEITSKREIS „EXTERNE UNTERNEHMENSRECHNUNG" DER SCHMALENBACH-GESELLSCHAFT FÜR BETRIEBSWIRTSCHAFT E. V., Value Reporting, S. 2340; BAETGE, J./SOLMECKE, H., Grundsätze des Value Reporting, S. 22; BRINKMANN, J., Zweckadäquanz, S. 45; im Kontext der handelsrechtlichen Lageberichterstattung vgl. GREINERT, M., Anforderungen an den Konzernlagebericht, S. 55; KAJÜTER, P., Chancen und Risiken, S. 431 f.; KIRSCH, H.-J./KÖHRMANN, H., Grundlagen der Lageberichterstattung, Rn. 31 sowie zu einer empirischen Analyse vgl. KAJÜTER, P./ESSER, S., Lagebericht, S. 383-389.

641 Vgl. ARBEITSKREIS „EXTERNE UNTERNEHMENSRECHNUNG" DER SCHMALENBACH-GESELLSCHAFT FÜR BETRIEBSWIRTSCHAFT E. V., Value Reporting, S. 2340; BAETGE, J./SOLMECKE, H., Grundsätze des Value Reporting, S. 22.

642 Vgl. ARBEITSKREIS „IMMATERIELLE WERTE IM RECHNUNGSWESEN" DER SCHMALENBACH-GESELLSCHAFT FÜR BETRIEBSWIRTSCHAFT E. V., Erfassung immaterieller Werte, S. 241; DOHRN, M., Entscheidungsrelevanz des Fair Value Accounting, S. 79; HEPERS, L., Entscheidungsnützlichkeit der Bilanzierung von Intangible Assets, S. 122.

643 Vgl. DOHRN, M., Entscheidungsrelevanz des Fair Value Accounting, S. 80; SCHEELE, A., Lageberichterstattung, S. 29.

644 Vgl. BAETGE, J., Möglichkeiten der Objektivierung, S. 42; HEUMANN, R., Value Reporting, S. 65; MANDL, G./RABEL, K., Unternehmensbewertung, S. 405.

werden würde.[645] Aus diesem Grund erhält der Grundsatz der Ausgewogenheit im Kontext von zukunftsorientierten Bewertungen eine besonders hohe Bedeutung.[646]

Der Grundsatz der Ausgewogenheit erfordert bei zukunftsorientierten Bewertungen deshalb eine mehrwertige Berichterstattung, die sich gegenüber einer einwertigen Berichterstattung als grundsätzlich überlegen erweist.[647] Eine einwertige Berichterstattung bietet zum einen keine ausreichenden Anhaltspunkte, um die künftige Entwicklung angemessen einschätzen zu können und zum anderen erhöht sie tendenziell die Gefahr einer Täuschung durch das Management, da lediglich über einen Wert bzw. über eine Entwicklung der möglichen Bandbreite berichtet werden würde.[648] Deshalb verlangt der Grundsatz der Ausgewogenheit, dass bei zukunftsbezogenen Aussagen neben der Angabe einer wahrscheinlichen bzw. erwarteten Entwicklung[649] auch über die Bandbreiten möglicher Werte oder Entwicklungen berichtet wird.[650] Ferner sollte über ausgewählte künftige Szenarien der Bandbreite berichtet werden.[651]

Über die Angabe der Bandbreiten hinaus könnte es in wesentlichen Einzelfällen für die Investoren nützlich sein, dass die Verteilung erläutert wird, die den Bandbreiten zugrunde liegt. Hierdurch könnte zum einen die Unsicherheit über die künftige Entwicklung transparenter gemacht werden und zum anderen, für den Grundsatz der Ausgewogenheit von zentralerer Bedeutung, die (unverzerrte) Auswahl der berichteten Szenarien besser begründet werden, was die vermittelten Informationen glaubwürdiger werden ließe. Dies ist für den übergeordneten Grundsatz der Transparenz der Bewertung von zentraler Bedeutung.

---

645 Vgl. BALLWIESER, W., Informations-GoB, S. 117.

646 Ebenso DOHRN, M., Entscheidungsrelevanz des Fair Value Accounting, S. 80. Zu diesem Schluss gelangen auch BAETGE/SOLMECKE bei der Entwicklung von Grundsätzen für ein ordnungsmäßiges Value Reporting, vgl. hierzu BAETGE, J./SOLMECKE, H., Grundsätze des Value Reporting, S. 22. Zur zentralen Bedeutung einer ausgewogenen Berichterstattung im Prognosebericht des handelsrechtlichen Lageberichts, vgl. KIRSCH, H.-J./SCHEELE, A., Prognose- und Risikoberichterstattung im Lagebericht, S. 1153.

647 Vgl. BAETGE, J./SOLMECKE, H., Grundsätze des Value Reporting, S. 22; FIELDS, T. D./RANGAN, S./THIAGARAJAN, S. R., Usefulness of Accounting Measures, S. 125.

648 Vgl. BAETGE, J./SOLMECKE, H., Grundsätze des Value Reporting, S. 22; BERNDT, T., Wahrheits- und Fairnesskonzeptionen in der Rechnungslegung, S. 210; HEUMANN, R., Value Reporting, S. 66; RÜCKLE, D., Prognosen und Prognoseprüfung, S. 64.

649 Vgl. beispielhaft ARBEITSKREIS „EXTERNE UNTERNEHMENSRECHNUNG" DER SCHMALENBACH-GESELLSCHAFT FÜR BETRIEBSWIRTSCHAFT E. V., Value Reporting, S. 2340 sowie HEUMANN, R., Value Reporting, S. 66.

650 Vgl. ARBEITSKREIS „EXTERNE UNTERNEHMENSRECHNUNG" DER SCHMALENBACH-GESELLSCHAFT FÜR BETRIEBSWIRTSCHAFT E. V., Value Reporting, S. 2340; BAETGE, J./SOLMECKE, H., Grundsätze des Value Reporting, S. 22; ZÜLCH, H., Bilanzierung von Investment Properties nach IAS 40, S. 221.

651 Vgl. zu dieser Forderung auch IDW (Hrsg.), WP-Handbuch 2008, Abschn. A, Rn. 163 sowie HEUMANN, R., Value Reporting, S. 66.

423.5 Der Grundsatz der Informationszerlegung

Auch der Grundsatz der Informationszerlegung wird in zahlreichen Informationsgrundsätzen kodifiziert.[652] Der Grundsatz der Informationszerlegung verlangt eine disaggregierte Darstellung verdichteter Informationen, damit diese aus Adressatensicht besser nachvollzogen werden können.[653] Anstelle des Grundsatzes der Informationszerlegung fordern viele Autoren einen Grundsatz der Segmentierung, der in konzeptioneller Hinsicht die gleiche Intention verfolgt wie der hier kodifizierte Grundsatz der Informationszerlegung.[654] Allerdings ist der Grundsatz der Informationszerlegung umfassender zu verstehen. Während der Grundsatz der Segmentierung primär auf die Disaggregation nach Segmenten (beispielsweise gemäß den Regelungen des IFRS 8) abstellt, geht der Grundsatz der Informationszerlegung darüber hinaus. Beispielsweise zielt er neben einer segmentierten Berichterstattung nach Geschäftsfeldern auch auf die Zerlegung einzelner Parameter des Bewertungskalküls, um nachvollziehbar werden zu lassen, auf welcher Basis das Bewertungsergebnis zustande gekommen ist. Der Grundsatz der Informationszerlegung erhält bei zukunftsorientierten Bewertungen, die mit einer hohen Unsicherheit behaftet sind, eine tendenziell hohe Bedeutung, was im Folgenden näher begründet werden soll.

Aggregierte Größen haben i. d. R. einen geringen Informationswert, solange ihr Zustandekommen nicht erkennbar wird.[655] Deshalb ist eine Informationszerlegung zu fordern, die transparent werden lässt, aus welchen wesentlichen Komponenten sich die „informationsfeindlichen“[656] aggregierten Größen zusammensetzen.[657] Nur unter der Voraussetzung, dass den Investoren der Aggregationsmechanismus bekannt ist, können sie die bereitgestellten Informationen überhaupt interpretieren und plausibilisieren.[658]

---

652 Vgl. BALLWIESER, W., Informations-GoB, S. 119; BRINKMANN, J., Zweckadäquanz, S. 47 f.; DOHRN, M., Entscheidungsrelevanz des Fair Value Accounting, S. 83 f.; DUHR, A., Grundsätze ordnungsmäßiger Geschäftswertbilanzierung, S. 254 f.

653 Vgl. BALLWIESER, W., Informations-GoB, S. 119; WÜSTEMANN, J., Institutionenökonomik und internationale Rechnungslegungsordnungen, S. 77 f.

654 Zum Grundsatz der Segmentierung vgl. ARBEITSKREIS „EXTERNE UNTERNEHMENSRECHNUNG“ DER SCHMALENBACH-GESELLSCHAFT FÜR BETRIEBSWIRTSCHAFT E. V., Value Reporting, S. 2340; BAETGE, J./SOLMECKE, H., Grundsätze des Value Reporting, S. 22; FINK, C., Lageberichterstattung und Erfolgspotenzialanalyse, S. 149; LABHART, P. A., Value Reporting, S. 233; HEUMANN, R., Value Reporting, S. 69 f.

655 Vgl. BRINKMANN, J., Zweckadäquanz, S. 47; WÜSTEMANN, J., Institutionenökonomik und internationale Rechnungslegungsordnungen, S. 77 f. m. w. N.

656 DUHR, A., Grundsätze ordnungsmäßiger Geschäftswertbilanzierung, S. 254.

657 Vgl. BALLWIESER, W., Informations-GoB, S. 119; BRINKMANN, J., Zweckadäquanz, S. 47; DOHRN, M., Entscheidungsrelevanz des Fair Value Accounting, S. 83; WÜSTEMANN, J., Institutionenökonomik und internationale Rechnungslegungsordnungen, S. 77 f. m. w. N.

658 Vgl. DOHRN, M., Entscheidungsrelevanz des Fair Value Accounting, S. 83.

Eine Informationszerlegung trägt dazu bei, dass **Ursache-Wirkungs-Zusammenhänge** besser nachvollzogen werden können.[659] Verändern sich einzelne Parameter des Bewertungskalküls, sollte die Wirkung auf die Berichtsgrößen aus Sicht der Adressaten transparent und nachvollziehbar, idealerweise auch nachrechenbar, sein. Nur dann können auch die zentralen Einflussfaktoren der berichteten Größen identifiziert werden. Dies ist insbesondere bei zukunftsorientierten Bewertungen von tendenziell hoher Bedeutung. Da hier die aggregierten Berichtsgrößen, z. B. der Wert eines bestimmten Bewertungsobjekts, i. d. R. mit großen Unsicherheiten behaftet sind, sollte insbesondere transparent gemacht werden, von welchen zentralen Faktoren bzw. Parametern das Bewertungsergebnis abhängt bzw. beeinflusst wird. Ferner sollte nachvollzogen werden können, wie sich eventuelle Änderungen der zugrunde liegenden (unsicheren) Annahmen auf das Bewertungsergebnis niederschlagen.[660] Je größer die Bandbreite möglicher Ausprägungen eines verdichteten Ergebniswerts ist, desto weniger aussagekräftig wird c. p. der berichtete Punktwert und umso wichtiger werden die Zusammenhänge und Interdependenzen im Bewertungsmodell.[661] Nur wenn diese Zusammenhänge den Investoren hinreichend verdeutlicht werden, können diese die Unsicherheit des Bewertungsergebnisses erst einschätzen und beurteilen. Hierdurch wird der übergeordnete Grundsatz der Transparenz unterstützt.

Ein Beispiel für eine sinnvolle Informationszerlegung ist in der erwähnten segmentierten Darstellung von Daten, beispielsweise nach einzelnen Geschäftseinheiten, zu sehen. Durch eine Berichterstattung über die künftigen Entwicklungschancen und -risiken einzelner Geschäftsfelder können die Investoren die künftige Entwicklung des gesamten Bewertungsobjekts wesentlich besser einschätzen als wenn lediglich aggregiert berichtet werden würde.[662] Die Entwicklungspotenziale einzelner Geschäftsfelder hinsichtlich ihrer Rendite/ Risiko-Position können derart heterogen sein, dass aggregierte Zukunftsaussagen aus Adressatensicht nur schwer nachvollzogen werden können.[663] Individuelle Entwicklungsprognosen je Geschäftsfeld indes können aufgrund ihrer i. d. R. recht homogenen Chancen- und Risikostrukturen vergleichsweise gut nachvollziehbar begründet werden. Hierdurch kann auch das aggregierte Ergebnis insgesamt aus Adressatensicht besser verstanden und plausibilisiert werden.[664] Ag-

659 Vgl. BALLWIESER, W., Informations-GoB, S. 119; BRINKMANN, J., Zweckadäquanz, S. 47; DOHRN, M., Entscheidungsrelevanz des Fair Value Accounting, S. 83.

660 Vgl. zu diesen Forderungen auch die Ausführungen in Abschnitt 423.2.

661 Vgl. HEPERS, L., Entscheidungsnützlichkeit der Bilanzierung von Intangible Assets, S. 119; RICHTER, M., Bewertung des Goodwill, S. 63.

662 Vgl. BERNDLMAIER, A. F./KLEIN, G. A., Kundenorientierung in der US-amerikanischen Rechnungslegung, S. 1091; FINK, C./KECK, B. Lageberichterstattung, S. 1084; LABHART, P. A., Value Reporting, S. 233.

663 Vgl. hierzu ausführlich ALVAREZ, M., Segmentberichterstattung und Segmentanalyse, S. 20-22 m. w. N.

664 Vgl. HACKER, B., Value Reporting mit Segmentberichten, S. 1270 f. sowie umfassend zur Nützlichkeit segmentierter Daten, ALVAREZ, M., Segmentberichterstattung und Segmentanalyse.

gregierte Daten allein bilden deshalb i. d. R. keine angemessene Prognosebasis für eine eigene Einschätzung der künftigen Entwicklung des zu bewertenden Objekts.[665]

Konkrete Anforderungen an die **Tiefe der Informationszerlegung**, beispielsweise ein optimaler Grad an Informationszerlegung, können nicht festgelegt werden.[666] Über die erforderliche Tiefe der Informationszerlegung ist abhängig von den Umständen des Einzelfalls zu entscheiden. Diese könnte z. B. von der Größe, der Bedeutung und der Komplexität des Bewertungsobjekts sowie auch von den Informationsverarbeitungskapazitäten der Adressaten abhängen. Beispielsweise sollte die Bewertung eines strategisch bedeutenden Geschäftsbereichs vergleichsweise tiefgehend erläutert werden, d. h., mögliche künftige Entwicklungen, die zum Erwartungswert verdichtet werden, sollten gesondert erläutert werden. Eine allgemeingültige Ableitung erscheint deshalb nicht möglich bzw. nicht sinnvoll.[667] Festzuhalten bleibt, dass zum einen eine hinreichende Informationszerlegung vorgenommen werden sollte, damit die Entstehung und Aussagekraft der aggregierten Berichtsgrößen nachvollzogen und eingeschätzt werden können. Zum anderen ist aber auch eine zu tief gehende Informationszerlegung abzulehnen, da sie weder mit dem Klarheitsgrundsatz (Gefahr eines *information overload*)[668] noch mit den im Folgenden zu konkretisierenden Wirtschaftlichkeitsüberlegungen zu vereinbaren wäre.[669] Der Grundsatz der Informationszerlegung findet hier seine Grenzen.

423.6 Der Grundsatz des angemessenen Umfangs der Erläuterung

Der Grundsatz des angemessenen Umfangs der Erläuterung verlangt, dass die durchgeführte Bewertung grundsätzlich umfassend i. S. v. vollständig zu erläutern ist. Bei der Auslegung der Vollständigkeit sollten indes auch Wirtschaftlichkeitsüberlegungen eine Rolle spielen. Hierin spiegeln sich die bereits erläuterten allgemeinen Grundsätze der Vollständigkeit und der Wirtschaftlichkeit wider, die nachgehend indes weiter konkretisiert werden sollen.[670]

Die Anforderungen an eine vollständige Berichterstattung sind abhängig vom Sachkontext teilweise unterschiedlich auszulegen. So fordert eine vollständige Berichterstattung im Sinne

665 Vgl. DOHRN, M., Entscheidungsrelevanz des Fair Value Accounting, S. 83; HEUMANN, R., Value Reporting, S. 69 sowie mit einem Verweis auf zahlreiche bestätigende Untersuchungen ALVAREZ, M., Segmentberichterstattung und Segmentanalyse, S. 20 f.

666 Vgl. BRINKMANN, J., Zweckadäquanz, S. 47.

667 Vgl. hierzu auch GLÖCKLE, T., Zukunftsbezogene Publizität von Kapitalgesellschaften, S. 6 f. sowie hinsichtlich der Diskussion einer möglichen Berichterstattung in Form von Mehrspaltenbilanzen BALLWIESER, W., Begründbarkeit informationsorientierter Jahresabschlußverbesserungen, S. 778.

668 Vgl. Abschnitt 423.3.

669 Vgl. BALLWIESER, W., Informations-GoB, S. 119; DOHRN, M., Entscheidungsrelevanz des Fair Value Accounting, S. 84.

670 Vgl. hierzu die Ausführungen in Abschnitt 421.

der handelsrechtlichen GoB insbesondere „die Erfassung aller aufzeichnungs- und buchungspflichtigen Vorgänge der Buchführung und die Erfassung aller Vermögensgegenstände, Schulden, Rechnungsabgrenzungsposten in der Bilanz sowie der Aufwendungen und Erträge in der GuV“[671] und erhält somit einen vorwiegend quantitativen Charakter.[672] Die in dieser Arbeit geforderte Vollständigkeit ist demgegenüber in erster Linie qualitativ zu verstehen. Die Bestimmungsfaktoren für die künftige Entwicklung und die möglichen Szenarien der künftigen Entwicklung sind zu umfassend, um ausnahmslos wiedergegeben werden zu können, sodass vielmehr eine **qualitative Vollständigkeit** erreicht werden kann.[673] Die Berichterstattung ist als vollständig anzusehen, wenn sie „alle zur zutreffenden Beurteilung des Sachverhalts ‚unentbehrlichen Berichtselemente' umfasst.“[674] Werden relevante und auch verfügbare Informationen nicht wiedergegeben, erhalten die Adressaten ein verzerrtes Bild über den zu berichtenden Sachverhalt, was einen Verstoß gegen den Grundsatz der qualitativen Vollständigkeit darstellen würde.[675]

Es ist indes schwierig zu präzisieren, welche Informationen notwendig und welche entbehrlich sind.[676] Informationen sind nur dann entbehrlich, wenn ihre Kenntnis die Beurteilung des Sachverhalts aus Sicht des Adressaten nicht verändert und somit die Entscheidung des Adressaten nicht beeinflusst.[677] Eine Operationalisierung dieser entscheidungsnützlichen Informationen fällt jedoch äußerst schwer, weshalb die Konkretisierung der qualitativen Vollständigkeit eher vage bleibt.[678]

Die qualitative Vollständigkeit soll demnach gewährleisten, dass durch die Berichterstattung der abzubildende Sachverhalt aus Sicht des Adressaten zutreffend beurteilt werden kann. Bezogen auf zukunftsorientierte Bewertungen ist somit insbesondere die der Zukunft inhärente Unsicherheit transparent zu machen, indem beispielsweise über künftige Entwicklungen nicht nur einwertig berichtet wird.[679] Vielmehr sollte mehrwertig berichtet und dem Adressaten

---

671 BAETGE, J./KIRSCH, H.-J./THIELE, S., Bilanzen, S. 123. Ebenso LEFFSON, U., Grundsätze ordnungsmäßiger Buchführung, S. 219.

672 Vgl. LEFFSON, U., Grundsätze ordnungsmäßiger Buchführung, S. 219. Dem folgend FINK, C., Lageberichterstattung und Erfolgspotenzialanalyse, S. 151.

673 Vgl. BAETGE, J./FISCHER, T. R./PASKERT, D., Lagebericht, S. 18; MOXTER, A., Fundamentalgrundsätze, S. 92. Dem folgend FINK, C., Lageberichterstattung und Erfolgspotenzialanalyse, S. 151.

674 MOXTER, A., Fundamentalgrundsätze, S. 92.

675 Vgl. MOXTER, A., Fundamentalgrundsätze, S. 92 f.

676 Vgl. FINK, C., Lageberichterstattung und Erfolgspotenzialanalyse, S. 151; MOXTER, A., Fundamentalgrundsätze, S. 92.

677 Vgl. BAETGE, J./FISCHER, T. R./PASKERT, D., Lagebericht, S. 18; HEPERS, L., Entscheidungsnützlichkeit der Bilanzierung von Intangible Assets, S. 100; MOXTER, A., Fundamentalgrundsätze, S. 93.

678 Vgl. hierzu MOXTER, A., Fundamentalgrundsätze, S. 92, der die qualitative Vollständigkeit als eine sehr vage Kategorie bezeichnet.

679 Vgl. MOXTER, A., Fundamentalgrundsätze, S. 92 f. sowie dem folgend FINK, C., Lageberichterstattung und Erfolgspotenzialanalyse, S. 151. Im Kontext der Ermittlung beizulegender Zeitwerte von Investment Pro-

dadurch mögliche künftige Entwicklungen gezeigt werden, sodass die wirtschaftliche Lage der jeweiligen Gesellschaft bzw. des jeweiligen Bewertungsobjekts transparenter wird und demnach auch zutreffender beurteilt werden kann. Der übergeordnete Grundsatz der Transparenz wird hierdurch unterstützt.

Eine mehrwertige Berichterstattung wurde bereits aus dem Grundsatz der Ausgewogenheit abgeleitet, sodass sich die inhaltlichen Anforderungen an die Berichterstattung teilweise überschneiden.[680] Die Forderung nach einer mehrwertigen Berichterstattung beim Grundsatz der Ausgewogenheit ist indes anders zu begründen, da dort in erster Linie die Gefahr einer im Interesse der berichtspflichtigen Personen beeinflussten Informationsvermittlung reduziert werden sollte.

Sind also unsichere Erwartungen gegeben und Prognosen durchzuführen, wie dies bei zukunftsorientierten Bewertungen der Fall ist, ist hierüber umfassend (mehrwertig) zu berichten, damit die Investoren die Zukunftsaussichten vollständig einschätzen können.[681] Die qualitative Vollständigkeit fordert indes nicht, dass über alle für möglich erachteten künftigen Entwicklungen berichtet werden soll.[682] Vielmehr sollte es ausreichen, über mögliche Entwicklungsrichtungen bzw. -szenarien zu berichten, um der qualitativen Vollständigkeit zu entsprechen. Der Umfang der Berichterstattung wird hierbei aus Gründen der Wirtschaftlichkeit eingeschränkt.[683]

Wirtschaftlichkeitsüberlegungen schränken demnach den Vollständigkeitsgrundsatz sowie darüber hinaus die weiteren zuvor genannten Erläuterungsgrundsätze hinsichtlich des bereitzustellenden Informationsumfangs ein.[684] Die Informationsvermittlung muss wirtschaftlich sein, d. h., die Informationskosten des berichtenden Unternehmens müssen in einem angemessenen Verhältnis zu den Informationserträgen bzw. zum Informationsnutzen stehen.[685]

perties nach IAS 40 fordert auch ZÜLCH im Rahmen des Grundsatzes der Vollständigkeit eine mehrwertige Berichterstattung, vgl. hierzu ZÜLCH, H., Bilanzierung von Investment Properties nach IAS 40, S. 222.

680 Vgl. hierzu auch die Ausführungen zur qualitativen Vollständigkeit in Abschnitt 423.6.

681 Vgl. BAETGE, J./SOLMECKE, H., Grundsätze des Value Reporting, S. 20; MOXTER, A., Fundamentalgrundsätze, S. 92 f. Ebenso FINK, C., Lageberichterstattung und Erfolgspotenzialanalyse, S. 151.

682 Vgl. MOXTER, A., Fundamentalgrundsätze, S. 93.

683 Vgl. Abschnitt 423.6.

684 Hierauf wurde bereits in den obigen Ausführungen der entsprechenden Grundsätze hingewiesen. Vgl. ferner zu der informationsbeschränkenden Wirkung des Grundsatzes der Wirtschaftlichkeit BAETGE, J./FISCHER, T. R./PASKERT, D., Lagebericht, S. 22; BENTELE, M., Immaterielle Vermögenswerte, S. 16 sowie KIRSCH, H.-J./KÖHRMANN, H., Grundlagen der Lageberichterstattung, Rn. 35.

685 Vgl. ARBEITSKREIS „EXTERNE UNTERNEHMENSRECHNUNG" DER SCHMALENBACH-GESELLSCHAFT FÜR BETRIEBSWIRTSCHAFT E. V., Value Reporting, S. 2337; HEUMANN, R., Value Reporting, S. 74; KIRSCH, H.-J./KÖHRMANN, H., Grundlagen der Lageberichterstattung, Rn. 35.

Eine (zusätzliche) Information ist nur dann effizient und auch zu fordern, wenn der zusätzliche Nutzen die durch die (Zusatz-) Information entstehenden Kosten übersteigt.[686]

Unter den Informationskosten sind sowohl direkte Kosten als auch indirekte Kosten zu fassen.[687] Direkte Kosten beziehen sich auf den Erstellungs- und Bereitstellungsprozess der Informationen, d. h., in erster Linie sind hierunter die Erfassung, die Prüfung und die Vermittlung der Informationen zu zählen.[688] Zu den indirekten Kosten sind beispielsweise Prozesskosten aus Rechtsstreitigkeiten zu zählen, die auf eine fehlerhafte Berichterstattung zurückzuführen sind (vor allem in den USA), wie auch mögliche Wettbewerbsnachteile, wenn die Konkurrenz die bereitgestellten zukunftsbezogenen Aussagen zu ihren Gunsten nutzt.[689]

Aufgrund einer besseren Informationslage entstehen für die Adressaten aber auch höhere Informationserträge, weil sie ihre Anlageentscheidungen auf einer besseren Informationsgrundlage treffen können.[690] Diese individuellen Informationsvorteile der Informationsempfänger führen c. p. zu einer verbesserten gesamtwirtschaftlichen Kapitalallokation.[691] Aber auch das Unternehmen selbst kann Nutzen aus einer verbesserten Berichterstattung ziehen. Die Adressaten können das Unternehmen besser einschätzen, woraufhin c. p. das Risiko einer Investition in das Unternehmen sinkt und somit auch die Kapitalkosten für das Unternehmen sinken könnten.[692]

Da die Informationskosten und insbesondere auch die Informationserträge kaum quantifizierbar sind, wird häufig vorgeschlagen, den Grundsatz der Wirtschaftlichkeit von einer quantitativen auf eine qualitative Ebene zu verlagern und durch den Grundsatz der **Wesentlichkeit** zu ersetzen.[693] Dem Grundsatz der Wesentlichkeit zufolge müssen den schutzwürdigen externen

686 Vgl. BAETGE, J./ZÜLCH, H., Rechnungslegungsgrundsätze nach HGB und IFRS, Rn. 64; BRINKMANN, J., Zweckadäquanz, S. 46; KIRSCH, H.-J./KÖHRMANN, H., Grundlagen der Lageberichterstattung, Rn. 35; KÜMMEL, J., Grundsätze für die Fair Value-Ermittlung, S. 118.

687 Vgl. hierzu ausführlich AICPA (Hrsg.), Improving Business Reporting, S. 39-43 sowie S. 54-57; dem folgend HEUMANN, R., Value Reporting, S. 74 m. w. N.

688 Vgl. FINK, C., Lageberichterstattung und Erfolgspotenzialanalyse, S. 155; HEUMANN, R., Value Reporting, S. 74; MUJKANOVIC, R., Fair Value im Financial Statement, S. 94.

689 Vgl. BAETGE, J./FISCHER, T. R./PASKERT, D., Lagebericht, S. 21; FINK, C., Lageberichterstattung und Erfolgspotenzialanalyse, S. 155; KIRCHNER, C., Entscheidungsnützlichkeit von Rechnungslegungsinformationen, S. 65. Vgl. hierzu im Kontext einer strategieorientierten Lageberichterstattung SCHEELE, A., Lageberichterstattung, S. 280.

690 Vgl. hierzu BAETGE, J./FISCHER, T. R./PASKERT, D., Lagebericht, S. 21; BAETGE, J./KIRSCH, H.-J., Grundsätze ordnungsmäßiger Buchführung, Rn. 73 sowie HEUMANN, R., Value Reporting, S. 74.

691 Vgl. AICPA (Hrsg.), Improving Business Reporting, S. 38.

692 Vgl. AICPA (Hrsg.), Improving Business Reporting, S. 38 f. Ebenso FINK, C., Lageberichterstattung und Erfolgspotenzialanalyse, S. 155.

693 Vgl. hierzu insbesondere BAETGE, J./FISCHER, T. R./PASKERT, D., Lagebericht, S. 22; BAETGE, J./KIRSCH, H.-J., Grundsätze ordnungsmäßiger Buchführung, Rn. 73-75 sowie BAETGE, J./ZÜLCH, H., Rechnungslegungsgrundsätze nach HGB und IFRS, Rn. 64. Dem folgend FINK, C., Lageberichterstattung und Erfolgs-

Adressaten, also den in dieser Arbeit typisierten Kleinanlegern, die aus ihrer Sicht wesentlichen Informationen vermittelt werden.[694] Eine Information ist wesentlich, wenn sie für die Anlageentscheidung des Adressaten nützlich ist und ihr Fehlen den Adressaten schädigen würde.[695]

Bei der Bestimmung, ob eine Information als wesentlich zu beurteilen ist, verbleiben indes Ermessensspielräume.[696] Konkrete standardisierte Wesentlichkeitsgrenzen bestehen nicht und sind auch nicht zu befürworten.[697] Wesentlichkeitsüberlegungen müssen die Umstände des Einzelfalls berücksichtigen. Beispielsweise ist die Bewertung eines für die weitere Entwicklung eines Unternehmens bedeutenden Geschäftsbereichs vergleichsweise umfassender und tiefgehender zu erläutern als die Bewertung eines weniger bedeutenden Bereichs. Aussagen zur Wesentlichkeit von Informationen sollten folglich sachverhaltsspezifisch getroffen werden.[698] Die jeweilige sachverhaltsspezifische Auslegung des Wesentlichkeitsgrundsatzes bestimmt zusammen mit den zuvor genannten Grundsätzen ordnungsmäßiger Erläuterung den Umfang der konkreten Erläuterungspflichten, die im weiteren Verlauf der Arbeit noch abzuleiten sind.[699]

43 Konkretisierung des Bewertungskalküls

431. Darstellung und Konkretisierung unterschiedlicher Dimensionen zukunftsorientierter Bewertungen

Bei der Anwendung zukunftsorientierter Bewertungen in der Rechnungslegung spielen unterschiedliche Dimensionen eine Rolle. Hinsichtlich der Frage, welche Sicht der Zukunft bei der Bewertung eingenommen bzw. welche künftigen Entwicklungen berücksichtigt werden sollten, können zunächst eine **sachliche** und eine **zeitliche Dimension** unterschieden werden.

potenzialanalyse, S. 155; HEUMANN, R., Value Reporting, S. 75 sowie KÜMMEL, J., Grundsätze für die Fair Value-Ermittlung, S. 118.

694 Vgl. BAETGE, J./FISCHER, T. R./PASKERT, D., Lagebericht, S. 22; BAETGE, J./KIRSCH, H.-J./THIELE, S., Bilanzen, S. 125.

695 Vgl. LEFFSON, U., Grundsätze ordnungsmäßiger Buchführung, S. 183. Dem folgend BAETGE, J./FISCHER, T. R./PASKERT, D., Lagebericht, S. 22; FINK, C., Lageberichterstattung und Erfolgspotenzialanalyse, S. 155; KIRSCH, H.-J./KÖHRMANN, H., Grundlagen der Lageberichterstattung, Rn. 35.

696 Vgl. HARTMANN, C., Internationalisierung der Lageberichterstattung, S. 33; KIRSCH, H.-J./KÖHRMANN, H., Grundlagen der Lageberichterstattung, Rn. 35. Vgl. zur Wesentlichkeit und zu möglichen Ansätzen einer Konkretisierung der Wesentlichkeit OSSADNIK, W., Wesentlichkeit als Bestimmungsfaktor für Angabepflichten, S. 1763-1767 sowie OSSADNIK, W., Grundsatz und Interpretation der „Materiality“, S. 617-629.

697 Vgl. BAETGE, J./KIRSCH, H.-J./THIELE, S., Bilanzen, S. 125; LÜDENBACH, N./HOFFMANN, W.-D., § 1 Rahmenkonzept, Rn. 68 m. w. N.

698 Vgl. MUJKANOVIC, R., Fair Value im Financial Statement, S. 94 sowie insbesondere LÜDENBACH, N./HOFFMANN, W.-D., § 1 Rahmenkonzept, Rn. 68 m. w. N.

699 Vgl. hierzu Abschnitt 432.2 und 433.2.

Ferner können die künftigen Zahlungsströme hinsichtlich ihres **Konkretisierungsgrads** eingeordnet werden.[700]

Die **sachliche Dimension** grenzt das Bewertungsobjekt ab. Unterschieden werden könnten hier z. B. die Bewertung eines einzelnen Vermögenswerts oder die Bewertung einer Gruppe von Vermögenswerten bzw. einer Sachgesamtheit. Die sachliche Komponente greift folglich auch die Frage auf, ob eine bestandsorientierte Bewertung einzelner Vermögenswerte oder eine zahlungsstrombezogene Gesamtbewertung einer mehr oder weniger umfassenden Sachgesamtheit Gegenstand der Bewertung ist.[701]

Die **zeitliche Dimension** betrifft den Betrachtungshorizont der Bewertung. Es gilt demnach abzugrenzen, über welchen Zeitraum erwartete künftige Entwicklungen zu berücksichtigen sind. Während beispielsweise für einen Solvenztest ein konkreter, zeitlich begrenzter Betrachtungszeitraum vorgeschlagen wird, für den geprüft wird, ob ein Unternehmen seine Auszahlungsverpflichtungen erfüllen kann,[702] sieht die Werthaltigkeitsprüfung nach IAS 36 einen u. U. zeitlich sogar unbegrenzten Bewertungszeitraum vor.[703]

Neben der sachlichen und der zeitlichen Komponente zukunftsorientierter Bewertungen soll als **dritte Dimension** die **Konkretisierung der künftigen Zahlungsströme** festgehalten werden.[704] Die einem Bewertungsobjekt zuzuordnenden künftigen Zahlungsströme können unterschiedlich stark konkretisiert sein. Beispielsweise können Einzahlungen aus künftigen Verkäufen lediglich (vage) geplant sein oder bereits durch, u. U. auch langfristig geschlossene, Absatzverträge bereits nahezu sicher sein. Die Konkretisierung der künftigen Zahlungsströme stellt damit einen Gradmesser für die Sicherheit und somit auch für die Verlässlichkeit künftiger Zahlungsströme dar.[705]

Die jeweilige Ausprägung aller drei Dimensionen beeinflusst den erreichbaren **Grad der Objektivierung** einer Bewertung. Eine zunehmende Größe des Bewertungsobjekts, ein längerer Betrachtungszeitraum sowie eine geringere Konkretisierung künftiger Zahlungsströme führen

---

700 Vgl. zu den im Folgenden erläuterten Dimensionen zukunftsorientierter Bewertungen grundlegend KIRSCH, H.-J., Objektivierung künftiger Zahlungsströme bei einer Bewertung nach IFRS, S. 365-368.

701 Vgl. KIRSCH, H.-J., Objektivierung künftiger Zahlungsströme bei einer Bewertung nach IFRS, S. 366.

702 Vgl. zur Erörterung der Länge des Betrachtungshorizonts bei einem Solvenztest PELLENS, B./CRASSELT, N./SELLHORN, T., Solvenztest zur Ausschüttungsbemessung, S. 273.

703 Von einem zeitlich unbegrenzten Bewertungshorizont ist i. d. R. bei der Werthaltigkeitsprüfung eines derivativen Geschäfts- oder Firmenwerts nach IAS 36 auszugehen. Vgl. hierzu exemplarisch IDW (Hrsg.), IDW RS HFA 16, Rn. 102 f. Vgl. ausführlich zum Planungshorizont bei der Bewertung zahlungsmittelgenerierender Einheiten nach IAS 36: HALTER, J., Werthaltigkeitsprüfungen von zahlungsmittelgenerierenden Einheiten nach IAS 36, S. 48-50.

704 Ähnlich KIRSCH, H.-J., Objektivierung künftiger Zahlungsströme bei einer Bewertung nach IFRS, S. 367.

705 Vgl. KIRSCH, H.-J., Objektivierung künftiger Zahlungsströme bei einer Bewertung nach IFRS, S. 367 f.

i. d. R. zu einem mit höherer Unsicherheit behafteten Bewertungsergebnis.[706] Dabei sind die drei Dimensionen in ihrer Wirkung auf den Objektivierungsgrad nicht unabhängig voneinander.[707] So impliziert beispielsweise eine zeitliche Ausdehnung des Betrachtungshorizonts im Regelfall[708], dass tendenziell weniger konkretisierte Zahlungsströme berücksichtigt werden.

Bevor nachfolgend die einzelnen Parameter des Bewertungskalküls auf der Basis der oben begründeten Bewertungs- und Erläuterungsgrundsätze konkretisiert werden sollen, ist es zunächst erforderlich, die sachliche, die zeitliche sowie die „Konkretisierungs-" Dimension entsprechend dem Untersuchungsziel dieser Arbeit zu spezifizieren.

Das Bewertungsobjekt **(sachliche Dimension)** soll in der in dieser Arbeit verfolgten Untersuchung mindestens eine Gruppe von Vermögenswerten bzw. eine Sachgesamtheit darstellen, die unabhängig von anderen Sachgesamtheiten Mittelzuflüsse generiert (zahlungsmittelgenerierende Einheit)[709]. Diese Abgrenzung der sachlichen Komponente ist zunächst inhaltlich dadurch zu begründen, dass künftige Zahlungsströme, die für die Investoren von Interesse sind (Grundsatz der Zukunftsorientierung), erst durch das Zusammenwirken mehrerer Vermögenswerte generiert werden können (Grundsatz der Gesamtbewertung). Die bereits erwähnte Wertlücke zwischen dem bilanziellen Eigenkapital und dem Zukunftserfolgswert eines Unternehmens resultiert nämlich i. d. R. aus der Dominanz des Einzelbewertungsgrundsatzes in der Rechnungslegung, denn erst durch die gemeinsame Nutzung von Vermögenswerten wird das aus Sicht der Investoren relevante Ertragspotenzial eines Unternehmens generiert. Darüber hinaus können die für eine Bewertung relevanten Chancen und Risiken (Unsicherheit) künftiger Zahlungsströme auf Ebene zahlungsmittelgenerierender Einheiten i. d. R. sachgerechter zugeordnet und auch besser nachvollzogen und interpretiert werden.[710] Dies ist aus Sicht der *valuation usefulness*-Funktion, die es als Untersuchungsgegenstand dieser Arbeit zu stärken gilt, positiv zu beurteilen, weshalb die hier abzugrenzenden Bewertungsobjekte mehr oder weniger umfassende Sachgesamtheiten darstellen sollen. Bei der Bewertung

706 Vgl. zur zeitlichen Dimension KIRSCH, H.-J., Objektivierung künftiger Zahlungsströme bei einer Bewertung nach IFRS, S. 371. Bei einer zunehmenden Größe des Bewertungsobjekts (sachliche Dimension) erhöhen sich die Synergiepotenziale innerhalb der zu bewertenden Einheit, deren Schätzung naturgemäß nur schwer zu objektivieren ist, vgl. hierzu HACHMEISTER, D., Impairment-Test nach IFRS, S. 256. Ebenso zur schwierigeren Objektivierung bei zunehmender Größe des Bewertungsobjekts HAAKER, A., Goodwill-Bilanzierung nach IFRS, S. 503 m. w. N.

707 Vgl. hierzu auch KIRSCH, H.-J., Objektivierung künftiger Zahlungsströme bei einer Bewertung nach IFRS, S. 366.

708 Dies gilt beispielsweise nicht für künftige Zahlungsströme, die im Zusammenhang mit langfristig geschlossenen Verträgen zu erwarten sind.

709 Zum Begriff der zahlungsmittelgenerierenden Einheit vgl. IAS 36.6; zu weiteren Erläuterungen vgl. exemplarisch BRÜCKS, M./KERKHOFF, G./RICHTER, M., IAS 36, Rn. 208 f.

710 Vgl. HAAKER, A./PAARZ, M., Informationsinstrument, S. 196 f. sowie im Kontext des Nutzens einer Segmentberichterstattung ALVAREZ, M., Segmentberichterstattung und Segmentanalyse, S. 20-22.

dieser Betrachtungsobjekte dominiert demzufolge der Grundsatz der Gesamtbewertung.[711] Übertragen auf verschiedene Bilanzierungssachverhalte, wie z. B. die Bewertung von Immobilien, auf die das noch zu konkretisierende Bewertungskalkül im Verlauf der Arbeit exemplarisch angewandt werden soll, stehen häufig auch kleinere Bewertungsobjekte im Fokus der Betrachtung.

Mit der vorgenommenen sachlichen Abgrenzung soll auch auf die in jüngster Vergangenheit mehrfach geäußerten Vorschläge einer verstärkt gesamtbewertungs- und zukunftsorientierten IFRS-Rechnungslegung sowie auf gegenwärtige Tendenzen des IASB reagiert werden. So werden vermehrt[712] Forderungen nach einer sogenannten „Informationsbilanz"[713], speziell auch nach einer „CGU-Informationsbilanz"[714] oder nach einer bilanziellen Abbildung des originären Geschäfts- oder Firmenwerts[715], die die Verwendung gesamtbewertungsorientierter Ansätze befürworten, diskutiert. Diesen neueren Entwicklungen, die den Untersuchungsgegenstand dieser Arbeit begründet haben,[716] soll somit durch die hier vorgenommene Abgrenzung des Bewertungsobjekts Rechnung getragen werden.

Hinsichtlich der **zeitlichen Dimension**, also der Abgrenzung des Betrachtungshorizonts, erstrecken sich die zu prognostizierenden künftigen Entwicklungen, soweit von einer Fortführung der zu bewertenden Einheit auszugehen ist, auf einen unbegrenzten Zeitraum. Dies entspricht der konzeptionellen Vorgehensweise in der Unternehmensbewertung und demnach auch dem Informationsinteresse der Investoren im Sinne einer unternehmenswertorientierten Rechnungslegung. Aus diesem Grund soll im Rahmen dieser Arbeit grundsätzlich von einem zeitlich unbegrenzten Betrachtungshorizont ausgegangen werden, wenngleich Objekte bzw. Einheiten mit einer endlichen Nutzungsdauer nicht aus der Untersuchung ausgeschlossen werden sollen. Sollen Einheiten eines Konzerns bewertet werden, die eine endliche Nutzungsdauer aufweisen, wird das Bewertungsproblem i. d. R. vereinfacht. Durch die vorgenommene zeitliche Abgrenzung soll darüber hinaus dem Untersuchungsgegenstand dieser Arbeit entsprochen werden. Zum einen implizieren die in Teilen der Literatur geäußerten

---

711 Zum Grundsatz der Gesamtbewertung vgl. ausführlich Abschnitt 422.3.

712 Vgl. Abschnitt 315.

713 Vgl. zum Begriff der „Informationsbilanz" insbesondere BIEKER, M., Analyse des Fair Value Accounting, S. 219-232; HAAKER, A., Ausgestaltung einer IFRS-Informationsbilanz, Teil I; HAAKER, A., Ausgestaltung einer IFRS-Informationsbilanz, Teil II sowie STREIM, H./BIEKER, M./ESSER, M., Überlegungen zum Inhalt einer Informationsbilanz.

714 Vgl. zum Begriff der „CGU-Informationsbilanz" HAAKER, A., Goodwill-Bilanzierung nach IFRS, S. 497-510 sowie insbesondere S. 510-526.

715 Vgl. zur möglichen Abbildung des originären Geschäfts- oder Firmenwerts in der Bilanz insbesondere MUJKANOVIC, R., Fair Value im Financial Statement, S. 265-359 sowie hierauf bezugnehmend HAAKER, A., Goodwill-Bilanzierung nach IFRS, S. 499-504. Vgl. hierzu ferner PELLENS, B./NEUHAUS, S./SCHMIDT, A., Ausgestaltung der Unternehmensberichterstattung, S. 86-88.

716 Vgl. hierzu auch Abschnitt 315.

Vorschläge nach einer „informativeren" (unternehmenswertorientierteren) IFRS-Bilanz,[717] die im Rahmen dieser Arbeit analysiert und gewürdigt werden sollen, nämlich einen zeitlich unbegrenzten Betrachtungshorizont. Zum anderen sieht die Werthaltigkeitsprüfung nach IAS 36, in erster Linie die Werthaltigkeitsprüfung eines derivativen Geschäfts- oder Firmenwerts,[718] unbegrenzte Bewertungszeiträume vor, sodass diese bereits Bestandteil der gegenwärtigen IFRS-Regelungen sind.

Für die **Konkretisierung der künftigen Zahlungsströme** als dritte Dimension ist ein geeignetes Kriterium festzulegen, das die Prognose der künftigen Zahlungsströme an bestimmte Vorgaben knüpft. Das Kriterium sollte sicherstellen, dass den erforderlichen Objektivierungen zukunftsorientierter Bewertungen in der IFRS-Rechnungslegung hinreichend Rechnung getragen wird. Damit künftige Zahlungsströme zu berücksichtigen sind, sollten sie nämlich hinreichend konkretisiert sein (Grundsatz der Objektivierung).

Die Prognose künftiger Zahlungsströme ist grundsätzlich abhängig von subjektiven Gestaltungsmöglichkeiten und -vorhaben. Individuell divergierende Pläne von Anteilseignern, beispielsweise hinsichtlich der künftigen Ausrichtung eines Unternehmens, führen zu unterschiedlichen Zahlungsstromprognosen mit im Ergebnis im Regelfall abweichenden Unternehmenswerten. Dies läuft einer objektivierten Bewertung zuwider. Eine objektivierte Ermittlung der künftigen Zahlungsüberschüsse sollte das Objekt folglich grundsätzlich in **unverändertem Konzept** bewerten. Aber auch eine Bewertung eines Objekts in grundsätzlich unverändertem Konzept lässt weitreichende subjektive Beurteilungsspielräume hinsichtlich der Prognose der weiteren Entwicklung des zu bewertenden Objekts. Um auch hier eine Objektivierung der Bewertung zu gewährleisten, sollten die Annahmen der Bewertung auf **realistischen Zukunftserwartungen aus Sicht des Bewertungsstichtags** basieren.[719] Diese beiden Grundpfeiler einer objektivierten Bewertung werden nachfolgend näher erläutert.

Eine Bewertung des Objekts in **unverändertem Konzept** meint, dass die künftigen Zahlungsüberschüsse unabhängig von subjektiven Gestaltungsmöglichkeiten eines bestimmten Bewertungssubjekts (z. B. eines bestimmten Investors) ermittelt werden sollen.[720] Das Objekt

---

717 Vgl. Abschnitt 315.

718 Vgl. hierzu exemplarisch IDW (Hrsg.), IDW RS HFA 16, Rn. 102 f. sowie im Detail HALTER, J., Werthaltigkeitsprüfungen von zahlungsmittelgenerierenden Einheiten nach IAS 36, S. 48-50.

719 Vgl. hierzu auch die Ausführungen zum objektivierten Unternehmenswert gemäß IDW S1: IDW (Hrsg.), IDW S1 (2008), Tz. 29; ebenso WOLLNY, C., Der objektivierte Unternehmenswert, S. 124 und 139.

720 Vgl. HOMMEL, M./PAULY, D./NAGELSCHMITT, S., Neuerungen beim objektivierten Unternehmenswert, S. 2728; IDW (Hrsg.), WP-Handbuch 2008, Abschn. A, Rn. 77; SEICHT, G., Objektivierter und subjektiver Wert von Unternehmen, S. 4.

sei dem Grundgedanken nach so zu bewerten wie es „steht und liegt".[721] Demnach sollten ausschließlich die zum Bewertungsstichtag vorhandenen Ertragspotenziale für die Bewertung maßgeblich sein.[722] Es ist indes zu betonen, dass auch bei objektivierten Bewertungen auf „zukünftige Ertragsverhältnisse und damit Prognosen und Unternehmensplanungen abgestellt wird"[723] (Grundsatz der Zukunftsorientierung). Die Zukunftsbetrachtung fußt allerdings auf realistischen Erwartungen und verlässt „den einigermaßen sicheren Boden"[724] nicht. Eine „verengte" Sichtweise der Unternehmenszukunft ist bei der objektivierten Bewertung somit gewollt.[725]

Die Annahmen der Bewertungen sollen folglich auf **realistischen Zukunftserwartungen aus Sicht des Bewertungsstichtags** basieren. Aus dem Grundsatz der Stichtagsbezogenheit folgt bereits, dass die Bewertung sich an den Verhältnissen des Bewertungsstichtags orientieren soll. GROßFELD schlägt vor, zur Objektivierung der erforderlichen Prognosen die sogenannte Wurzeltheorie[726] zu beachten, woraus er ableitet, dass „die Prognosen [...] einen realistischen Ansatz in den Verhältnissen am Bewertungsstichtag haben"[727] müssen.[728] Der Wurzeltheorie liegt demnach das Verständnis zugrunde, dass nur die wirtschaftlichen Entscheidungen und Umweltzustände, die bis zum Bewertungsstichtag eingeleitet bzw. eingetreten sind und deren erwartete Wirkungen bereits mit hinreichender Wahrscheinlichkeit absehbar sind, den Objektivierungsanforderungen genügen.[729] Der Grundgedanke der Wurzeltheorie trägt demnach zu einer objektivierten Bewertung bei, sodass er auch für unternehmenswertorientierte Bewertungen in der IFRS-Rechnungslegung geeignet erscheint.

Für unternehmenswertorientierte Bewertungen in der IFRS-Rechnungslegung sollen demnach diejenigen künftigen Zahlungsströme betrachtet werden, für die schon hinreichend konkrete Indizien vorliegen. Als möglicher Versuch, diese hinreichende Konkretisierung der künftigen Zahlungsströme zu operationalisieren, soll das Kriterium der **hinreichend konkretisierten**

721 Vgl. exemplarisch HACHMEISTER, D., Impairment-Test nach IFRS, S. 257 sowie PEEMÖLLER, V. H., Wert und Werttheorien, Rn. 8.

722 Vgl. IDW (Hrsg.), IDW S1 (2008), Tz. 32 sowie dies näher erläuternd IDW (Hrsg.), WP-Handbuch 2008, Abschn. A, Rn. 77 und Rn. 80-82.

723 WOLLNY, C., Der objektivierte Unternehmenswert, S. 123 f.

724 SEICHT, G., Objektivierter und subjektiver Wert von Unternehmen, S. 5.

725 Vgl. WOLLNY, C., Der objektivierte Unternehmenswert, S. 140.

726 Vgl. zur Wurzeltheorie BGH, Urteil vom 17.01.1973, S. 565. Zu weiteren Nachweisen aus der Rechtsprechung vgl. GROßFELD, B., Unternehmens- und Anteilsbewertung, S. 59.

727 GROßFELD, B., Elemente der Unternehmensbewertung, S. 201.

728 Ebenso die Wurzeltheorie in diesem Zusammenhang aufgreifend EPPINGER, C. T. G., Bewertung von Beteiligungen in der Handelsbilanz, S. 216; HACHMEISTER, D., Impairment-Test nach IFRS, S. 257; IDW (Hrsg.), WP-Handbuch 2008, Abschn. A, Rn. 80; WOLLNY, C., Der objektivierte Unternehmenswert, S. 67.

729 Vgl. exemplarisch EPPINGER, C. T. G., Bewertung von Beteiligungen in der Handelsbilanz, S. 216.

Maßnahmen zugrunde gelegt werden.[730] Auf eine nähere Erläuterung und inhaltliche Konkretisierung dieses Kriteriums wird im Folgenden näher eingegangen.[731]

432. Konkretisierung der Zählergröße und Anforderungen an die Erläuterung

432.1 Die Ermittlung der zu diskontierenden Zahlungsreihe

432.11 Die inhaltliche Konkretisierung des Kriteriums der hinreichend konkretisierten Maßnahmen

432.111. Die Bestimmung der Zahlungsüberschüsse im Detailplanungszeitraum

Die zu bewertende Ertragskraft soll durch die Erfolgschancen all derjenigen **Maßnahmen** bestimmt sein, die zum Bewertungsstichtag **hinreichend konkretisiert** sind. Dieser Abgrenzung der bewertungsrelevanten Erfolgspotenziale folgen auch die Bestimmungen des IDW S1 zur Ermittlung objektivierter Unternehmenswerte. Nach IDW S1 enthält die zu bewertende Ertragskraft nämlich alle „Erfolgschancen, die sich zum Bewertungsstichtag aus bereits eingeleiteten Maßnahmen oder aus hinreichend konkretisierten Maßnahmen im Rahmen des bisherigen Unternehmenskonzepts“[732] ergeben. Demnach werden die erwarteten finanziellen Überschüsse aus noch nicht im Unternehmenskonzept dokumentierten Maßnahmen nicht in die objektivierte Bewertung einbezogen.[733]

Entscheidende Bedeutung kommt somit der **Dokumentation** einer Maßnahme im **Unternehmenskonzept** zu, da dieses Kriterium u. U. auch zum Bewertungsstichtag noch nicht eingeleitete Maßnahmen umfasst und damit als weitgehender als das Kriterium der eingeleiteten Maßnahmen zu verstehen ist.[734] Eine Berücksichtigung lediglich im Unternehmenskonzept geplanter, noch nicht eingeleiteter Maßnahmen dürfte einer strengen Auslegung der Wurzeltheorie indes widersprechen (Grundsatz der Stichtagsbezogenheit). Um die hieraus resultierenden Objektivitätsverluste einzuschränken, sollte das für die Bewertung maßgebliche Unternehmenskonzept möglichst eng ausgelegt werden (Grundsatz der Objektivierung). Es ist folglich näher zu definieren, was unter dem Unternehmenskonzept zu verstehen ist, insbeson-

730 Vgl. hierzu auch die Bestimmungen des IDW S1 bezüglich der Ermittlung eines objektivierten Unternehmenswerts, vgl. IDW (Hrsg.), IDW S1 (2008), insbesondere Tz. 32. Ähnlich, indes hinsichtlich der konzeptionellen Vorgehensweise einen anderen Weg beschreitend, KIRSCH, H.-J., Objektivierung künftiger Zahlungsströme bei einer Bewertung nach IFRS, S. 370-377.

731 Vgl. zu diesem Grundgedanken KIRSCH, H.-J., Objektivierung künftiger Zahlungsströme bei einer Bewertung nach IFRS, S. 370.

732 IDW (Hrsg.), IDW S1 (2008), Tz. 32.

733 Vgl. IDW (Hrsg.), WP-Handbuch 2008, Abschn. A, Rn. 80.

734 So auch WOLLNY, C., Der objektivierte Unternehmenswert, S. 140.

dere welcher Zeithorizont für die objektivierten Wertermittlungen relevant sein sollte. Zunächst sei auf die diesbezüglichen Ausführungen des IDW S1 eingegangen.

Aufgrund der zentralen Bedeutung des Unternehmenskonzepts bei der Ermittlung objektivierter Unternehmenswerte nach IDW S1 erscheint eine Begriffsdefinition im Rahmen des IDW S1 zwingend erforderlich. Der Begriff des Unternehmenskonzepts wird im IDW S1[735] zwar vielfach erwähnt, ebenso auch in weiteren IDW-Stellungnahmen, wie z. B. im IDW S2[736] und im IDW RS HFA 10[737], oder auch in verschiedenen Kommentierungen dieser IDW-Stellungnahmen.[738] Was indes genau unter dem Begriff zu verstehen ist, wird nicht konkret beschrieben.[739] Aus diesem Grund unternimmt WOLLNY einen Versuch, den Begriff des Unternehmenskonzepts bei der objektivierten Unternehmensbewertung nach IDW S1 auszulegen. Er interpretiert das Unternehmenskonzept als Leitbild bzw. als Vision eines Unternehmens.[740] Hieraus wäre zu folgern, dass insbesondere auch die strategische Ausrichtung des Unternehmens als Grundlage zur Ermittlung des objektivierten Unternehmenswerts dient.[741] Eine solch (zeitlich) weitreichende Auslegung des Unternehmenskonzepts läuft dem Zweck möglichst objektivierter Bewertungen indes entgegen, sodass dieser Sichtweise hier nicht gefolgt werden soll.

Aufgrund der zentralen Bedeutung einer inhaltlichen Abgrenzung des Kriteriums der „hinreichend konkretisierten Maßnahmen“ und begründet durch die unscharfe bzw. fehlende Auslegung dieses Kriteriums, soll im Folgenden versucht werden, eine klarere Abgrenzung vorzu-

735 Vgl. zu beispielhaften Fundstellen IDW (Hrsg.), IDW S1 (2008), Tz. 32, 35, 52 und 79.

736 Vgl. IDW (Hrsg.), IDW S2, Rn. 11.

737 Vgl. IDW (Hrsg.), IDW RS HFA 10, Rn. 11.

738 Exemplarisch sei hier zum einen das WP-Handbuch, Bd. II genannt, in dem die Bestimmungen des IDW S1 näher ausgeführt werden, vgl. IDW (Hrsg.), WP-Handbuch 2008, Abschn. A, z. B. Rn. 76 f. oder Rn. 80 f. sowie zum anderen eine Kommentierung des IDW RS HFA 10 von DÖRSCHELL, A./FRANKEN, L./SCHULTE, J., Bewertung von Beteiligungen nach IDW RS HFA 10, S. 1065.

739 Dies kritisierend WOLLNY, C., Der objektivierte Unternehmenswert, S. 142. Indes gibt die Kommentierung des IDW S1 im WP-Handbuch, Bd. II, zwei vage Anhaltspunkte, was unter dem Unternehmenskonzept zu verstehen sein könnte. Zum einen wird betont, dass als Abgrenzungskriterium der für die Bewertung relevanten Vorhaben bei Aktiengesellschaften die Genehmigung des Aufsichtsrats dienen könnte, vgl. IDW (Hrsg.), WP-Handbuch 2008, Abschn. A, Rn. 81. Hierunter könnten allerdings sowohl kurzfristige als auch recht langfristige Maßnahmen zu verstehen sein, weshalb die Genehmigung von Vorhaben durch den Aufsichtsrat ein eher wenig konkretisiertes und für die zentrale Bedeutung objektivierter Bewertungen in der IFRS-Rechnungslegung ein eher wenig hilfreiches Abgrenzungskriterium darstellt. Zum anderen wird erwähnt, dass das Unternehmenskonzept im Regelfall in einer mittelfristigen Unternehmensplanung seinen Niederschlag findet, vgl. IDW (Hrsg.), WP-Handbuch 2008, Abschn. A, Rn. 77. Nähere Erläuterungen bleiben indes aus. Der Bezug zu einer mittelfristigen Unternehmensplanung deutet zumindest an, dass langfristige Vorhaben möglicherweise nicht als Grundlage für die objektivierte Bewertung verwendet werden sollten. Da jedoch keine näheren Erläuterungen diesbezüglich angeführt werden, bleibt eine derartige Interpretation eher vage. Auf den Aspekt einer mittelfristigen Unternehmensplanung als Grundlage objektivierter Bewertungen wird im Folgenden noch einmal zurückzugreifen sein.

740 Vgl. hierzu WOLLNY, C., Der objektivierte Unternehmenswert, S. 142 f.

741 Auch diese Konsequenz führt WOLLNY an, vgl. WOLLNY, C., Der objektivierte Unternehmenswert, S. 143.

nehmen. Der Begriff des Unternehmenskonzepts ist wissenschaftlich nicht scharf definiert, sodass unterschiedliche Dimensionen der Unternehmensplanung hierunter verstanden werden können. Sowohl die eher langfristig ausgerichtete strategische als auch die kurz- bis mittelfristige operative Unternehmensplanung können beispielsweise unter den im allgemeinen Sprachgebrauch verwendeten Begriff des Unternehmenskonzepts gefasst werden. Für unternehmenswertorientierte Bewertungen in der IFRS-Rechnungslegung werden hinreichend konkrete und hinreichend detaillierte Informationen über künftige Zahlungsströme benötigt. Diese finden sich i. d. R. in einer operativen Unternehmensplanung. Es soll deshalb auf die Begriffe der **strategischen** und der **operativen Unternehmensplanung** als „Hilfskriterien" zur Operationalisierung des Kriteriums der hinreichend konkretisierten Maßnahmen zurückgegriffen werden.[742]

Die **strategische Unternehmensplanung** ist als ein langfristiges Richtungsdenken zu beschreiben, das auf oberster Managementebene stattfindet.[743] Sie ist als ein den einzelnen Geschäftsbereichen übergeordnetes Denken zu bezeichnen und stellt deshalb eher eine Art konzeptionelle (Grob-) Planung dar.[744] Aufgrund des zeitlich weitreichenden Betrachtungshorizonts, es ist in etwa von fünf bis zehn Jahren auszugehen, werden i. d. R. keine konkreten Zahlenwerte geplant.[745] Die Formulierung von verbalen Strategien steht bei der strategischen Planung im Vordergrund.[746]

Dadurch, dass die strategische Planung im Regelfall auf einer übergeordneten Ebene vom Top-Management durchgeführt wird, der Betrachtungszeitraum sehr weitreichend ist und da-

742 Im Folgenden soll hinsichtlich der unterschiedlichen Dimensionen der Unternehmensplanung lediglich zwischen einer strategischen und einer operativen Planungsebene unterschieden werden. Die Abgrenzung der unterschiedlichen Dimensionen in der Literatur ist in Teilen recht heterogen. So wird beispielsweise teilweise noch eine Planungsebene über der strategischen Ebene angesiedelt, die auch als generelle oder langfristige Grundsatz- bzw. Zielplanung bezeichnet wird und primär die obersten Werte, Ziele und Visionen eines Unternehmens beschreibt, vgl. hierzu exemplarisch FUHR, A., Prüfung der Unternehmensplanung, S. 78-80 sowie KOCH, H., Unternehmensplanung, S. 16 f. Die operative Planungsebene wird in der Literatur ebenfalls unterschiedlich definiert. So wird unter der Ebene der operativen Planung teilweise noch eine weitere Planungsebene angesiedelt, die als sogenannte taktische Planung bezeichnet wird und einen sehr kurzfristigen Planungshorizont umfasst, vgl. hierzu exemplarisch BURWICK, A., Unternehmensplanung, S. 50 f. sowie EGGER, A./WINTERHELLER, M., Kurzfristige Unternehmensplanung, S. 43. Im Rahmen dieser Arbeit soll die operative Planung indes sowohl kurz- als auch mittelfristiger Natur sein, worauf noch näher einzugehen sein wird, vgl. zu dieser Definition der operativen Planung exemplarisch EHRMANN, H., Unternehmensplanung, S. 238 sowie FUHR, A., Prüfung der Unternehmensplanung, S. 82 m. w. N.

743 Vgl. BURWICK, A., Unternehmensplanung, S. 50 f. sowie KOCH, H., Unternehmensplanung, S. 15. Vgl. zum Begriff des strategischen Managements WELGE, M. K./AL-LAHAM, A./KAJÜTER, P., S. 4.

744 Vgl. EGGER, A./WINTERHELLER, M., Kurzfristige Unternehmensplanung, S. 43; FISCHER, H., Unternehmensplanung, S. 29; FUHR, A., Prüfung der Unternehmensplanung, S. 80; WANICZEK, M., Unternehmensplanung, S. 29.

745 Vgl. EGGER, A./WINTERHELLER, M., Kurzfristige Unternehmensplanung, S. 43; WANICZEK, M., Unternehmensplanung, S. 29.

746 Vgl. FISCHER, H., Unternehmensplanung, S. 29; WANICZEK, M., Unternehmensplanung, S. 29.

rüber hinaus keine konkretisierten Detailplanungen vorgenommen werden, eignet sich die strategische Planung tendenziell wenig als Grundlage für Bewertungen im IFRS-Abschluss. Zum einen liegen i. d. R. keine für die Bewertung relevanten konkreten Prognosen künftiger Zahlungsströme vor und zum anderen würden die sehr langfristig ausgerichteten, wenig konkreten strategischen Planungen den vergleichsweise hohen Objektivierungsanforderungen an Bewertungen im IFRS-Abschluss nicht genügen (Grundsatz der Objektivierung).[747] Aus diesem Grund eignet sich eher eine **verbale Berichterstattung**, um die Investoren mit Informationen über die geplante strategische Grundausrichtung des Unternehmens zu versorgen.[748]

Die **operative Unternehmensplanung** ist kurz- bis mittelfristig ausgerichtet und umfasst typischerweise einen Planungshorizont von drei bis zu fünf Jahren.[749] Im Gegensatz zur strategischen Planung handelt es sich grundsätzlich um eine dezentrale Planung.[750] Die operative Planung findet somit i. d. R. auf der mittleren Führungsebene, d. h. auf Ebene der einzelnen Geschäftsbereiche des Unternehmens, statt.[751] Unter Berücksichtigung der Ziele der strategischen Planungen werden auf der operativen Ebene bereichsbezogene, quantifizierte Planungsrechnungen, beispielsweise ein detailliertes Absatzprogramm innerhalb eines Produktzweiges, erstellt.[752] Auf Grundlage der zahlenmäßig konkretisierten operativen Planungsebene werden Finanzpläne erstellt, die alle zahlungswirksamen Maßnahmen erfassen und die Entwicklung des Unternehmens auf finanzieller Ebene in Form von künftigen Zahlungsströmen prognostizieren.[753] Die operative Planungsebene weist gegenüber der strategischen demnach einen wesentlich höheren Konkretisierungs- und Detaillierungsgrad auf.[754]

---

747 Vgl. zur steigenden Unsicherheit bei zunehmender zeitlicher Entfernung der zu schätzenden Zahlungsströme KIRSCH, H.-J., Objektivierung künftiger Zahlungsströme bei einer Bewertung nach IFRS, S. 369; PEEMÖLLER, V. H./KUNOWSKI, S., Ertragswertverfahren, Rn. 91.

748 Vgl. hierzu detailliert SCHEELE, A., Lageberichterstattung. SCHEELE untersucht diesbezüglich zum einen die Bedeutung strategieorientierter Informationen im Kontext der IFRS-Finanzberichterstattung, vgl. hierzu SCHEELE, A., Lageberichterstattung, S. 45-130. Zum anderen werden weitreichende Gestaltungsempfehlungen für eine Strategieberichterstattung im Lagebericht nach IFRS gegeben, vgl. hierzu SCHEELE, A., Lageberichterstattung, S. 245-290.

749 Vgl. BURWICK, A., Unternehmensplanung, S. 51; EHRMANN, H., Unternehmensplanung, S. 237; FUHR, A., Prüfung der Unternehmensplanung, S. 82 sowie HIRSCH, B./HUFSCHLAG, K./PIEROTH, G., Mittelfristplanung, S. 259 f.

750 Vgl. exemplarisch EHRMANN, H., Unternehmensplanung, S. 237.

751 Vgl. BURWICK, A., Unternehmensplanung, S. 51; FUHR, A., Prüfung der Unternehmensplanung, S. 81 f.; KOCH, H., Unternehmensplanung, S. 16 und 24.

752 Vgl. EGGER, A./WINTERHELLER, M., Kurzfristige Unternehmensplanung, S. 43; FISCHER, H., Unternehmensplanung, S. 29; KOCH, H., Unternehmensplanung, S. 24 f.

753 Vgl. hierzu sowie darüber hinausgehend zur Konzeption und Ausgestaltung von Finanzplänen EGGER, A./WINTERHELLER, M., Kurzfristige Unternehmensplanung, S. 134-143; EHRMANN, H., Unternehmensplanung, S. 380-405 sowie FISCHER, H., Unternehmensplanung, S. 137-157. Zu dem Begriff und der Bedeutung einer Finanzbedarfsrechnung, die ebenfalls für die operative Geschäftsplanung aufzustellen ist, vgl. KAJÜTER, P., Finanzbedarfsrechnung, S. 469-471.

754 Vgl. EHRMANN, H., Unternehmensplanung, S. 237 sowie FUHR, A., Prüfung der Unternehmensplanung, S. 82 m. w. N.

Der hohe Detaillierungsgrad der operativen Planungsrechnungen ist als notwendige Voraussetzung anzusehen, damit diese als Grundlage für die im Rahmen dieser Arbeit betrachteten IFRS-Bewertungen dienen können.[755] Ob detaillierte Planungsrechnungen indes tatsächlich vorliegen, hängt insbesondere vom Aggregationsgrad des Bewertungsobjekts ab. Fraglich erscheint, ob auch für kleinere Betrachtungsobjekte, beispielsweise für einzelne Produktionsstraßen, hinreichend konkrete und detaillierte Planungsrechnungen bestehen. Ein hinreichend hoher Aggregationsgrad ist somit häufig erforderlich, damit eine entsprechende Bewertung auf Basis der operativen Planungsrechnungen durchgeführt werden kann. Indes könnten auch für kleinere Betrachtungsobjekte, z. B. für einzelne Immobilienkomplexe, detaillierte operative Planungsrechnungen auf Basis bestehender Mietverträge oder üblicher Mieterträge vorhanden sein.[756]

Für eine mögliche Eignung der operativen Unternehmensplanung als Grundlage für die Prognose der finanziellen Überschüsse spricht ferner, dass die Maßnahmen, die der operativen Planung zugrunde liegen, zum einen mit einer hinreichenden Wahrscheinlichkeit tatsächlich umgesetzt werden. Dies ist dadurch zu begründen, dass die operativen Maßnahmen in Einklang mit der strategischen Planung stehen, die von der oberen Führungsebene des Unternehmens bereits beschlossen wurde. Zum anderen reduziert der gegenüber der strategischen Planung überschaubare Betrachtungszeitraum c. p. die Unsicherheit der Planungsrechnungen, was ebenfalls zu einer verlässlicheren Prognose der künftigen Zahlungsüberschüsse führt (Grundsatz der Objektivierung). Als Grundlage für die Schätzung der finanziellen Überschüsse im Detailplanungszeitraum erscheint auch der Planungshorizont auf operativer Ebene geeignet.

In der operativen Unternehmensplanung werden folglich Maßnahmen berücksichtigt, die als hinreichend konkretisiert angesehen werden könnten. Demnach sollen die Maßnahmen, deren finanzielle Auswirkungen in der operativen Unternehmensplanung abgebildet sind, bei der Ermittlung der Ertragskraft des zu bewertenden Objekts berücksichtigt werden. Die operative Unternehmensplanung soll als grundlegender Anker angesehen werden,[757] um die finanziellen

755 Vgl. hierzu auch KIRSCH, H.-J., Objektivierung künftiger Zahlungsströme bei einer Bewertung nach IFRS, S. 372 f., der eine hinreichende Objektivierung künftiger Zahlungsströme erst dann als gegeben sieht, wenn künftige Absätze auch quantifiziert werden können.

756 Vgl. im Kontext der Immobilienbewertung VOGELS, M., Grundstücks- und Gebäudebewertung, S. 140.

757 Im Rahmen dieser Arbeit wird von internen Interessenkonflikten sowie von daraus möglicherweise resultierenden Verzerrungen der operativen Unternehmensplanung abstrahiert. Vgl. zu diesbezüglichen Gefahren in der Unternehmensplanung exemplarisch KOCH, H., Unternehmensplanung, S. 22-24. Es wird in dieser Arbeit die Annahme getroffen, dass interne Anreizmechanismen dafür Sorge tragen, dass die operativen Planungsrechnungen nicht durch interne Interessenkonflikte verzerrt sind. Zu möglichen Anreizmechanismen vgl. HAAKER, A., Goodwill-Bilanzierung nach IFRS, S. 451-457 mit weiteren Quellenverweisen.

Überschüsse in der **Detailplanungsphase** des Bewertungskalküls zu bestimmen.[758] Die Länge des Detailplanungszeitraums könnte sich hierbei nach dem Planungszeitraum der operativen Unternehmensplanung richten, damit für die erste Phase hinreichend konkretisierte und verlässliche Informationen herangezogen werden können. Die Planungsrechnungen der operativen Unternehmensplanung sollten darüber hinaus durch fundierte Vergangenheitsanalysen plausibilisiert werden.

Das im Rahmen dieser Arbeit verwendete Nettokapitalisierungsverfahren berücksichtigt die Fremdkapitalzinsen im Zähler des Bewertungskalküls.[759] Da die Finanzierung i. d. R. auf der Ebene des Gesamtunternehmens durch die Unternehmenszentrale und nicht auf Ebene dezentraler Bewertungseinheiten durchgeführt wird,[760] kann es abhängig von der Größe des Bewertungsobjekts schwierig sein, eine bewertungsobjektspezifische Kapitalstruktur sowie bewertungsobjektspezifische Fremdkapitalkosten zu ermitteln.[761] Deshalb wird häufig vorgeschlagen, **die Kapitalstruktur sowie die Fremdkapitalkosten des Gesamtunternehmens** auch für die dezentralen Bewertungseinheiten anzunehmen.[762] Dieser vereinfachenden Annahme[763] soll auch hier gefolgt werden. Dementsprechend sollte auch der aus der Fremdfinanzierung resultierende Steuervorteil (***tax shield***) unter Rückgriff auf den effektiven Ertragsteuersatz auf Ebene des Gesamt-unternehmens bestimmt werden.[764] Der *tax shield* ist im hier zugrunde liegenden Nettokapitalisierungsverfahren somit ebenfalls im Zähler des Bewertungskalküls zu berücksichtigen.

432.112. Die Bestimmung des nachhaltigen Zahlungsüberschusses

Während für den Detailplanungszeitraum detaillierte Prognosedaten in quantifizierter Form verfügbar sind, könnte bei der Bestimmung des **nachhaltigen Zahlungsüberschusses**, der „ewigen Rente", oder bei der Bestimmung der jenseits des Detailplanungszeitraums erwarte-

758 Vgl. hierzu auch die IDW Stellungnahme zur Bewertung von Beteiligungen und sonstigen Unternehmensanteilen im handelsrechtlichen Jahresabschluss, in der erläutert wird, dass zur Bestimmung der künftigen Zahlungsüberschüsse ebenfalls die Auswirkungen geplanter, aber noch nicht eingeleiteter Maßnahmen im operativen Bereich erfasst werden sollen, vgl. IDW (Hrsg.), IDW RS HFA 10, Rn. 5. Diese Passage näher erläuternd, vgl. DÖRSCHELL, A./FRANKEN, L./SCHULTE, J., Bewertung von Beteiligungen nach IDW RS HFA 10, S. 1065 f.

759 Vgl. Abschnitt 322.21.

760 Vgl. exemplarisch KUNZ, H., Wertorientierte Steuerung von Geschäftsbereichen, S. 35 f. m. w. N.

761 Vgl. ALVAREZ, M., Segmentberichterstattung und Segmentanalyse, S. 249; HAASE, K. D., Segment-Bilanzen, S. 85.

762 Vgl. exemplarisch PAPE, U., Wertorientierte Unternehmensführung, S. 205 sowie SCHRÖDER, E. F., Wertorientiertes Controlling, S. 94 f.

763 Zu einem Ansatz zur Ableitung segmentspezifischer Fremdkapitalkosten vgl. ALVAREZ, M., Segmentberichterstattung und Segmentanalyse, S. 249 f. m. w. N.

764 Vgl. exemplarisch ALVAREZ, M., Segmentberichterstattung und Segmentanalyse, S. 251.

ten Zahlungsüberschüsse von Bewertungsobjekten mit einer endlichen Nutzungsdauer, lediglich auf die „grobe" strategische Planung zurückgegriffen werden. Wie bereits erwähnt, würden die strategischen Pläne aufgrund ihrer i. d. R. fehlenden zahlenmäßigen Konkretisierung und ihrer weitreichenden zeitlichen Entfernung den Objektivierungsanforderungen für Bewertungen in der IFRS-Rechnungslegung nicht genügen.[765]

WOLLNY betont, dass die objektivierte Unternehmensbewertung nicht so weit gehen dürfe, dass strategische Überlegungen eines Unternehmens, beispielsweise aus Gründen der Objektivierung, revidiert werden: „Änderungen der strategischen Leitlinien des Unternehmenskonzepts würden aus der Perspektive des objektivierten Unternehmenswertes einen massiven Eingriff in dessen konzeptionelle Grundlagen, nämlich die Bewertung des Unternehmens ‚wie es steht und liegt' d. h. bei unverändertem Unternehmenskonzept, bedeuten."[766] Aufgrund der zentralen Bedeutung objektivierter Daten für Bewertungen in der IFRS-Rechnungslegung soll dieser Sichtweise hier indes nicht gefolgt werden. Das Kriterium der hinreichenden Konkretisierung künftiger Zahlungsströme wird, wie oben dargelegt, durch die Charakteristika der strategischen Unternehmensplanung nicht erfüllt, sodass die möglichen finanziellen Auswirkungen aus den strategischen Überlegungen bei der Ermittlung der nachhaltigen Zahlungsüberschüsse nicht berücksichtigt werden sollten.

Einen Ansatz, um das Problem der steigenden Prognoseunsicherheit lösen zu können, bietet das Zweiphasenmodell der Unternehmensbewertung. Die Unterteilung der Bewertung in zwei Phasen sollte so genutzt werden, dass die finanziellen Überschüsse in der Phase der ewigen Rente auf Basis der finanziellen Überschüsse des Detailplanungszeitraums ermittelt werden.[767] Die **nachhaltigen Überschüsse** werden folglich nicht mehr analytisch, sondern **pauschal** bestimmt.[768] Hierdurch soll den höheren Objektivierungsanforderungen in der Phase der ewigen Rente Rechnung getragen werden.

Die nachhaltigen (ewigen) Zahlungsüberschüsse sollten auf Basis einer repräsentativen Planungsperiode der Detailplanungsphase ermittelt werden. Die nachhaltigen Überschüsse müs-

765 Vgl. hierzu die Ausführungen in Abschnitt 432.111 sowie exemplarisch IDW (Hrsg.), WP-Handbuch 2008, Abschn. A, Rn. 82.

766 WOLLNY, C., Der objektivierte Unternehmenswert, S. 181. Eine ähnliche Ansicht vertreten TRÜTZSCHLER/DAVID/STRAUCH/TOMASZEWSKI, die dem IAS 36 aufgrund der Nichtberücksichtigung von finanziellen Auswirkungen strategischer Investitionsoptionen vorwerfen, einer rationalen betriebswirtschaftlichen Logik zu widersprechen und bescheinigen dem IASB diesbezüglich ein insgesamt nicht schlüssiges und unplausibles Vorgehen, das einer Nachbesserung bedürfe. Vgl. hierzu TRÜTZSCHLER, K./DAVID, U./STRAUCH, J./TOMASZEWSKI, C., Unternehmensbewertung und Rechnungslegung von Akquisitionen, S. 398.

767 Vgl. hierzu exemplarisch PEEMÖLLER, V. H./KUNOWSKI, S., Ertragswertverfahren, Rn. 93.

768 Vgl. IDW (Hrsg.), WP-Handbuch 2008, Abschn. A, Rn. 160.

sen hierbei einen sogenannten Gleichgewichts- bzw. Beharrungszustand darstellen.[769] Der Gleichgewichtszustand bildet einen repräsentativen Durchschnitt der finanziellen Überschüsse über einen gesamten Konjunktur- sowie Produktlebenszyklus hinweg ab.[770] Er ist unter Berücksichtigung der unternehmensindividuellen Gegebenheiten zu ermitteln.[771]

Die operative Unternehmensplanung sollte idealerweise eine ausreichende Datengrundlage bereitstellen, um den nachhaltigen Zahlungsüberschuss ermitteln zu können. Dieser Idealzustand wird indes nicht immer gegeben sein. Insbesondere bei Unternehmen, die nur über sehr kurzfristige operative Unternehmensplanungen verfügen oder bei Unternehmen, deren Produktlebenszyklen sich über einen längeren Zeitraum erstrecken, wird ein repräsentatives, nachhaltiges Ergebnis nicht unter alleinigem Rückgriff auf Daten der operativen Unternehmensplanung zu ermitteln sein. Aus Gründen der Objektivierung sollte deshalb ergänzend auf vergangene Rechnungsperioden zurückgegriffen werden, um einen repräsentativen, nachhaltigen Zahlungsüberschuss ermitteln zu können.

Der auf der Basis der operativen Planung ermittelte nachhaltige Zahlungsüberschuss darf indes nicht unreflektiert für die Phase der ewigen Rente übernommen werden.[772] Eine pauschale Fortschreibung des nachhaltigen Überschusses bedarf umfangreicher **Plausibilisierungen**, beispielsweise sollte der fortzuschreibende Wert markt- und branchenbezogenen Entwicklungserwartungen vergleichend gegenübergestellt werden.[773] Aber auch unternehmensbezogene Gegebenheiten (z. B. Erlös- und Kostenstrukturen) könnten im Zeitablauf einem Wandel unterliegen, sodass Plausibilisierungsüberlegungen erforderlich sind.[774] Plausibilisiert werden muss darüber hinaus insbesondere auch eine mögliche Fortschreibung des repräsentativen Überschusses unter Berücksichtigung einer (pauschalen) Wachstumsrate. Auf die Frage, in

769 Vgl. hierzu IDW (Hrsg.), WP-Handbuch 2008, Abschn. A, Rn. 178 sowie ausführlicher STELLBRINK, J., Restwert in der Unternehmensbewertung, S. 50-52.

770 Vgl. BALLWIESER, W., Unternehmensbewertung, S. 59 sowie STELLBRINK, J., Restwert in der Unternehmensbewertung, S. 51 f.

771 Ebenso wie die Ausgestaltung der operativen Planung selbst hängt auch die adäquate Ermittlung eines repräsentativen, nachhaltigen Zahlungsüberschusses von den individuellen Gegebenheiten, z. B. von den einzelnen Produktlebenszyklen, des Unternehmens ab. Aus diesem Grund ist es nicht als sinnvoll zu erachten, exakte, unternehmensübergreifende Vorgaben zur Ermittlung des Gleichgewichtszustands zu kodifizieren. Dies ist aus Objektivierungsgründen zwar negativ zu beurteilen. Indes sollte die Vorgehensweise, um die Datenbasis für die ewige Rente zu ermitteln, stetig sein. Vgl. zur notwendigen Orientierung an den unternehmensindividuellen Gegebenheiten FUHR, A., Prüfung der Unternehmensplanung, S. 77; PEEMÖLLER, V. H./KUNOWSKI, S., Ertragswertverfahren, Rn. 92 f.; WOLLNY, C., Der objektivierte Unternehmenswert, S. 171 f. sowie zu unterschiedlichen, indes stetig anzuwendenden Alternativen, die Basis der ewigen Rente festzulegen, DUSEMOND, M., Goodwill Impairment Test, S. 333.

772 Vgl. IDW (Hrsg.), WP-Handbuch 2008, Abschn. A, Rn. 159 f.; PEEMÖLLER, V. H./KUNOWSKI, S., Ertragswertverfahren, Rn. 93.

773 Vgl. IDW (Hrsg.), IDW S1 (2008), Tz. 79 sowie dies erläuternd IDW (Hrsg.), WP-Handbuch 2008, Abschn. A, Rn. 159 f.; PEEMÖLLER, V. H./KUNOWSKI, S., Ertragswertverfahren, Rn. 93.

774 Vgl. exemplarisch IDW (Hrsg.), WP-Handbuch 2008, Abschn. A, Rn. 159.

welchem Ausmaß ein Wachstum in der Phase der ewigen Rente überhaupt berücksichtigt werden sollte, wird noch näher einzugehen sein.[775]

Neben externen Indikatoren könnte als ein weiteres Instrument zur Plausibilisierung des nachhaltigen Überschusses auch die strategische Unternehmensplanung herangezogen werden. Sieht die strategische Unternehmensplanung indes eine von allgemeinen Markt- und Branchenerwartungen abweichende Entwicklung vor, sollte für die Phase der ewigen Rente objektivierungsbedingt den externen Indikatoren gefolgt werden.[776]

Während im Detailplanungszeitraum unternehmensindividuelle Gegebenheiten, die sich in den operativen Planungsrechnungen widerspiegeln, vollständig berücksichtigt werden, wird in der Phase der ewigen Rente objektivierungsbedingt z. T. auf unternehmensindividuelle Entwicklungsmöglichkeiten, die sich üblicherweise in der strategischen Planung niederschlagen, verzichtet.

432.12 Die Behandlung ausgewählter wertbestimmender Faktoren

432.121. Vorbemerkungen

Bei der Diskussion um die Ermittlung objektivierter und subjektiver Unternehmenswerte werden verschiedene wertbestimmende Faktoren, die auch im IDW S1 im Rahmen der Ermittlung der finanziellen Überschüsse aufgegriffen werden,[777] häufig diskutiert.[778] Hierbei handelt es sich um die Abgrenzung des Synergiepotenzials, um die Erfassung von Managementeinflüssen, um die Berücksichtigung von Ertragsteuern der Unternehmenseigner sowie um die Festlegung der Ausschüttungsannahme. Diese einzelnen Faktoren sind abhängig davon, ob subjektive oder objektivierte Unternehmenswerte ermittelt werden sollen, auf unter-

775 Da die Wachstumsrate in der Phase der ewigen Rente üblicherweise im Nenner des Bewertungskalküls berücksichtigt wird, sei an dieser Stelle auf die Ausführungen zur Konkretisierung der Nennergröße verwiesen, vgl. Abschnitt 433.13.

776 Vgl. hierzu auch die Ausführungen des IDW in IDW (Hrsg.), WP-Handbuch 2008, Abschn. A, Rn. 82, die für die Prognose des nachhaltigen Überschusses ebenfalls allgemeine Markt- und Branchenerwartungen als Grundlage ansehen. Indes werden als Begründung für diese Sichtweise primär fehlende Planungen auf Seiten des Unternehmens angeführt. Im Rahmen dieser Arbeit sind als Begründung für diese Auffassung allerdings in erster Linie Objektivierungsüberlegungen ursächlich, die auch für den Fall ausschlaggebend wären, dass strategische Planungen des Unternehmens vorlägen.

777 Vgl. IDW (Hrsg.), IDW S1 (2008), Tz. 33-47 sowie Tz. 50-58.

778 Vgl. beispielsweise EPPINGER, C. T. G., Bewertung von Beteiligungen in der Handelsbilanz, S. 215; KUHNER, C./MALTRY, H., Unternehmensbewertung, S. 66 sowie PEEMÖLLER, V. H., Grundsätze ordnungsmäßiger Unternehmensbewertung, Rn. 222. Die in diesem Kontext geführte Diskussion um die Berücksichtigung geplanter Maßnahmen bei der Bestimmung objektivierter und subjektiver Unternehmenswerte wird hier nicht erneut aufgegriffen. Durch das Kriterium der hinreichend konkretisierten Maßnahmen (vgl. hierzu die Ausführungen in Abschnitt 432.11) wurde dieser Aspekt für Bewertungen im IFRS-Abschluss bereits abschließend erläutert.

schiedliche Weise zu berücksichtigen.[779] Im Folgenden soll nach einer jeweils knappen Erläuterung der einzelnen Faktoren erörtert werden, wie diese Faktoren bei unternehmenswertorientierten Bewertungen im IFRS-Abschluss berücksichtigt werden könnten und sollten.

432.122. Die Abgrenzung des zu berücksichtigenden Synergiepotenzials

Unter dem Begriff „**Synergie**" versteht man das Zusammenwirken von mehreren Unternehmen oder Geschäftseinheiten mit dem Ziel, effizienter wirtschaften zu können.[780] Als **Synergiepotenzial** wird die erwartete künftige Effizienzsteigerung aus der gemeinsamen Nutzung bezeichnet; den ex post tatsächlich eingetretenen Werteffekt aus der gemeinsamen Nutzung bezeichnet man als **Synergieeffekt**.[781] Das IDW differenziert im IDW S1 zwischen sogenannten **echten** und **unechten Synergieeffekten**, die bei der objektivierten Unternehmensbewertung unterschieden werden müssen.[782]

Echte Synergieeffekte sind Wertsteigerungen, die „sich erst mit Durchführung der dem Bewertungsanlass zugrunde liegenden Maßnahmen ergeben"[783]. Sie resultieren folglich aus einer individuellen Bewertungssituation und würden ohne den jeweiligen Bewertungsanlass nicht auftreten.[784] Aus diesem Grund sind echte Synergieeffekte stets mit den subjektiven Plänen, Wertvorstellungen und Möglichkeiten eines konkreten Erwerbers verknüpft.[785] Die erwarteten finanziellen Auswirkungen aus echten Synergieeffekten dürfen demnach bei objektivierten Unternehmensbewertungen nicht berücksichtigt werden.[786]

Unechte Synergieeffekte „sind dadurch gekennzeichnet, dass sie sich ohne Durchführung der dem Bewertungsanlass zugrunde liegenden Maßnahmen realisieren lassen."[787] Sie werden somit negativ von echten Synergieeffekten abgegrenzt. Die Ursachen für unechte Synergieef-

779 Vgl. IDW (Hrsg.), IDW S1 (2008), Tz. 33-47 und Tz. 50-58 sowie dies näher erläuternd IDW (Hrsg.), WP-Handbuch 2008, Abschn. A, Rn. 83-111 und Rn. 118-129; KUHNER, C./MALTRY, H., Unternehmensbewertung, S. 66; PEEMÖLLER, V. H., Grundsätze ordnungsmäßiger Unternehmensbewertung, Rn. 222.

780 Vgl. exemplarisch RODERMANN, M., Strategisches Synergiemanagement, S. 37.

781 Vgl. PEEMÖLLER, V. H./KUNOWSKI, S., Ertragswertverfahren, Rn. 46.

782 Vgl. IDW (Hrsg.), IDW S1 (2008), Tz. 33 f. und Tz. 50 f. sowie dies näher erläuternd IDW (Hrsg.), WP-Handbuch 2008, Abschn. A, Rn. 83-85 und Rn. 118-123.

783 IDW (Hrsg.), IDW S1 (2008), Tz. 50.

784 Vgl. MATSCHKE, M. J./BRÖSEL, G., Unternehmensbewertung, S. 752; PEEMÖLLER, V. H./KUNOWSKI, S., Ertragswertverfahren, Rn. 48.

785 Vgl. IDW (Hrsg.), WP-Handbuch 2008, Abschn. A, Rn. 84; PEEMÖLLER, V. H./KUNOWSKI, S., Ertragswertverfahren, Rn. 48 sowie dem folgend EPPINGER, C. T. G., Bewertung von Beteiligungen in der Handelsbilanz, S. 219.

786 Vgl. IDW (Hrsg.), IDW S1 (2008), Tz. 34 sowie dies konkretisierend IDW (Hrsg.), WP-Handbuch 2008, Abschn. A, Rn. 84.

787 IDW (Hrsg.), IDW S1 (2008), Tz. 34.

fekte liegen folglich überwiegend im Bewertungsobjekt selbst und bestehen unabhängig von einem bestimmten Bewertungsanlass und den individuellen Möglichkeiten eines konkreten Erwerbers.[788] Unechte Synergien sind gemäß IDW S1 bei der Ermittlung objektivierter Unternehmenswerte insoweit zu berücksichtigen, „als die synergiestiftenden Maßnahmen bereits eingeleitet oder im Unternehmenskonzept dokumentiert sind.[789]

Versucht man nun, diese Differenzierung nach echten und unechten Synergieeffekten auf unternehmenswertorientierte **Bewertungen im IFRS-Abschluss** anzuwenden, ist festzustellen, dass eine derartige Differenzierung nicht geeignet erscheint. Bei IFRS-Bewertungen treten aus dem Anlass der Bewertung (IFRS-Abschluss) i. d. R. keine Werteffekte auf, sodass keine echten Synergieeffekte bestehen können. Ferner würde die Subjektbezogenheit echter Synergien dem kodifizierten Grundsatz der Typisierung widersprechen.[790] Die Potenziale aus unechten Synergien sollten für Bewertungen im IFRS-Abschluss insoweit berücksichtigt werden, als die für eine Realisierung der Potenziale geeigneten **Maßnahmen hinreichend konkretisiert** sind (Grundsatz der Objektivierung). Entsprechend der bereits oben erläuterten Auslegung dieses Kriteriums soll hierbei das Hilfskriterium der operativen Unternehmensplanung herangezogen werden. Die Abbildung der erwarteten finanziellen Auswirkungen in der operativen Unternehmensplanung spricht dafür, dass die Maßnahmen hinreichend konkret und hinreichend detailliert sind.[791]

Es bleibt festzuhalten, dass für die Abgrenzung des Synergiepotenzials, das für die Ermittlung der finanziellen Überschüsse relevant sein soll, keine speziellen (Ausnahme-) Regelungen erforderlich sind. Synergiepotenziale sind nämlich immer dann zu berücksichtigen, wenn sie bereits hinreichend konkret und hinreichend detailliert sind. Notwendige Voraussetzung hierfür ist ihre quantifizierte Abbildung. Die seitens des IDW für die Ermittlung von Unternehmenswerten etablierte Differenzierung zwischen echten und unechten Synergien lässt sich auf Bewertungen im IFRS-Abschluss zwar übertragen, erweist sich indes als wenig zielführend.[792]

---

788 Vgl. exemplarisch PEEMÖLLER, V. H./KUNOWSKI, S., Ertragswertverfahren, Rn. 48.

789 Vgl. IDW (Hrsg.), IDW S1 (2008), Tz. 34.

790 Da eine Vielzahl von Personen als Adressat der IFRS-Rechnungslegung anzusehen ist, wären die zwingend an subjektiven Wertvorstellungen (einzelner Investoren) geknüpften echten Synergieeffekte bei der objektivierten Ermittlung der künftigen Zahlungsüberschüsse ohnehin nicht zu berücksichtigen.

791 Vgl. Abschnitt 432.11.

792 Vgl. hinsichtlich einer möglichen Differenzierung von zu berücksichtigenden Synergien nach dem Planungshorizont, also nach strategischen und operativen Synergien, MATTERN, F./HEIDEGGER, H./LOTTNER, J., Fusionsmanagement, Sp. 936 f. sowie dies aufgreifend WOLLNY, C., Der objektivierte Unternehmenswert, S. 151.

432.123. Die Erfassung von Managementeinflüssen

Für objektivierte Wertermittlungen ist grundsätzlich auf die zum Bewertungsstichtag vorhandene Ertragskraft abzustellen.[793] Eine wesentliche Rolle spielt hierbei, ob die Unternehmensführung spezifische, personenbezogene Eigenschaften aufweist, welche die personelle Kontinuität im Bereich der Unternehmensführung zu einem entscheidenden, evtl. sogar existenziellen Wertfaktor im Unternehmen werden ließe.[794] Ist ein Unternehmen stark personenbezogen, also vom Spezialistenwissen der Unternehmensleitung abhängig, ist für die objektivierte Bewertung entscheidend, ob das bisherige Management auch künftig für das Unternehmen tätig wird bzw. von einem gleichwertigen Ersatz ausgegangen werden kann.[795]

Das **IDW** unterstellt bei der objektivierten Unternehmensbewertung i. d. R. diese personelle Kontinuität, d. h., es müssen keine Anpassungen der künftigen finanziellen Überschüsse aufgrund personenbezogener Einflüsse des Managements vorgenommen werden.[796] Lediglich bei personenbezogenen Unternehmen, „[i]nsbesondere bei Personengesellschaften mit geschäftsführenden Gesellschaftern und bei Betrieben von Einzelkaufleuten und Freiberuflern“[797], ist hingegen davon auszugehen, dass die künftigen finanziellen Überschüsse in erheblichem Maße von der Mitarbeit bzw. von der Nutzung persönlicher Beziehungen der Eigentümer beeinflusst werden.[798] In diesen Fällen sind die Erfolgsbeiträge, die nicht unabhängig von den bisherigen Eigentümern generiert werden können, bei der Prognose der künftigen Überschüsse gemäß IDW S1 zu eliminieren.[799]

Eine nähere Auseinandersetzung mit einer möglichen Eliminierung von Wertbeiträgen, die ausschließlich in der Person des Eigentümers begründet sind, erscheint hinsichtlich der Bestimmung der finanziellen Überschüsse bei Bewertungen im **IFRS-Abschluss** nicht erforderlich. Die vom IDW für den Regelfall getroffene Annahme, dass von einem Verbleib des Managements bzw. von einem gleichwertigen Ersatz auszugehen ist, sollte auch im Kontext der IFRS-Rechnungslegung aufrechterhalten werden.[800] Dafür spricht auch, dass die IFRS-

793 Vgl. Abschnitt 432.11.

794 Vgl. IDW (Hrsg.), IDW S1 (2008), Tz. 38-41; PEEMÖLLER, V. H./KUNOWSKI, S., Ertragswertverfahren, Rn. 52 f.

795 Vgl. IDW (Hrsg.), IDW S1 (2008), Tz. 38 f. sowie IDW (Hrsg.), WP-Handbuch 2008, Abschn. A, Rn. 99.

796 Vgl. IDW (Hrsg.), IDW S1 (2008), Tz. 39; IDW (Hrsg.), WP-Handbuch 2008, Rn. 99 f. Vgl. hierzu auch EPPINGER, C. T. G., Bewertung von Beteiligungen in der Handelsbilanz, S. 238.

797 Vgl. IDW (Hrsg.), WP-Handbuch 2008, Abschn. A, Rn. 103.

798 Vgl. EPPINGER, C. T. G., Bewertung von Beteiligungen in der Handelsbilanz, S. 238; IDW (Hrsg.), WP-Handbuch 2008, Abschn. A, Rn. 103.

799 Vgl. IDW (Hrsg.), IDW S1 (2008), Tz. 40 f.; vgl. hierzu auch PEEMÖLLER, V. H./KUNOWSKI, S., Ertragswertverfahren, Rn. 53.

800 Diese Annahme könnte bei einem stark personenbezogenen Unternehmen, das nach IFRS bilanziert, u. U. nicht sachgerecht sein, vgl. hierzu weiterführend IDW (Hrsg.), WP-Handbuch 2008, Abschn. A, Rn. 99.

Rechnungslegung durch die IAS-Verordnung lediglich für Konzernabschlüsse kapitalmarktorientierter Unternehmen verpflichtend anzuwenden ist.[801] Kapitalmarktorientierte Unternehmen sind i. d. R. durch die Trennung von Eigentum und Unternehmensführung gekennzeichnet,[802] sodass personenbezogene Einflüsse des Managements auf den Wert des Unternehmens häufig von tendenziell untergeordneter Bedeutung sind. Die Annahme eines gleichwertigen Ersatzes des gegenwärtig tätigen Managements erscheint deshalb als sachgerecht.

432.124. Die Berücksichtigung persönlicher Ertragsteuern

Der Wert eines Unternehmens aus der Sicht eines einzelnen Investors bestimmt sich nach den finanziellen Überschüssen, die ihm aus dem Unternehmen voraussichtlich zufließen werden (sogenanntes Zuflussprinzip)[803].[804] Demnach sind nicht die Gewinne eines Unternehmens, sondern lediglich die finanziellen Zuflüsse beim Eigner wertrelevant.[805] Persönliche Ertragsteuern sind aus diesem Grund unmittelbar wertrelevant, wenn es einen Entscheidungswert für den Investor zu ermitteln gilt.[806] Bei der objektivierten Unternehmensbewertung müssen die steuerlichen Verhältnisse der Unternehmenseigner typisiert berücksichtigt werden, da die Wertermittlung frei von den subjektiven Verhältnissen eines einzelnen Investors sein sollte (Grundsatz der Typisierung).[807] Das **IDW** differenziert hierbei zwischen einer **unmittelbaren** und einer **mittelbaren Typisierung** der persönlichen Ertragsteuern.[808]

Bei der **unmittelbaren Typisierung** der steuerlichen Verhältnisse auf Ebene der Anteilseigner sind die typisierten Ertragsteuern sowohl bei den Einzahlungsüberschüssen des Unternehmens als auch bei der Alternativanlage zu berücksichtigen, d. h., sie wären sowohl im

801 Zur EU-rechtlichen Verankerung vgl. IAS-Verordnung, Artikel 4.

802 Vgl. KIRSCH, H.-J./METH, D., Adressaten einer IFRS-Rechnungslegung, S. 9 sowie METH, D., Rechnungslegung mittelständischer Unternehmen, S. 37 und 53. Vgl. hierzu ferner EPPINGER, C. T. G., Bewertung von Beteiligungen in der Handelsbilanz, S. 238.

803 Vgl. hierzu sowie ausführlich zum Zuflussprinzip MOXTER, A., Grundsätze ordnungsmäßiger Unternehmensbewertung, S. 79-84; ebenso BALLWIESER, W., Unternehmensbewertung, S. 16; IDW (Hrsg.), IDW S1 (2008), Tz. 25; PEEMÖLLER, V. H./KUNOWSKI, S., Ertragswertverfahren, Rn. 49.

804 Vgl. exemplarisch HOMMEL, M./PAULY, D./NAGELSCHMITT, S., Neuerungen beim objektivierten Unternehmenswert, S. 2729; MOXTER, A., Grundsätze ordnungsmäßiger Unternehmensbewertung, S. 177.

805 Vgl. exemplarisch MOXTER, A., Grundsätze ordnungsmäßiger Unternehmensbewertung, S. 79. In diesem Zusammenhang ist das sogenannte Doppelzählungsverbot zu beachten, das MOXTER anschaulich anhand eines Beispiels illustriert, vgl. MOXTER, A., Grundsätze ordnungsmäßiger Unternehmensbewertung, S. 79.

806 Vgl. BAETGE, J./NIEMEYER, K./KÜMMEL, J., Bewertungsverfahren, S. 315 f.; MOXTER, A., Grundsätze ordnungsmäßiger Unternehmensbewertung, S. 177. So auch IDW (Hrsg.), IDW S1 (2008), Tz. 43.

807 Vgl. HOMMEL, M./PAULY, D./NAGELSCHMITT, S., Neuerungen beim objektivierten Unternehmenswert, S. 2729; IDW (Hrsg.), IDW S1 (2008), Tz. 43 f.; WOLLNY, C., Der objektivierte Unternehmenswert, S. 224.

808 Vgl. hierzu IDW (Hrsg.), IDW S1 (2008), Tz. 30 f.

Zähler als auch im Nenner des Bewertungskalküls anzusetzen.[809] Eine unmittelbare Typisierung der persönlichen Ertragsteuern ist nach Auffassung des IDW dann erforderlich, wenn eine objektivierte Unternehmensbewertung aufgrund gesetzlicher oder vertraglicher Vorschriften durchgeführt wird.[810] Die hierunter zu fassenden Bewertungssachverhalte[811] zeichnen sich i. d. R. dadurch aus, dass die ermittelten Werte unmittelbar zahlungswirksam werden.[812] Die Typisierung einer inländischen unbeschränkt steuerpflichtigen natürlichen Person als Anteilseigner sei für diese Bewertungsanlässe sachgerecht.[813]

Bei objektivierten Unternehmensbewertungen im Rahmen von Unternehmensveräußerungen und anderen unternehmerischen Initiativen hält das IDW eine **mittelbare Typisierung** für sachgerecht.[814] Bei der mittelbaren Typisierung der persönlichen Ertragsteuerbelastung fließen die Einkommensteuern der Investoren nicht explizit in die Berechnung des objektivierten Unternehmenswerts ein.[815] Dem liegt die Annahme zugrunde, „dass die Nettozuflüsse aus dem Bewertungsobjekt und aus der Alternativinvestition in ein Aktienportfolio auf der Anteilseignerebene einer vergleichbaren persönlichen Besteuerung unterliegen“[816], wodurch „de facto die Irrelevanz der persönlichen Einkommensteuern“[817] unterstellt wird. Diese Annahme wird im Schrifttum vielfach kritisiert. Insbesondere die Tatsache, dass die Irrelevanz der persönlichen Einkommensteuern an zahlreiche, mitunter sehr enge Bedingungen geknüpft ist, lässt diese Annahme fragwürdig erscheinen.[818] Beispielsweise kann unter der Annahme der

809 Vgl. HOMMEL, M./PAULY, D./NAGELSCHMITT, S., Neuerungen beim objektivierten Unternehmenswert, S. 2731.

810 Vgl. IDW (Hrsg.), IDW S1 (2008), Tz. 31 und 46. Vgl. hierzu auch IDW (Hrsg.), WP-Handbuch 2008, Abschn. A, Rn. 107.

811 Das IDW nennt für Bewertungen aufgrund gesetzlicher Vorschriften insbesondere Bewertungen aufgrund aktienrechtlicher Regelungen zum Abschluss von Unternehmensverträgen bzw. zur Eingliederung oder zum Squeeze Out. Unter Bewertungen auf vertraglicher Grundlage fallen insbesondere Bewertungen beim Eintritt und Austritt von Gesellschaftern aus einer Personengesellschaft, bei Erbauseinandersetzungen und Erbteilungen sowie bei Abfindungsfällen im Familienrecht. Vgl. hierzu IDW (Hrsg.), IDW S1 (2008), Tz. 11.

812 Vgl. HOMMEL, M./PAULY, D./NAGELSCHMITT, S., Neuerungen beim objektivierten Unternehmenswert, S. 2730.

813 Vgl. IDW (Hrsg.), IDW S1 (2008), Tz. 31 und 46. Vgl. zu näheren Erläuterungen HOMMEL, M./PAULY, D./NAGELSCHMITT, S., Neuerungen beim objektivierten Unternehmenswert, S. 2730 f. sowie IDW (Hrsg.), WP-Handbuch 2008, Abschn. A, Rn. 107.

814 Vgl. IDW (Hrsg.), IDW S1 (2008), Tz. 30 und 45.

815 Vgl. IDW (Hrsg.), IDW S1 (2008), Tz. 30; HOMMEL, M./PAULY, D./NAGELSCHMITT, S., Neuerungen beim objektivierten Unternehmenswert, S. 2730; WOLLNY, C., Der objektivierte Unternehmenswert, S. 235.

816 IDW (Hrsg.), IDW S1 (2008), Tz. 30.

817 HOMMEL, M./PAULY, D./NAGELSCHMITT, S., Neuerungen beim objektivierten Unternehmenswert, S. 2730.

818 Vgl. ausführlich zu den sehr engen Bedingungen, die eine Irrelevanz der persönlichen Steuern rechtfertigen könnten, WIESE, J., Unternehmensbewertung und Abgeltungssteuer, S. 372-375. Dem folgend WOLLNY, C., Der objektivierte Unternehmenswert, S. 234 f. Vgl. ferner HOMMEL, M./PAULY, D./NAGELSCHMITT, S., Neuerungen beim objektivierten Unternehmenswert, S. 2730 m. w. N.

Irrelevanz der persönlichen Einkommensteuer ein inflations- oder mengenbedingtes Wachstum nicht ohne weiteres berücksichtigt werden.[819]

Indes sprechen andere Gründe, insbesondere für die in dieser Arbeit betrachteten **Bewertungen im Rahmen der IFRS-Rechnungslegung**, dennoch für eine Anwendung der mittelbaren Typisierung. Der Adressatenkreis eines IFRS-Abschlusses ist als äußerst weitreichend und heterogen zu bezeichnen, d. h., die (potenzielle) Investorengruppe ist auf internationaler Ebene einzuordnen. Aufgrund der sich in hohem Maße unterscheidenden nationalen Steuerrechtssysteme ist es fraglich, in welcher Höhe die persönlichen Ertragsteuern der Investoren letztlich (unmittelbar) typisiert werden sollten. Eine unmittelbar typisierte persönliche Besteuerung, beispielsweise auf Basis des deutschen Steuerrechts, wäre aufgrund der auf die nationale Zielgruppe beschränkten Aussagekraft nicht sinnvoll.[820] Eine Bewertung auf Ebene des Unternehmens ohne die explizite Berücksichtigung der persönlichen Ertragsteuern (mittelbare Typisierung) kann hier folglich als sinnvoll angesehen werden.[821] Um auf Basis der im IFRS-Abschluss durchgeführten Bewertungen dennoch einen subjektiven Entscheidungswert ableiten zu können, müssten somit den persönlichen Steuerverhältnissen entsprechende Anpassungen auf individueller Ebene vom jeweiligen Investor vorgenommen werden.[822]

432.125. Die Festlegung der Ausschüttungsannahme

Wertbestimmend sind für den Investor alle finanziellen Überschüsse, die in seinen Verfügungsbereich gelangen.[823] Deshalb sind im Rahmen der Unternehmensbewertung Annahmen zur Ausschüttungspolitik des zu bewertenden Objekts zwingend erforderlich.[824] Das **IDW**

819 Vgl. WIESE, J., Unternehmensbewertung und Abgeltungssteuer, S. 373 und 375.

820 Vgl. HOMMEL, M./PAULY, D./NAGELSCHMITT, S., Neuerungen beim objektivierten Unternehmenswert, S. 2730 sowie WOLLNY, C., Der objektivierte Unternehmenswert, S. 228 m. w. N. Auch das IDW selbst spricht im Kontext der mittelbaren Typisierung bereits die Internationalisierung der Kapitalmärkte und der Unternehmenstransaktionen an, vgl. hierzu IDW (Hrsg.), IDW S1 (2008), Tz. 30.

821 Vgl. HOMMEL, M./PAULY, D./NAGELSCHMITT, S., Neuerungen beim objektivierten Unternehmenswert, S. 2730. Vgl. ferner MUJKANOVIC, R., Fair Value im Financial Statement, S. 293, der betont, dass ein Verlassen der Bewertungsebene des Unternehmens zu Informationsdefiziten bei den Fremdkapitalgebern führt.TRÜTZSCHLER/DAVID/STRAUCH/TOMASZEWSKI merken in diesem Zusammenhang an, dass die Bewertung ohne Berücksichtigung der persönlichen Ertragsteuern dem praktischen Vorgehen von Unternehmen mit einem breiten Anteilseignerkreis entspricht, vgl. TRÜTZSCHLER, K./DAVID, U./STRAUCH, J./TOMASZEWSKI, C., Unternehmensbewertung und Rechnungslegung von Akquisitionen, S. 402.

822 Eine Bewertung vor persönlicher Ertragsteuer wäre auch aus dem Grund zu befürworten, dass institutionelle Anleger i. d. R. Entscheidungskalküle vor Berücksichtigung persönlicher Ertragsteuer verwenden, vgl. hierzu exemplarisch METZ, V., Kapitalisierungszinssatz bei der Unternehmensbewertung, S. 220.

823 Vgl. MOXTER, A., Grundsätze ordnungsmäßiger Unternehmensbewertung, S. 79; PEEMÖLLER, V. H./KUNOWSKI, S., Ertragswertverfahren, Rn. 49.

824 Vgl. IDW (Hrsg.), WP-Handbuch 2008, Abschn. A, Rn. 87; WOLLNY, C., Der objektivierte Unternehmenswert, S. 191.

unterscheidet bei der Ermittlung objektivierter Unternehmenswerte hinsichtlich der Ausschüttungsannahme zwischen der **Detailplanungsphase** und der Phase der **ewigen Rente**.[825]

In der **Detailplanungsphase** sollte die Ausschüttungsannahme nach Auffassung des IDW primär auf Grundlage des Unternehmenskonzepts getroffen werden.[826] Für die Verwendung der thesaurierten Beträge sollte ebenfalls auf das individuelle Unternehmenskonzept zurückgegriffen werden.[827] Das IDW betont in diesem Zusammenhang, dass „im Detailplanungszeitraum die Objektivierung zugunsten der Berücksichtigung des individuellen Unternehmenskonzepts zurücktritt“[828]. Liegen indes keine Planungen für die Verwendung thesaurierter Beträge vor, sei eine sachgerechte Prämisse zur Mittelverwendung zu treffen.[829]

Für die Phase der **ewigen Rente** wird grundsätzlich[830] angenommen, „dass das Ausschüttungsverhalten des zu bewertenden Unternehmens äquivalent zum Ausschüttungsverhalten der Alternativanlage ist“[831]. Für die Verwendung der thesaurierten Beträge wird die Annahme einer kapitalwertneutralen Wiederanlage getroffen.[832] Dies bedeutet, dass Thesaurierungen nur noch i. H. d. finanziellen Vorteils aus der Steuerstundung (aufgrund der zeitlich verlagerten Einkommensteuerzahlungen) gegenüber einer Ausschüttung werterhöhend wirken.[833]

Die Ausführungen des IDW zu den zu treffenden Ausschüttungsannahmen sind auf Bewertungen für Zwecke des **IFRS-Abschlusses** nur modifiziert übertragbar. Da im Rahmen dieser Arbeit nicht zwingend rechtlich eigenständige Unternehmen Gegenstand der Bewertung sind,[834] liegt eine Ausschüttungsmöglichkeit der zu bewertenden Einheit im Sinne des IDW S1 häufig nicht vor. Indes können und sollten die Bestimmungen des IDW S1 auch auf den

---

825 Vgl. hierzu IDW (Hrsg.), IDW S1 (2008), Tz. 36 f.

826 Vgl. IDW (Hrsg.), IDW S1 (2008), Tz. 36. Es gilt zu beachten, dass die getroffene Ausschüttungsannahme unter Berücksichtigung rechtlicher Rahmenbedingungen auch haltbar ist. Dies betrifft insbesondere auch die Frage der Ausschüttungsfähigkeit der geplanten Ausschüttungen, vgl. hierzu detailliert DRUKARCZYK, J./SCHÜLER, A., Unternehmensbewertung, S. 105-148.

827 Vgl. IDW (Hrsg.), IDW S1 (2008), Tz. 36; dies konkretisierend IDW (Hrsg.), WP-Handbuch 2008, Abschn. A, Rn. 92.

828 IDW (Hrsg.), WP-Handbuch 2008, Abschn. A, Rn. 97.

829 Vgl. IDW (Hrsg.), IDW S1 (2008), Tz. 36.

830 Einschränkend führt das IDW an, dass Besonderheiten der Branche, der Kapitalstruktur oder der rechtlichen Rahmenbedingungen zu beachten sind, vgl. IDW (Hrsg.), IDW S1 (2008), Tz. 37.

831 IDW (Hrsg.), IDW S1 (2008), Tz. 37 sowie dies näher erläuternd IDW (Hrsg.), WP-Handbuch 2008, Abschn. A, Rn. 97. Vgl. hierzu ferner WAGNER, W./JONAS, M./BALLWIESER, W./TSCHÖPEL, A., Grundsätze zur Durchführung von Unternehmensbewertungen, S. 894 sowie JONAS, M., Ausschüttungsverhalten und Betafaktor, S. 479-485.

832 Vgl. IDW (Hrsg.), IDW S1 (2008), Tz. 37.

833 Vgl. WAGNER, W./JONAS, M./BALLWIESER, W./TSCHÖPEL, A., Unternehmensbewertung, S. 1012; dem folgend WOLLNY, C., Der objektivierte Unternehmenswert, S. 208.

834 Vgl. hierzu die Ausführungen zur Abgrenzung der sachlichen Dimension in Abschnitt 431.

hier zu untersuchenden Sachkontext zwar in modifizierter Form, jedoch sinngemäß angewandt werden.

Die Maßgabe des IDW für die Phase des **Detailplanungszeitraums** auf die im Unternehmenskonzept dokumentierten Ausschüttungspläne zurückzugreifen, soll für Zwecke des **IFRS-Abschlusses** weiterhin durch die Vorgaben in der operativen Unternehmensplanung konkretisiert werden.[835] Die operative Unternehmensplanung von kleineren Bewertungsobjekten, beispielsweise einzelner strategischer Einheiten oder Geschäftsbereiche, sieht indes keine direkten Ausschüttungen an die Eigenkapitalgeber vor. Allerdings müssen in der operativen Unternehmensplanung, insbesondere in der Finanzplanung, sowohl Mittelzu- als auch -abflüsse einzelner Geschäftsbereiche berücksichtigt werden.[836] Die jeweiligen Mittelabflüsse aus den generierten Zahlungsüberschüssen eines einzelnen Bereichs könnten hier als fiktive „Ausschüttungen" des zu bewertenden Bereichs angesehen werden.

Eine wertorientierte Steuerung von einzelnen Geschäftsbereichen sollte die Mittelzuwendungen bzw. -abführungen nach der künftig zu erwartenden Ertragskraft der Einheiten richten. Dies stellt die übliche Vorgehensweise in der internen Steuerung von Geschäftsbereichen dar.[837] Insbesondere ertragsstarke Einheiten könnten demzufolge zunächst auch eine negative „Ausschüttungsquote" aufweisen, wenn dem zu bewertenden Bereich über die erwirtschafteten Zahlungsüberschüsse hinaus zusätzliche Mittel zur Verfügung gestellt werden.[838] Die „Thesaurierungsquote" würde folglich über 100 % hinausgehen. Für die Bewertung von einzelnen Geschäftsbereichen ist dieses Vorgehen als sinnvoll zu beurteilen, da sie dem betriebswirtschaftlichen Kalkül einer wertorientierten Steuerung entspricht.[839] Die Annahme einer durchschnittlichen „Ausschüttung" für die Bewertungsobjekte, die der geplanten Ausschüttungsquote des Unternehmens an die Eigenkapitalgeber entspräche, würde zu einer falschen bzw. irrationalen Bewertung des Ertragspotenzials der einzelnen Geschäftsbereiche führen und ist deshalb abzulehnen. Die Ausschüttungsannahme sollte folglich auf Basis der Mittelzuwendungen und -abführungen der zu bewertenden Objekte bestimmt werden.

---

835 So auch WOLLNY, C., Der objektivierte Unternehmenswert, S. 192 f., der den Verweis des IDW auf das Unternehmenskonzept als unpräzise kritisiert, da hierunter insbes. auch die langfristige strategische (Ausschüttungs-) Planung des Unternehmens verstanden werden könnte.

836 Vgl. zu Finanzplänen EGGER, A./WINTERHELLER, M., Kurzfristige Unternehmensplanung, S. 134 f.; FISCHER, H., Unternehmensplanung, S. 137-140.

837 Vgl. KUNZ, H., Wertorientierte Steuerung von Geschäftsbereichen, S. 47 f.

838 Dies wird beispielsweise für viele Geschäftsbereiche gelten, die sich in einer Wachstumsphase befinden bzw. denen allgemein ein hohes Wertschaffungspotenzial beigemessen wird, vgl. hierzu sinngemäß KUNZ, H., Wertorientierte Steuerung von Geschäftsbereichen, S. 48 f.

839 Vgl. KUNZ, H., Wertorientierte Steuerung von Geschäftsbereichen, S. 48 f.

Da die Mittelzu- und -abflüsse der einzelnen zu bewertenden Einheiten integraler Bestandteil der **operativen Unternehmensplanung** sind,[840] sollte diese im Sinne der Bestimmungen des IDW S1 hinsichtlich der Ausschüttungsannahme zugrunde gelegt werden. Auch hinsichtlich der zu erwartenden Wertzuwächse aus den thesaurierten Beträgen sollte für den Detailplanungszeitraum analog zum IDW S1 von den Annahmen der operativen Unternehmensplanung ausgegangen werden.

Für die Phase der **ewigen Rente** sollte aus Objektivierungsgründen (Grundsatz der Objektivierung), ebenso analog zu den Bestimmungen des IDW S1, indes von einer kapitalwertneutralen Wiederanlage der thesaurierten Beträge ausgegangen werden.[841] Unter dieser Annahme liegt der gegenüber einer Vollausschüttung zusätzliche Wertbeitrag aus Thesaurierungen ausschließlich in einem Steuerstundungseffekt begründet.[842] Da persönliche Steuern der Anteilseigner in den Bewertungen des **IFRS-Abschlusses** allerdings nicht berücksichtigt werden sollten (Grundsatz der Typisierung),[843] ist auch kein zusätzlicher Werteffekt aus Thesaurierungen zu berücksichtigen. Aus diesem Grund kann für die Phase der ewigen Rente (im Gegensatz zum IDW S1) eine **Vollausschüttungsfiktion** zugrunde gelegt werden.[844] Ausschüttungsannahmen, die auf Basis des Ausschüttungsverhaltens einer Vergleichsgruppe von Unternehmen (Peer Group) hergeleitet werden (IDW S1),[845] müssen für Bewertungen im Rahmen der IFRS-Rechnungslegung demnach nicht bestimmt werden.

432.13 Beurteilung der erreichbaren Objektivierung

Durch die Vorgabe, nur hinreichend konkretisierte künftige Zahlungsströme zu berücksichtigen, wurde versucht, die Verlässlichkeit der Prognosen zu erhöhen. Indes bleibt zu beachten,

---

840 So auch WOLLNY, C., Der objektivierte Unternehmenswert, S. 202. Die Abbildung der Kapitalallokationen in der operativen Unternehmensplanung ist Voraussetzung für eine wertorientierte Steuerung von Geschäftsbereichen. Vgl. ausführlich zu den Anforderungen an eine wertorientierte Geschäftsbereichsbeurteilung KUNZ, H., Wertorientierte Steuerung von Geschäftsbereichen, S. 46-50.

841 Im Rahmen objektivierter Unternehmenswertermittlungen stellt die Annahme einer kapitalwertneutralen Wiederanlage thesaurierter Mittel für die Phase der ewigen Rente die herrschende Meinung in der Unternehmensbewertungstheorie dar, vgl. BUSCH, K., Unternehmensbewertung von kleinen und mittleren Unternehmen, S. 241; IDW (Hrsg.), IDW S1 (2008), Tz. 37; WOLLNY, C., Der objektivierte Unternehmenswert, S. 209 f.

842 Vgl. exemplarisch WAGNER, W./JONAS, M./BALLWIESER, W./TSCHÖPEL, A., Unternehmensbewertung, S. 1012.

843 Vgl. hierzu die Ausführungen zur mittelbaren Typisierung in Abschnitt 432.124.

844 Eine solche fiktive unmittelbare Zurechnung der thesaurierten Beträge an die Anteilseigner wird bereits vom IDW aufgegriffen. Ohne weitere Modifikationen kann sie indes nur dann angewandt werden, wenn (wie im Rahmen dieser Arbeit) keine persönlichen Steuern zu berücksichtigen sind, vgl. hierzu IDW (Hrsg.), WP-Handbuch 2008, Abschn. A, Rn. 241.

845 Vgl. IDW (Hrsg.), IDW S1 (2008), Tz. 37 sowie dies näher erläuternd IDW (Hrsg.), WP-Handbuch 2008, Abschn. A, Rn. 97.

dass die Zahlungsreihe weiterhin zukunftsbezogen geschätzt wird. Zwar wird durch die Maßgabe, die künftigen Zahlungsströme auf Basis der hinreichend konkretisierten operativen Unternehmensplanungen herzuleiten, eine gewissermaßen **verengte Sicht der Zukunft** eingenommen, die auch einen wichtigen Mosaikstein zur (eingeschränkten) Objektivierung darstellt. Hierdurch werden beispielsweise die finanziellen Auswirkungen strategischer Investitionen, für die i. d. R. keine detaillierten Daten in quantifizierter Form vorliegen und die zeitlich weit entfernt liegen und somit als sehr unsicher zu beurteilen sind, in der Bewertung außer Acht gelassen.[846] Die prognostizierten künftigen Zahlungsüberschüsse stellen aber weiterhin **subjektive Schätzungen** der Geschäftsleitung bzw. der einzelnen Bereichsleitungen dar, die nicht anhand von Marktdaten ableitbar sind.[847] Dadurch, dass die Prognose der künftigen Zahlungsüberschüsse auf die operativen Planungsrechnungen beschränkt wird, kann folglich allenfalls eine sehr moderate „Normierung" bei der Schätzung künftiger Zahlungsströme erreicht werden.[848]

Die operative Unternehmensplanung leistet somit zur Objektivierung der Schätzungen einen tendenziell nur geringen Beitrag. Indes weist sie trotz ihrer Subjektivität für Zwecke der externen Rechnungslegung zwei zentrale Vorteile auf. Zum einen sind die Planungsrechnungen hinreichend konkret und liegen in detaillierter Form vor. Zum anderen ist aufgrund ihrer Steuerungsfunktion auf Ebene der einzelnen Geschäftsbereiche davon auszugehen, dass die Schätzungen, die den operativen Planungsrechnungen zugrunde liegen, nach bestem Wissen vorgenommen wurden. Die Anreize für das Management, die internen der Steuerung dienenden Daten für Zwecke der externen Kommunikation der Informationen zu verzerren, sind als vergleichsweise gering einzuschätzen.[849] Eine Verwendung der internen Daten in der externen Rechnungslegung (***management approach***)[850] würde die im Rahmen der externen Rechnungslegung bestehenden ausgeprägten Prinzipal-Agenten-Konflikte somit möglicherweise in Teilen entschärfen.[851] Hieraus wiederum könnte gefolgert werden, dass der zu fordernde Objektivierungsanspruch an die Bewertung reduziert werden könnte (vgl. Abbildung 10).

---

846 Vgl. hierzu im Kontext des IAS 36 auch BEYHS, O., Impairment of Assets, S. 124.

847 Vgl. KÜMMEL, J., Grundsätze für die Fair Value-Ermittlung, S. 93 f.; LIENAU, A./ZÜLCH, H., Ermittlung des value in use nach IFRS, S. 321 und 329. WOLLNY, C., Der objektivierte Unternehmenswert, S. 251 f.

848 Vgl. zu einer möglichen Normierung von Bandbreiten bei der Schätzung von künftigen Entwicklungen bereits BAETGE, J., Möglichkeiten der Objektivierung, S. 122-124.

849 Vgl. KIRSCH, H.-J./KOELEN, P., IFRS-Rechnungslegung und Unternehmensbewertung, S. 295 f.; KÜTING, K./DAWO, S., Bilanzpolitische Gestaltungspotenziale, S. 1212.

850 Vgl. ausführlich zum Grundgedanken des *management approach* BENECKE, B., Internationale Rechnungslegung und Management Approach sowie WEIßENBERGER, B. E./MAIER, M., Management Approach in der IFRS-Rechnungslegung.

851 Vgl. hierzu detailliert BENECKE, B., Internationale Rechnungslegung und Management Approach, S. 240-248. Zur Analyse der Objektivierungsnotwendigkeit unter Berücksichtigung von Anreizsystemen vgl. ausführlich HARTLE, J., Möglichkeiten der Entobjektivierung der Bilanz, S. 99-207.

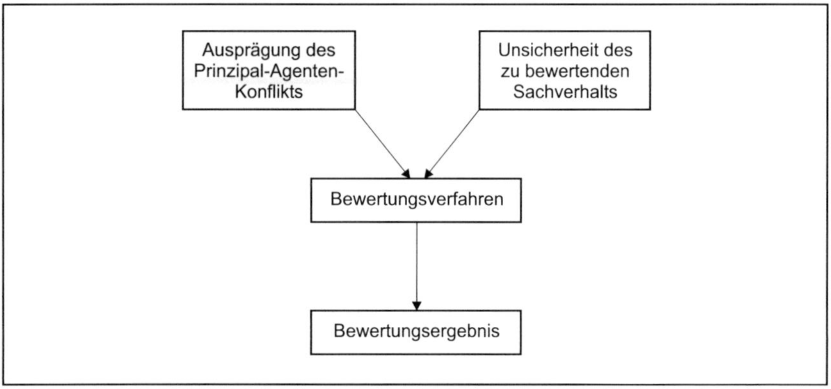

Abbildung 10: Der Einfluss der Ausprägung des Prinzipal-Agenten-Konflikts auf die erforderliche Objektivierung einer Bewertung (II)

Ein geringerer Grad an Objektivierung könnte möglicherweise auch dann akzeptiert werden, wenn dem Grundsatz der Transparenz zufolge **umfassende Erläuterungen** vom Unternehmen vorgenommen werden müssten. Zum einen könnte hierdurch die Manipulationsgefahr der mit hohen Ermessensspielräumen behafteten Prognose künftiger Zahlungsströme begrenzt werden.[852] Zum anderen würde der Prozess der Informationsentstehung für die Investoren transparenter werden, was die vermittelten Informationen nachvollziehbarer und glaubwürdiger werden ließe (Grundsatz der Transparenz).[853] Auf mögliche Erläuterungsvorschriften hinsichtlich der prognostizierten Zahlungsüberschüsse soll deshalb im nachfolgenden Abschnitt näher eingegangen werden.

432.2 Anforderungen an die Erläuterung

Der übergeordnete Grundsatz der Transparenz auf Ebene der Erläuterungsgrundsätze verlangt umfassende Offenlegungspflichten hinsichtlich der durchgeführten Bewertungen.[854] In erster Linie sind die **wesentlichen Annahmen**, die der Prognose der künftigen Zahlungsüberschüsse zugrunde liegen, darzulegen.[855] Hier sollte insbesondere darauf geachtet werden, dass dem Grundsatz der Informationszerlegung entsprechend die Ursache-Wirkungs-Zusammenhänge,

852 Vgl. BEYHS, O., Impairment of Assets, S. 296 f.; SCHMIDT, M., Konzept einer kapitalmarktorientierten Rechnungslegung, S. 63.

853 Vgl. Abschnitt 423.2.

854 Zum Grundsatz der Transparenz vgl. Abschnitt 423.2.

855 Vgl. hierzu exemplarisch BAETGE, J./KIRSCH, H.-J., Grundsätze ordnungsmäßiger Buchführung, Rn. 62 sowie HEPERS, L., Entscheidungsnützlichkeit der Bilanzierung von Intangible Assets, S. 117.

die sich in den Annahmen widerspiegeln, transparent gemacht werden.[856] Dadurch kann das Bewertungsergebnis von den externen Abschlussadressaten wesentlich besser nachvollzogen und eingeschätzt werden.[857] Insbesondere gegenüber der Vergangenheit veränderte Annahmen, z. B. modifizierte Annahmen hinsichtlich zentraler Ursache-Wirkungs-Zusammenhänge, sollten zudem quantifiziert, begründet und erläutert werden, da diese Annahmen von den Investoren nicht ausschließlich anhand vergangener Entwicklungen plausibilisiert werden können.[858]

Bei der Erläuterung der zugrunde liegenden Annahmen und der hierbei unterstellten Ursache-Wirkungs-Zusammenhänge bietet sich insbesondere auch eine **Sensitivitätsanalyse zentraler Parameter** an, die die Höhe der künftigen Zahlungsüberschüsse maßgeblich beeinflussen.[859] Beispielhaft könnten hier die finanziellen Auswirkungen einer Veränderung zentraler Kostenfaktoren, z. B. des Ölpreises, auf die Höhe der prognostizierten Zahlungsüberschüsse gezeigt werden, um auf die mitunter gewaltigen Hebeleffekte aufmerksam zu machen.[860] Aus den Sensitivitätsanalysen ließen sich Bandbreiten für Prognoseausprägungen ermitteln, wodurch die Unsicherheit, mit welcher die Prognose der künftigen Zahlungsströme behaftet ist, besser verdeutlicht werden könnte.[861]

Auf Basis der ermittelten Bandbreiten möglicher künftiger Zahlungsüberschüsse des Bewertungsobjekts sollten zumindest **einzelne Szenarien** der möglichen künftigen Entwicklung offengelegt werden, um der Forderung nach einer qualitativen Vollständigkeit zu entsprechen. So könnten beispielsweise ein sogenanntes „*best case*"-Szenario (optimistische Prognose), ein *worst case*-Szenario (pessimistische Prognose) und ein mittleres i. S. eines erwarteten Szenarios dargelegt werden.[862] Den Investoren werden so unterschiedliche Entwicklungsszenarien vermittelt, die die bestehende Unsicherheit der Bewertung verdeutlichen. Dies ermöglicht auch eine individuelle Beurteilung des zugrunde liegenden Risikos, sodass der einzelne

856 Vgl. BALLWIESER, W., Informations-GoB, S. 119; DOHRN, M., Entscheidungsrelevanz des Fair Value Accounting, S. 83.

857 Vgl. MAUCHER, M., Grundsätze ordnungsmäßiger Lageberichterstattung, S. 126 m. w. N.

858 Zu der zentralen Bedeutung einer möglichen Plausibilisierung zukunftsbezogener Informationen anhand von Vergangenheitsdaten vgl. KIRSCH, H.-J., Objektivierung künftiger Zahlungsströme bei einer Bewertung nach IFRS, S. 373 sowie MAUCHER, M., Grundsätze ordnungsmäßiger Lageberichterstattung, S. 110.

859 Vgl. HEPERS, L., Entscheidungsnützlichkeit der Bilanzierung von Intangible Assets, S. 119 sowie im Kontext des Value Reporting HEUMANN, R., Value Reporting, S. 66. Zur Nützlichkeit von Sensitivitätsanalysen im Kontext der Werthaltigkeitsprüfung eines derivativen Geschäfts- oder Firmenwerts nach IAS 36 vgl. BRÜGGEMANN, B., Die Berichterstattung im Anhang des IFRS-Abschlusses, S. 170 f.

860 Vgl. hierzu auch HEPERS, L., Entscheidungsnützlichkeit der Bilanzierung von Intangible Assets, S. 119 m. w. N.

861 Vgl. HEUMANN, R., Value Reporting, S. 66 m. w. N. Vgl. zu der Forderung für zukunftsgerichtete Informationen Bandbreiten anzugeben bereits BAETGE, J., Möglichkeiten der Objektivierung, S. 122-124 sowie S. 172 f.

862 Vgl. zu dieser Forderung auch IDW (Hrsg.), WP-Handbuch 2008, Abschn. A, Rn. 163 unter Verweis auf DELLMANN, K./DELLMANN, M., DCF-Valuation, S. 88. Ähnlich HEUMANN, R., Value Reporting, S. 66.

Investor ggf. individuelle, zusätzliche Risikozu- oder -abschläge berücksichtigen[863] oder einem bestimmten Szenario, das seine eigene Risikoeinschätzung besser abbildet, folgen könnte.

Sowohl Sensitivitäts- als auch Szenarioanalysen sind abhängig vom zugrunde liegenden Bewertungsobjekt unterschiedlich sinnvoll. Ist die künftige Entwicklung beispielsweise eines Geschäftsbereichs der Pharmabranche in hohem Maße von der Zulassung eines bestimmten Medikaments z. B. auf dem europäischen und/ oder auf dem US-amerikanischen Markt abhängig, erwiese sich eine Szenarioanalyse (finanzielle Überschüsse bei Zulassung oder Nichtzulassung) als in hohem Maße entscheidungsnützliche Information für die Beurteilung der bestehenden Unsicherheit. Somit sollte insbesondere der **konkrete Umfang der Erläuterungen** unter Berücksichtigung der individuellen Umfeldfaktoren des Bewertungsobjekts **einzelfallabhängig** bestimmt werden. Die generelle Forderung nach Sensitivitäts- und Szenarioanalysen sollte dabei aufrechterhalten werden.

Werden die wesentlichen Annahmen offengelegt und die diesen Annahmen zugrunde liegenden zentralen Ursache-Wirkungs-Zusammenhänge, unterstützt durch Sensitivitäts- und Szenarioanalysen, verdeutlicht, werden die Investoren zudem in die Lage versetzt, ex post eine detaillierte Abweichungsanalyse vornehmen zu können. Hierdurch wird eine **verbesserte Kontrolle** des Prognosegebers ermöglicht, die auf die Prognosekompetenz des Bewertenden schließen lässt.[864] Einhergehend mit einer verbesserten Kontrolle ist eine **disziplinierende ex ante-Wirkung** bezüglich einer extensiven Ausnutzung der bestehenden Ermessensspielräume durch das Management zu erwarten. Die Wahrscheinlichkeit, dass das Management die bestehenden Ermessensspielräume zum eigenen Vorteil ausübt, wird durch die weitergehenden Berichtspflichten c. p. sinken, wodurch das Vertrauen in die Prognose der künftigen Zahlungsströme wiederum gestärkt werden kann.[865]

Eine ex post-Beurteilung der getroffenen Schätzungsannahmen könnte aber auch vom bilanzierenden Unternehmen selbst vorgenommen bzw. diesem vorgeschrieben werden.[866] Hierbei

---

863 Die Notwendigkeit zur Typisierung aufgrund des breiten Anteilseignerkreises verhindert, dass subjektive Risikoeinstellungen einzelner Investoren in die Bewertung einfließen können. Die Offenlegungspflichten zur prognostizierten Zahlungsreihe in Form einer Sensitivitäts- und Szenarioanalyse bieten den Investoren indes die Möglichkeit, eine individuelle Einschätzung des Risikos im eigenen Kalkül abzubilden.

864 Vgl. SCHEELE, A., Lageberichterstattung, S. 30.

865 Vgl. BEYHS, O., Impairment of Assets, S. 296 f.; HAGEST, J./KELLINGHUSEN, G., Zur Problematik der Prognoseprüfung, S. 414 sowie HEUMANN, R., Value Reporting, S. 66 m. w. N.

866 Vgl. zu der Forderung eines ex post vorzunehmenden Soll-Ist-Vergleichs durch das Management im Kontext des Value Reporting HEUMANN, R., Value Reporting, S. 109 f. Im Rahmen der handelsrechtlichen Lageberichterstattung sollen den Investoren ebenfalls Informationen gegeben werden, anhand derer sie in die Lage versetzt werden, früher prognostizierte Entwicklungen mit den tatsächlich eingetretenen Entwicklungen vergleichen zu können. Vgl. hierzu KAJÜTER, P., Lagebericht, S. 200 sowie KIRSCH, H.-J./ KÖHRMANN, H., Inhalt des Lageberichts, Rn. 99 und 107.

böte sich eine analoge Vorgehensweise wie das sogenannte ***subsequent monitoring of cash flows*** an, das vom britischen Standardsetter bei der Prognose der künftigen Zahlungsströme im Rahmen der Werthaltigkeitsprüfung eines derivativen Geschäfts- oder Firmenwerts verpflichtend vorgeschrieben wurde.[867] Nach dieser in FRS 11.54 f. (UK-GAAP) kodifizierten Vorschrift müssen die tatsächlich eingetretenen Cashflows eines jeden Geschäftsjahres mit den ursprünglich prognostizierten Werten verglichen werden (FRS 11.54). Sofern sich herausstellt, dass die bis zum Betrachtungszeitpunkt tatsächlich eingetretenen Zahlungsüberschüsse wesentlich unter den Plandaten liegen, sodass sich möglicherweise ein Abwertungsbedarf ergeben hätte, wenn man in der Vergangenheit mit den inzwischen tatsächlich eingetretenen Cashflows geplant hätte, ist der Wertminderungstest zu wiederholen (FRS 11.54). Resultiert aus dem wiederholten Wertminderungstest ein Abwertungsbedarf, ist dieser gemäß FRS 11.54 in der aktuellen Periode zu erfassen. Diese vom britischen Standardsetter verpflichtend vorgeschriebene Regelung könnte den Anreiz für das rechnungslegende Management erhöhen, die künftigen Zahlungsüberschüsse des Bewertungsobjekts „ehrlich"[868] i. S. v. unverzerrt zu schätzen.

433. Konkretisierung der Nennergröße und Anforderungen an die Erläuterung

433.1 Die Ermittlung des Kapitalisierungszinssatzes und der Wachstumsrate

433.11 Vorbemerkungen

Die prognostizierten finanziellen Überschüsse des Bewertungsobjekts sind mit einem Kapitalisierungszinssatz auf den Bewertungsstichtag abzuzinsen.[869] Der Kapitalisierungszinssatz stellt hier ausschließlich die **Renditeforderung der Eigenkapitalgeber** dar (Kapitalisierungszinssatz im Nettokapitalisierungsverfahren), die den erwarteten finanziellen Überschüssen aus der besten Alternativanlage entsprechen sollte.[870] Damit ein sinnvoller Alternativenvergleich vorliegt, müssen die finanziellen Überschüsse aus dem Bewertungsobjekt und dem Vergleichsobjekt vergleichbar sein.[871] Hierfür muss den oben erläuterten Äquivalenzprinzi-

867 Vgl. hierzu FRS 11.54 f. sowie FRS 11.71. Zur näheren Erläuterung des *subsequent monitoring of cash flows* (auch als *subsequent cash flow test* bezeichnet) vgl. BEYHS, O., Impairment of Assets, S. 260; BRÜGGEMANN, B., Die Berichterstattung im Anhang des IFRS-Abschlusses, S. 168 sowie LÜDENBACH, N./FREIBERG, J., Objektivierungsbeitrag des Fair Value Measurement-Projekts, S. 444.

868 BEYHS, O., Impairment of Assets, S. 260 f.

869 Vgl. Abschnitt 322.21.

870 Vgl. KUHNER, C./MALTRY, H., Unternehmensbewertung, S. 80; MANDL, G./RABEL, K., Methoden der Unternehmensbewertung, Rn. 408; METZ, V., Kapitalisierungszinssatz bei der Unternehmensbewertung, S. 20. Die Entscheidung für die Anwendung eines Nettokapitalisierungsverfahrens wurde zu Beginn der Arbeit getroffen, vgl. hierzu die Ausführungen in Abschnitt 322.21.

871 Vgl. METZ, V., Kapitalisierungszinssatz bei der Unternehmensbewertung, S. 20; MANDL, G./RABEL, K., Unternehmensbewertung, S. 75.

pien entsprochen werden.[872] Um die Renditeforderung der Eigenkapitalgeber zu ermitteln, wird nach herrschender Meinung vorgeschlagen, die Rendite aus einer Investition in Unternehmensanteile (in Form eines Aktienportfolios) als Alternativanlage heranzuziehen.[873]

Während die künftigen finanziellen Überschüsse (Zählergröße) durch den Rückgriff auf unternehmensinterne Planungsdaten, zumindest für den Detailplanungszeitraum, hinreichend detailliert vorliegen, fällt eine Schätzung der Rendite der Alternativanlage (Nennergröße) auf Basis unternehmensinterner Daten vergleichsweise schwerer.[874] Insbesondere bei **objektivierten Wertermittlungen** bedient man sich deshalb verschiedener **Modellüberlegungen aus der Kapitalmarkttheorie**, die den Vorteil gewähren, einzelne Parameter des Kapitalisierungszinssatzes durch den Rückgriff auf Kapitalmarktdaten intersubjektiv nachprüfbar bestimmen zu können.[875]

Insbesondere das sogenannte **Capital Asset Pricing Model (CAPM)** sowie das **Tax-Capital Asset Pricing Model (Tax-CAPM)** haben sich als kapitalmarkttheoretische Modelle für objektivierte Wertermittlungen in der Unternehmensbewertungslehre etabliert.[876] Das Tax-CAPM ist eine Weiterentwicklung des CAPM und berücksichtigt die persönlichen Ertragsteuern der Anteilseigner explizit im Bewertungsmodell.[877] Da im Rahmen dieser Arbeit, wie oben erläutert, die persönlichen Ertragsteuern der Anteilseigner **mittelbar typisiert** werden,[878] also nicht explizit im Bewertungskalkül abgebildet werden, soll im Folgenden das **CAPM** herangezogen werden, um die Rendite der Alternativanlage zu bemessen.[879]

---

872 Zu den Äquivalenzprinzipien vgl. die Ausführungen in Abschnitt 322.231.

873 Vgl. KRATZ, N./WANGLER, C., Ermittlung entscheidungsrelevanter Kapitalkosten, S. 171 sowie detailliert METZ, V., Kapitalisierungszinssatz bei der Unternehmensbewertung, S. 24-35 und MUNKERT, M. J., Der Kapitalisierungszinssatz in der Unternehmensbewertung, S. 118 f. mit jeweils zahlreichen weiteren Nachweisen. Ebenso fordern dies die Bestimmungen des IDW S1, vgl. IDW (Hrsg.), IDW S1 (2008), Tz. 114; dies näher erläuternd IDW (Hrsg.), WP-Handbuch 2008, Abschn. A, Rn. 174 und 284 sowie WOLLNY, C., Der objektivierte Unternehmenswert, S. 256 f.

874 Vgl. KUNZ, H., Wertorientierte Steuerung von Geschäftsbereichen, S. 226.

875 Vgl. IDW (Hrsg.), WP-Handbuch 2008, Abschn. A, Rn. 284; KUNZ, H., Wertorientierte Steuerung von Geschäftsbereichen, S. 226; METZ, V., Kapitalisierungszinssatz bei der Unternehmensbewertung, S. 34 f. sowie WÜSTEMANN, J., Unternehmensbewertung, S. 1501 m. w. N.

876 Vgl. BALLWIESER, W., Unternehmensbewertung, S. 93; IDW (Hrsg.), WP-Handbuch 2008, Abschn. A, Rn. 285; WÜSTEMANN, J., Unternehmensbewertung, S. 1501 sowie HOWER, S., Unternehmensbewertung mit dem Tax-CAPM, S. 46 m. w. N.

877 Das Tax-CAPM wurde im Jahr 1970 maßgeblich von BRENNAN entwickelt, vgl. hierzu BRENNAN, M., Taxes. Im Jahr 2004 wurde dieses Modell von WIESE an die deutschen steuerlichen Verhältnisse angepasst und 2005 erstmals im IDW S1 verankert, vgl. hierzu WIESE, J., Unternehmensbewertung mit dem Nachsteuer-CAPM sowie ferner JONAS, M./LÖFFLER, A./WIESE, J., CAPM mit deutscher Einkommensteuer; im Mehrperiodenkontext vgl. WIESE, J., Nachsteuer-CAPM im Mehrperiodenkontext. Vgl. zu einer detaillierten Analyse des Tax-CAPM exemplarisch HOWER, S., Unternehmensbewertung mit dem Tax-CAPM.

878 Vgl. Abschnitt 432.124.

879 Vgl. im Kontext der Ermittlung objektivierter Unternehmenswerte auch die Bestimmungen des IDW S1, vgl. IDW (Hrsg.), IDW S1 (2008), Tz. 119 und 122.

Die Rendite der Alternativanlage setzt sich nach dem CAPM aus einem **risikolosen Zinssatz (Basiszinssatz)** und einer Risikoprämie bzw. einem **Risikozuschlag** zusammen und kann folglich zweistufig ermittelt werden.[880] Der Risikozuschlag wird durch eine multiplikative Verknüpfung der Marktrisikoprämie und dem sogenannten Betafaktor, der das individuelle Risiko des Bewertungsobjekts abbildet, bestimmt.[881] Die Rendite der Alternativanlage ergibt sich demnach aus der Beziehung:[882]

$$r_{EK} = r_f + (r_m - r_f) \cdot \beta$$

Legende:

r_{EK} = Renditeforderung der Eigenkapitalgeber
r_f = Risikoloser Zinssatz
r_m = Rendite des Marktportfolios
β = Betafaktor

Das dieser Arbeit zugrunde liegende Nettokapitalisierungsverfahren bildet ein mögliches **Wachstum** in der Phase der ewigen Rente neben der Renditeforderung der Eigenkapitalgeber ebenfalls im Nenner des Kalküls ab.[883] Somit umfassen die Nennergrößen des Bewertungskalküls insgesamt drei Komponenten, die nachfolgend zu konkretisieren sind. Zunächst sollen der risikolose Zinssatz und der Risikozuschlag als Bestandteile des Kapitalisierungszinssatzes sowie anschließend ein möglicher Wachstumsabschlag für die Phase der ewigen Rente zweckadäquat bestimmt werden.

433.12 Die Ermittlung des Kapitalisierungszinssatzes

433.121. Die Ermittlung des Basiszinssatzes

Der Basiszinssatz spiegelt ausschließlich den Zeitwert des Geldes wieder und soll eine risikolose Anlage repräsentieren.[884] Um den risikolosen Zinssatz zu bestimmen, wird i. d. R. auf

880 Vgl. MANDL, G./RABEL, K., Methoden der Unternehmensbewertung, Rn. 428 sowie MUNKERT, M. J., Der Kapitalisierungszinssatz in der Unternehmensbewertung, S. 120 m. w. N. Vgl. hierzu bereits die Ausführungen in Abschnitt 322.231.

881 Vgl. exemplarisch BALLWIESER, W., Unternehmensbewertung, S. 93 f. sowie DRUKARCZYK, J./SCHÜLER, A., Unternehmensbewertung, S. 69.

882 Vgl. hierzu auch IDW (Hrsg.), WP-Handbuch 2008, Abschn. A, Rn. 193.

883 Vgl. Abschnitt 322.21.

884 Vgl. BALLWIESER, W., Zum risikolosen Zins für die Unternehmensbewertung, S. 23; vgl. ausführlicher zur Aufgabe des risikolosen Zinssatzes KÜMMEL, J., Grundsätze für die Fair Value-Ermittlung, S. 174-177. Vgl. hierzu auch die grundlegenden Ausführungen in Abschnitt 322.231.

„quasisichere“ Renditen von Staatsanleihen zurückgegriffen, da vollständig risikolose Anlagen nicht existieren.[885] Der Basiszinssatz ist zum Zeitpunkt des Bewertungsstichtags zu bestimmen (Grundsatz der Stichtagsbezogenheit) und sollte für den gesamten Zeitraum gelten, für den Zahlungsströme prognostiziert werden (Laufzeitäquivalenzprinzip).[886] Im Regelfall wird bei der Prognose der künftigen Zahlungsströme von einer unbegrenzten Laufzeit des Unternehmens ausgegangen, sodass der Basiszinssatz ebenfalls eine unendliche Laufzeit aufweisen sollte.[887] In diesem Zusammenhang wird häufig das Problem der nicht gegebenen Laufzeitäquivalenz angeführt, da Staatsanleihen, im Gegensatz zu den prognostizierten Zahlungsüberschüssen, stets endlich sind.[888] Fraglich ist in diesem Zusammenhang, auf welche Weise die erforderlichen „Anschluss“-Zinssätze nach Ablauf der Restlaufzeit der festverzinslichen Staatsanleihen hergeleitet werden sollten,[889] worauf noch näher eingegangen wird. Das Problem der nicht gegebenen Laufzeitäquivalenz stellt sich also nur bei einem entsprechend langen Bewertungshorizont des zu bewertenden Objekts.

Um eine möglichst breite Datenbasis zu erhalten, auf welcher der Basiszinssatz ermittelt werden kann, sollten nicht nur inländische Staatsanleihen herangezogen werden.[890] Dies erscheint auch vor dem Hintergrund der IFRS-Rechnungslegung sinnvoll, da eine Beschränkung auf nationale Gegebenheiten dem supranationalen Anwendungsbereich der IFRS zuwiderlaufen könnte. Damit Währungsrisiken gegenüber den zu diskontierenden finanziellen Überschüssen ausgeschlossen werden, sollten die Staatsanleihen indes einer einheitlichen Währungszone angehören.[891] Für europäische Unternehmen mit europäischen Anteilseignern bieten sich **Renditen von Staatsanleihen der Euro-Zone**,[892] die von der EZB bereitgestellt werden, für

885 Vgl. BALLWIESER, W., Unternehmensbewertung, S. 83; MOXTER, A., Grundsätze ordnungsmäßiger Unternehmensbewertung, S. 146; MUNKERT, M. J., Der Kapitalisierungszinssatz in der Unternehmensbewertung, S. 120.

886 Vgl. BALLWIESER, W., Zum risikolosen Zins für die Unternehmensbewertung, S. 21. Zum Prinzip der Laufzeitäquivalenz vgl. Abschnitt 322.231.

887 Vgl. BALLWIESER, W., Zum risikolosen Zins für die Unternehmensbewertung, S. 21; IDW (Hrsg.), WP-Handbuch 2008, Abschn. A, Rn. 157.

888 Vgl. BALLWIESER, W., Zum risikolosen Zins für die Unternehmensbewertung, S. 33; MUNKERT, M. J., Der Kapitalisierungszinssatz in der Unternehmensbewertung, S. 122 f. Vgl. hierzu auch METZ, V., Kapitalisierungszinssatz bei der Unternehmensbewertung, S. 62 mit einem diesbezüglichen Verweis auf die Rechtsprechung.

889 Vgl. zu unterschiedlichen Möglichkeiten der Bestimmung der Anschlusszinssätze MUNKERT, M. J., Der Kapitalisierungszinssatz in der Unternehmensbewertung, S. 144-148.

890 Vgl. WOLLNY, C., Der objektivierte Unternehmenswert, S. 276.

891 Vgl. OBERMAIER, R., Kapitalmarktorientierte Bestimmung des Basiszinssatzes, S. 493. Zum Währungsäquivalenzprinzip vgl. BALLWIESER, W., Unternehmensbewertung, S. 82.

892 WIESE/GAMPENRIEDER merken in diesem Kontext an, dass die Renditen auf Basis von EZB-Daten zumeist über den Renditen auf Basis der Daten der Deutschen Bundesbank liegen, sodass die Vermutung nahe liegt, dass die Renditen auf Basis der europäischen Staatsanleihen eine kleine Risikoprämie erhalten. Eine Risikoprämie widerspräche dem theoretischen Konstrukt des risikolosen Basiszinssatzes, sodass eine Verwendung der Renditen auf Basis der Daten der Deutschen Bundesbank konzeptionell vorzugswürdig erschiene, vgl. hierzu WIESE, J./GAMPENRIEDER, P., Marktorientierte Ableitung des Basiszinses, S. 1725 f.

die Bestimmung des Basiszinssatzes an.[893] Emittenten mit höchster Bonität begeben Anleihen mit den niedrigsten Zinssätzen, d. h., die Anleihen enthalten die geringsten Risikozuschläge. Aus konzeptioneller Sicht sollten daher die Anleiherenditen des Staates ausgewählt werden, die die niedrigsten Zinssätze aufweisen, da man dem theoretischen Ideal eines (vollständig) risikolosen Zinssatzes am nächsten käme.[894]

Im Schrifttum werden unterschiedliche Vorgehensweisen diskutiert, auf welche Weise der Basiszinssatz auf Grundlage der Renditen von Staatsanleihen hergeleitet werden sollte.[895] Dies betrifft insbesondere die Frage, ob ein Durchschnitt historischer Renditen von Staatsanleihen gebildet werden sollte, oder ob stichtags- und laufzeitbezogene Zinssätze von Nullkuponstaatsanleihen (Zerobonds), sogenannte Spot Rates, zur Bestimmung des Basiszinssatzes herangezogen werden sollten.[896] Während historische Durchschnittsrenditen nach wie vor von der Rechtsprechung akzeptiert werden,[897] haben sich in der jüngeren Unternehmensbewertungslehre als herrschende Meinung **zum Bewertungsstichtag zu erhebende Spot Rates** als die theoretisch richtigen Alternativrenditen herausgebildet.[898]

Als theoretisch korrekt sind die laufzeitspezifischen Zinssätze der Zinsstrukturkurve[899] deshalb zu beurteilen, weil sie für jede Restlaufzeit die exakte Rendite angeben. Hierdurch wird eine **laufzeitäquivalente Bestimmung des Basiszinssatzes** ermöglicht.[900] Für jeden Zahlungsüberschuss des Bewertungsobjekts kann zu jedem Zeitpunkt die exakte, äquivalente (quasi) risikolose Verzinsung ermittelt werden.[901] Im Gegensatz dazu erfüllt ein historischer Durchschnittszinssatz lediglich dann das Kriterium der Laufzeitäquivalenz, wenn eine flache

---

Hierauf soll an dieser Stelle indes nicht weiter eingegangen werden; im Mittelpunkt soll hier die Möglichkeit einer objektivierten Ermittlung des Basiszinssatzes stehen.

893 Vgl. hierzu EUROPEAN CENTRAL BANK (Hrsg.), Long-term interest rate statistics for EU Member States.

894 Vgl. hierzu OBERMAIER, R., Bewertung, Zins und Risiko, S. 154 sowie dem folgend WOLLNY, C., Der objektivierte Unternehmenswert, S. 260.

895 Vgl. zu einer detaillierten Übersicht unterschiedlicher Methoden zur Bestimmung des Basiszinssatzes MUNKERT, M. J., Der Kapitalisierungszinssatz in der Unternehmensbewertung, S. 123-185 mit zahlreichen weiteren Nachweisen.

896 Vgl. WIESE, J./GAMPENRIEDER, P., Marktorientierte Ableitung des Basiszinses, S. 1723; WÜSTEMANN, J., Unternehmensbewertung, S. 1500 mit weiteren Nachweisen aus der Rechtsprechung.

897 Vgl. BayObLG, Beschluss vom 28.10.2005, S. 42; LG Dortmund, Beschluss vom 19.03.2007, S. 794; OLG Düsseldorf, Urteil vom 23.01.2008, Rn. 62 sowie WÜSTEMANN, J., Basiszinssatz und Risikozuschlag, S. 2224 m. w. N.

898 Vgl. METZ, V., Kapitalisierungszinssatz bei der Unternehmensbewertung, S. 63; MUNKERT, M. J., Der Kapitalisierungszinssatz in der Unternehmensbewertung, S. 161; SCHWETZLER, B., Zinsänderungsrisiko und Unternehmensbewertung, S. 1095; WIESE, J./GAMPENRIEDER, P., Marktorientierte Ableitung des Basiszinses, S. 1723; WOLLNY, C., Der objektivierte Unternehmenswert, S. 276.

899 Als Zinsstrukturkurve bezeichnet man die Gesamtheit aller Spot Rates für unterschiedliche Laufzeiten, vgl. KRUSCHWITZ, L./LÖFFLER, A., Kapitalkosten aus theoretischer und praktischer Perspektive, S. 806.

900 Vgl. METZ, V., Kapitalisierungszinssatz bei der Unternehmensbewertung, S. 64.

901 Vgl. GEBHARDT, G./DASKE, H., Kapitalmarktorientierte Bestimmung von risikofreien Zinssätzen, S. 655; METZ, V., Kapitalisierungszinssatz bei der Unternehmensbewertung, S. 64.

Zinsstruktur vorliegt, da bei Vorliegen nicht flacher Zinsstrukturkurven nicht jeder Zahlungsstrom mit dem jeweiligen laufzeitabhängigen Zinssatz diskontiert wird.[902] Flache Zinsstrukturkurven liegen i. d. R. aber nicht vor,[903] sodass durch die Verwendung von historischen Durchschnittsrenditen vermeidbare Bewertungsfehler in Kauf genommen würden.[904] Zu beurteilen ist nun, ob die konzeptionell überlegenen laufzeitspezifischen Zinssätze der Zinsstrukturkurve auch für Bewertungen im Rahmen der **IFRS-Rechnungslegung** herangezogen werden sollten.

Im Gegensatz zu historischen Durchschnittsrenditen basieren stichtagsbezogene Spot Rates auf aktuellen Marktinformationen zum Bewertungsstichtag. Die stichtagsbezogene Zinsstrukturkurve zeigt die Handlungsmöglichkeiten des Investors hinsichtlich seiner (risikolosen) Alternativanlage zum Bewertungsstichtag.[905] Folglich entsprechen sie in einem höheren Maße dem Grundsatz der Stichtagsbezogenheit.

Da die stichtagsbezogenen Spot Rates aktuelle Markterwartungen über die künftige Zinsentwicklung widerspiegeln,[906] wird auch dem Grundsatz der Zukunftsorientierung in adäquater Weise entsprochen. Die Zinsstrukturkurve stellt die Zukunftserfolge der risikolosen Alternativanlage zum Bewertungsstichtag dar.[907] Historische Durchschnittsrenditen vernachlässigen indes die zum Bewertungsstichtag vorhandenen aggregierten Erwartungen der Marktteilnehmer bzw. gewichten diese aktuellen Marktdaten geringer, sodass auch hinsichtlich des Zukunftsbezugs historische Durchschnittsrenditen gegenüber stichtagsbezogenen Spot Rates Nachteile aufweisen.[908]

Die in der Vergangenheit oftmals angeführte Kritik, dass die Zinsstrukturkurve kaum zugänglich sei, gilt heute nicht mehr, da sowohl zunächst die Deutsche Bundesbank[909] (ab 1997) als nun auch die Europäische Zentralbank[910] (ab 2007) börsentäglich Zeitreihen zur Schätzung

902 Vgl. exemplarisch BALLWIESER, W., Zum risikolosen Zins für die Unternehmensbewertung, S. 24 sowie METZ, V., Kapitalisierungszinssatz bei der Unternehmensbewertung, S. 63 m. w. N.

903 Vgl. BALLWIESER, W., Zum risikolosen Zins für die Unternehmensbewertung, S. 24; OBERMAIER, R., Kapitalmarktorientierte Bestimmung des Basiszinssatzes, S. 493.

904 Vgl. MUNKERT, M. J., Der Kapitalisierungszinssatz in der Unternehmensbewertung, S. 162. Zu einer empirischen Untersuchung vgl. LAMPENIUS, N./OBERMAIER, R./SCHÜLER, A., Einfluss stichtags- und laufzeitäquivalenter Basiszinssätze auf den Unternehmenswert.

905 Vgl. METZ, V., Kapitalisierungszinssatz bei der Unternehmensbewertung, S. 54 f. sowie MUNKERT, M. J., Der Kapitalisierungszinssatz in der Unternehmensbewertung, S. 126.

906 Vgl. exemplarisch MANDL, G./RABEL, K., Unternehmensbewertung, S. 134.

907 Vgl. JAECKEL, U., Bestimmung des Basiszinsfußes, S. 562; SCHWETZLER, B., Zinsänderungsrisiko und Unternehmensbewertung, S. 1089.

908 Vgl. hierzu ebenso HACHMEISTER, D./WIESE, J., Zinsfuß in der Unternehmensbewertung, S. 55-58.

909 Vgl. DEUTSCHE BUNDESBANK (Hrsg.), Zeitreihe – Zinsstrukturkurve (Svensson-Methode).

910 Vgl. hierzu EUROPEAN CENTRAL BANK (Hrsg.), Euro area yield curve.

der Zinsstrukturkurve zur Verfügung stellen.[911] Die Möglichkeit, auf die Parameter der Deutschen Bundesbank bzw. der Europäischen Zentralbank zurückzugreifen, trägt einen deutlichen Schritt hin zu einer objektivierten Ermittlung des Kapitalisierungszinssatzes bei,[912] sodass dieses Vorgehen im Rahmen der IFRS-Rechnungslegung durchaus zu befürworten ist. Dem Grundsatz der Objektivierung wird somit in hohem Maße entsprochen. Der oftmals hervorgehobene Objektivierungsvorteil, der historischen Durchschnittsrenditen zugesprochen wird, ist hingegen in Frage zu stellen. Durch unterschiedliche Methoden der Durchschnittsberechnung, beispielsweise hinsichtlich des zugrunde liegenden Zeitraums für die Durchschnittsberechnung, eröffnen sich dem Bewertenden erhebliche Ermessensspielräume mit teilweise bedeutenden Werteffekten.[913]

Die konzeptionell überlegenen stichtags- und laufzeitbezogenen Zinssätze der Zinsstrukturkurve erfüllen somit die Anforderungen, die an Bewertungen in der **IFRS-Rechnungslegung** zu stellen sind. Insbesondere die Möglichkeit, auf die Daten der unabhängigen Institutionen der Deutschen Bundesbank bzw. der Europäischen Zentralbank zurückgreifen zu können, bringt weitreichende Objektivierungsvorteile mit sich, die für Bewertungen in der IFRS-Rechnungslegung zentral sind.[914]

Sowohl die Deutsche Bundesbank als auch die Europäische Zentralbank verwenden zur Herleitung der Zinsstrukturkurven die sogenannte NELSON/SIEGEL/SVENSSON-Methode, auf deren konkrete Ausgestaltung hier nicht näher eingegangen werden soll.[915] Die für diese Methode erforderlichen Parameter werden täglich bereitgestellt, sodass zu jedem beliebigen Bewertungsstichtag Zinsstrukturkurven dargestellt werden können.[916] Auf diese Weise sind grundsätzlich für **beliebige künftige Zeiträume** Spot Rates verfügbar.[917]

911 Vgl. METZ, V., Kapitalisierungszinssatz bei der Unternehmensbewertung, S. 63 f.; OBERMAIER, R., Kapitalmarktorientierte Bestimmung des Basiszinssatzes, S. 495; WIESE, J./GAMPENRIEDER, P., Marktorientierte Ableitung des Basiszinses, S. 1723.

912 Vgl. ARBEITSKREIS UNTERNEHMENSBEWERTUNG, Eckdaten zur Bestimmung des Kapitalisierungszinssatzes, S. 555; IDW (Hrsg.), WP-Handbuch 2008, Abschn. A, Rn. 288; METZ, V., Kapitalisierungszinssatz bei der Unternehmensbewertung, S. 70; WÜSTEMANN, J., Unternehmensbewertung, S. 1500.

913 Vgl. BAETGE, J./KRAUSE, C., Berücksichtigung des Risikos in der Unternehmensbewertung, S. 449; MUNKERT, M. J., Der Kapitalisierungszinssatz in der Unternehmensbewertung, S. 125; OBERMAIER, R., Kapitalmarktorientierte Bestimmung des Basiszinssatzes, S. 497.

914 Ebenso BAETGE, J., Verwendung von DCF-Kalkülen, S. 20 und 23.

915 Zu einer näheren Erläuterung dieser Methode vgl. exemplarisch OBERMAIER, R., Kapitalmarktorientierte Bestimmung des Basiszinssatzes, S. 495 f. sowie WIESE, J./GAMPENRIEDER, P., Marktorientierte Ableitung des Basiszinses, S. 1722-1726 m. w. N.

916 Vgl. JONAS, M./WIELAND-BLÖSE, H./SCHIFFARTH, S., Basiszinssatz in der Unternehmensbewertung, S. 648.

917 Vgl. WIESE, J./GAMPENRIEDER, P., Marktorientierte Ableitung des Basiszinses, S. 1723. Zu einer beispielhaften Darstellung mit hergeleiteten Zinssätzen für Restlaufzeiten bis zu 249 Jahren vgl. IDW (Hrsg.), WP-Handbuch 2008, Abschn. A, Rn. 289.

Das häufig im Rahmen der Ermittlung des Basiszinssatzes aufgegriffene Problem der fehlenden Laufzeitäquivalenz[918] scheint demnach gelöst zu sein. Indes gilt zu berücksichtigen, dass die Ableitung der Zinsstrukturkurve auf Basis der bereitgestellten Parameter lediglich für einen Zeitraum von bis zu 30 Jahren auf Marktdaten basiert, da über längere Laufzeiten i. d. R. keine Staatsanleihen emittiert werden.[919] Die Daten der Zinsstrukturkurve, die über einen Zeitraum von 30 Jahren hinaus geschätzt werden, basieren auf der Annahme, dass die Zinsstrukturkurve immer flacher wird und gegen einen bestimmten Wert konvergiert.[920] Bei dieser Annahme handelt es sich um eine Normierung, die das Problem der nicht vollständig laufzeitäquivalenten Renditen der Staatsanleihen für zukunftsorientierte Bewertungen in der IFRS-Rechnungslegung, die einen längeren Betrachtungshorizont als 30 Jahre erfordern, zunächst einmal löst. Allerdings wurde jüngst vom FAUB empfohlen, den Zerobond-Zinssatz mit einer Restlaufzeit von 30 Jahren als nachhaltigen Schätzwert für Laufzeiten über 30 Jahre hinaus anzusetzen.[921] Begründend führt der FAUB an, dass die Schätzfunktion der Zinsstrukturkurve für über 30 Jahre hinausgehende Zeiträume nur begrenzt verwendbar ist.[922] Diese Empfehlung des FAUB stellt eine sachgerechte Normierung dar.

Aus Vereinfachungsgründen empfiehlt es sich, aus den laufzeitspezifischen Zinssätzen der Zinsstrukturkurve einen barwertäquivalenten, laufzeitkonstanten, also **einheitlichen Basiszinssatz** abzuleiten.[923] Neben einer vereinfachten Anwendung bzw. einer verbesserten Darstellung in der Barwertformel der ewigen Rente wird die Berechnung des Risikozuschlags, in den der risikolose Basiszinssatz einfließt, vereinfacht.[924]

---

918 Vgl. BALLWIESER, W., Zum risikolosen Zins für die Unternehmensbewertung, S. 33; MUNKERT, M. J., Der Kapitalisierungszinssatz in der Unternehmensbewertung, S. 122 f.

919 Vgl. WIESE, J./GAMPENRIEDER, P., Marktorientierte Ableitung des Basiszinses, S. 1723 sowie WOLLNY, C., Der objektivierte Unternehmenswert, S. 273 f.

920 Diese Annahme liegt der Konzeption der NELSON/SIEGEL/SVENSSON-Methode zugrunde. Vgl. hierzu exemplarisch WIESE, J./GAMPENRIEDER, P., Marktorientierte Ableitung des Basiszinses, S. 1723 f. Vgl. zu einer ausführlichen Diskussion alternativer Vorschläge zur Bestimmung des Wiederanlagezinssatzes MUNKERT, M. J., Der Kapitalisierungszinssatz in der Unternehmensbewertung, S. 144-148.

921 Vgl. IDW (Hrsg.), Hinweise des FAUB zur Bestimmung des Basiszinssatzes im Rahmen objektivierter Unternehmensbewertungen, S. 491.

922 Vgl. IDW (Hrsg.), Hinweise des FAUB zur Bestimmung des Basiszinssatzes im Rahmen objektivierter Unternehmensbewertungen, S. 491.

923 Vgl. JONAS, M./WIELAND-BLÖSE, H./SCHIFFARTH, S., Basiszinssatz in der Unternehmensbewertung, S. 647 f.; WAGNER, W./JONAS, M./BALLWIESER, W./TSCHÖPEL, A., Unternehmensbewertung, S. 1015; WIESE, J./GAMPENRIEDER, P., Marktorientierte Ableitung des Basiszinses, S. 1724 f.

924 Vgl. hierzu exemplarisch BUSCH, K., Unternehmensbewertung von kleinen und mittleren Unternehmen, S. 156 sowie WOLLNY, C., Der objektivierte Unternehmenswert, S. 281 f.

433.122. Die Ermittlung des Risikozuschlags

433.122.1 Konzeptionelle Grundlage der Ermittlung des Risikozuschlags

Die Unternehmensbewertungslehre sieht die mehrwertige Zahlungsstromprognose im theoretischen Ideal zum einen als Grundlage zur Ermittlung des Erwartungswerts der künftigen Zahlungsströme (Zähler) und zum anderen als Basis zur Ableitung des Risikozuschlags (Nenner).[925] Um den Risikozuschlag bestimmen zu können, müsste zusätzlich zur mehrwertigen Zahlungsstromprognose die individuelle Risikoeinstellung des Investors bekannt sein.[926] Diese Voraussetzung ist indes häufig nicht gegeben.[927] Dies gilt insbesondere für die IFRS-Rechnungslegung, bei der das bewertende Unternehmen i. d. R. nicht einmal die Gesamtheit der gegenwärtigen Investoren kennt. Ferner ist die Bestimmung des Risikozuschlags für Zwecke des IFRS-Abschlusses aus Sicht mehrerer Personen vorzunehmen, sodass Typisierungen erforderlich werden (Grundsatz der Typisierung).[928]

Die „theoretisch ideale" Ableitung des Risikozuschlags aus den mehrwertigen Zahlungsstromprognosen scheint im Rahmen der IFRS-Rechnungslegung demzufolge nicht zielführend bzw. nicht umsetzbar zu sein. Mit dem CAPM wird der Idee gefolgt, die Risikoneigung der Investoren mit Hilfe von Marktdaten zu typisieren.[929] Für eine marktorientierte Bestimmung des Risikozuschlags spricht sich auch das IDW im Standard zur Durchführung von Unternehmensbewertungen (S1) in Bezug auf objektivierte Unternehmensbewertungen aus.[930] Vielfach wird eine Typisierung mit Hilfe von vergangenen Kapitalmarktdaten empfohlen, die zugleich den Vorteil einer objektivierten[931] Typisierung gewährt (Grundsatz der Objektivierung).[932] Die zentralen Vorteile eines Rückgriffs auf Kapitalmarktdaten zur Bestimmung des risikoadäquaten Zuschlags liegen demnach darin, dass zum einen keine Kenntnisse über die

925 Vgl. hierzu ausführlich MUNKERT, M. J., Der Kapitalisierungszinssatz in der Unternehmensbewertung, S. 210-225. In diesem Kontext beschreibt MUNKERT auch die theoretische Herleitung eines Risikoabschlags im Zähler (sogenannte Risikoabschlagsmethode).

926 Vgl. MUNKERT, M. J., Der Kapitalisierungszinssatz in der Unternehmensbewertung, S. 222.

927 Vgl. METZ, V., Kapitalisierungszinssatz bei der Unternehmensbewertung, S. 87; MUNKERT, M. J., Der Kapitalisierungszinssatz in der Unternehmensbewertung, S. 222.

928 Vgl. hierzu auch Abschnitt 422.4.

929 Vgl. BAETGE, J./KRAUSE, C., Berücksichtigung des Risikos in der Unternehmensbewertung, S. 436 f. sowie TSCHÖPEL, A., Grenzpreisbestimmungen S. 247. Vgl. zu einer Übersicht möglicher kapitalmarktorientierter Verfahren zur Bestimmung des Risikozuschlags (bzw. des Risikoabschlags) MUNKERT, M. J., Der Kapitalisierungszinssatz in der Unternehmensbewertung, S. 225-253.

930 Vgl. IDW (Hrsg.), IDW S1 (2008), Tz. 114-122.

931 Die Notwendigkeit einer Objektivierung der durchgeführten Bewertungen in der IFRS-Rechnungslegung wird in den Abschnitten 41 und 422.7 erläutert.

932 Vgl. BAETGE, J./KRAUSE, C., Berücksichtigung des Risikos in der Unternehmensbewertung, S. 436 f.; NOWAK, K., Marktorientierte Unternehmensbewertung, S. 182. Zu einer ausführlichen Analyse zur kapitalmarktbezogenen Ableitung von Risikoprämien vgl. METZ, V., Kapitalisierungszinssatz bei der Unternehmensbewertung, S. 179-245.

individuellen Risikoeinstellungen der Investoren vorliegen müssen[933] und zum anderen keine subjektiven Annahmen durch das bewertende Unternehmen getroffen werden müssen.[934]

433.122.2 Die Ermittlung der Marktrisikoprämie

Wie bereits angeführt, ergibt sich der Risikozuschlag nach dem CAPM aus dem Produkt des Marktpreises des Risikos (Marktrisikoprämie) und dem Betafaktor.[935] Da im Rahmen dieser Arbeit eine mittelbare Typisierung persönlicher Ertragsteuern für sachgerecht gehalten wird,[936] ist eine **Marktrisikoprämie vor persönlichen Ertragsteuern** heranzuziehen, um den Risikozuschlag zu ermitteln.[937]

Die Marktrisikoprämie stellt die Differenz zwischen der Rendite des Marktportfolios und dem risikolosen Zinssatz dar, die ein Investor erwarten darf, wenn er sein Kapital nicht risikolos, sondern in ein gut diversifiziertes Portfolio riskanter Kapitalanlagen investiert.[938] Das Marktportfolio umfasst aus theoretischer Sicht sämtliche zur Verfügung stehenden riskanten Kapitalanlagen.[939] Da es in der Praxis nicht möglich ist, die Rendite eines solchen Gesamtmarktportfolios zu messen, wird als Surrogat des Marktportfolios üblicherweise auf einen Aktienindex zurückgegriffen.[940] Um die Eigenschaften des Gesamtmarktes zumindest annähernd gut abbilden zu können, sollte ein möglichst **breiter Aktienindex** herangezogen werden, der nicht durch einzelne Branchen dominiert wird.[941] Ferner sollte der Aktienindex dem Portfolio eines **repräsentativen Investors** (sogenannter „*marginal investor*") des zu bewertenden Objekts entsprechen. Ist der repräsentative Investor z. B. in erster Linie national tätig, sollte ein

933 Vgl. FRANKE, G./HAX, H., Finanzwirtschaft des Unternehmens und Kapitalmarkt, S. 370.

934 Vgl. JONAS, M., Unternehmensbewertung, S. 95 f.; MUNKERT, M. J., Der Kapitalisierungszinssatz in der Unternehmensbewertung, S. 238.

935 Vgl. exemplarisch BALLWIESER, W., Unternehmensbewertung, S. 93 f. sowie DRUKARCZYK, J./SCHÜLER, A., Unternehmensbewertung, S. 69.

936 Dies hat zur Konsequenz, dass weder im Zähler noch im Nenner des Bewertungskalküls explizit persönliche Steuern der Investoren zu berücksichtigen sind, vgl. hierzu auch die näheren Ausführungen in Abschnitt 432.124.

937 Vgl. IDW (Hrsg.), IDW S1 (2008), Tz. 119; MUNKERT, M. J., Der Kapitalisierungszinssatz in der Unternehmensbewertung, S. 295. Im weiteren Verlauf der Arbeit ist bei Nennung des Begriffs der Marktrisikoprämie stets die Marktrisikoprämie vor persönlicher Ertragsteuer gemeint, soweit nicht explizit auf eine Nachsteuerrendite hingewiesen wird.

938 Vgl. exemplarisch KRUSCHWITZ, L./LÖFFLER, A., Kapitalkosten aus theoretischer und praktischer Perspektive, S. 806.

939 Vgl. BAETGE, J./KRAUSE, C., Berücksichtigung des Risikos in der Unternehmensbewertung, S. 441; STEINER, M./KLEEBERG, J., Anwendung des Capital Asset Pricing Model, S. 174.

940 Vgl. ROSS, S. A., Capital Asset Pricing Model, S. 892; WINKELMANN, M., Aktienbewertung, S. 105; ZIMMERMANN, P., Schätzung und Prognose von Betawerten, S. 91.

941 Vgl. BÖCKING, H.-J./NOWAK, K., Typisierungsproblematik bei Unternehmensbewertungen, S. 688-690; ROSS, S. A./WESTERFIELD, R. W./JAFFE, J., Corporate Finance, S. 280; STEINER, M./KLEEBERG, J., Anwendung des Capital Asset Pricing Model, S. 175 f.

nationaler Aktienindex zugrunde gelegt werden, investiert er indes eher global, ist als Surrogat für das Marktportfolio entsprechend ein globaler Aktienindex zu wählen.[942]

Bei der Anwendung des CAPM wird i. d. R. auf **historische Daten** zurückgegriffen, um den Marktpreis des Risikos, also die Überschussrendite gegenüber einer risikolosen Kapitalanlage, zu bestimmen.[943] Hiermit ist die nicht unumstrittene Prämisse verbunden, dass die historischen Kapitalmarktverhältnisse repräsentativ für die Zukunft seien, d. h., dass von einer zeitlichen Stabilität historischer Marktrisikoprämien ausgegangen werden könne.[944] Es wird demnach der Hypothese gefolgt, „dass ein rationaler Marktteilnehmer den bisher beobachteten Durchschnittswert als Orientierung für seine gegenwärtige Erwartung verwendet."[945] Da Kapitalmarktdaten stets gegenwärtige Erwartungen der Marktteilnehmer über die künftige Entwicklung widerspiegeln, weisen auch die historischen Daten einen zumindest partiellen Zukunftsbezug auf.

Als zentraler Vorteil einer auf Basis historischer Kapitalmarktdaten ermittelten Marktrisikoprämie wird oftmals ein hoher Grad an **Objektivierung** angeführt.[946] Indes ist der vermeintliche Objektivierungsvorteil durch die Verwendung historischer Aktienrenditen durchaus in Frage zu stellen.[947] Empirisch wurde festgestellt, dass die zu berechnende Marktrisikoprämie in starkem Maße von der Länge der Messperiode,[948] von der Länge der Renditeintervalle innerhalb der Messperiode[949] sowie von der Wahl des Aktienindex[950] als Surrogat für das

---

942 Vgl. DAMODARAN, A., Damodaran on Valuation, S. 48.

943 Vgl. exemplarisch BORN, K., Unternehmensanalyse und Unternehmensbewertung, S. 117 sowie METZ, V., Kapitalisierungszinssatz bei der Unternehmensbewertung, S. 212-222 m. w. N.

944 Vgl. BAETGE, J./KRAUSE, C., Berücksichtigung des Risikos in der Unternehmensbewertung, S. 447 f. sowie MUNKERT, M. J., Der Kapitalisierungszinssatz in der Unternehmensbewertung, S. 240 f. Zur (unzureichenden) zeitlichen Stabilität historischer Marktrisikoprämien vgl. ausführlich METZ, V., Kapitalisierungszinssatz bei der Unternehmensbewertung, S. 214-216 m. w. N.

945 KRUSCHWITZ, L./LÖFFLER, A., Kapitalkosten aus theoretischer und praktischer Perspektive, S. 807. Aus der Kritik an einer vergangenheitsbezogenen Ermittlung der Marktrisikoprämien wurden verschiedene Ansätze einer zukunftsorientierten Ermittlung der Marktrisikoprämie entwickelt, vgl. zu einer ausführlichen Übersicht METZ, V., Kapitalisierungszinssatz bei der Unternehmensbewertung, S. 222-238. Vgl. ferner DASKE, H./GEBHARDT, G./KLEIN, S., Expected Cost of Equity Using Consensus Forecasts, S. 4-10.

946 Vgl. BEYHS, O., Impairment of Assets, S. 238; IDW (Hrsg.), WP-Handbuch 2008, Abschn. A, Rn. 284; NOWAK, K., Marktorientierte Unternehmensbewertung, S. 182; WOLLNY, C., Der objektivierte Unternehmenswert, S. 68 und 76. Vgl. ferner MUNKERT, M. J., Der Kapitalisierungszinssatz in der Unternehmensbewertung, S. 238 m. w. N.

947 Vgl. ALBRECHT, T., Höhe der Marktrisikoprämie bei Aktien, S. 575; BAETGE, J./KRAUSE, C., Berücksichtigung des Risikos in der Unternehmensbewertung, S. 453; BÖCKING, H.-J./NOWAK, K., Typisierungsproblematik bei Unternehmensbewertungen, S. 690; METZ, V., Kapitalisierungszinssatz bei der Unternehmensbewertung, S. 221. Zu diesbezüglichen Nachweisen aus der Rechtsprechung vgl. WÜSTEMANN, J., Unternehmensbewertung, S. 1501.

948 Zu einer tabellarischen Übersicht über empirische Studien zur Ermittlung der Marktrisikoprämie bei unterschiedlichen Betrachtungszeiträumen vgl. exemplarisch METZ, V., Kapitalisierungszinssatz bei der Unternehmensbewertung, S. 214 f.

949 Vgl. hierzu exemplarisch COPELAND, T./KOLLER, T./MURRIN, J., Unternehmenswert, S. 270.

Marktportfolio beeinflusst wird.[951] Einer Studie von BAETGE/KRAUSE zufolge lassen sich ausschließlich durch Variation der Länge der Messperiode derart unterschiedliche Marktrisikoprämien ermitteln (bei nahezu konstantem Betafaktor), dass sich Kapitalisierungszinssätze in einer Bandbreite von 1 % bis 17 % ergeben.[952] METZ betont, dass sich „bei dem üblicherweise verwendeten Signifikanzniveau von 95 % die wahre historische Marktrisikoprämie nur auf eine Bandbreite von -1,8 % bis 12,7 %“[953] eingrenzen lässt.[954] Aufgrund dieser erheblichen Gestaltungsspielräume scheint die Bestimmung der Marktrisikoprämie „nahezu auf beliebige Weise möglich.“[955]

Diese Ermessensspielräume gilt es insbesondere vor dem Hintergrund der hohen Objektivierungsanforderungen des **IFRS-Abschlusses** einzuschränken. Um die „Scheinobjektivität“[956] der Marktrisikoprämie in eine tatsächlich objektivierte Marktrisikoprämie zu überführen, bedarf es **konkreter Normierungen**.[957] Sowohl durch eine explizite Festsetzung einer konkreten Marktrisikoprämie als auch durch eine normierte Ermittlungsmethodik könnten die bestehenden Ermessensspielräume beseitigt und die Marktrisikoprämie folglich objektiviert werden.[958]

Eine unternehmens- bzw. **bewertungsobjektübergreifende Festsetzung** einer konkreten Marktrisikoprämie oder der Ermittlungsmethodik wäre auch sachgerecht, da die Marktrisikoprämie unabhängig von unternehmenseigenen Parametern zu bestimmen ist und somit keiner unternehmensindividuellen bzw. bewertungsobjektspezifischen Anpassungen bedarf.[959] Für eine Vorgabe der Methodik, durch die die Marktrisikoprämie bestimmt werden soll, spricht hierbei, dass die Marktrisikoprämie jeweils aktuellen Kapitalmarktverhältnissen Rechnung tragen kann. Eine konkret vorgegebene Marktrisikoprämie hingegen würde den Berechnungs-

950 Zu empirischen Studien hinsichtlich der Auswirkungen der Indexwahl vgl. exemplarisch ZIMMERMANN, P., Schätzung und Prognose von Betawerten, S. 93-97.

951 Vgl. zu diesen und zu weiteren möglichen Einflussfaktoren bei der Ermittlung der Marktrisikoprämie METZ, V., Kapitalisierungszinssatz bei der Unternehmensbewertung, S. 212-222 sowie MUNKERT, M. J., Der Kapitalisierungszinssatz in der Unternehmensbewertung, S. 232-240.

952 Vgl. hierzu BAETGE, J./KRAUSE, C., Berücksichtigung des Risikos in der Unternehmensbewertung, S. 453.

953 METZ, V., Kapitalisierungszinssatz bei der Unternehmensbewertung, S. 221.

954 Eine ähnliche Schwankungsbreite gibt OBERMAIER unter Verweis auf weitere empirische Studien an, vgl. OBERMAIER, R., Kapitalmarktorientierte Bestimmung des Basiszinssatzes, S. 504.

955 BÖCKING, H.-J./NOWAK, K., Typisierungsproblematik bei Unternehmensbewertungen, S. 690. Ebenso BAETGE, J./KRAUSE, C., Berücksichtigung des Risikos in der Unternehmensbewertung, S. 453.

956 Vgl. zu dem in diesem Zusammenhang verwendeten Begriff der Scheinobjektivität BUSCH, K., Unternehmensbewertung von kleinen und mittleren Unternehmen, S. 224 unter Verweis auf BÖCKING, H.-J./ NOWAK, K., Typisierungsproblematik bei Unternehmensbewertungen, S. 690.

957 Vgl. hierzu insbesondere LÖFFLER, A., Unternehmensbewertung, S. 811; PAULSEN, A.-J., Unternehmensbewertung und Rechtsprechung, S. 113. Vgl. ferner WÜSTEMANN, J., Unternehmensbewertung, S. 1502 mit Nachweisen aus der Rechtsprechung.

958 Ähnlich LÖFFLER, A., Unternehmensbewertung, S. 811.

959 Vgl. BALLWIESER, W., Kalkulationszinsfuß in der Unternehmensbewertung, S. 739.

aufwand vermindern, müsste indes bei diversen Änderungen der Kapitalmarktkonditionen (beispielsweise aufgrund von Strukturbrüchen)[960] entsprechend angepasst werden.

Auch das IDW normiert die Marktrisikoprämie für Zwecke der objektivierten Unternehmensbewertung. Auf Basis empirischer Untersuchungen am deutschen Kapitalmarkt wird eine konkrete Bandbreite für die Marktrisikoprämie vor persönlichen Ertragsteuern i. H. v. 4,0 % bis 5,0 % abgeleitet.[961] Allerdings stellen die historischen Renditen auf Basis deutscher Aktienindizes für Zwecke der IFRS-Rechnungslegung u. U. keine geeignete Grundlage dar, um die Marktrisikoprämie abzuleiten. Da der Adressatenkreis eines IFRS-Bilanzierenden eher global ausgerichtet ist, sollte entsprechend ein globaler Aktienindex herangezogen werden.[962] Hier könnte auf den MSCI World-Index abgestellt werden, der die weltweiten Aktienmärkte einbezieht und im professionellen Aktienportfoliomanagement gängig ist.[963] Auf Basis dieses Index ergab sich aus einer exemplarischen empirischen Untersuchung über einen Zeitraum von ca. 30 Jahren eine durchschnittliche jährliche Aktienrendite von ca. 9 %.[964] Abzüglich des risikolosen Zinssatzes ließ sich eine Marktrisikoprämie von ca. 5 % ermitteln.[965] Neben dieser exemplarischen Langzeitstudie auf Basis des MSCI World-Index ergaben sich in zahlreichen weiteren Studien bedeutender nationaler Kapitalmärkte ähnliche Werte für die Marktrisikoprämie, die in einer Bandbreite von 4 % bis 6 % einzuordnen sind.[966]

---

960 Bei einer Ableitung der Marktrisikoprämie auf Basis historischer Kapitalmarktrenditen ist insbesondere darauf zu achten, dass die Aussagekraft der ermittelten Marktrisikoprämie nicht aufgrund von Strukturbrüchen eingeschränkt wird, vgl. hierzu exemplarisch WIDMANN, B./SCHIESZL, S./JEROMIN, A., Kapitalisierungszinssatz in der Unternehmensbewertung, S. 806.

961 Vgl. zu näheren Ausführungen IDW (Hrsg.), WP-Handbuch 2008, Abschn. A, Rn. 297-299. Diese Bandbreite berücksichtigt indes noch nicht die Auswirkungen aus der Unternehmen-steuerreform 2008.

962 DAMODARAN betont, dass der Aktienindex die möglichen Alternativanlagen bzw. das Portfolio eines repräsentativen Investors darstellen sollte, vgl. DAMODARAN, A., Damodaran on Valuation, S. 48. Für die IFRS-Rechnungslegung ist die Annahme eines globalen Adressatenkreises sachgerecht.

963 Vgl. hierzu BRUNS, C./MEYER-BULLERDIEK, F., Professionelles Portfoliomanagement, S. 161 sowie zu dem Vorschlag, den MSCI World-Index als Marktportfoliosurrogat bei der Ermittlung der Marktrisikoprämie zugrunde zu legen ALVAREZ, M., Segmentberichterstattung und Segmentanalyse, S. 424 f. und 430 sowie DÖRSCHELL, A./FRANKEN, L./SCHULTE, J./BRÜTTING, C., Ableitung CAPM-basierter Risikozuschläge, S. 1157.

964 Vgl. hierzu ALVAREZ, M., Segmentberichterstattung und Segmentanalyse, S. 430.

965 Vgl. zur Ermittlung des risikolosen Zinssatzes und zur Ableitung der Marktrisikoprämie ALVAREZ, M., Segmentberichterstattung und Segmentanalyse, S. 430.

966 Für den US-amerikanischen Kapitalmarkt wurde eine langfristige durchschnittliche Marktrisikoprämie zwischen 4 % und 6 % ermittelt, vgl. hierzu beispielsweise COPELAND, T./KOLLER, T./MURRIN, J., Valuation, S. 217. In der deutschen Literatur wird ebenfalls eine durchschnittliche Marktrisikoprämie von ca. 4 % bis 6 % bzw. 5 % bis 6 % vorgeschlagen, vgl. hierzu BARTELS, P./JONAS, M., § 27 Wertminderungen, Rn. 55 sowie JONAS, M., Unternehmensbewertung, S. 90. Vgl. hierzu ebenso ALVAREZ, M., Segmentberichterstattung und Segmentanalyse, S. 430 unter Verweis auf weitere empirische Studien. In der deutschen Rechtsprechung wurde die Marktrisikoprämie in jüngsten Entscheidungen ebenfalls normierend festgesetzt; das OLG Stuttgart setzte in der Entscheidung vom 16.02.2007 eine Marktrisikoprämie von 4,5 % fest, die in nachfolgenden Entscheidungen als „ständige Rechtsprechung" weiter Bestand hat, vgl. hierzu OLG Stuttgart, Beschluss vom 16.02.2007, S. 599; OLG Stuttgart, Beschluss vom 14.02.2008, S. 788. METZ betont in diesem Zusammenhang, dass eine Marktrisikoprämie in einer Bandbreite von 3 %

Für den Fall, dass die Marktrisikoprämie für Zwecke der IFRS-Rechnungslegung nicht konkret festgeschrieben, sondern lediglich die Ermittlungsmethodik normiert werden soll, sind neben der Vorgabe des Aktienindex insbesondere noch die Länge der Messperiode, die Länge der Renditeintervalle sowie die Art der Renditeberechnung (arithmetischer oder geometrischer Durchschnitt)[967] festzulegen, um die sonst weiterhin bestehenden Freiräume bei der Ableitung der Marktrisikoprämie zu beseitigen.[968]

Unabhängig davon, ob eine Marktrisikoprämie konkret festgeschrieben oder lediglich die Ermittlungsmethodik vorgeschrieben werden würde, stellen Normierungen der Marktrisikoprämie, insbesondere aufgrund ihres **bewertungsobjektunabhängigen Charakters**, ein geeignetes Mittel dar, um die weitreichenden Ermessensspielräume zu reduzieren oder sogar vollständig einzuschränken.[969] Erst durch weitreichende **Normierungen** können die „vermeintlichen" Objektivierungsvorteile einer kapitalmarktbasierten und vergangenheitsorientierten Ermittlung der Marktrisikoprämie auch tatsächlich erreicht werden. Eine normierte (Ermittlung der) Marktrisikoprämie ist aufgrund der insbesondere für Bewertungen im Rahmen der **IFRS-Rechnungslegung** zentralen Bedeutung objektivierter Werte zwingend erforderlich.[970]

433.122.3 Die Ermittlung des Betafaktors

Durch die Marktrisikoprämie wurde die von den spezifischen Unternehmensverhältnissen unabhängige Überschussrendite einer Investition in risikobehaftete Kapitalanlagen gegenüber einer Anlage zum risikolosen Zinssatz abgebildet. Der Betafaktor hingegen versucht nun, das **spezifische Risiko des zu bewertenden Objekts** im Risikozuschlag zu berücksichtigen.[971] Als Bestimmungsmaß für das bewertungsobjektspezifische Risiko wird im CAPM die Volatilität der Rendite des Bewertungsobjekts oder eines Portfolios repräsentativer Anlagen im

bis 6 % auch einem internationalen Vergleich standhalten würde, vgl. METZ, V., Kapitalisierungszinssatz bei der Unternehmensbewertung, S. 244.

967 Vgl. zu den Auswirkungen einer Wahl des arithmetischen oder des geometrischen Mittels auf die Höhe der Marktrisikoprämie exemplarisch MUNKERT, M. J., Der Kapitalisierungszinssatz in der Unternehmensbewertung, S. 236 f.

968 Wie oben bereits erwähnt, wurden in empirischen Untersuchungen insbesondere diese Elemente als Faktoren identifiziert, die einen zentralen Einfluss auf die Höhe der historischen Marktrisikoprämie haben.

969 Ebenso, im Kontext der Rechtsprechung, PAULSEN, A.-J., Unternehmensbewertung und Rechtsprechung, S. 113.

970 Auf die zwingende Notwendigkeit von Konkretisierungen und Normierungen, um die erheblichen Ermessensspielräume bei der Anwendung von Bewertungsmodellen im Rahmen der IFRS-Rechnungslegung einschränken zu können, weisen auch BAETGE/BREMBT/BRÜGGEMANN hin, vgl. hierzu BAETGE, J./ BREMBT, T./BRÜGGEMANN, P., Mark-to-Model-Bewertung des IAS 39 in der Subprime-Krise, S. 1010.

971 Vgl. BALLWIESER, W., Unternehmensbewertung, S. 93; IDW (Hrsg.), WP-Handbuch 2008, Abschn. A, Rn. 192 und Rn. 300; MAIER, D. A., Der Betafaktor in der Unternehmensbewertung, S. 299; NOWAK, K., Marktorientierte Unternehmensbewertung, S. 69 m. w. N.

Verhältnis zur Rendite des Marktportfolios herangezogen.[972] Der Betafaktor erfasst ausschließlich das systematische, d. h. nicht mehr durch Portfoliobildung diversifizierbare, Risiko.[973] Als Risikomaß dient folglich nicht die Varianz der Renditen des zu bewertenden Objekts, sondern deren Kovarianz zur Rendite des Marktportfolios.[974] Das systematische Risiko umfasst grundsätzlich sowohl operative als auch finanzielle Risiken.[975]

Ebenso wie bei der Ermittlung der Marktrisikoprämie wird i. d. R. auf **historische Kapitalmarktdaten** zurückgegriffen, um den Betafaktor abzuleiten.[976] Dies liegt primär darin begründet, dass derzeit kein praktikables Verfahren bekannt ist, das eine rein zukunftsorientierte Schätzung des Betafaktors ermöglicht.[977] Diesem zumindest partiellen „Verstoß" gegen den Grundsatz der Zukunftsorientierung[978] werden grundsätzlich Objektivierungsvorteile (Grundsatz der Objektivierung) entgegengehalten.[979] Ähnlich wie bei der kapitalmarktbasierten Ableitung der Marktrisikoprämie wird der „vermeintliche" Objektivierungsvorteil indes oftmals in Frage gestellt, da bei der kapitalmarktorientierten Ableitung des Betafaktors weitreichende Ermessensspielräume verbleiben.[980] Das Ausmaß dieser Ermessensspielräume hängt unter anderem auch davon ab, ob das zu **bewertende Objekt börsen- oder nicht börsennotiert** ist.

Eine unmittelbare Schätzung des Betafaktors ist nur bei **börsennotierten Unternehmen** möglich, da der Betafaktor nach dem CAPM auf Kapitalmarktnotierungen basierend abzuleiten ist.[981] Ähnlich wie bei der Ermittlung der Marktrisikoprämie kann der Bewertende hier in

972 Vgl. exemplarisch MUNKERT, M. J., Der Kapitalisierungszinssatz in der Unternehmensbewertung, S. 226. Vgl. ausführlich zu der Ermittlung des Betafaktors auf Basis des CAPM ZIMMERMANN, P., Schätzung und Prognose von Betawerten, S. 16-35 m. w. N.

973 Vgl. HIELSCHER, U., Investmentanalyse, S. 58.

974 Vgl. BALLWIESER, W., Unternehmensbewertung, S. 93; NOWAK, K., Marktorientierte Unternehmensbewertung, S. 72.

975 Vgl. METZ, V., Kapitalisierungszinssatz bei der Unternehmensbewertung, S. 106 f. sowie SEPPELFRICKE, P., Handbuch Aktien- und Unternehmensbewertung, S. 70.

976 Vgl. GORNY, C./ROSENBAUM, D., Verwendung kapitalmarktbasierter Risikozuschläge, S. 488; METZ, V., Kapitalisierungszinssatz bei der Unternehmensbewertung, S. 206-209.

977 Vgl. LANGENKÄMPER, C., Unternehmensbewertung, S. 141 sowie dem folgend METZ, V., Kapitalisierungszinssatz bei der Unternehmensbewertung, S. 205.

978 Einen Verstoß gegen die grundsätzliche Zukunftsorientierung sieht beispielsweise BUSCH, K., Unternehmensbewertung von kleinen und mittleren Unternehmen, S. 198 m. w. N. Indes könnte auch der These gefolgt werden, dass die vergangenen Kapitalmarktdaten Erwartungen über die künftigen Entwicklungen implizieren, sodass der Verstoß gegen den Grundsatz der Zukunftsorientierung zu relativieren wäre.

979 Vgl. BORN, K., Unternehmensanalyse und Unternehmensbewertung, S. 114; GÖPPL, H., Unternehmensbewertung und Capital-Asset-Pricing-Theorie, S. 243.

980 Vgl. BÖCKING, H.-J./NOWAK, K., Typisierungsproblematik bei Unternehmensbewertungen, S. 690; FORSTER, K.-H., Zur angemessenen Barabfindung, S. 99; ZIMMERMANN, P., Schätzung und Prognose von Betawerten, S. 335.

981 Vgl. BALLWIESER, W., Methoden der Unternehmensbewertung, S. 167; BISCHOFF, J., Shareholder Value-Konzept, S. 116.

erster Linie hinsichtlich der Länge der Messperiode,[982] der Länge der Renditeintervalle[983] sowie durch die Wahl des Aktienportfolios als Surrogat für das Marktportfolio[984] auf die Höhe des Betafaktors einwirken.

Ist das zu bewertende Objekt selbst **nicht börsennotiert**, kann der Betafaktor nur mittelbar aus historischen Aktienrenditen börsennotierter **Vergleichsunternehmen** abgeleitet werden.[985] Zusätzlich zu den oben angeführten Gestaltungsspielräumen gewährt hier die Auswahl eines börsennotierten Vergleichsunternehmens bzw. einer Gruppe von Vergleichsunternehmen weitere Ermessensspielräume.[986] Dies ist insbesondere darauf zurückzuführen, dass keine klaren Auswahlkriterien definiert sind bzw. eine allgemeingültige, konzeptionell überzeugende Definition von Auswahlkriterien nicht möglich ist. Ein allgemeingültiger, normierter Auswahlprozess eines Vergleichsunternehmens kann deshalb nicht überzeugen, weil das jeweilige Bewertungsobjekt im Regelfall derart individuelle Charakteristika aufweist, dass die Auswahl eines Vergleichsunternehmen grundsätzlich nur vor dem Hintergrund der bewertungsobjektspezifischen Verhältnisse erfolgen kann.[987]

Im Schrifttum werden insbesondere **drei** sogenannte **Analogieansätze** diskutiert, die jeweils unterschiedliche Verfahren zur Auswahl von Vergleichsunternehmen vorschlagen, um den Betafaktor eines nicht börsennotierten Bewertungsobjekts zu ermitteln.[988] Die drei Analogieansätze können grundsätzlich danach unterschieden werden, welche **Vergleichsobjekte** ausgewählt werden, um den Betafaktor des Bewertungsobjekts abzuleiten. Da im Rahmen dieser Arbeit die Bewertung von i. d. R. nicht börsennotierten Einheiten für Zwecke der **IFRS-Rechnungslegung** Gegenstand der Analyse ist, soll auf diese drei Analogieansätze im Folgenden knapp eingegangen werden.

---

982 Zur Bedeutung der Länge des betrachteten Vergangenheitszeitraums vgl. exemplarisch TIMMRECK, C., β-Faktoren, S. 303 f.

983 Zur Auswirkung der Länge der Renditeintervalle auf die Höhe des Betafaktors vgl. exemplarisch die empirische Untersuchung von CARLETON, W. T./LAKONISHOK, J., The Use and Misuse of Historical Estimates, S. 42 f.

984 Zu den Auswirkungen der Wahl des Marktportfoliosurrogats auf die Höhe des Betafaktors vgl. exemplarisch die empirischen Untersuchungen von ZIMMERMANN, P., Schätzung und Prognose von Betawerten, S. 93-97.

985 Vgl. COPELAND, T./KOLLER, T./MURRIN, J., Unternehmenswert, S. 275 sowie S. 370-373; MUNKERT, M. J., Der Kapitalisierungszinssatz in der Unternehmensbewertung, S. 228. Vgl. ferner BALZ, U./BORDEMANN, H.-G., Unternehmensbewertung mittelständischer Unternehmen, S. 738 m. w. N.

986 Vgl. METZ, V., Kapitalisierungszinssatz bei der Unternehmensbewertung, S. 202; MUNKERT, M. J., Der Kapitalisierungszinssatz in der Unternehmensbewertung, S. 242; RICHTER, F., Kapitalmarktorientierte Unternehmensbewertung, S. 141 f.

987 Vgl. hierzu exemplarisch MUNKERT, M. J., Der Kapitalisierungszinssatz in der Unternehmensbewertung, S. 242.

988 Zu einem ausführlicheren Überblick über diese Verfahren vgl. DINSTUHL, V., Konzernbezogene Unternehmensbewertung, S. 235-244 sowie ZIMMERMANN, P., Schätzung und Prognose von Betawerten, S. 350-354 mit jeweils weiteren Nachweisen.

Bei dem sogenannten **Pure Play-Ansatz** wird der Betafaktor eines **einzelnen börsennotierten Referenzunternehmens** herangezogen.[989] Dieses Pure Play-Unternehmen sollte möglichst identische Eigenschaften (z. B. hinsichtlich des Geschäftszweigs, der Umsatzstruktur, der Größe, etc.) wie das zu bewertende Objekt aufweisen.[990] Hieraus wird nun geschlossen, dass die spezifischen Risiken des Referenzunternehmens und des Bewertungsobjekts relativ ähnlich sind.[991] Klare Kriterien für eine Auswahl des Referenzunternehmens bestehen bislang indes nicht.

Der sogenannte **Peer Group-Ansatz** zieht hingegen die Betafaktoren einer **Gruppe von Referenzunternehmen** heran, um den Betafaktor des Bewertungsobjekts abzuleiten.[992] KRUSCHWITZ/LÖFFLER stellen fest, dass bislang weder theoretisch fundierte noch praktische Vorschläge existieren, wie bei der Zusammenstellung der Peer Group vorgegangen werden sollte.[993]

Der Rückgriff auf sogenannte **Industry- oder Branchenbetas** stellt die dritte Alternative bei den Analogieansätzen dar. Hierbei werden die Betafaktoren der **Unternehmen einer Branche** verwendet, um den relevanten Betafaktor zu ermitteln.[994] Dieser Vorgehensweise liegt die Annahme zugrunde, dass die operativen Risiken des zu bewertenden Objekts primär durch branchenspezifische Faktoren determiniert sind.[995] Problematisch stellt sich hier die Abgrenzung des Unternehmenskreises dar, da auch die Branche nicht eindeutig definiert ist.[996]

Die Bestimmung eines Pure Play-Betas, eines Peer Group-Betas und auch eines Branchenbetas erscheint demnach mangels einer klaren Vorgehensweise mehr oder minder stark ermessensbehaftet.[997] Dies ist aufgrund der hohen Objektivierungsanforderungen der **IFRS-Rechnungslegung** kritisch zu sehen. Bei der Ermittlung der Marktrisikoprämie wurde vorgeschlagen, die Ermessensspielräume durch Normierungen einzuschränken.[998] Dies ist deshalb

---

989 Vgl. exemplarisch DINSTUHL, V., Konzernbezogene Unternehmensbewertung, S. 236.

990 Vgl. FULLER, R. J./KERR, H. S., Analysis of the Pure-Play Technique, S. 998 f.; ZIMMERMANN, P., Schätzung und Prognose von Betawerten, S. 350.

991 Vgl. ZIMMERMANN, P., Schätzung und Prognose von Betawerten, S. 350.

992 Vgl. DINSTUHL, V., Konzernbezogene Unternehmensbewertung, S. 236; KRUSCHWITZ, L./LÖFFLER, A., Kapitalkosten aus theoretischer und praktischer Perspektive, S. 808.

993 Vgl. KRUSCHWITZ, L./LÖFFLER, A., Kapitalkosten aus theoretischer und praktischer Perspektive, S. 808.

994 Vgl. DINSTUHL, V., Konzernbezogene Unternehmensbewertung, S. 236; METZ, V., Kapitalisierungszinssatz bei der Unternehmensbewertung, S. 211 m. w. N.

995 Vgl. ARBEITSKREIS „FINANZIERUNG" DER SCHMALENBACH-GESELLSCHAFT FÜR BETRIEBSWIRTSCHAFT E. V., Wertorientierte Unternehmenssteuerung, S. 553.

996 Vgl. exemplarisch MUNKERT, M. J., Der Kapitalisierungszinssatz in der Unternehmensbewertung, S. 242.

997 Vgl. DINSTUHL, V., Konzernbezogene Unternehmensbewertung, S. 236; METZ, V., Kapitalisierungszinssatz bei der Unternehmensbewertung, S. 202; MUNKERT, M. J., Der Kapitalisierungszinssatz in der Unternehmensbewertung, S. 242; RICHTER, F., Kapitalmarktorientierte Unternehmensbewertung, S. 141 f.

998 Vgl. Abschnitt 433.122.2.

möglich, weil die Marktrisikoprämie eine unabhängig vom konkreten Bewertungsobjekt bestimmbare Größe darstellt. Der Betafaktor hingegen soll die bewertungsobjektspezifischen Risikofaktoren abbilden, weshalb unternehmens- bzw. bewertungsobjektübergreifende Normierungen des Betafaktors, beispielsweise durch die Festsetzung eines konkreten Betafaktors, weitaus weniger sinnvoll erscheinen.

Sowohl eine **Normierung** beim Pure Play-Ansatz als auch eine Normierung beim Peer Group-Ansatz würden der konzeptionellen Idee eines bewertungsobjektspezifischen Risikozuschlags entgegenwirken. Die Auswahl eines konkreten Vergleichsobjekts (Pure Player) bzw. einer Gruppe von bestimmten Vergleichsobjekten (Peer Group) kann immer nur vor dem Hintergrund der spezifischen Verhältnisse bzw. Risikofaktoren des Bewertungsobjekts erfolgen.[999] Deshalb sind bei diesen beiden Analogieansätzen keine bewertungsobjektübergreifenden Normierungen sinnvoll, mit der Konsequenz, dass sowohl beim Pure Play-Ansatz als auch beim Peer Group-Ansatz stets erhebliche Ermessensspielräume bei der Auswahl der Vergleichsobjekte verbleiben (sollten).

Die Verwendung von Branchenbetas kann indes bereits als eine Art Normierung angesehen werden, da die Ermessensspielräume bei der Auswahl der Vergleichsobjekte lediglich in der Definition der Branche verbleiben. Diese Normierung bewirkt allerdings, wie grundsätzlich jede Normierung, dass bewertungsobjektspezifische Charakteristika, in diesem Fall bewertungsobjektspezifische Risikofaktoren, bei der Ableitung des Betafaktors teilweise vernachlässigt werden.[1000] Dies geschieht umso stärker, je breiter eine Branche definiert wird, weshalb die Branche aus konzeptioneller Sicht möglichst eng definiert werden sollte.[1001] Die mit der **Definition der Branche** verbleibenden Ermessensspielräume sind für Zwecke der IFRS-Rechnungslegung indes nach wie vor zu kritisieren. Aus diesem Grund sollte die Abgrenzung der Branchen ebenfalls **normierend festgelegt** werden. Dies könnte dadurch realisiert werden, dass man einer anerkannten Definition bzw. Abgrenzung von Branchen folgt.[1002] Hierfür werden im späteren Verlauf dieses Abschnitts noch beispielhafte, national und international anerkannte Branchenindizes angeführt.

Die dritte Alternative der Analogieansätze, die **Verwendung von Branchenbetas**, kann folglich unter weiteren Anwendungseinschränkungen (Vorgabe einer bestimmten Branchenabgrenzung) zu der **erforderlichen Objektivierung in der IFRS-Rechnungslegung** beitragen.

---

999 Ähnlich KRUSCHWITZ, L./LÖFFLER, A., Kapitalkosten aus theoretischer und praktischer Perspektive, S. 808.

1000 Vgl. DINSTUHL, V., Konzernbezogene Unternehmensbewertung, S. 236; METZ, V., Kapitalisierungszinssatz bei der Unternehmensbewertung, S. 202.

1001 Zu der Forderung, die Branchen möglichst eng zu definieren, vgl. auch ZIMMERMANN, P., Schätzung und Prognose von Betawerten, S. 351.

1002 Zu diesem Vorschlag vgl. auch ALVAREZ, M., Segmentberichterstattung und Segmentanalyse, S. 416-429.

Zwar sind Branchenbetas aus konzeptioneller Sicht, aufgrund der in geringerem Maße berücksichtigten individuellen Risikofaktoren des Bewertungsobjekts, dem Pure Play- sowie dem Peer Group-Ansatz i. d. R. unterlegen, aus Objektivierungsgründen indes sollten dennoch Branchenbetas vorgezogen werden.[1003] Übertragen auf einen konkreten Bilanzierungssachverhalt, z. B. die Bewertung von Immobilien, bedeutet dies, dass objektivierungsbedingt nicht auf die individuellen, spezifischen Risikofaktoren der zu bewertenden Immobilie abgestellt werden sollte. Vielmehr sollte ein für den Immobilienbereich repräsentativer Risikozuschlag, beispielsweise ein für eine bestimmte Region aus einer hinreichenden Anzahl vergangener Transaktionen ermittelter und somit objektivierter Risikozuschlag verwendet werden.[1004]

Wie bereits oben angeführt, verbleiben bei der Ermittlung des Betafaktors, unabhängig davon, ob das Bewertungsobjekt börsennotiert ist oder nicht, Ermessensspielräume insbesondere hinsichtlich der Länge der Messperiode, der Länge der Renditeintervalle sowie der Wahl des Marktportfoliosurrogats.[1005] Diese Gestaltungsparameter sollten, wie bereits im Kontext der Marktrisikoprämie erläutert, aufgrund ihres erheblichen Einflusses auf das Ergebnis, hier auf die Höhe des Betafaktors, für Zwecke der IFRS-Rechnungslegung **normiert** werden.[1006] Eine konkrete Festlegung des Betafaktors scheidet indes, wie oben erläutert, wegen des erforderlichen bewertungsobjektspezifischen Bezugs des Betafaktors grundsätzlich aus. Im Gegensatz zur Marktrisikoprämie ist es aufgrund der erheblichen Unterschiede hinsichtlich der individuellen Risikofaktoren der Bewertungsobjekte nicht sinnvoll, den Betafaktor zu normieren.

Sind die zu bewertenden Objekte nicht börsennotiert, wovon im Kontext dieser Arbeit auszugehen ist, eröffnen sich, wie bereits erörtert, Ermessensspielräume hinsichtlich der Auswahl

1003 Im Ergebnis sich ebenfalls für eine Verwendung von Branchenbetas aussprechend, vgl. DINSTUHL, V., Konzernbezogene Unternehmensbewertung, S. 236 sowie S. 240 f.; WIRTH, J., Firmenwertbilanzierung nach IFRS, S. 79; WOLLNY, C., Der objektivierte Unternehmenswert, S. 325 sowie ZIMMERMANN, P., Schätzung und Prognose von Betawerten, S. 354.

1004 Bei Bewertungsfragen von Immobilien in Deutschland können als Ausgangspunkt zur Ermittlung von Risikozuschlägen z. B. durch den Markt objektivierte Liegenschaftszinssätze herangezogen werden, die auf Basis einer hinreichenden Anzahl repräsentativer Transaktionen, beispielsweise innerhalb einer bestimmten Region, empirisch abgeleitet werden, vgl. hierzu exemplarisch SCHLICHT, K./GEHRI, C., Grundlagen der Verkehrswertermittlung S. 84-88.

1005 Zur Bedeutung der Länge des betrachteten Vergangenheitszeitraums vgl. exemplarisch TIMMRECK, C., β-Faktoren, S. 303f; zur Auswirkung der Länge der Renditeintervalle auf die Höhe des Betafaktors vgl. exemplarisch die empirische Untersuchung von CARLETON, W. T./LAKONISHOK, J., The Use and Misuse of Historical Estimates, S. 42 f.; zu den Auswirkungen der Wahl des Marktportfoliosurrogats auf die Höhe des Betafaktors vgl. exemplarisch die empirischen Untersuchungen von ZIMMERMANN, P., Schätzung und Prognose von Betawerten, S. 93-97.

1006 Zu dieser Forderung, indes nicht im Kontext der IFRS-Rechnungslegung, vgl. auch DÖRSCHELL, A./FRANKEN, L./SCHULTE, J./BRÜTTING, C., Ableitung CAPM-basierter Risikozuschläge, S. 1562 sowie LÖFFLER, A., Unternehmensbewertung, S. 811.

der Vergleichsunternehmen.[1007] Zwar wurde bereits herausgearbeitet, dass aus Objektivierungsüberlegungen Branchenbetas im Rahmen der IFRS-Rechnungslegung verwendet werden sollten. Ebenfalls wurde festgehalten, dass die Klassifizierung der Branchen normiert werden sollte. Darüber hinaus ist noch zu erörtern, ob eine **regionale Abgrenzung** der Unternehmen **einer Branche** vorgenommen werden sollte. Beispielsweise wäre es möglich, ausschließlich die Kursdaten national tätiger Unternehmen oder auch die Kursentwicklungen von im europäischen Wirtschaftsraum bzw. global tätigen Unternehmen einer Branche zugrunde zu legen, um den Branchenbetafaktor zu berechnen.

Unternehmen mit z. B. primär nationalen Absatzmärkten sind gegenüber Unternehmen, die international ausgerichtet sind, i. d. R. anderen (Absatz-) Risiken ausgesetzt. Da der Betafaktor die bewertungsobjektspezifischen Risikofaktoren abbilden soll, sollte abhängig vom regionalen Tätigkeitsbereich des Bewertungsobjekts eine dementsprechende regionale Abgrenzung der Branche vorgenommen werden.[1008]

Ist das zu bewertende Objekt beispielsweise überwiegend im deutschen Markt tätig, sollten folglich Kursdaten des deutschen Kapitalmarkts für die spezifische Branche verwendet werden, um den Betafaktor zu ermitteln.[1009] Entsprechende Branchenindizes für den deutschen Aktienmarkt werden von der DEUTSCHEN BÖRSE AG bereitgestellt.[1010] Für europaweit tätige Unternehmen könnten die Branchenbetas beispielsweise auf Basis der auf den europäischen Wirtschaftsraum beschränkten DOW JONES STOXX *Sector Indices* unter Verwendung der Branchenklassifizierungskriterien der *Industry Classification Benchmark* (ICB) hergeleitet werden.[1011] Für weltweit tätige Unternehmen sollten entsprechend branchenbezogene globale Kapitalmarktdaten verwendet werden (z. B. auf Basis des MSCI World-Index)[1012], die unter Anwendung des *Global Industry Classification Standard* (GICS) zu globalen Branchenindizes führen.[1013]

1007 Vgl. METZ, V., Kapitalisierungszinssatz bei der Unternehmensbewertung, S. 202; MUNKERT, M. J., Der Kapitalisierungszinssatz in der Unternehmensbewertung, S. 242; RICHTER, F., Kapitalmarktorientierte Unternehmensbewertung, S. 141 f.

1008 Vgl. ALVAREZ, M., Segmentberichterstattung und Segmentanalyse, S. 418-429.

1009 Vgl. zu näheren Ausführungen zur Approximation branchenbezogener Risikofaktoren für den deutschen Kapitalmarkt ALVAREZ, M., Segmentberichterstattung und Segmentanalyse, S. 418-420.

1010 Vgl. DEUTSCHE BÖRSE (Hrsg.), Sektor-Indizes.

1011 Vgl. zu den DOW JONES STOXX-Branchenindizes: DOW JONES (Hrsg.), Sector Indices. Zur ICB-Branchenklassifizierung vgl. DOW JONES/FTSE (Hrsg.), Industry Classification Benchmark.

1012 Vgl. DÖRSCHELL, A./FRANKEN, L./SCHULTE, J./BRÜTTING, C., Ableitung CAPM-basierter Risikozuschläge, S. 1157.

1013 Zu den globalen Branchenindizes auf Basis des MSCI World-Index und den Branchenklassifizierungsstandard GICS vgl. STANDARD & POORS (Hrsg.), Indices. Zu weiteren Ausführungen vgl. ferner ALVAREZ, M., Segmentberichterstattung und Segmentanalyse, S. 424-427.

Die auf Basis von Kapitalmarktdaten abgeleiteten Branchenbetafaktoren berücksichtigen neben den operativen Risiken auch die finanziellen Risiken des Unternehmens.[1014] Weicht die Kapitalstruktur der Unternehmen, die in die Branchenindizes einbezogen wurden, von derjenigen des zu bewertenden Objekts ab, so muss das Finanzierungsrisiko der Branche an das bewertungsobjektspezifische Risiko angepasst werden.[1015] Hierbei wird in Theorie und Praxis i. d. R. auf die Annahmen der MODIGLIANI/MILLER-Welt[1016] zurückgegriffen, auf deren Basis sich folgende Beziehung zwischen dem Betafaktor eines verschuldeten und dem eines unverschuldeten Unternehmens ergibt:[1017]

$$\beta_{verschuldet} = \beta_{unverschuldet} \cdot \left(1 + (1 - s) \cdot \frac{FK}{EK}\right)$$

Legende:

$\beta_{verschuldet}$ = Betafaktor des verschuldeten Unternehmens
$\beta_{unverschuldet}$ = Betafaktor des unverschuldeten Unternehmens
s = Unternehmenssteuersatz
FK = Marktwert des Fremdkapitals
EK = Marktwert des Eigenkapitals

Der aus dieser Beziehung ableitbare Betafaktor eines unverschuldeten Unternehmens (sogenanntes *unlevern*) repräsentiert nur noch das operative Risiko. Der Betafaktor ist nun in einem zweiten Schritt an das finanzwirtschaftliche Risiko des zu bewertenden Objekts anzupassen (sogenanntes *relevern*).[1018] Wie bereits bei der Bestimmung der Kapitalstruktur und der Höhe der Fremdkapitalkosten erläutert,[1019] sollte analog auch das finanzwirtschaftliche Risiko des Bewertungsobjekts auf Basis der gesamtunternehmensspezifischen Finanzierungsverhältnisse ermittelt werden.[1020] Da die Finanzierung i. d. R. auf der Ebene des Gesamtunternehmens

1014 Vgl. exemplarisch DINSTUHL, V., Konzernbezogene Unternehmensbewertung, S. 241 sowie IDW (Hrsg.), WP-Handbuch 2008, Abschn. A, Rn. 304.

1015 Vgl. BALLWIESER, W., Unternehmensbewertung, S. 134; DINSTUHL, V., Konzernbezogene Unternehmensbewertung, S. 241-244; METZ, V., Kapitalisierungszinssatz bei der Unternehmensbewertung, S. 212.

1016 Vgl. hierzu ausführlich MODIGLIANI, F./MILLER, M. H., Cost of Capital sowie MODIGLIANI, F./MILLER, M. H., Corporate Income Taxes and Cost of Capital.

1017 Vgl. exemplarisch BALLWIESER, W., Unternehmensbewertung, S. 134 sowie DRUKARCZYK, J./SCHÜLER, A., Unternehmensbewertung, S. 259.

1018 Vgl. DINSTUHL, V., Konzernbezogene Unternehmensbewertung, S. 242; METZ, V., Kapitalisierungszinssatz bei der Unternehmensbewertung, S. 212 sowie WOLLNY, C., Der objektivierte Unternehmenswert, S. 327-331.

1019 Vgl. hierzu die Ausführungen in Abschnitt 432.111. Die Argumente für eine unternehmenseinheitliche Festlegung der Kapitalstruktur können hier analog für die Bestimmung des finanzwirtschaftlichen Risikos angeführt werden.

1020 Vgl. exemplarisch PAPE, U., Wertorientierte Unternehmensführung, S. 205.

durch die Unternehmenszentrale und nicht auf Ebene dezentraler Bewertungseinheiten durchgeführt wird,[1021] ist es nämlich schwierig, dem spezifischen Bewertungsobjekt einen individuellen, sachgerechten Verschuldungsgrad zuzuordnen und hieraus spezifische finanzwirtschaftliche Risiken abzuleiten.

433.13 Die Berücksichtigung von Wachstum bei der Bestimmung des nachhaltigen Zahlungsüberschusses

Sofern für die Phase der ewigen Rente von einem Wachstum der nachhaltigen Zahlungsüberschüsse ausgegangen werden soll, wird dieses üblicherweise durch einen Wachstumsabschlag im Nenner des Bewertungskalküls berücksichtigt.[1022] Dieser Wachstumsabschlag umfasst der Unternehmensbewertungstheorie zufolge grundsätzlich das erwartete **inflationsbedingte**, das erwartete **mengen- bzw. strukturbedingte** sowie das erwartete **thesaurierungsbedingte Wachstum**.[1023] Bereits geringfügige Änderungen der Wachstumsannahme wirken sich erheblich auf das Bewertungsergebnis aus,[1024] weshalb eine nähere Analyse der Wachstumsannahme erforderlich ist.

Zunächst sollen auf Grundlage der bereits erarbeiteten Ergebnisse die Annahmen hinsichtlich des mengen- bzw. strukturbedingten sowie des thesaurierungsbedingten Wachstums im Kontext von Bewertungen in der IFRS-Rechnungslegung konkretisiert werden.[1025]

Ein **mengen- bzw. strukturbedingtes Wachstum** kann insbesondere durch eine Ausweitung der Unternehmenstätigkeit (tatsächliche Absatzmengensteigerung) oder durch eine Realisierung von Rationalisierungspotenzialen (Kosteneinsparungen) erreicht werden.[1026] Es ist indes zu beachten, dass zum einen gemäß dem Grundsatz der Stichtagsbezogenheit auf vorhandene Absatzmärkte sowie bestehende Kostenstrukturen zum Zeitpunkt des Bewertungsstichtags abzustellen ist (Wurzelprinzip).[1027] Zum anderen sollten objektivierungsbedingt lediglich Er-

1021 Vgl. exemplarisch KUNZ, H., Wertorientierte Steuerung von Geschäftsbereichen, S. 35 f. m. w. N.

1022 Vgl. Abschnitt 322.232. Für Bewertungsobjekte mit endlicher Nutzungsdauer wird ein Wachstum jenseits des Detailplanungszeitraums typischerweise im Zähler des Kalküls abgebildet, da eine Abbildung im Nenner des Kalküls keine mathematische Vereinfachung mehr darstellen würde.

1023 Vgl. IDW (Hrsg.), WP-Handbuch 2008, Abschn. A, Rn. 207; WAGNER, W./JONAS, M./BALLWIESER, W./TSCHÖPEL, A., Grundsätze zur Durchführung von Unternehmensbewertungen, S. 895; WIESE, J., Komponenten des Zinsfußes in Unternehmensbewertungskalkülen, S. 55. Vgl. zu den einzelnen Wachstumskomponenten auch Abschnitt 322.232.

1024 Vgl. COPELAND, T./KOLLER, T./MURRIN, J., Unternehmenswert, S. 336; SEPPELFRICKE, P., Handbuch Aktien- und Unternehmensbewertung, S. 82 f.

1025 Vgl. hierzu bereits die grundlegenden Ausführungen in den Abschnitten 432.112 und 432.125.

1026 Vgl. exemplarisch BUSCH, K., Unternehmensbewertung von kleinen und mittleren Unternehmen, S. 236.

1027 Vgl. MUNKERT, M. J., Der Kapitalisierungszinssatz in der Unternehmensbewertung, S. 358 sowie die näheren Ausführungen zum Grundsatz der Stichtagsbezogenheit in Abschnitt 422.6.

weiterungs- bzw. Rationalisierungsvorhaben berücksichtigt werden, die bereits hinreichend konkretisiert sind (Grundsatz der Objektivierung). Künftige Zahlungsströme wurden im Rahmen dieser Arbeit als hinreichend konkretisiert definiert, wenn sie ihren Niederschlag in den detaillierten, also zahlenmäßig konkretisierten operativen Planungsrechnungen (Detailplanungszeitraum) gefunden haben.[1028] Für die Phase der ewigen Rente sollte bei Bewertungen im Rahmen der **IFRS-Rechnungslegung** objektivierungsbedingt folglich darüber hinaus kein weiteres mengen- bzw. strukturbedingtes Wachstum der Zahlungsüberschüsse angenommen werden.[1029]

Ein **thesaurierungsbedingtes Wachstum** lässt sich grundsätzlich dadurch realisieren, dass mit nicht ausgeschütteten Mitteln im Unternehmen eine über den Eigenkapitalkosten liegende Rendite generiert wird.[1030] Für die Phase der ewigen Rente sollte indes, wie bereits erläutert, aus Objektivierungsgründen von einer kapitalwertneutralen Wiederanlage der thesaurierten Beträge ausgegangen werden.[1031] Unter dieser Annahme ergibt sich für die Investoren ein werterhöhender Effekt aus der Thesaurierung lediglich aus der zeitlichen Verlagerung von zu versteuernden Dividenden (Steuerstundungseffekt).[1032] Da persönliche Steuern auf Ebene der Anteilseigner im Rahmen der **IFRS-Rechnungslegung** mittelbar zu typisieren sind,[1033] ist der Steuerstundungseffekt nicht zu berücksichtigen. Von einem möglichen werterhöhenden Effekt aus einem thesaurierungsbedingten Wachstum ist in der Phase der ewigen Rente somit ebenfalls zu abstrahieren.

Ein in Höhe der erwarteten Inflationsrate angenommenes **inflationsbedingtes Wachstum** unterstellt, dass ein Unternehmen künftig zu erwartende Preissteigerungen auf den Beschaffungsmärkten durch entsprechend höhere Absatzpreise der eigenen Produkte bzw. Dienstleistungen auf die Kunden überwälzen kann.[1034] Diese Annahme würde zu nominal steigenden Zahlungsüberschüssen führen; real indes blieben die Überschüsse konstant (inflationsneutra-

1028 Vgl. zur inhaltlichen Ausgestaltung des Kriteriums der hinreichend konkretisierten Maßnahmen die Ausführungen in Abschnitt 432.11.

1029 MUNKERT betont, dass auch von der Rechtsprechung ein mengeninduziertes Wachstum vollständig vernachlässigt wird, vgl. MUNKERT, M. J., Der Kapitalisierungszinssatz in der Unternehmensbewertung, S. 369.

1030 Vgl. exemplarisch WOLLNY, C., Der objektivierte Unternehmenswert, S. 209.

1031 Die Annahme einer kapitalwertneutralen Wiederanlage thesaurierter Mittel entspricht der herrschenden Meinung der Unternehmensbewertungslehre, vgl. hierzu bereits die Ausführungen in Abschnitt 432.125 mit Literaturnachweisen aus der Unternehmensbewertungstheorie.

1032 Vgl. WAGNER, W./JONAS, M./BALLWIESER, W./TSCHÖPEL, A., Grundsätze zur Durchführung von Unternehmensbewertungen, S. 895.

1033 Zur mittelbaren Typisierung der persönlichen Ertragsteuern vgl. Abschnitt 432.124.

1034 Vgl. IDW (Hrsg.), WP-Handbuch 2008, Abschn. A, Rn. 215; KÜNNEMANN, M., Objektivierte Unternehmensbewertung, S. 369 f.; WOLLNY, C., Der objektivierte Unternehmenswert, S. 343 f.

les Wachstum), d. h., die Kaufkraft würde auf einem konstanten Niveau bleiben.[1035] Allerdings kann nicht ohne weiteres unterstellt werden, dass die nominalen Zahlungsüberschüsse in der Phase der ewigen Rente i. H. d. Inflationsrate wachsen.[1036] Grundsätzlich sind folgende drei Alternativen denkbar:[1037]

- Das Unternehmen kann die Preissteigerungen auf den Beschaffungsmärkten nicht (vollständig) an die Absatzmärkte weitergeben. Das nominale Wachstum der finanziellen Überschüsse ist folglich geringer als die Inflationsrate, sodass die realen finanziellen Überschüsse im Zeitablauf abnehmen.
- Dem Unternehmen gelingt es, die inflationsbedingten Kostensteigerungen vollständig durch erlösseitige Preissteigerungen zu kompensieren. Die Kaufkraft der finanziellen Überschüsse bleibt demnach im Zeitablauf konstant.
- Das Unternehmen kann erlösseitige Preissteigerungen in einem Ausmaß durchsetzen, das über der Inflationsrate liegt. Somit wäre von einem realen Wachstum der finanziellen Überschüsse auszugehen.

Die Ergebnisse mehrerer empirischer Untersuchungen des tatsächlichen Unternehmenswachstums deutscher Unternehmen weisen darauf hin, dass selbst das Gewinnwachstum, von welchem das inflationsbedingte Wachstum lediglich ein Bestandteil ist, in der Vergangenheit häufig hinter der Inflationsrate zurückblieb.[1038] In einer Untersuchung der historisch erzielten Jahresüberschüsse deutscher Industrieunternehmen im Zeitraum von 1971-2001 zeigte sich, dass die Unternehmensgewinne mit durchschnittlich 1,4 % p. a. gegenüber der durchschnittlichen Inflationsrate i. H. v. 3,1 % p. a. lediglich mit einem Anteil von ca. 44 % der Inflationsrate gewachsen sind.[1039] Weitere empirische Untersuchungen bestätigen das Ergebnis, dass das historische Gewinnwachstum häufig hinter der Inflationsrate zurückblieb.[1040] Es bedarf daher einer theoretisch fundierten Analyse, ob und ggf. in welchem Ausmaß für das zu bewertende Objekt beschaffungsmarktseitige Preissteigerungen voraussichtlich durch höhere Ab-

---

1035 Vgl. exemplarisch KÜNNEMANN, M., Objektivierte Unternehmensbewertung, S. 367 f. sowie STELLBRINK, J., Restwert in der Unternehmensbewertung, S. 124.

1036 Vgl. IDW (Hrsg.), WP-Handbuch 2008, Abschn. A, Rn. 215; WOLLNY, C., Der objektivierte Unternehmenswert, S. 346 f. Vgl. hierzu ausführlich STELLBRINK, J., Restwert in der Unternehmensbewertung, S. 123-127.

1037 Vgl. hierzu MANDL, G./RABEL, K., Unternehmensbewertung, S. 191 sowie STELLBRINK, J., Restwert in der Unternehmensbewertung, S. 124 f. Ähnlich WOLLNY, C., Der objektivierte Unternehmenswert, S. 347 f.

1038 Zu einer empirischen Untersuchung vgl. WIDMANN, B./SCHIESZL, S./JEROMIN, A., Kapitalisierungszinssatz in der Unternehmensbewertung, S. 808-810. Vgl. ferner MUNKERT, M. J., Der Kapitalisierungszinssatz in der Unternehmensbewertung, S. 353 sowie STELLBRINK, J., Restwert in der Unternehmensbewertung, S. 125 zu weiteren empirischen Untersuchungen.

1039 Vgl. WIDMANN, B./SCHIESZL, S./JEROMIN, A., Kapitalisierungszinssatz in der Unternehmensbewertung, S. 809. Vgl. hierzu ferner die statistischen Auswertungen in den Monatsberichten der DEUTSCHEN BUNDESBANK, vgl. DEUTSCHE BUNDESBANK (Hrsg.), Monatsberichte. Vgl. zu weiteren Ausführungen zur historischen Wachstumsrate STELLBRINK, J., Restwert in der Unternehmensbewertung, S. 125-127 m. w. N.

1040 Vgl. exemplarisch BUSCH, K., Unternehmensbewertung von kleinen und mittleren Unternehmen, S. 238 m. w. N.

satzpreise auf die Kunden überwälzt werden können.[1041] Hierfür ist die Marktmacht des Unternehmens auf den Beschaffungs- und Absatzmärkten entscheidend.[1042] Um das **Überwälzungspotenzial** des Bewertungsobjekts ermitteln zu können, wären die Kenntnis der Angebotselastizitäten auf der Beschaffungsmarktseite sowie die Kenntnis der Nachfrageelastizitäten der Kunden erforderlich.[1043] Da diese Elastizitäten nicht bekannt sind bzw. in quantifizierter Form nur schwer exakt zu ermitteln sind, wird vielfach empfohlen, auf qualitative Analysemethoden zurückzugreifen, um das Überwälzungspotenzial bestimmen zu können.[1044]

Qualitative Analysen, wie beispielsweise die in diesem Kontext häufig vorgeschlagene Branchenstrukturanalyse von PORTER,[1045] sind indes i. d. R. in hohem Maße subjektiv und somit ermessensbehaftet. Dies wird dadurch verstärkt, dass die Analyse der Marktmacht des Unternehmens grundsätzlich zukunftsbezogen sein sollte.[1046] Das Überwälzungspotenzial kann deshalb nicht hinreichend objektiviert ermittelt werden, was für Bewertungen im Rahmen der **IFRS-Rechnungslegung** sehr kritisch zu sehen ist.

Eine Möglichkeit zur Lösung des Problems bestünde darin, das für Bewertungen in der IFRS-Rechnungslegung zugrunde zu legende inflationsbedingte Wachstum zu normieren. Hierdurch könnten Ermessensspielräume eingeschränkt werden. Eine konkrete Wachstumsrate festzulegen würde indes die grundsätzlich nur einzelfall- und bewertungsobjektspezifische Ermittlung aussagekräftiger Wachstumsraten vernachlässigen.[1047] Ein möglicher Ausweg könnte darin gesehen werden, eine **Obergrenze** für das inflationsbedingte Wachstum in der Phase der ewigen Rente zu bestimmen. Die Ableitung einer solchen Obergrenze könnte zum einen die Ergebnisse empirischer Analysen hinsichtlich historischer Wachstumsraten berücksichtigen. Zum anderen könnte sie aufgrund der zeitlich weitreichenden Entfernung und der damit verbundenen hohen Unsicherheit eines möglichen Wachstums in der Phase der ewigen Rente tendenziell moderat ausgelegt werden (Grundsatz der Objektivierung).

1041 Vgl. IDW (Hrsg.), WP-Handbuch 2008, Abschn. A, Rn. 216; MUNKERT, M. J., Der Kapitalisierungszinssatz in der Unternehmensbewertung, S. 356-358; STELLBRINK, J., Restwert in der Unternehmensbewertung, S. 127.

1042 Vgl. MUNKERT, M. J., Der Kapitalisierungszinssatz in der Unternehmensbewertung, S. 357; WOLLNY, C., Der objektivierte Unternehmenswert, S. 347 f.

1043 Vgl. exemplarisch MUNKERT, M. J., Der Kapitalisierungszinssatz in der Unternehmensbewertung, S. 357.

1044 Vgl. zu dieser Empfehlung MUNKERT, M. J., Der Kapitalisierungszinssatz in der Unternehmensbewertung, S. 358 sowie WOLLNY, C., Der objektivierte Unternehmenswert, S. 348.

1045 Vgl. zu der von PORTER entwickelten Branchenstrukturanalyse ausführlich PORTER, M. E., Competitive Strategy, S. 3-33.

1046 Vgl. MUNKERT, M. J., Der Kapitalisierungszinssatz in der Unternehmensbewertung, S. 358.

1047 Vgl. IDW (Hrsg.), WP-Handbuch 2008, Abschn. A, Rn. 216; STELLBRINK, J., Restwert in der Unternehmensbewertung, S. 127 und 129 f.

Mehrere Ergebnisse empirischer Untersuchungen zum Unternehmenswachstum haben, wie oben beispielhaft angeführt, gezeigt, dass die teilweise im Schrifttum vertretene Auffassung, die Inflationsrate als Untergrenze bei der Quantifizierung der Wachstumsrate anzusehen,[1048] durchaus in Frage zu stellen ist.[1049] Indes wurden auch Studien durchgeführt, in denen ein weitaus höheres Gewinnwachstum festgestellt wurde.[1050] Dabei lagen die Wachstumsraten z. T. deutlich über den durchschnittlichen Inflationsraten des jeweiligen Untersuchungszeitraums.[1051] An den unterschiedlichen Ergebnissen der Studien zeigt sich, dass keine allgemeingültigen Aussagen über das Gewinnwachstum ableitbar sind. Erschwerend kommt hinzu, dass im Rahmen des für Zwecke der IFRS-Rechnungslegung konkretisierten Bewertungskalküls nicht das erwartete Gewinnwachstum, sondern ausschließlich das hierin inbegriffene erwartete inflationsbedingte Wachstum berücksichtigt werden sollte. Hinsichtlich des inflationsbedingten Wachstum kann allerdings festgehalten werden, dass die Annahme, dass die Inflationsrate zu 100 % auf die Kunden überwälzt werden kann, von weiten Teilen des Schrifttums eher abgelehnt und als Ausnahmefall angesehen wird.[1052]

Die erhöhte Unsicherheit über die möglichen Entwicklungen in der Phase der ewigen Rente sowie die eher ablehnende Haltung gegenüber einer vollständigen Überwälzbarkeit eines inflationsbedingten Wachstums sprechen dafür, dass objektivierungsbedingt eine Obergrenze unterhalb der erwarteten Inflationsrate festgelegt werden könnte. Zieht man als erwartete Inflationsrate für z. B. im europäischen Markt tätige Bewertungsobjekte die Zielsetzung der EZB heran, die Inflationsrate auf knapp unter 2 % zu halten,[1053] so wäre z. B. eine **pauschale Obergrenze** für das Überwälzungspotenzial des Unternehmens i. H. v. 1 % (50 % der erwarteten Inflationsrate) denkbar.[1054] Eine inflationsbedingte Wachstumsrate i. H. v. 1 % würde auch vor dem Hintergrund der Vorgehensweise in der Rechtsprechungspraxis angemessen

1048 Vgl. UNZEITIG, E./KÖTHNER, D., Shareholder Value Analyse, S. 133 sowie STELLBRINK, J., Restwert in der Unternehmensbewertung, S. 124 m. w. N.

1049 Vgl. STELLBRINK, J., Restwert in der Unternehmensbewertung, S. 123-127.

1050 Vgl. hierzu exemplarisch die Ergebnisse von KNOLL und SEDLACEK über empirische Befunde hinsichtlich des Gewinnwachstums börsennotierter Unternehmen in Deutschland, vgl. KNOLL, L./SEDLACEK, C., Gewinnwachstum börsennotierter Unternehmen, S. 135-141.

1051 Vgl. hierzu sowie zu weiteren Nachweisen KNOLL, L./SEDLACEK, C., Gewinnwachstum börsennotierter Unternehmen, S. 135 f.

1052 Vgl. BUSCH, K., Unternehmensbewertung von kleinen und mittleren Unternehmen, S. 236; MUNKERT, M. J., Der Kapitalisierungszinssatz in der Unternehmensbewertung, S. 357; STELLBRINK, J., Restwert in der Unternehmensbewertung, S. 127; WOLLNY, C., Der objektivierte Unternehmenswert, S. 346 f. m. w. N.

1053 Vgl. hierzu auch MUNKERT, M. J., Der Kapitalisierungszinssatz in der Unternehmensbewertung, S. 357 sowie WOLLNY, C., Der objektivierte Unternehmenswert, S. 353. Eine mögliche Verwendung einer durchschnittlichen historischen Inflationsrate für die erwartete Inflationsrate hätte den Nachteil, dass die Inflationsraten in der Vergangenheit starken Schwankungen unterlegen waren, sodass die Bestimmung einer historischen Inflationsrate wieder neue Ermessensspielräume gewähren würde. Zudem ist die Aussagekraft vergangener Inflationsraten für die Zukunft als beschränkt anzusehen.

1054 Vgl. zu diesem Vorschlag auch MUNKERT, M. J., Der Kapitalisierungszinssatz in der Unternehmensbewertung, S. 360.

erscheinen.[1055] Im Gegensatz zur Rechtsprechungspraxis soll die Wachstumsrate i. H. v. 1 % für Bewertungszwecke in der IFRS-Rechnungslegung indes eine Obergrenze darstellen. Dies ist unter anderem dadurch zu begründen, dass im Gegensatz zur Rechtsprechung weder ein mengen- bzw. strukturbedingtes noch ein werterhöhend wirkendes thesaurierungsbedingtes Wachstum in der Phase der ewigen Rente berücksichtigt werden sollten.

Sprechen hinreichend konkrete Gründe für ein über 1 % liegendes inflationsbedingtes Wachstum in der Phase der ewigen Rente, könnte es im Einzelfall ebenfalls als vertretbar angesehen werden, eine Wachstumsrate i. H. v. 2 % festzulegen. Würde eine Obergrenze i. H. v. 2 % festgelegt werden, könnten die individuellen Verhältnisse des Bewertungsobjekts c. p. sachgerechter berücksichtigt werden. Dieser konzeptionelle Vorteil würde indes zu Lasten der Objektivierung realisiert werden, da die Ermessens- und somit auch Gestaltungsspielräume für den Bewertenden c. p. erheblich zunehmen würden. Festzuhalten bleibt jedenfalls, dass eine Obergrenze für ein mögliches inflationsbedingtes Wachstum in der Phase der ewigen Rente normiert werden sollte.

Die Entscheidung für eine bestimmte Wachstumsrate der nachhaltigen finanziellen Überschüsse ist unter Berücksichtigung der zu kodifizierenden Obergrenze somit bewertungsobjektspezifisch zu treffen und bleibt in diesem Rahmen ermessensbehaftet. Die verwendete Wachstumsrate ist deshalb zu begründen bzw. zu plausibilisieren, worauf in den noch herzuleitenden Anforderungen an die Erläuterung näher eingegangen werden soll.[1056]

433.14 Beurteilung der erreichbaren Objektivierung

Hinsichtlich des erreichbaren Objektivierungsgrads ist in erster Linie der **bewertungsobjektspezifische Bezug** ausschlaggebend, der erforderlich ist, um die einzelnen Parameter des Kapitalisierungszinssatzes und auch die Wachstumsrate zu ermitteln. Können die einzelnen Parameter ohne „konzeptionelle Verluste" unabhängig von den bewertungsobjektspezifischen Verhältnissen bestimmt werden, erlaubt dies eine normierte und somit bewertungsobjektunabhängige Ermittlung, was der anzustrebenden Objektivierung zuträglich ist.

Während die Zahlungsreihe auf Basis der operativen Unternehmensplanung eine zukunftsorientierte und subjektive Schätzung des Managements darstellt, sollte der **Kapitalisierungs-**

1055 In einer empirischen Analyse der Rechtsprechungspraxis hinsichtlich des Wachstumsabschlags wurde ein durchschnittlicher Abschlag i. H. v. ca. 1,3 % festzustellt. Vgl. ausführlich zu den empirischen Ergebnissen MUNKERT, M. J., Der Kapitalisierungszinssatz in der Unternehmensbewertung, S. 360-369. Vgl. ferner BAETGE, J./NIEMEYER, K./KÜMMEL, J., Bewertungsverfahren, Rn. 552, die Wachstumsabschläge zwischen 0,5 % und 2 % in der Rechtsprechungspraxis festgestellt haben.

1056 Vgl. Abschnitt 433.2.

zinssatz weitestgehend unter Rückgriff auf Kapitalmarktdaten bestimmt werden.[1057] Hierbei können sowohl der **Basiszinssatz**, der im Idealfall eine vollständig risikolose Verzinsung repräsentieren soll, als auch die **Marktrisikoprämie**, die den allgemeinen Marktpreis des Risikos abbilden soll, bewertungsobjektunabhängig bestimmt werden.[1058] Das bedeutet, dass beide Parameter nicht auf Basis der individuellen Verhältnisse des Bewertungsobjekts abgeleitet werden müssen, sodass Normierungen sinnvoll durchführbar sind. Der **Betafaktor** hingegen soll die spezifischen Risikofaktoren des Bewertungsobjekts abbilden und stellt somit an die anzustrebende Objektivierung höhere Herausforderungen.[1059]

Um den **Basiszinssatz** zu bestimmen, ist es deshalb auch sachgerecht, auf die allgemein zugänglichen und bewertungsobjektunabhängig ermittelten Parameter der Deutschen Bundesbank bzw. der Europäischen Zentralbank zurückzugreifen.[1060] Hierdurch kann ein objektivierter Basiszinssatz ermittelt werden.[1061]

Auch für die Ableitung der (allgemeinen) **Marktrisikoprämie** stellt ihr bewertungsobjektunabhängiger Charakter das entscheidende Moment dar, um diese objektiviert ermitteln zu können. Der alleinige Rückgriff auf (vergangene) Kapitalmarktdaten bietet nämlich noch keine ausreichende Möglichkeit einer objektivierten Ableitung der Marktrisikoprämie.[1062] Erst durch weitreichende Normierungen (diskutiert wurde eine Normierung der Ermittlungsmethodik und auch eine Normierung der Marktrisikoprämie selbst)[1063] kann die Marktrisikoprämie objektiviert ermittelt werden.[1064] Diese Normierungen sind indes nur deshalb sachgerecht, weil die Marktrisikoprämie nicht die individuellen Risikoverhältnisse des zu bewertenden Objekts repräsentiert, sondern den allgemeinen Marktpreis des Risikos, der bei einer Investition in ein gut diversifiziertes Portfolio riskanter Kapitalanlagen erzielt werden kann.[1065]

1057 Vgl. hierzu die Ausführungen in den Abschnitten 433.11 und 433.122.1.

1058 Vgl. die Abschnitte 433.121 sowie 433.122.2.

1059 Vgl. Abschnitt 433.122.3.

1060 Vgl. hierzu im Detail Abschnitt 433.121.

1061 Vgl. ARBEITSKREIS UNTERNEHMENSBEWERTUNG, Eckdaten zur Bestimmung des Kapitalisierungszinssatzes, S. 555; WÜSTEMANN, J., Unternehmensbewertung, S. 1500 sowie die näheren Erläuterungen in Abschnitt 433.121 m. w. N.

1062 Hier sind die zahlreichen Gestaltungsspielräume zur Ableitung der Marktrisikoprämie aus Kapitalmarktdaten anzuführen, beispielsweise hinsichtlich der Länge des Betrachtungszeitraums, der Länge des Renditeintervalls oder der Wahl des Marktportfoliosurrogats, vgl. hierzu die näheren Ausführungen in Abschnitt 433.122.2.

1063 Vgl. hierzu die Ausführungen in Abschnitt 433.122.2.

1064 Vgl. hierzu auch LÖFFLER, A., Unternehmensbewertung, S. 811 sowie die näheren Erläuterungen in Abschnitt 433.122.2.

1065 Vgl. hierzu exemplarisch KRUSCHWITZ, L./LÖFFLER, A., Kapitalkosten aus theoretischer und praktischer Perspektive, S. 806 sowie die näheren Ausführungen in Abschnitt 433.122.2.

Der (sachverhaltsspezifische) **Betafaktor** hingegen soll die individuellen Risikofaktoren des jeweiligen Bewertungsobjekts abbilden, sodass bewertungsobjektübergreifende Normierungen grundsätzlich nicht sachgerecht sind bzw. nur unter Vernachlässigung bewertungsobjektspezifischer Charakteristika vorgenommen werden können.[1066] Aufgrund der zentralen Bedeutung objektivierter Daten für Zwecke der IFRS-Rechnungslegung wird hier angeregt, Branchenbetas heranzuziehen, um den Betafaktor abzuleiten.[1067] Dies stellt eine Normierung dar, welche die weitreichenden Ermessensspielräume, die bei einer Ableitung bewertungsobjektspezifischer Risikofaktoren bestehen, einschränken. Hierdurch sowie durch weitere Normierungen, insbesondere hinsichtlich der Abgrenzung der Branche sowie hinsichtlich der konkreten Ermittlungsmethodik der Branchenbetas, kann auch der Betafaktor ermessensfrei ermittelt werden.[1068]

Der Wachstumsabschlag in der Phase der ewigen Rente sollte aufgrund der eingenommenen „verengten" Sicht der Zukunft lediglich ein mögliches inflationsbedingtes Wachstum berücksichtigen.[1069] Um die konkrete Höhe der **Wachstumsrate** zu ermitteln, sind die spezifischen Verhältnisse des Bewertungsobjekts indes zwingend zu berücksichtigen.[1070] Eine normierte Ermittlung bzw. eine konkrete Wachstumsrate vorzugeben, ist vor diesem Hintergrund abzulehnen, was allerdings Ermessensspielräume eröffnet. Deshalb sollte zumindest eine Obergrenze für die Wachstumsrate normiert werden, bis zu der die Höhe der Wachstumsrate basierend auf den bewertungsobjektspezifischen Verhältnissen bestimmt werden kann.[1071] Eine nach oben hin begrenzte Wachstumsrate impliziert, dass ein mögliches weiteres Wachstum in der Phase der ewigen Rente, beispielsweise durch zu erwartende Renditesteigerungen einer bestimmten zu bewertenden Immobilie in einer „aufstrebenden" Region begründet, objektivierungsbedingt nicht berücksichtigt werden kann. Eine Objektivierung ist durch die empfohlene Obergrenze dennoch nur eingeschränkt erreichbar, sodass die Wahl der Wachstumsrate zu plausibilisieren ist, worauf im folgenden Abschnitt noch näher eingegangen werden soll.

Insgesamt bleibt festzuhalten, dass die einzelnen Parameter der Nennergröße weitestgehend ermessensfrei ermittelt werden können, wodurch ein hoher Grad an Objektivierung erreicht werden kann. Dies ist als ein zentraler Unterschied gegenüber der Schätzung der zu diskontierenden Zahlungsreihe (Zählergröße) festzuhalten.

1066 Vgl. statt vieler DINSTUHL, V., Konzernbezogene Unternehmensbewertung, S. 236 sowie Abschnitt 433.122.3 m. w. N.

1067 Vgl. hierzu ausführlich die Erläuterungen in Abschnitt 433.122.3.

1068 Vgl. im Detail Abschnitt 433.122.3.

1069 Vgl. zu einer näheren Erläuterung dieser Konsequenz die Ausführungen in Abschnitt 433.13.

1070 Vgl. Abschnitt 433.13.

1071 Vgl. zu dieser Empfehlung Abschnitt 433.13.

433.2 Anforderungen an die Erläuterung

Erläuterungen der Bewertung sollen insbesondere dazu dienen, mit der Bewertung verbundene Ermessensspielräume offenzulegen und zeigen, inwieweit die einzelnen Parameter bzw. das Bewertungsergebnis durch gezielte Ermessensentscheidungen geprägt sind.[1072] Aus diesem Grund sind auch umfassende Erläuterungen zur Prognose der künftigen Zahlungsüberschüsse (Zählergröße) empfohlen worden.[1073] Aufgrund der zukunftsorientierten Schätzung der Zahlungsüberschüsse und der nur eingeschränkten Möglichkeiten einer Objektivierung handelt es sich um weitgehend subjektive und somit ermessensbehaftete Schätzungen.[1074] Die Kapitalkosten hingegen, also der **Basiszinssatz** und der **Risikozuschlag** als Bestandteile der Nennergröße, wurden unter Rückgriff auf Kapitalmarktdaten ermittelt, sodass die mit einer zukunftsorientierten Schätzung grundsätzlich verbundenen Ermessensspielräume nicht bestehen. Die Ermessensspielräume, die auch bei einer kapitalmarktorientierten Bestimmung des Kapitalisierungszinssatzes verbleiben, konnten durch weitreichende Normierungen beseitigt werden.[1075] Für die **Wachstumsrate** in der Phase der ewigen Rente als dritte Komponente der Nennergröße sollte eine Obergrenze normierend festgelegt werden.[1076] Hier bedarf es einer bewertungsobjektspezifischen Ermessensentscheidung, welcher Wert unter Berücksichtigung dieser Obergrenze gewählt werden sollte. Aufgrunddessen sollte, wie oben bereits angeführt, die verwendete Wachstumsrate begründet und plausibilisiert werden. Hierzu sollte die in der Vergangenheit bewiesene Fähigkeit des Bewertungsobjekts, Preissteigerungen auf den Beschaffungsmärkten absatzseitig zu kompensieren, herangezogen werden.[1077] Dieses primär von der Marktmacht des Unternehmens abhängige Überwälzungspotenzial sollte indes auf seine Bestandsfähigkeit für die Zukunft überprüft werden.[1078] Hierzu könnten unter anderem zukunftsbezogene allgemeine Branchenerwartungen zur **Plausibilisierung** der angenommenen Wachstumsrate des zu bewertenden Objekts herangezogen werden.[1079] Hinsichtlich der zu

---

1072 Vgl. hierzu die Ausführungen zum Grundsatz der Transparenz in Abschnitt 423.2. Vgl. ferner die Ausführungen von BRÜGGEMANN zur Erläuterungsaufgabe des IFRS-Anhangs: BRÜGGEMANN, B., Berichterstattung im Anhang des IFRS-Abschlusses, S. 35 f.

1073 Vgl. Abschnitt 432.2.

1074 Vgl. hierzu die Ausführungen in Abschnitt 432.13.

1075 Vgl. hierzu die Ausführungen in Abschnitt 433.14.

1076 Vgl. Abschnitt 433.13.

1077 Vgl. WOLLNY, C., Der objektivierte Unternehmenswert, S. 346. Vgl. hierzu auch MUNKERT, M. J., Der Kapitalisierungszinssatz in der Unternehmensbewertung, S. 357, der indes darauf hinweist, dass die vergangene Überwälzungsfähigkeit der Preissteigerungen lediglich einen Anhaltspunkt darstellen kann; grundsätzlich sei eine zukunftsorientierte, qualitative Analyse erforderlich.

1078 Dies kann i. d. R. ausschließlich über qualitative Analysen erfolgen, vgl. MUNKERT, M. J., Der Kapitalisierungszinssatz in der Unternehmensbewertung, S. 358 sowie WOLLNY, C., Der objektivierte Unternehmenswert, S. 348.

1079 Vgl. sinngemäß im Kontext der Bestimmung der nachhaltigen Überschüsse IDW (Hrsg.), WP-Handbuch 2008, Abschn. A, Rn. 82.

fordernden konkreten Erläuterungen gilt indes stets zu beachten, dass es den Unternehmen i. d. R. nicht zugemutet werden kann, wettbewerbssensitive Informationen preiszugeben.[1080]

Da die einzelnen Parameter der Nennergröße insgesamt weitgehend ermessensfrei zu ermitteln sind, erscheinen vor diesem Hintergrund keine umfassenden Erläuterungen, auf welche Weise die Parameter bestimmt wurden, erforderlich. Dennoch sollten die einzelnen **Parameter offengelegt** werden: der Basiszinssatz, die Marktrisikoprämie und der Betafaktor als Bestandteile des Risikozuschlags, sowie die Wachstumsrate. Durch eine Offenlegung der einzelnen Parameter können die Adressaten **eigene Anpassungen der weitgehend normierten Bewertung** vornehmen.[1081] Beispielsweise könnte aufgrund individuell abweichender Risikoeinstellungen der durch Kapitalmarktdaten typisierte Risikozuschlag um einen zusätzlichen Zuschlag erhöht oder auch vermindert werden. Darüber hinaus sollten über die bloße Angabe der Parameter hinaus auch die Auswirkungen von Veränderungen einzelner Parameter auf das Bewertungsergebnis beschrieben werden (**Sensitivitätsanalyse**). Dies ist insbesondere aufgrund der hohen Sensitivität des Bewertungsergebnisses bezüglich dieser Parameter zu befürworten. Der Investor könnte so Veränderungen des Bewertungsergebnisses besser nachvollziehen (Grundsatz der Transparenz)[1082]. Ferner wären **Mehrperiodendarstellungen** wünschenswert, da diese Vorjahresvergleiche ermöglichen würden.[1083]

44 Zwischenfazit

Der Untersuchungsgegenstand dieser Arbeit, eine stärkere Berücksichtigung der *valuation usefulness*-Funktion in der IFRS-Rechnungslegung zu erörtern, wurde anhand eines unternehmenswertorientierten Bewertungskalküls konkretisiert. Den Ausgangspunkt für dieses Bewertungsmodell stellten aufgrund der inhaltlichen Parallelen zwischen der *valuation usefulness*-Funktion und der Konzeption einer Unternehmensbewertung die gegenwärtigen Erkenntnisse der Unternehmensbewertungstheorie dar. Die IFRS-Rechnungslegung und die Unternehmensbewertung sind indes unterschiedlichen Rahmenbedingungen ausgesetzt; beispielsweise können ein verstärkter Prinzipal-Agenten-Konflikt sowie ein heterogener Adressatenkreis in der IFRS-Rechnungslegung festgestellt werden.[1084] Diese unterschiedlichen Umstände berücksichtigend wurden allgemeine Grundsätze für Bewertungen und deren Erläute-

1080 Zum Problem der Wettbewerbssensitivität insbesondere strategischer Informationen vgl. ausführlich SCHEELE, A., Lageberichterstattung, S. 121-124.

1081 Ähnlich BIEKER, M., Analyse des Fair Value Accounting, S. 226.

1082 Vgl. Abschnitt 423.2.

1083 Zu der Empfehlung Mehrperiodendarstellungen vorzunehmen vgl. im Kontext des Value Reporting, BAETGE, J./SOLMECKE, H., Grundsätze des Value Reporting, S. 20.

1084 Vgl. Abschnitte 33 und 41.

rung in der IFRS-Rechnungslegung hergeleitet.[1085] Auf Basis der Bewertungsgrundsätze wurden die einzelnen Parameter des Bewertungskalküls konkretisiert. Insbesondere die verstärkte Prinzipal-Agenten-Problematik bei Bewertungen in der IFRS-Rechnungslegung führte zu der Notwendigkeit, die Parameter des Bewertungskalküls in tendenziell hohem Maße zu objektivieren. Zielkonflikte zwischen einer zukunftsorientierten und einer objektivierten Bewertung waren hierbei die Regel.[1086]

Die Fragestellung, inwieweit das auf diese Weise konkretisierte Bewertungsmodell einschließlich der ergänzenden Erläuterungsangaben tatsächlich geeignet ist, im IFRS-Abschluss angewendet zu werden, führt letztlich wieder zu der grundsätzlichen Frage zurück, inwieweit eine stärkere Betonung der *valuation usefulness*-Funktion in der IFRS-Rechnungslegung sinnvoll ist. Bei der Erörterung dieser Frage sind zwingend auch die Auswirkungen auf die Erfüllung der *stewardship*-Funktion zu berücksichtigen.[1087] Darauf wird im späteren Verlauf der Arbeit noch näher einzugehen sein.[1088]

Um den erreichten Objektivierungsgrad der Parameter des Bewertungsmodells zu beurteilen, sollte zwischen den Parametern der Zähler- und der Nennergröße des Kalküls differenziert werden. Die **Cashflow-Prognosen** basieren auf den subjektiven Planungen der Unternehmensführung und sind somit in besonderem Maße ermessensbehaftet. Zwar wird durch das kodifizierte Kriterium der hinreichend konkretisierten Maßnahmen, das erfüllt sein muss, damit künftig erwartete Cashflows berücksichtigt werden, eine gewissermaßen verengte Sicht der Zukunft eingenommen.[1089] Die Schätzungen der zu diskontierenden Zahlungsströme bleiben indes weiterhin subjektiv. Somit kann allenfalls eine recht moderate Objektivierung erreicht werden.[1090] Umfassende Offenlegungspflichten und eine durch den *management approach* in Ansätzen bewirkte Entschärfung des Prinzipal-Agenten-Konflikts können die Problematik eines geringeren Objektivierungsbeitrags lediglich eingeschränkt abschwächen.[1091]

Während für die Schätzung der zu diskontierenden Zahlungsreihe auf hinreichend detaillierte, unternehmensinterne Planungen zurückgegriffen werden konnte, sollten die Parameter des Kapitalisierungszinssatzes als Bestandteil der **Nennergröße** auf Basis von Kapitalmarktdaten abgeleitet werden.[1092] Die weitreichenden Ermessensspielräume, die auch bei einer kapital-

1085 Vgl. hierzu die allgemeinen Grundsätze ordnungsmäßiger Bewertung sowie ordnungsmäßiger Erläuterung in den Abschnitten 422. und 423.

1086 Vgl. Abschnitt 43.

1087 Vgl. grundlegend zur *stewardship*-Funktion Abschnitt 313.

1088 Vgl. Kapitel 6.

1089 Vgl. grundlegend zum Kriterium der hinreichend konkretisierten Maßnahmen Abschnitt 432.11.

1090 Vgl. hierzu die näheren Ausführungen in Abschnitt 432.13.

1091 Vgl. hierzu die beiden Abschnitte 432.13 und 432.2.

1092 Dies näher erläuternd, vgl. die Abschnitte 433.11 sowie 433.122.1.

marktorientierten Ableitung des Kapitalisierungszinssatzes bestehen, können hierbei durch sachgerechte Normierungen weitestgehend beseitigt werden.[1093] Aus diesem Grund sind auch die Anforderungen an die Erläuterung gegenüber den Erläuterungen zur Zählergröße vergleichsweise geringer. Die Höhe der Wachstumsrate in der Phase der ewigen Rente ist indes näher zu erläutern, da diese unter Berücksichtigung einer Obergrenze bewertungsobjektspezifisch bestimmt werden sollte, sodass entsprechende Freiräume verbleiben.[1094] Insgesamt kann im Vergleich zur Ermittlung der Parameter der Zählergröße demnach eine recht hohe Objektivierung erreicht werden.[1095]

Es bleibt festzuhalten, dass jeweils **unterschiedliche Grade an Objektivierung** der einzelnen Bewertungsparameter erreichbar sind. Insbesondere in den Fällen, in denen die Parameter unabhängig von den spezifischen Verhältnissen des Bewertungsobjekts ermittelt werden können, sind Normierungen sachgerecht und uneingeschränkt zu befürworten.[1096] Hierdurch kann eine ermessensfreie Ermittlung erreicht werden. Das unterschiedliche Ausmaß der bei der Ermittlung der einzelnen Parameter verbleibenden Ermessensspielräume bestimmt den Umfang der jeweils erforderlichen zusätzlichen Erläuterungen. Eine allgemeingültige Ableitung zu fordernder konkreter Erläuterungen ist nicht zu befürworten, da die erreichbaren Objektivierungen auch von der konkreten Bewertungsfrage abhängen.

Das im Rahmen dieses Kapitels konkretisierte Bewertungsmodell ist als ein zukunfts- und zahlungsstrombezogenes Gesamtbewertungskalkül zu charakterisieren, das, wie bereits erläutert, grundsätzlich in der Unternehmensbewertung verwendet wird. Dieses Bewertungsmodell wurde unter Berücksichtigung des Subziels der *valuation usefulness*-Funktion der IFRS-Rechnungslegung abgeleitet. Auch die IFRS im Status quo enthalten bereits ein derartiges, aus der Unternehmensbewertung stammendes, Bewertungskalkül. Der im Rahmen der **Werthaltigkeitsprüfung eines derivativen Geschäfts- oder Firmenwerts nach IAS 36** im Regelfall[1097] verwendete Nutzungswert kann beispielhaft als ein solcher zukunfts-, zahlungsstrom- und gesamtbewertungsorientierter Wertmaßstab charakterisiert werden.[1098] Aus diesem Grund sollen im Folgenden die einzelnen in den **Nutzungswert** einfließenden Bewertungsparameter näher analysiert und an den in diesem Kapitel konkretisierten Bewertungsparametern gespiegelt werden. Dabei sollen die Regelungen des IAS 36, die gegenwärtig nur für Abwertungs-

1093 Vgl. Abschnitt 433.12.

1094 Vgl. zu dieser Forderung Abschnitt 433.2.

1095 Vgl. Abschnitt 433.14.

1096 Hier sind in erster Linie die normierte Ermittlung des Basiszinssatzes sowie der Marktrisikoprämie zu nennen, vgl. hierzu auch die Ausführungen in den Abschnitten 433.121 und 433.122.2.

1097 Im Rahmen der Werthaltigkeitsprüfung eines derivativen Geschäfts- oder Firmenwerts dient häufig der Nutzungswert als Referenzgröße für die Ermittlung des erzielbaren Betrags, vgl. hierzu die näheren Erläuterungen in Abschnitt 512.

1098 Vgl. exemplarisch BEYHS, O., Impairment of Assets, S. 202.

fragen gelten, daraufhin untersucht werden, inwieweit sie für unternehmenswertorientierte Bewertungen im IFRS-Abschluss geeignet sind. Nicht hinreichend berücksichtigt wurden bislang mögliche Auswirkungen einer Anwendung derartiger investitionstheoretischer Bewertungskalküle auf die *stewardship*-Funktion. Diese Frage wird abschließend im sechsten Kapitel zu erörtern sein.

5 Der Nutzungswert bei der Werthaltigkeitsprüfung eines derivativen Geschäfts- oder Firmenwerts nach IAS 36

51 Grundlagen

511. Die Ermittlung des erzielbaren Betrags bei der Folgebewertung eines derivativen Geschäfts- oder Firmenwerts

Die Folgebewertung eines derivativen Geschäfts- oder Firmenwerts[1099] wurde mit der Neufassung des IAS 36 im Jahr 2004 grundlegend modifiziert.[1100] Der IASB sieht in der überarbeiteten Fassung des IAS 36 keine planmäßige Abschreibung eines derivativen Geschäfts- oder Firmenwerts mehr vor und verfolgt nun den sogenannten *impairment only approach*. Danach ist der Geschäfts- oder Firmenwert nur für den Fall eines tatsächlich festgestellten Wertminderungsbedarfs abzuschreiben.[1101] Eine Prüfung der Werthaltigkeit (*impairment test*) ist für den derivativen Geschäfts- oder Firmenwert mindestens einmal im Jahr vorzunehmen (IAS 36.10 (b)). Darüber hinaus ist ein Werthaltigkeitstest gemäß IAS 36.90 zusätzlich auch immer dann erforderlich, wenn Anhaltspunkte[1102] für eine mögliche Wertminderung bestehen.[1103]

Geschäfts- oder Firmenwerte generieren keine Mittelzuflüsse, die unabhängig von anderen Vermögenswerten oder Gruppen von Vermögenswerten sind (IAS 36.81).[1104] Aus diesem Grund sind Geschäfts- oder Firmenwerte zu Zwecken der Werthaltigkeitsprüfung zahlungsmittelgenerierenden Einheiten oder Gruppen von zahlungsmittelgenerierenden Einheiten zuzuordnen (IAS 36.80).[1105] Eine zahlungsmittelgenerierende Einheit ist hierbei gemäß IAS 36.6 definiert als die kleinste identifizierbare Gruppe von Vermögenswerten, die Mittelzuflüsse erzeugt, die weitgehend unabhängig von den Mittelzuflüssen anderer Vermögenswerte oder anderer Gruppen von Vermögenswerten sind. Aufgrund des umfassenden Syner-

---

1099 Im Folgenden sind ausschließlich derivative Geschäfts- oder Firmenwerte gemeint, wenn von Geschäfts- oder Firmenwerten allgemein gesprochen wird. Ein originärer Geschäfts- oder Firmenwert ist nur dann gemeint, wenn ein solcher explizit genannt wird.

1100 Vgl. KIRSCH, H.-J./KOELEN, P./TINZ, O., Berichterstattung der DAX-30-Unternehmen, Teil I, S. 88; SCHMUSCH, M./LAAS, T., Werthaltigkeitsprüfungen nach IAS 36, S. 1048.

1101 Vgl. exemplarisch KIRSCH, H.-J./KOELEN, P./TINZ, O., Berichterstattung der DAX-30-Unternehmen, Teil I, S. 88.

1102 Beispiele für derartige Anhaltspunkte werden in IAS 36.12 genannt. Differenziert wird nach externen und internen Informationsquellen, die eine mögliche Wertminderung indizieren könnten.

1103 Vgl. hierzu auch BARTELS, P./JONAS, M., § 27 Wertminderungen, Rn. 6.

1104 Vgl. hierzu ausführlicher sowie mit weiteren Nachweisen HAAKER, A., Goodwill-Bilanzierung nach IFRS, S. 367 f.

1105 Vgl. hierzu auch IDW (Hrsg.), IDW RS HFA 16, Rn. 93 sowie KIRSCH, H.-J./KOELEN, P./TINZ, O., Berichterstattung der DAX-30-Unternehmen, Teil I, S. 89.

giepotenzials, welches einem Geschäfts- oder Firmenwert innewohnt,[1106] wird „die Prüfung der Werthaltigkeit des Geschäfts- oder Firmenwerts regelmäßig anhand einer größeren Gruppe von ZGE [zahlungsmittelgenerierenden Einheiten] vorgenommen“[1107]. Die Werthaltigkeit derivativer Geschäfts- oder Firmenwerte kann folglich nur auf Grundlage eines **Gesamtbewertungskalküls** ermittelt werden.[1108]

Im Rahmen des Wertminderungstests wird der Buchwert der zu überprüfenden zahlungsmittelgenerierenden Einheit bzw. der Gruppe von zahlungsmittelgenerierenden Einheiten mit ihrem erzielbaren Betrag verglichen (IAS 36.8). Übersteigt der Buchwert den erzielbaren Betrag, so liegt in Höhe dieser Differenz ein Wertminderungsaufwand vor (IAS 36.8, IAS 36.59, IAS 36.104).[1109] Der **erzielbare Betrag** ist dabei als der höhere der beiden Beträge aus dem beizulegenden Zeitwert abzüglich der Verkaufskosten und dem Nutzungswert definiert (IAS 36.6).[1110] Auf die Relevanz dieser beiden Wertkonstrukte im Rahmen der Werthaltigkeitsprüfung eines Geschäfts- oder Firmenwerts soll im nachfolgenden Abschnitt näher eingegangen werden.

512. Der Nutzungswert als die im Regelfall maßgebliche Referenzgröße des erzielbaren Betrags

Hinter dem Wertkonstrukt des erzielbaren Betrags steht die Überlegung, dass ein rational[1111] handelnder Entscheidungsträger des Unternehmens die Entscheidungsalternative wählen wird, die voraussichtlich zum höheren Nutzenzufluss führt.[1112] Die beiden alternativen Handlungsoptionen stellen hierbei zum einen der Verkauf (Wertmaßstab des beizulegenden Zeitwerts abzüglich Verkaufskosten) und zum anderen die fortgesetzte Nutzung (Wertmaßstab des Nutzungswerts) des Bewertungsobjekts dar (IAS 36.BCZ9).[1113] Dabei ist es unerheblich, ob eine

1106 Vgl. HAAKER, A., Goodwill-Bilanzierung nach IFRS, S. 368 m. w. N.

1107 SCHMUSCH, M./LAAS, T., Werthaltigkeitsprüfungen nach IAS 36, S. 1049. Ebenso WIRTH, J., Firmenwertbilanzierung nach IFRS, S. 199.

1108 Vgl. BIEKER, M., Analyse des Fair Value Accounting, S. 231; HACHMEISTER, D., Impairment-Test nach IFRS, S. 241 f. sowie HAAKER, A., Goodwill-Bilanzierung nach IFRS, S. 375 m. w. N.

1109 Vgl. hierzu auch IDW (Hrsg.), IDW RS HFA 16, Rn. 99 sowie KIRSCH, H.-J./KOELEN, P./TINZ, O., Berichterstattung der DAX-30-Unternehmen, Teil I, S. 89.

1110 Vgl. zur Definition sowie zum konzeptionellen Hintergrund des erzielbaren Betrags auch BRÜCKS, M./KERKHOFF, G./RICHTER, M., IAS 36, Rn. 136 f.

1111 Hierbei wird die Annahme unterstellt, dass ein rational handelnder Entscheidungsträger die Zielsetzung verfolgt, den finanziellen Nutzenzufluss des Unternehmens zu maximieren.

1112 Vgl. BAETGE, J./KROLAK, T./THIELE, S./HAIN, T., IAS 36, Rn. 37; BRÜCKS, M./KERKHOFF, G./RICHTER, M., IAS 36, Rn. 136.

1113 Vgl. BAETGE, J./KROLAK, T./THIELE, S./HAIN, T., IAS 36, Rn. 37; KIRSCH, H.-J./KOELEN, P./TINZ, O., Berichterstattung der DAX-30-Unternehmen, Teil I, S. 89 f.; VELTE, P., Intangible Assets und Goodwill, S. 269; WIRTH, J., Firmenwertbilanzierung nach IFRS, S. 22.

Veräußerung oder eine weitere Nutzung tatsächlich durch das Management beabsichtigt ist.[1114]

Der **beizulegende Zeitwert abzüglich Verkaufskosten** ist der Betrag, der durch eine Veräußerung eines Vermögenswerts bzw. einer zahlungsmittelgenerierenden Einheit in einer Transaktion zu Marktbedingungen zwischen sachverständigen, vertragswilligen Parteien nach Abzug der Verkaufskosten erzielt werden kann.[1115] Die der Objektivierung dienende **Marktsicht** ist der grundsätzliche Leitgedanke dieses Wertkonstrukts (IAS 36.BCZ11).[1116] Liegen keine beobachtbaren, realen Markttransaktionen vor, ist auf einen fiktiven Erwerber, also auf hypothetische, vergleichbare Markttransaktionen abzustellen (IAS 36.27).[1117]

IAS 36.6 definiert den **Nutzungswert** als den Barwert der künftigen Cashflows, der voraussichtlich aus einem Vermögenswert oder einer zahlungsmittelgenerierenden Einheit abgeleitet werden kann. Während der beizulegende Zeitwert abzüglich Verkaufskosten einen hypothetischen Verkaufspreis darstellt, stellt der Nutzungswert auf den erwarteten diskontierten Mittelzufluss aus der Kontrolle bzw. aus der fortgesetzten Nutzung eines Vermögenswerts oder einer zahlungsmittelgenerierenden Einheit ab.[1118] Hieraus lässt sich unmittelbar folgern, dass der Nutzungswert auf Basis **unternehmensinterner Berechnungen** zu ermitteln ist.[1119] Dies spiegelt sich auch in den Vorschriften des IAS 36 wider, die die Ermittlung des Nutzungswerts konkretisieren.[1120]

Dem Nutzungswert kommt insbesondere dann eine zentrale Rolle zu, wenn der Werthaltigkeitstest auf der Ebene von zahlungsmittelgenerierenden Einheiten oder einer Gruppe zahlungsmittelgenerierender Einheiten durchgeführt wird.[1121] Aufgrund der i. d. R. hohen Spezifität der (Gruppe von) zahlungsmittelgenerierenden Einheiten, die aus der Zusammensetzung aus verschiedenen Vermögenswerten resultiert, sind häufig keine Marktpreise für die zu be-

---

1114 Vgl. Krolak, T., Geschäfts- oder Firmenwert, S. 150; Wirth, J., Firmenwertbilanzierung nach IFRS, S. 22 m. w. N.

1115 Vgl. hierzu ausführlich Brücks, M./Kerkhoff, G./Richter, M., IAS 36, Rn. 147-155 sowie ferner zur Interpretation des Fair Value als „exit price“ vgl. Baetge, J./Zülch, H., Fair Value Accounting, S. 545.

1116 Vgl. Baetge, J./Krolak, T./Thiele, S./Hain, T., IAS 36, Rn. 47; Kirsch, H.-J./Koelen, P./Tinz, O., Berichterstattung der DAX-30-Unternehmen, Teil I, S. 89 sowie Schmusch, M./Laas, T., Werthaltigkeitsprüfungen nach IAS 36, S. 1051.

1117 Vgl. Baetge, J./Krolak, T./Thiele, S./Hain, T., IAS 36, Rn. 47; Schmusch, M./Laas, T., Werthaltigkeitsprüfungen nach IAS 36, S. 1051.

1118 Vgl. exemplarisch Brücks, M./Kerkhoff, G./Richter, M., IAS 36, Rn. 157 sowie Heuser, P. J./Theile, C., IFRS Handbuch, Rn 1557.

1119 Vgl. Brücks, M./Kerkhoff, G./Richter, M., IAS 36, Rn. 157; Heuser, P. J./Theile, C., IFRS Handbuch, Rn 1558; Schmusch, M./Laas, T., Werthaltigkeitsprüfungen nach IAS 36, S. 1052.

1120 Vgl. hierzu die näheren Erläuterungen in Abschnitt 531.1.

1121 Vgl. Wirth, J., Firmenwertbilanzierung nach IFRS, S. 31 sowie Beyhs, O., Impairment of Assets, S. 97 m. w. N.

wertenden Einheiten verfügbar und auch aus hypothetischen Markttransaktionen nur schwer abzuleiten.[1122] Deshalb ist es bei der Werthaltigkeitsprüfung des **Geschäfts- oder Firmenwerts**, die i. d. R. auf Ebene einer Gruppe von zahlungsmittelgenerierenden Einheiten erfolgt, der Regelfall, dass der **Nutzungswert die maßgebliche Referenzgröße des erzielbaren Betrags** darstellt.[1123] Die Objektivierungsidee in Form des beizulegenden Zeitwerts abzüglich Verkaufskosten greift hier somit nicht. Darüber hinaus dürfte bei fortgeführter Geschäftstätigkeit der Nutzungswert i. d. R. gegenüber dem beizulegenden Zeitwert abzüglich Verkaufskosten der höhere Wert sein.[1124]

Der Nutzungswert ist, wie bereits erwähnt, auf Basis unternehmensinterner Planungsrechnungen von künftigen Zahlungsströmen abzuleiten. Bevor auf die konkreten Berechnungsvorschriften der einzelnen Parameter des Nutzungswertkalküls näher eingegangen wird, gilt es zunächst die Vorgaben des IAS 36 hinsichtlich der Abgrenzung des Bewertungsobjekts (sachliche Dimension), des Planungshorizonts der Bewertung (zeitliche Dimension) sowie des erforderlichen Konkretisierungsgrads künftiger Entwicklungen (Konkretisierung der künftigen Zahlungsströme) zu beleuchten.[1125]

52 Konkretisierung der unterschiedlichen Dimensionen zukunftsorientierter Bewertungen

521. Die Abgrenzung des Bewertungsobjekts

Bei der Prüfung der Werthaltigkeit eines Geschäfts- oder Firmenwerts ist das Bewertungsobjekt (die zahlungsmittelgenerierende Einheit oder die Gruppe zahlungsmittelgenerierender Einheiten) so zu definieren,[1126] dass es die kleinste Ebene darstellt, auf der die Überwachung des Geschäfts- oder Firmenwerts im Unternehmen durchgeführt wird (IAS 36.80 (a)).[1127] Die Bewertungseinheit ist demnach auf Grundlage der **internen Reportingstrukturen** eines Unternehmens abzugrenzen (*management approach*).[1128] Der IASB führt explizit an, dass für Zwecke der Werthaltigkeitsprüfung des Geschäfts- oder Firmenwerts keine zusätzlichen Be-

1122 Vgl. BARTELHEIMER, J./KÜCKELHAUS, M./WOHLTHAT, A., Impairment of Assets, S. 24 f.; BEYHS, O., Impairment of Assets, S. 97.

1123 Vgl. BEYHS, O., Impairment of Assets, S. 97; HAAKER, A., Goodwill-Bilanzierung nach IFRS, S. 367 f.

1124 Vgl. HAAKER, A., Goodwill-Bilanzierung nach IFRS, S. 367.

1125 Vgl. zu diesen drei Dimensionen zukunftsorientierter Bewertungen die grundlegenden Ausführungen in Abschnitt 431.

1126 Vgl. zur Definition der sachlichen Dimension Abschnitt 431.

1127 Vgl. hierzu auch BARTELS, P./JONAS, M., § 27 Wertminderungen, Rn. 70; BRÜCKS, M./KERKHOFF, G./RICHTER, M., IAS 36, Rn. 228-233, insbes. Rn. 231; SCHMUSCH, M./LAAS, T., Werthaltigkeitsprüfungen nach IAS 36, S. 1049.

1128 Vgl. BRÜCKS, M./KERKHOFF, G./RICHTER, M., IAS 36, Rn. 231; VELTE, P., Intangible Assets und Goodwill, S. 268.

richtssysteme implementiert werden sollen (IAS 36.82). Dies ist unter dem Aspekt der Datenverfügbarkeit zwar durchaus positiv zu sehen, da die für eine Berechnung des Nutzungswerts erforderlichen Informationen aus dem unternehmensinternen Berichtswesen „übernommen“ werden können.[1129] Voraussetzung hierfür ist indes, dass ein hinreichend differenziertes internes Berichtssystem existiert.

Die Bestimmungen des IAS 36 geben dadurch, dass sie sowohl eine Unter- als auch eine Obergrenze für die Abgrenzung des Bewertungsobjekts konkretisieren, weitere Rahmenbedingungen vor (IAS 36.80).[1130] Die **Untergrenze** wird faktisch dadurch konkretisiert, dass interne Planungsrechnungen vorliegen müssen, auf deren Basis der erworbene Geschäfts- oder Firmenwert überprüft und gesteuert werden kann (IAS 36.80 (a)).[1131] Dies ist nur bis zu einer gewissen Tiefe der internen Organisationsstrukturen gegeben. Die **Obergrenze** für den möglichen Umfang der zu bewertenden Sachgesamtheit wird vom IASB hingegen konkreter definiert. IAS 36.80 (b) gibt als zulässige Obergrenze ein nach IFRS 8 abgegrenztes Segment an.[1132] Aus diesen von IAS 36 vorgegebenen Rahmenbedingungen für die Abgrenzung des Bewertungsobjekts folgern SCHMUSCH/LAAS, dass „sich für die Werthaltigkeitsprüfung des Geschäfts- oder Firmenwertes nach IFRS oftmals eine Bewertungseinheit direkt unterhalb der Segmentebene“[1133] oder auch auf der Segmentebene selbst ergeben wird.[1134]

522. Der Prognosezeitraum für die Ermittlung des Nutzungswerts

Die Länge des Prognosezeitraums[1135] sollte sich gemäß IAS 36.36 bis zum Ende der geschätzten wirtschaftlichen Nutzungsdauer des zu bewertenden Vermögenswerts bzw. der (Gruppe von) zahlungsmittelgenerierenden Einheiten (IAS 36.36 i. V. m. IAS 36.7) erstrecken.[1136] Hinsichtlich des Prognosezeitraums differenziert der IASB weder zwischen der Bewertung

1129 Vgl. exemplarisch BEYHS, O., Impairment of Assets, S. 109 m. w. N.

1130 Vgl. hierzu auch HALTER, J., Werthaltigkeitsprüfungen von zahlungsmittelgenerierenden Einheiten nach IAS 36, S. 37 sowie HEUSER, P. J./THEILE, C., IFRS Handbuch, Rn. 1531 f.

1131 Vgl. IDW (Hrsg.), IDW RS HFA 16, Rn. 96; SCHMUSCH, M./LAAS, T., Werthaltigkeitsprüfungen nach IAS 36, S. 1049.

1132 Vgl. zur Definition operativer Segmente IFRS 8.5 und zur Konkretisierung der Segmentabgrenzung IFRS 8.7-10; zu näheren Erläuterungen zur Segmentdefinition sowie zur Segmentabgrenzung nach IFRS 8 vgl. exemplarisch ALVAREZ, M., IFRS 8 Geschäftssegmente, Rn. 123-130 zur Definition operativer Segmente sowie Rn. 131-141 zur Segmentabgrenzung.

1133 SCHMUSCH, M./LAAS, T., Werthaltigkeitsprüfungen nach IAS 36, S. 1050.

1134 Eine Abgrenzung der Bewertungseinheit auf der Ebene direkt unterhalb der Segmentebene sowie auf Segmentebene selbst konnte durch die Ergebnisse mehrerer empirischer Untersuchungen bestätigt werden. Vgl. zu diesen empirischen Befunden exemplarisch KIRSCH, H.-J./KOELEN, P./TINZ, O., Berichterstattung der DAX-30-Unternehmen, Teil I, S. 92 sowie PwC (Hrsg.), Making Acquisitions Transparent, S. 50.

1135 Vgl. zur zeitlichen Dimension die grundlegenden Ausführungen in Abschnitt 431.

1136 Vgl. hierzu auch die Kommentierungen des IAS 36.36, exemplarisch BARTELS, P./JONAS, M., § 27 Wertminderungen, Rn. 43 sowie BRÜCKS, M./KERKHOFF, G./RICHTER, M., IAS 36, Rn. 162 f.

eines einzelnen Vermögenswerts und der Bewertung einer zahlungsmittelgenerierenden Einheit noch trifft er spezielle Aussagen bezogen auf den Wertminderungstest eines derivativen Geschäfts- oder Firmenwerts. Deshalb gilt es die allgemeingültigen Aussagen des IAS 36.36 entsprechend auszulegen.[1137]

Zahlungsmittelgenerierende Einheiten umfassen per definitionem mehrere Vermögenswerte (IAS 36.6). Im Rahmen der Werthaltigkeitsprüfung richtet sich die Länge des Prognosezeitraums der herrschenden Meinung zufolge grundsätzlich nach dem Vermögenswert mit der längsten Nutzungsdauer.[1138] Für den Fall indes, dass ein sogenannter *leading asset* besteht, der der zahlungsmittelgenerierenden Einheit ihr Gepräge gibt, bestimmt dieser Vermögenswert die Nutzungsdauer der zahlungsmittelgenerierenden Einheit und somit auch den Prognosezeitraum.[1139]

Diese Auslegung ist auch auf die **Werthaltigkeitsprüfung eines derivativen Geschäfts- oder Firmenwerts** zu projizieren.[1140] Die Nutzungsdauer eines Geschäfts- oder Firmenwerts gilt i. d. R. als unbestimmbar.[1141] Demnach ist auch „[z]ahlungsmittelgenerierenden Einheiten mit zugeordnetem Geschäfts- oder Firmenwert […] grundsätzlich eine unbestimmbare Nutzungsdauer beizumessen"[1142].[1143] Hieraus folgt, dass bei der Werthaltigkeitsprüfung eines derivativen Geschäfts- oder Firmenwerts von einem grundsätzlich **unbegrenzten Prognosezeitraum** auszugehen ist.[1144]

1137 Hierbei wird im Folgenden der herrschenden Meinung im Schrifttum und in der Kommentarliteratur gefolgt.

1138 Vgl. BARTELS, P./JONAS, M., § 27 Wertminderungen, Rn. 43; HEUSER, P. J./THEILE, C., IFRS Handbuch, Rn. 1560; IDW (Hrsg.), IDW RS HFA 16, Rn. 103; WIRTH, J., Firmenwertbilanzierung nach IFRS, S. 41. Diese Auslegung ist auch konsistent zu IAS 36.49, in welchem der Ersatz von Vermögenswerten, die eine kürzere Nutzungsdauer als die Bewertungseinheit aufweisen, als tägliche Wartung angesehen wird, vgl. hierzu auch HALTER, J., Werthaltigkeitsprüfungen von zahlungsmittelgenerierenden Einheiten nach IAS 36, S. 49 sowie HOFFMANN, W.-D., § 11 Abschreibungen, Rn. 28.

1139 Vgl. zur Kommentarliteratur BARTELS, P./JONAS, M., § 27 Wertminderungen, Rn. 43; BRÜCKS, M./KERKHOFF, G./RICHTER, M., IAS 36, Rn. 163 sowie die Auffassung des IDW (Hrsg.), IDW RS HFA 16, Rn. 103. Aus dem weiteren Schrifttum vgl. exemplarisch WIRTH, J., Firmenwertbilanzierung nach IFRS, S. 41 sowie BEYHS, O., Impairment of Assets, S. 115 m. w. N.

1140 Vgl. BARTELS, P./JONAS, M., § 27 Wertminderungen, Rn. 43; HOFFMANN, W.-D., § 11 Abschreibungen, Rn. 28; IDW (Hrsg.), IDW RS HFA 16, Rn. 103 sowie WIRTH, J., Firmenwertbilanzierung nach IFRS, S. 41.

1141 Vgl. HAAKER, A., Goodwill-Bilanzierung nach IFRS, S. 367; HALTER, J., Werthaltigkeitsprüfungen von zahlungsmittelgenerierenden Einheiten nach IAS 36, S. 49; HOFFMANN, W.-D., § 11 Abschreibungen, Rn. 28.

1142 IDW (Hrsg.), IDW RS HFA 16, Rn. 103.

1143 Ebenso BRÜCKS, M./KERKHOFF, G./RICHTER, M., IAS 36, Rn. 162; HALTER, J., Werthaltigkeitsprüfungen von zahlungsmittelgenerierenden Einheiten nach IAS 36, S. 49; HOFFMANN, W.-D., § 11 Abschreibungen, Rn. 28 sowie WIRTH, J., Firmenwertbilanzierung nach IFRS, S. 41.

1144 Vgl. BARTELS, P./JONAS, M., § 27 Wertminderungen, Rn. 43; BRÜCKS, M./KERKHOFF, G./RICHTER, M., IAS 36, Rn. 163; HOFFMANN, W.-D., § 11 Abschreibungen, Rn. 28; IDW (Hrsg.), IDW RS HFA 16, Rn. 103 sowie WIRTH, J., Firmenwertbilanzierung nach IFRS, S. 41.

Es kann daher festgehalten werden, dass die Werthaltigkeitsprüfung eines derivativen Geschäfts- oder Firmenwerts in ihrer Grundkonzeption mit dem in dieser Arbeit konkretisierten Bewertungskalkül bezüglich der Abgrenzung der sachlichen und der zeitlichen Dimension in Einklang steht. Weder die Abgrenzung des Bewertungsobjekts, also die sachliche Dimension (i. d. R. eine Gruppe zahlungsmittelgenerierender Einheiten), noch die Festlegung der zeitlichen Dimension (unendlicher Prognosezeitraum) stehen im Widerspruch mit der Konzeption des entwickelten Bewertungskalküls.

523. Hinweise auf den erforderlichen Konkretisierungsgrad der künftigen Zahlungsströme

Der Nutzungswert ist, wie bereits erläutert, auf **Basis unternehmensinterner Planungsrechnungen** zu ermitteln.[1145] Da unternehmensinterne Planungen u. U. sehr weitreichend und somit auch recht vage sein können, sollten sie hinsichtlich ihrer Relevanz für die Bestimmung des Nutzungswerts konkretisiert werden.[1146] Im Folgenden wird versucht, die intendierte Konkretisierung der künftigen Zahlungsströme (dritte Dimension)[1147] anhand einiger Anhaltspunkte in den Regelungen des IAS 36 abzuleiten. Insbesondere die folgenden Vorgaben des IAS 36 bedürfen hierbei einer näheren Analyse:

- Maßgeblich ist der **gegenwärtige Zustand** des Bewertungsobjekts und
- **externe Hinweise** sind bei der Bewertung zu beachten.

Als zentralen Anhaltspunkt zur erforderlichen Konkretisierung der künftigen Zahlungsströme schreibt IAS 36 also vor, dass für die Cashflow-Prognose der **gegenwärtige Zustand** des Vermögenswerts (IAS 36.44) bzw. der (Gruppe von) zahlungsmittelgenerierenden Einheit(en) maßgeblich sein soll (IAS 36.44 i. V. m. IAS 36.7). Grundsätzlich gilt für künftige Investitionen wohl das Prinzip der „eingeleiteten Maßnahmen“,[1148] denn erst wenn zum Bewertungsstichtag wesentliche Mittel tatsächlich geflossen sind und die noch zu erwartenden Mittelabflüsse, die die Ertragskraft der zu bewertenden Einheit verbessern oder erhöhen, hinreichend sicher sind,[1149] dürfen die Schätzungen der künftigen Cashflows Mittelzuflüsse enthalten, die infolge des mit diesen Investitionen verbundenen wirtschaftlichen Nutzens voraussichtlich

1145 Vgl. Abschnitt 512.

1146 Vgl. hierzu ausführlich die Erläuterungen in Abschnitt 432.11.

1147 Vgl. zur Konkretisierung der künftigen Zahlungsströme als dritter Dimension die grundlegenden Ausführungen in Abschnitt 431.

1148 Zum Begriff der eingeleiteten Maßnahmen im Kontext der Regelungen des IAS 36 vgl. HACHMEISTER, D., Impairment-Test nach IFRS, S. 256 f.

1149 Vgl. HALTER, J., Werthaltigkeitsprüfungen von zahlungsmittelgenerierenden Einheiten nach IAS 36, S. 51 sowie IDW (Hrsg.), IDW RS HFA 16, Rn. 105.

zufließen werden (IAS 36.48).[1150] Dies bedeutet, dass die internen Planungsrechnungen um die erwarteten finanziellen Auswirkungen (sowohl um die Mittelzu- als auch -abflüsse) aus noch nicht „eingeleiteten" Maßnahmen bzw. aus Maßnahmen, die noch nicht durch wesentliche Mittelabflüsse konkretisiert wurden, bereinigt werden müssen (IAS 36.33 (b), IAS 36.44 f.).[1151] Diese Regelungen lassen inhaltliche Parallelen zur Wurzeltheorie erkennen, wonach aus Sicht des Bewertungsstichtags künftige Entwicklungen nur dann zu berücksichtigen sind, wenn ihre „Wurzeln" bis zum Bewertungsstichtag zurückreichen.[1152] Indes bereitet die Definition von eliminierungspflichtigen Investitionen aufgrund der diesbezüglich weitgehend unbestimmten Regelungen des IAS 36 Schwierigkeiten,[1153] worauf im folgenden Abschnitt noch näher einzugehen sein wird. Künftige Mittelabflüsse, die zwar noch nicht getätigt wurden, aber zur Erhaltung des gegenwärtigen Zustands der Bewertungseinheit erforderlich sind, müssen hingegen gemäß IAS 36.41 sowie IAS 36.49 stets in die Schätzung der künftigen Zahlungsströme einbezogen werden (sogenannte Erhaltungsinvestitionen).[1154]

Dadurch, dass bei der Prognose der künftigen Zahlungsströme gemäß IAS 36.44 auf den gegenwärtigen Zustand der Bewertungseinheit zum Stichtag abgestellt werden muss, wird quasi eine (auch angestrebte) verengte Sicht der Zukunft eingenommen, die stets objektivierend wirkt.[1155] Hierdurch kann grundsätzlich erreicht werden, dass nur die finanziellen Auswirkungen von bereits hinreichend konkretisierten Maßnahmen in die Cashflow-Prognosen einfließen.[1156] Bei der Ermittlung des nachhaltigen Zahlungsüberschusses nach IAS 36 wird dieser Konzeption indes nicht stringent gefolgt. Zwar ist der nachhaltige Zahlungsüberschuss auf Basis der hinreichend konkretisierten künftigen Zahlungsströme des Detailplanungszeitraums abzuleiten, allerdings sehen die Vorschriften des IAS 36 u. U. ein ewiges Wachstum dieser finanziellen Zahlungsüberschüsse vor (IAS 36.33 (c), IAS 36.36).[1157] Hierin könnte ein konzeptioneller Widerspruch zur Grundidee der Maßgeblichkeit des gegenwärtigen Zustands ge-

1150 Vgl. hierzu auch BRÜCKS, M./KERKHOFF, G./RICHTER, M., IAS 36, Rn. 167; HALTER, J., Werthaltigkeitsprüfungen von zahlungsmittelgenerierenden Einheiten nach IAS 36, S. 51; IDW (Hrsg.), IDW RS HFA 16, Rn. 105 sowie SCHMUSCH, M./LAAS, T., Werthaltigkeitsprüfungen nach IAS 36, S. 1053.

1151 Vgl. auch BARTELS, P./JONAS, M., § 27 Wertminderungen, Rn. 40 sowie IDW (Hrsg.), IDW RS HFA 16, Rn. 105.

1152 Vgl. HACHMEISTER, D., Impairment-Test nach IFRS, S. 256 sowie zur Wurzeltheorie die näheren Ausführungen in Abschnitt 431.

1153 Dies ebenfalls kritisierend BRÜCKS, M./KERKHOFF, G./RICHTER, M., IAS 36, Rn. 167; HACHMEISTER, D., Impairment-Test nach IFRS, S. 257 f. sowie SCHMUSCH, M./LAAS, T., Werthaltigkeitsprüfungen nach IAS 36, S. 1053.

1154 Vgl. auch IDW (Hrsg.), IDW RS HFA 16, Rn. 105; SCHMUSCH, M./LAAS, T., Werthaltigkeitsprüfungen nach IAS 36, S. 1053 sowie TRÜTZSCHLER, K./DAVID, U./STRAUCH, J./TOMASZEWSKI, C., Unternehmensbewertung und Rechnungslegung von Akquisitionen, S. 395.

1155 Vgl. Abschnitt 432.13.

1156 Vgl. ausführlich zu dem in dieser Arbeit konkretisierten Kriterium der hinreichend konkretisierten Maßnahmen die Erläuterungen in Abschnitt 432.11.

1157 Vgl. hierzu auch BARTELS, P./JONAS, M., § 27 Wertminderungen, Rn. 42; BRÜCKS, M./KERKHOFF, G./RICHTER, M., IAS 36, Rn. 163 f.; HOFFMANN, W.-D., § 11 Abschreibungen, Rn. 61.

sehen werden,[1158] worauf bei der Ermittlung der Wachstumsrate in der Phase der ewigen Rente noch näher eingegangen werden soll.[1159]

Ein zweiter möglicher Anhaltspunkt könnte darin gesehen werden, dass bei der Prognose der künftigen Zahlungsströme, die auf vernünftigen und vertretbaren Annahmen aufbauen und die beste vom Management vorgenommene Einschätzung der ökonomischen Rahmenbedingungen repräsentieren soll (*management approach*), ein größeres Gewicht auf **externe Hinweise** zu legen ist (IAS 36.33 (a)).[1160] Die bei der Ermittlung des Nutzungswerts zu berücksichtigenden Zahlungsströme könnten folglich durch externe Indikatoren zu belegen sein.[1161] Inwieweit externe Hinweise tatsächlich beachtet werden sollten, wird in IAS 36 indes nicht durch weiterführende Erläuterungen konkretisiert. Lediglich IAS 36.70 f. führt eine Regelung an, die explizit vorschreibt, wann externe Informationen verwendet werden sollten. Diese Vorschrift bezieht sich auf den Fall, dass die von einem Vermögenswert bzw. von einer zahlungsmittelgenerierenden Einheit erzeugten Mittelzuflüsse von der Berechnung interner Verrechnungspreise betroffen sind (IAS 36.70). Hierbei hat das Management die bestmögliche Schätzung der künftigen Zahlungsströme zu verwenden, die bei einer Transaktion mit einem externen Dritten erzielt werden könnten (IAS 36.70).[1162] Liegen den unternehmensinternen Planungsrechnungen also interne Verrechnungspreise zugrunde und weichen diese von den erwarteten künftigen Marktpreisen ab, müssen die Planungsrechnungen entsprechend modifiziert werden, um den externen Hinweisen Rechnung zu tragen (IAS 36.71).[1163]

In welchen weiteren Fällen Korrekturen der internen Planungsrechnungen auf Basis externer Hinweise vorzunehmen sind, führt IAS 36 indes nicht weiter aus. In der Vorgabe, externen Hinweisen ein größeres Gewicht beizumessen, könnte ein konzeptioneller Widerspruch zum *management approach* gesehen werden.[1164] Dieser mögliche Widerspruch sei aber wegen der höheren Objektivierung bei der Verwendung externer gegenüber interner Hinweise zu begründen bzw. zu rechtfertigen.[1165] Das konkrete Ausmaß an Objektivierungen durch die Be-

1158 Dies ebenfalls feststellend und kritisierend HACHMEISTER, D., Impairment-Test nach IFRS, S. 258; HALTER, J., Werthaltigkeitsprüfungen von zahlungsmittelgenerierenden Einheiten nach IAS 36, S. 51 f. sowie HOFFMANN, W.-D., § 11 Abschreibungen, Rn. 29.

1159 Vgl. Abschnitt 532.2.

1160 Vgl. BAETGE, J./KROLAK, T./THIELE, S./HAIN, T., IAS 36, Rn. 52; BARTELS, P./JONAS, M., § 27 Wertminderungen, Rn. 40 sowie BRÜCKS, M./KERKHOFF, G./RICHTER, M., IAS 36, Rn. 156.

1161 Zu möglichen beispielhaften externen Hinweisen vgl. BAETGE, J./KROLAK, T./THIELE, S./HAIN, T., IAS 36, Rn. 52.

1162 Vgl. hierzu auch BRÜCKS, M./KERKHOFF, G./RICHTER, M., IAS 36, Rn. 210 sowie LIENAU, A./ZÜLCH, H., Ermittlung des value in use nach IFRS, S. 322.

1163 Vgl. BRÜCKS, M./KERKHOFF, G./RICHTER, M., IAS 36, Rn. 214.

1164 Vgl. HACHMEISTER, D., Impairment-Test nach IFRS, S. 256.

1165 Vgl. exemplarisch ADLER, H./DÜRING, W./SCHMALTZ, K., Rechnungslegung nach Internationalen Standards, Abschn. 9, Rn. 126 sowie LIENAU, A./ZÜLCH, H., Ermittlung des value in use nach IFRS, S. 322.

achtung externer Hinweise kann indes nicht beurteilt werden, da unklar bleibt, unter welchen Umständen externe Hinweise bei den grundsätzlich subjektiven Cashflow-Prognosen (IAS 36.33) tatsächlich zu berücksichtigen sind. Für den Fall, dass externe Informationen vorhanden sind, sollten diese jedenfalls grundsätzlich beachtet werden, und nur in begründeten Fällen sollte hiervon abgewichen werden dürfen.[1166]

Neben diesen beiden teilweise recht unbestimmten bzw. nicht stringent verfolgten Konkretisierungsanforderungen, zum einen auf den gegenwärtigen Zustand des Bewertungsobjekts abzustellen und zum anderen externe Hinweise zu beachten, gibt IAS 36 darüber hinaus vor, dass die Angemessenheit der Annahmen, die der Cashflow-Prognose zugrunde liegen, mit Hilfe der Gründe möglicher Plan-Ist-Abweichungen vergangener Prognosen überprüft werden sollen (IAS 36.34).[1167] Auch in dieser Vorgabe könnte ein Mosaikstein zur Objektivierung gesehen werden. Dies gälte zumindest für den Fall, dass diese Regelung dahingehend ausgelegt würde, dass vergangene Plan-Ist-Abweichungen entsprechende Korrekturen der aktuellen Prognoserechnungen nach sich ziehen würden (unabhängig davon, ob derartige Anpassungen tatsächlich sachgerecht wären oder nicht). Eine solche Pflicht, vergangene Plan-Ist-Abweichungen bei den aktuellen Cashflow-Prognosen zu berücksichtigen, wird indes durch die Auslegung des IAS 36.34 in der Basis for Conclusions relativiert. In IAS 36.BC63-65 wird nämlich klargestellt, dass mögliche Planabweichungen auf vielfältige Faktoren zurückgeführt werden können, weswegen sie nicht zwingend auf die Prognosefähigkeit des Managements schließen lassen.[1168] Hierdurch wird der mögliche Objektivierungsbeitrag des IAS 36.34 eingeschränkt.

Die Hinweise des IAS 36 auf die Konkretisierung künftiger Zahlungsströme, die erforderlich ist, um die internen Zahlungsstromprognosen bei der Ermittlung des Nutzungswerts berück-

---

1166 Auch BEYHS weist darauf hin, dass externe Hinweise in den Fällen, in denen solche vorhanden sind, vorrangig zu berücksichtigen sind. Beispielhaft führt er Publikationen von Wirtschaftsforschungsinstituten, dem Statistischen Bundesamt und anderen anerkannten Stellen an, vgl. BEYHS, O., Impairment of Assets, S. 115; ebenso ADLER, H./DÜRING, W./SCHMALTZ, K., Rechnungslegung nach Internationalen Standards, Abschn. 9, Rn. 126. Dass in begründeten Fällen von externen Hinweisen abgewichen werden kann, lässt sich aus einzelnen Passagen des IAS 36 ableiten. Beispielsweise könnte eine derartige Auslegung daraus geschlossen werden, dass der IAS 36 hinsichtlich der Wachstumsrate grundsätzlich als Obergrenze die langfristige Durchschnittswachstumsrate für die Produkte, die Branchen oder für den Markt, in dem das zu bewertende Objekt genutzt wird, festlegt, es sei denn eine überdurchschnittliche Wachstumsrate kann gerechtfertigt werden (IAS 36.33 (c)), vgl. hierzu auch HOFFMANN, W.-D., § 11 Abschreibungen, Rn. 30. Für die Zulässigkeit einer begründeten Abweichung von externen Hinweisen sprechen sich auch ADLER, H./DÜRING, W./SCHMALTZ, K., Rechnungslegung nach Internationalen Standards, Abschn. 9, Rn. 126, aus. Dem folgend WIRTH, J., Firmenwertbilanzierung nach IFRS, S. 47.

1167 Vgl. hierzu exemplarisch auch BRÜCKS, M./KERKHOFF, G./RICHTER, M., IAS 36, Rn. 165 sowie HACHMEISTER, D., Impairment-Test nach IFRS, S. 256.

1168 Vgl. hierzu insbesondere BRÜCKS, M./KERKHOFF, G./RICHTER, M., Impairment Test für den Goodwill nach IFRS, S. 4 f. Vgl. ferner HALTER, J., Werthaltigkeitsprüfungen von zahlungsmittelgenerierenden Einheiten nach IAS 36, S. 89.

sichtigen zu können, geben insgesamt auf dieser eher allgemeinen Ebene betrachtet keinen hinreichend eindeutigen Aufschluss über die verfolgte Konzeption des IAS 36. Zwar sind entsprechende Anhaltspunkte erkennbar; mitunter recht unbestimmte und z. T. widersprüchliche Vorgaben verhindern aber ein klares Verständnis hinsichtlich des erforderlichen Konkretisierungsgrads. Weiteren Aufschluss hierüber könnten die im Folgenden zu analysierenden, konkreten Regelungen des IAS 36 zur Ermittlung der Parameter der Zähler- und der Nennergröße liefern, sodass flankierend auch dieser Aspekt in den folgenden Ausführungen berücksichtigt wird. Die konkreten Vorschriften des IAS 36 sollen nachfolgend indes in erster Linie an den im vorangegangenen Kapitel konkretisierten Parametern des Bewertungskalküls gespiegelt und gewürdigt werden.

53 Kritische Analyse der Zähler- und der Nennergröße des Nutzungswerts sowie der jeweiligen Angabepflichten

531. Konkretisierung der Zählergröße und der Angabepflichten

531.1 Ermittlung der zu diskontierenden Zahlungsreihe und Beurteilung des Objektivierungsgrads

Im Rahmen des im vorangegangenen Kapitel konkretisierten Bewertungskalküls wurde auf das Zweiphasenmodell der Unternehmensbewertung zurückgegriffen, um das Problem der im Zeitablauf steigenden Prognoseunsicherheit lösen zu können. Auch die Regelungen des IAS 36 legen es nahe,[1169] mit Hilfe dieser Methode den Nutzungswert zu ermitteln.[1170] Da es hierdurch für die Phase der ewigen Rente grundsätzlich ermöglicht wird, den erwarteten nachhaltigen Zahlungsüberschuss pauschalisiert und objektiviert zu schätzen, ist die von IAS 36 vorgesehene Zweiteilung des Prognosezeitraums positiv zu beurteilen.

Für den **Detailplanungszeitraum** sind die Cashflow-Prognosen auf Basis der **aktuellen, vom Management genehmigten Finanzpläne** des Unternehmens zu ermitteln (IAS 36.33 (b)). Bezogen auf die oben erläuterten, häufig diskutierten wertbestimmenden Faktoren, bedeutet dies, dass erwartete Synergiepotenziale auch nach IAS 36 grundsätzlich immer dann zu berücksichtigen sind, wenn sie in der operativen Unternehmensplanung erfasst werden. Indes sieht IAS 36 teilweise von dieser Grundkonzeption abweichende Regelungen vor, die im weiteren Verlauf dieses Abschnitts noch näher erörtert werden. Hinsichtlich der Ausschüttungsannahme, also hinsichtlich der Zu- und Abflüsse von Zahlungsmitteln der Bewertungseinheiten, gilt, dass, analog zum konkretisierten Referenzmodell, die in der operativen Unterneh-

1169 Vgl. beispielsweise die Vorgaben in IAS 36.33.

1170 Vgl. LIENAU, A./ZÜLCH, H., Ermittlung des value in use nach IFRS, S. 321; WIRTH, J., Firmenwertbilanzierung nach IFRS, S. 42 m. w. N.

mensplanung abgebildeten Mittelzu- und -abflüsse für die Bewertung der Einheiten maßgeblich sind. Bezüglich der Erfassung von Managementeinflüssen sollte, wie oben vertreten, auch nach IAS 36 die Annahme der personellen Identität zugrunde gelegt werden, soweit keine anderen Gründe dagegen sprechen. Ebenso wie im konkretisierten Referenzmodell schließen auch die Regelungen des IAS 36 die Berücksichtigung persönlicher Steuern bei der Bewertung aus, worauf im Verlauf dieses Abschnitts noch näher eingegangen wird.[1171]

Der Detailplanungszeitraum sollte grundsätzlich maximal fünf Jahre umfassen,[1172] da der IASB sachgerechterweise annimmt,[1173] dass über diesen Zeitraum hinaus keine hinreichend konkretisierten, verlässlichen Planungsunterlagen vorliegen (IAS 36.35).[1174] Somit sieht der IASB auch lediglich für den Detailplanungszeitraum eine exakte Schätzung auf Basis quantifizierter, intern verwendeter Planungsrechnungen (*management approach*) vor. Dies entspricht dem Grundgedanken des Kriteriums der hinreichend konkretisierten Maßnahmen und gewährt die mit diesem Konzept erreichbaren Objektivierungsvorteile.[1175]

Bereits oben wurde indes erwähnt, dass der IASB stellenweise von diesem Grundkonzept abrückt und Modifikationen der internen Planungsrechnungen verlangt. IAS 36.33 (b) schreibt nämlich explizit vor, dass Mittelzuflüsse bzw. Mittelabflüsse, die aus künftigen Restrukturierungen oder aus der Verbesserung bzw. Erhöhung der Ertragskraft der zu bewertenden Einheit erwartet werden, nicht in den Cashflow-Prognosen berücksichtigt werden dürfen. Diese **Restriktionen für die Zahlungsstromprognosen** entspringen wohl der Motivation, Ermessensspielräume einzuschränken und hierdurch einen höheren **Objektivierungsgrad** zu erreichen.[1176] BEYHS führt als mögliche Begründung der Anpassung der internen Finanzpläne an, dass die zu eliminierenden Zahlungsstromprognosen aufgrund bislang noch unbekannter Ursache-Wirkungs-Zusammenhänge zwischen den noch nicht eingeleiteten Maßnahmen und den hieraus hervorgehenden Zahlungen als weitaus unsicherer zu beurteilen sind.[1177] Dem ist zwar grundsätzlich zuzustimmen, indes bleibt fraglich, wie wirksam diese Objektivierungsmechanismen tatsächlich sind.

1171 Zu näheren Erläuterungen dieser Faktoren vgl. die grundlegenden Ausführungen in Abschnitt 432.12.

1172 In begründeten Ausnahmefällen ist es nach IAS 36.35 erlaubt, von dieser Annahme abzuweichen und einen Detailplanungszeitraum von über fünf Jahren zugrunde zu legen, vgl. hierzu auch BRÜCKS, M./KERKHOFF, G./RICHTER, M., IAS 36, Rn. 162.

1173 Eine hinreichend konkretisierte, d. h. detaillierte Planungsrechnung in Form quantifizierter Schätzungen liegt i. d. R. nur in der operativen Unternehmensplanung vor, die im Regelfall einen Zeitraum von fünf Jahren nicht überschreitet, vgl. hierzu die näheren Ausführungen in Abschnitt 432.111.

1174 Zu näheren Erläuterungen vgl. exemplarisch WIRTH, J., Firmenwertbilanzierung nach IFRS, S. 42-44.

1175 Zum Kriterium der hinreichend konkretisierten Maßnahmen vgl. Abschnitt 432.11.

1176 Vgl. HALTER, J., Werthaltigkeitsprüfungen von zahlungsmittelgenerierenden Einheiten nach IAS 36, S. 51; LIENAU, A./ZÜLCH, H., Ermittlung des value in use nach IFRS, S. 323 sowie ausführlicher begründend BEYHS, O., Impairment of Assets, S. 230.

1177 Vgl. BEYHS, O., Impairment of Assets, S. 230.

Fraglich ist hierbei zum einen, inwieweit eine exakte **Abgrenzung der finanziellen Auswirkungen von Investitionen**, die den gegenwärtigen Zustand der zu bewertenden Einheit lediglich erhalten (Erhaltungsinvestitionen), von denen, die die Ertragskraft nachhaltig erhöhen (sogenannte Erweiterungsinvestitionen), tatsächlich möglich ist.[1178] Dies wird dadurch erschwert, dass, wie oben bereits erwähnt, eine eindeutige Definition von eliminierungspflichtigen Maßnahmen in den Regelungen des IAS 36 nicht angeführt wird.[1179] So sind im Schrifttum unterschiedlich weit gefasste Definitionen von eliminierungspflichtigen Sachverhalten entwickelt worden.[1180] Beispielsweise führen BRÜCKS/KERKHOFF/RICHTER folgende alternative Definitionen von eliminierungspflichtigen Erweiterungsinvestitionen als denkbare Möglichkeiten an:[1181]

- Erweiterungsinvestitionen liegen erst dann vor, wenn das Geschäftsmodell, die strategische Ausrichtung oder die Marktposition der zu bewertenden Einheit verändert wird. Nach dieser Definition sind Erweiterungsinvestitionen sehr weit gefasst.
- Erweiterungsinvestitionen sind alle Investitionen, die zu einer Veränderung der Bewertungseinheit führen. Diese Auslegung ist wohl als engstmögliche Definition anzusehen.
- Angelehnt an die enge Definition von Erweiterungsinvestitionen könnte der Begriff dahingehend interpretiert werden, dass hierunter nur solche Investitionen zu verstehen sind, die die Bewertungseinheit im Vergleich zum Bewertungsstichtag wesentlich verändern. Da mit Investitionen regelmäßig aufgrund neuer Techniken Verbesserungen im Wertschöpfungsprozess erzielt werden, sollte auf den überwiegenden Charakter der Investitionen abgestellt werden.

Die unterschiedlichen Interpretationen des Begriffs der Erweiterungsinvestitionen können die Höhe des Nutzungswerts u. U. erheblich beeinflussen. Diese recht unbestimmte Definition des IAS 36 ist dem Ziel einer objektivierten Werthaltigkeitsprüfung nicht zuträglich. Ebenfalls den ursprünglich intendierten Objektivierungsüberlegungen des IASB zuwiderlaufend ist die z. T. im Schrifttum angeführte Auslegung des Begriffs der Erweiterungsinvestitionen im Kontext der hier behandelten **Werthaltigkeitsprüfung eines derivativen Geschäfts- oder**

1178 Dies in Zweifel ziehend TRÜTZSCHLER, K./DAVID, U./STRAUCH, J./TOMASZEWSKI, C., Unternehmensbewertung und Rechnungslegung von Akquisitionen, S. 404. Ebenso CASTEDELLO, M./KLINGBEIL, C./SCHRÖDER, J., IDW RS HFA 16, S. 1036 sowie HALTER, J., Werthaltigkeitsprüfungen von zahlungsmittelgenerierenden Einheiten nach IAS 36, S. 52.

1179 Dies kritisierend BRÜCKS, M./KERKHOFF, G./RICHTER, M., IAS 36, Rn. 167; HACHMEISTER, D., Impairment-Test nach IFRS, S. 257 f. sowie SCHMUSCH, M./LAAS, T., Werthaltigkeitsprüfungen nach IAS 36, S. 1053.

1180 Zu alternativen Definitionen von eliminierungspflichtigen Sachverhalten vgl. BRÜCKS, M./KERKHOFF, G./RICHTER, M., IAS 36, Rn. 167; HALTER, J., Werthaltigkeitsprüfungen von zahlungsmittelgenerierenden Einheiten nach IAS 36, S. 51 f. m. w. N. Im Kontext der Werthaltigkeitsprüfung eines derivativen Geschäfts- oder Firmenwerts vgl. SCHMUSCH, M./LAAS, T., Werthaltigkeitsprüfungen nach IAS 36, S. 1053.

1181 Vgl. zu den folgenden drei Definitionen BRÜCKS, M./KERKHOFF, G./RICHTER, M., IAS 36, Rn. 167.

Firmenwerts. So sehen SCHMUSCH/LAAS selbst die „noch nicht eingeleiteten Investitionen, deren ökonomische Renten in der Kaufpreisfindung berücksichtigt wurden, [...] nicht als Erweiterungsinvestition“[1182] an.[1183] Eine derart weite Auslegung des Begriffs der Erweiterungsinvestitionen[1184] verliert letztlich jedweden Objektivierungscharakter.

Die von IAS 36 vorgeschriebenen Anpassungen der unternehmensinternen Planungsrechnungen sind vor dem Hintergrund des intendierten Objektivierungsgedankens ferner auch deshalb kritisch zu sehen, weil **abweichend von der Konzeption des *management approach*** interne Zahlungsstromprognosen ausschließlich für Zwecke der externen Rechnungslegung zu modifizieren sind. Nachteilig dabei ist, dass die entsprechenden Modifikationen häufig nur schwierig zu bestimmen sind, da hierdurch eine Zukunft abgebildet wird, „die unrealistisch ist und über die sich das Management daher berechtigterweise keine Gedanken macht.“[1185] Ferner bedeutet ein Abweichen von der Grundkonzeption des *management approach*, dass die modifizierten Zahlungsstromprognosen nicht mehr für interne Steuerungszwecke verwendet werden, sodass die im Rahmen der externen Rechnungslegung bestehenden, ausgeprägten Prinzipal-Agenten-Konflikte hierdurch nur noch in einem vergleichsweise geringeren Maße entschärft werden können.[1186] Durch die Pflicht zur Anpassung der internen Planungsdaten werden dem Bilanzierenden nämlich erst neue Gestaltungsspielräume eröffnet.[1187] Die Anreize des Managements, diese Datenbasis zu verzerren, nehmen so c. p. zu. Darüber hinaus führen nicht konsequent am *management approach* ausgerichtete Berechnungsvorgaben dazu, dass eine effektive ex post-Kontrolle der Zahlungsstromprognosen erschwert wird.[1188] Dies ist darauf zurückzuführen, dass von Beginn an eine aus Sicht des Managements „unrealistische“ Zukunftseinschätzung abgebildet wird, wodurch Rückschlüsse auf die Qualität der Prognosefähigkeit des Managements c. p. weiter erschwert werden. Ob durch die Modifikationen der

1182 SCHMUSCH, M./LAAS, T., Werthaltigkeitsprüfungen nach IAS 36, S. 1053.

1183 Ähnlich HEUSER, P. J./THEILE, C., IFRS Handbuch, Rn. 1561, welche die bei einem Erwerb eines Geschäfts- oder Firmenwerts im Zuge eines Unternehmenskaufs beabsichtigte Betriebsgröße (die hiermit verbundenen Investitionen) nicht als Erweiterungsinvestition ansehen. Sie prägen in diesem Kontext den Begriff der Maßgeblichkeit des gegenwärtigen Geschäftsmodells.

1184 Dieser von Teilen des Schrifttums vertretenen Interpretation widersprechend HALTER, J., Werthaltigkeitsprüfungen von zahlungsmittelgenerierenden Einheiten nach IAS 36, S. 52.

1185 CASTEDELLO, M./KLINGBEIL, C./SCHRÖDER, J., IDW RS HFA 16, S. 1036. Dem folgend HALTER, J., Werthaltigkeitsprüfungen von zahlungsmittelgenerierenden Einheiten nach IAS 36, S. 52.

1186 Vgl. hierzu bereits die Ausführungen in Abschnitt 432.13. Vgl. ferner ausführlich BENECKE, B., Internationale Rechnungslegung und Management Approach, S. 240-248.

1187 Vgl. KIRSCH, H.-J./KOELEN, P., IFRS-Rechnungslegung und Unternehmensbewertung, S. 296 f.; KÜTING, K./DAWO, S., Bilanzpolitische Gestaltungspotenziale, S. 1212. Sinngemäß HOFFMANN, W.-D., § 11 Abschreibungen, Rn. 90.

1188 Die Qualität der Prognosefähigkeit des Managements könnte indes überhaupt nur dann beurteilt werden, falls Angaben zu den Zahlungsstromprognosen zu machen wären. Dies sehen die Regelungen des IAS 36 in der gegenwärtigen Fassung indes nicht vor, sodass der oben angeführte Nachteil rein hypothetischer Natur (für den Fall einer diesbezüglichen Änderung der Anhangangaben des IAS 36) ist. Zu den Angabepflichten des IAS 36 vgl. die Ausführungen im nachfolgenden Abschnitt.

internen Planungsrechnungen also tatsächlich die beabsichtigte Objektivierung erreicht wird, sollte zumindest in Frage gestellt werden.

Der grundsätzliche Bezug des IAS 36 auf die jüngsten, genehmigten Finanzpläne entspricht aber der Konzeption des Kriteriums der hinreichend konkretisierten Maßnahmen, da die internen Planungsrechnungen für den Detailplanungszeitraum hinreichend konkrete und hinreichend detaillierte Maßnahmen umfassen. Ebenso wie im konkretisierten Bewertungskalkül wird auch durch die Vorgaben des IAS 36 eine gewissermaßen verengte Sicht der Zukunft angestrebt, wodurch auch in IAS 36 eine **eingeschränkte Objektivierung** erreicht werden kann.[1189] Die prognostizierten Zahlungsströme basieren aber, auch unter Beachtung der von IAS 36 kodifizierten Restriktionen, weiterhin auf individuellen, bestmöglichen Schätzungen der Unternehmensführung, sodass es sich bei diesen Prognosen für den **Detailplanungszeitraum** ebenso wie im Referenzmodell vorwiegend um **subjektive Schätzungen** handelt.[1190]

Für die Phase der **ewigen Rente** stellen die internen Planungsrechnungen, ebenso wie in dem in dieser Arbeit entwickelten Bewertungskalkül, den Ausgangspunkt für die Schätzung des nachhaltigen Zahlungsüberschusses dar (IAS 36.33 (c)). Dies ist aus Objektivierungsgesichtspunkten grundsätzlich positiv zu sehen, da für die Zahlungsstromprognosen der ferneren Phase alternativ i. d. R. lediglich auf nicht-quantifizierte, strategische Planungen zurückgegriffen werden kann. Wie bereits erläutert, genügen solche strategischen Pläne den Objektivierungsanforderungen für Bewertungen in der IFRS-Rechnungslegung nicht.[1191] Indes sieht der IASB in den Vorschriften des IAS 36 explizit eine **Extrapolation** dieses für den Detailplanungszeitraum repräsentativen Gleichgewichtszustands vor (IAS 36.33 (c), IAS 36.36),[1192] wobei u. U. auch eine steigende Wachstumsrate für die Phase der ewigen Rente gerechtfertigt werden könnte (IAS 36.36). Auf eine nähere Konkretisierung der Ermittlung der Wachstumsrate sowie auf die vergleichende Analyse zu dem in dieser Arbeit hergeleiteten Bewertungskalkül soll im Rahmen der Ausführungen zur Nennergröße eingegangen werden.[1193]

Eine Besonderheit bei der Ermittlung des Nutzungswerts, die sowohl für die Zähler- als auch für die Nennergröße gilt, ist darin zu sehen, dass die Bewertung unabhängig von der **Finan-**

1189 Vgl. Abschnitt 432.13.

1190 Vgl. HALTER, J., Werthaltigkeitsprüfungen von zahlungsmittelgenerierenden Einheiten nach IAS 36, S. 89; LIENAU, A./ZÜLCH, H., Ermittlung des value in use nach IFRS, S. 321 und 329. WOLLNY, C., Der objektivierte Unternehmenswert, S. 251 f.

1191 Vgl. hierzu die grundlegenden Ausführungen in den Abschnitten 432.111 und 432.112.

1192 Vgl. hierzu auch BARTELS, P./JONAS, M., § 27 Wertminderungen, Rn. 42; HALTER, J., Werthaltigkeitsprüfungen von zahlungsmittelgenerierenden Einheiten nach IAS 36, S. 49.

1193 Vgl. Abschnitt 532.2.

zierung sowie vor Unternehmenssteuern und persönlichen **Steuern** vorzunehmen ist (IAS 36.50, IAS 36.55, IAS 36.A19-20).[1194]

Die Nichtberücksichtigung der persönlichen Einkommensteuern der Anteilseigner entspricht dem im vorangegangenen Kapitel konkretisierten Bewertungskalkül, in welchem eine mittelbare Typisierung der persönlichen Steuern zugrunde gelegt wurde.[1195] Dies ist vor dem Hintergrund des internationalen Adressatenkreises des IFRS-Abschlusses und der sich in hohem Maße unterscheidenden nationalen Steuerrechtssysteme als sachgerecht zu beurteilen.[1196]

Die Nichtberücksichtigung von Finanzierungseffekten und Unternehmenssteuern bei der Ermittlung des Nutzungswerts unterstellt indes eine „Welt ohne Steuern" und abstrahiert somit insbesondere von einem Wertbeitrag aus Fremdfinanzierung, der in der realen „Welt mit Steuern" sehr wohl gegeben ist.[1197] Als Begründung könnte die Aussage in IAS 36.A19 herangezogen werden, dass die Kapitalstruktur für die Bewertung irrelevant sei. Diese Aussage basiert auf den grundlegenden Überlegungen von MODIGLIANI/MILLER zur Irrelevanz der Kapitalstruktur ohne Berücksichtigung steuerlicher Aspekte.[1198] Die finanziellen Vorteile eines Unternehmens, die durch die steuerliche Abzugsfähigkeit einer teilweisen Fremdfinanzierung entstehen, können demnach bei der Berechnung des Nutzungswerts nicht erfasst werden.[1199] Dies ist zu kritisieren, da sowohl die Finanzierung als auch der Unternehmenssteuersatz wertrelevante Parameter darstellen. Diese Vorgehensweise deckt sich auch nicht mit dem in dieser Arbeit konkretisierten Bewertungskalkül, bei dem die aus einer Fremdfinanzierung i. d. R. resultierenden steuerlichen Vorteile (*tax shield*) explizit mit in die Berechnung einbezogen werden.[1200]

Da die Regelungen des IAS 36 hinsichtlich einer Nichtberücksichtigung der Finanzierung und der Unternehmenssteuern indes nicht eindeutig sind,[1201] wird vielfach, obwohl es der eigentli-

---

1194 Vgl. auch CASTEDELLO, M./KLINGBEIL, C./SCHRÖDER, J., IDW RS HFA 16, S. 1036; LIENAU, A./ZÜLCH, H., Ermittlung des value in use nach IFRS, S. 321.

1195 Vgl. Abschnitt 432.124.

1196 Vgl. hierzu ebenfalls die näheren Ausführungen in Abschnitt 432.124.

1197 Vgl. BEYHS, O., Impairment of Assets, S. 207; CASTEDELLO, M./KLINGBEIL, C./SCHRÖDER, J., IDW RS HFA 16, S. 1036; HALTER, J., Werthaltigkeitsprüfungen von zahlungsmittelgenerierenden Einheiten nach IAS 36, S. 83 f. Zu den ursprünglichen Überlegungen zur Irrelevanz der Kapitalstruktur in einer fiktiven Welt ohne Steuern vgl. detailliert MODIGLIANI, F./MILLER, M. H., Cost of Capital, S. 261-297.

1198 Vgl. MODIGLIANI, F./MILLER, M. H., Cost of Capital, S. 261-297.

1199 Vgl. exemplarisch BEYHS, O., Impairment of Assets, S. 237 sowie HALTER, J., Werthaltigkeitsprüfungen von zahlungsmittelgenerierenden Einheiten nach IAS 36, S. 83 f. m. w. N.

1200 Vgl. Abschnitt 432.111.

1201 Die nicht eindeutigen Regelungen des IAS 36 werden im Schrifttum vielfach an den Ausführungen des IASB in der Basis for Conclusions festgemacht. In IAS 36.BCZ85 wird betont, dass eine Vorsteuerrechnung (sowohl im Zähler als auch im Nenner des Kalküls) in theoretischer Hinsicht grundsätzlich zum gleichen Ergebnis führen würde wie eine Nachsteuerrechnung. Basierend auf dieser Annahme könnte rück-

chen Konzeption des IAS 36 nicht zu entsprechen scheint,[1202] faktisch ein Nachsteuerkalkül bei der Berechnung des Nutzungswerts verwendet.[1203] Einer derartigen Interpretation des Standards ist hingegen „zu Gute zu halten, dass auf diese Weise die Irrationalität des IAS 36 – bewusst oder unbewusst – korrigiert wird."[1204] Im Hinblick auf das Untersuchungsziel der Arbeit soll an dieser Stelle lediglich festgehalten werden, dass die Regelungen des IAS 36 zur Behandlung von Finanzierungseffekten und von Steuern mitunter erhebliche Inkonsistenzen aufweisen, die eine Interpretation der theoretischen Konzeption des Standards erschweren.[1205] Hierauf wird im Rahmen der Ausführungen zur Ermittlung des Diskontierungszinssatzes noch zurückzukommen sein.[1206]

Um eine hinsichtlich der Struktur konsistente Vorgehensweise zu dem in dieser Arbeit konkretisierten Bewertungskalkül zu gewährleisten, soll an dieser Stelle (Zählergröße) bereits auf die Berücksichtigung von **Fremdkapitalkosten** bei der Ermittlung des Nutzungswerts nach IAS 36 eingegangen werden. Obwohl der Nutzungswert nach IAS 36 grundsätzlich unabhängig von Finanzierungseffekten und auch unabhängig von der Kapitalstruktur des Unternehmens ermittelt werden soll (IAS 36.A19), werden die Regelungen des IAS 36 nach herrschender Meinung und auch in der Unternehmenspraxis so ausgelegt, dass das Konzept der gewogenen durchschnittlichen Kapitalkosten (WACC) herangezogen werden kann, um den

wirkend von dem Bewertungsergebnis nach Steuern derjenige Vorsteuer-Zinssatz ermittelt werden, der, auf die Cashflows vor Steuern angewendet, zum selben Wert führt wie bei einer Nachsteuer-Rechnung. Bei dieser Vorgehensweise ist faktisch das Bewertungsergebnis nach Unternehmenssteuern ausschlaggebend. Vgl. hierzu exemplarisch CASTEDELLO, M./KLINGBEIL, C./SCHRÖDER, J., IDW RS HFA 16, S. 1036 sowie HALTER, J., Werthaltigkeitsprüfungen von zahlungsmittelgenerierenden Einheiten nach IAS 36, S. 83. Vgl. ferner zu der nicht eindeutigen Konzeption des IAS 36 BRÜCKS, M./KERKHOFF, G./RICHTER, M., Impairment Test für den Goodwill nach IFRS, S. 5.

1202 Vgl. BEYHS, O., Impairment of Assets, S. 237 sowie insbesondere HALTER, J., Werthaltigkeitsprüfungen von zahlungsmittelgenerierenden Einheiten nach IAS 36, S. 82 und 84. Dass diese Vorgehensweise (vgl. vorangehende Fußnote) nicht der eigentlichen Intention des Standardsetters entspricht, zeige sich neben den klaren Regelungen im IAS 36 selbst auch in der Anmerkung des vielfach zitierten IAS 36.BCZ85, in welcher indirekt davor gewarnt werde, generell von einer Nachsteuerrechnung auszugehen und diese gemäß der in IAS 36.BCZ85 aufgeführten Formel in ein Vorsteuerkalkül umzurechnen, vgl. hierzu auch BREITENSTEIN, U./HÄNNI, C., Pre-Tax-Diskontsatz nach IAS 36, S. 653.

1203 Vgl. BREITENSTEIN, U./HÄNNI, C., Pre-Tax-Diskontsatz nach IAS 36, S. 654; CASTEDELLO, M./KLINGBEIL, C./SCHRÖDER, J., IDW RS HFA 16, S. 1036; IDW (Hrsg.), IDW RS HFA 16, Rn. 111; SCHMUSCH, M./LAAS, T., Werthaltigkeitsprüfungen nach IAS 36, S. 1053 f. Ebenfalls auf diese Vorgehensweise in der Praxis hinweisend HALTER, J., Werthaltigkeitsprüfungen von zahlungsmittelgenerierenden Einheiten nach IAS 36, S. 83 sowie diese Vorgehensweise auch in der Theorie akzeptierend BARTELS, P./JONAS, M., § 27 Wertminderungen, Rn. 59.

1204 HALTER, J., Werthaltigkeitsprüfungen von zahlungsmittelgenerierenden Einheiten nach IAS 36, S. 84.

1205 Zu den inkonsistenten Regelungen des IAS 36 hinsichtlich der Behandlung von Finanzierungseffekten und der Berücksichtigung von Steuern vgl. ausführlich BEYHS, O., Impairment of Assets, S. 221-224 und 230-237 sowie HALTER, J., Werthaltigkeitsprüfungen von zahlungsmittelgenerierenden Einheiten nach IAS 36, S. 71-84 mit jeweils weiteren Nachweisen.

1206 Vgl. Abschnitt 532.1.

Kapitalisierungszinssatz zu bestimmen.[1207] Demnach sind die Fremdkapitalkosten nach IAS 36 im Kapitalisierungszinssatz abzubilden. Der Kapitalisierungszinssatz ist dabei nach IAS 36.55 marktorientiert abzuleiten.[1208] Da für das spezifische Bewertungsobjekt aber regelmäßig keine separaten Fremdfinanzierungsverträge am Kapitalmarkt abgeschlossen werden, sind die Fremdkapitalkosten nach herrschender Meinung auf höher aggegrierter Ebene, beispielsweise auf Ebene eines größeren Segments oder auf Ebene des Gesamtunternehmens zu bestimmen.[1209] Diese Auslegung steht in Einklang mit der vorgeschlagenen Vorgehensweise des im vorangegangenen Kapitel konkretisierten Bewertungskalküls.[1210]

Um den WACC-Ansatz nach IAS 36 anwenden zu können, ist ferner noch eine **Gewichtung der Eigen- und Fremdkapitalkosten** vorzunehmen.[1211] Hierfür ist die Kapitalstruktur des zu bewertenden Objekts zu bestimmen, die anhand der Marktwerte des Eigen- und des Fremdkapitals zu ermitteln ist.[1212] Aus den gleichen Gründen indes, aus denen eine Ermittlung der Fremdkapitalkosten auf Ebene des Bewertungsobjekts i. d. R. ausscheidet, ist auch die Ermittlung der Kapitalstruktur meistens nicht auf Ebene der zu bewertenden Einheit bestimmbar.[1213] Deshalb wird häufig empfohlen, die Kapitalstruktur des Gesamtunternehmens auch für die dezentralen Bewertungseinheiten anzunehmen.[1214] Diese vereinfachende Annahme steht ebenfalls in Einklang mit der Vorgehensweise des im Rahmen dieser Arbeit konkretisierten Referenzmodells.[1215]

1207 Vgl. exemplarisch KPMG (Hrsg.), Kapitalkosten- und Impairment Test-Studie I, S. 11; LIENAU, A./ZÜLCH, H., Ermittlung des value in use nach IFRS, S. 323; SCHMUSCH, M./LAAS, T., Werthaltigkeitsprüfungen nach IAS 36, S. 1055; WIRTH, J., Firmenwertbilanzierung nach IFRS, S. 68 und 71 f. Zu dieser möglichen Inkonsistenz des Standards vgl. ferner die Ausführungen zur Ermittlung des Kapitalisierungszinssatzes nach IAS 36 mit weiteren Literaturnachweisen.

1208 Vgl. hierzu die näheren Ausführungen in Abschnitt 532.1.

1209 Vgl. insbesondere BEYHS, O., Impairment of Assets, S. 133 sowie LIENAU, A./ZÜLCH, H., Ermittlung des value in use nach IFRS, S. 324; vgl. hierzu ferner PAPE, U., Wertorientierte Unternehmensführung, S. 205 und SCHRÖDER, E. F., Wertorientiertes Controlling, S. 94 f.

1210 Vgl. Abschnitt 432.111.

1211 Vgl. KIRSCH, H.-J./KRAUSE, C., Kritische Überlegungen zur DCF-Methode, S. 804; im Kontext der Werthaltigkeitsprüfung nach IAS 36 vgl. ferner SCHMUSCH, M./LAAS, T., Werthaltigkeitsprüfungen nach IAS 36, S. 1057 f.; WIRTH, J., Firmenwertbilanzierung nach IFRS, S. 71.

1212 Vgl. BAETGE, J./NIEMEYER, K./KÜMMEL, J., Bewertungsverfahren, Rn. 310; BALLWIESER, W., Aspekte der Unternehmensbewertung, S. 121; KAJÜTER, P., Wertorientierte Unternehmensführung, S. 29 f.

1213 Vgl. BEYHS, O., Impairment of Assets, S. 147; HAASE, K. D., Segment-Bilanzen, S. 85.

1214 Vgl. in diesem Sachzusammenhang BEYHS, O., Impairment of Assets, S. 147; vgl. ferner PAPE, U., Wertorientierte Unternehmensführung, S. 205 sowie SCHRÖDER, E. F., Wertorientiertes Controlling, S. 94 f.

1215 Vgl. Abschnitt 432.111.

531.2 Darstellung und Beurteilung der Angabepflichten

Die bisherige Analyse der Ermittlung der zu diskontierenden Zahlungsreihe hat erkennen lassen, dass die Bewertung überwiegend sehr subjektiv geprägt ist.[1216] Mit einer subjektiven Schätzung der künftigen Cashflows sind grundsätzlich Ermessensspielräume verbunden, die ihrerseits Manipulationsspielräume eröffnen.[1217] Daher sollten die Annahmen der Bewertung detailliert erläutert werden. Insbesondere der Prozess der Informationsentstehung wird hierdurch transparenter, wodurch die vermittelten Informationen insgesamt zugleich nachvollziehbarer und glaubwürdiger werden.[1218] Im Folgenden sollen die Angabepflichten des IAS 36 zu den Zahlungsstromprognosen dargestellt und vor dem Hintergrund der bereits hergeleiteten Anforderungen an die Erläuterung[1219] gewürdigt werden.

Die Anhangangaben zur Werthaltigkeitsprüfung eines derivativen Geschäfts- oder Firmenwerts werden in IAS 36 gesondert geregelt. Für zahlungsmittelgenerierende Einheiten bzw. Gruppen von zahlungsmittelgenerierenden Einheiten, denen ein **wesentlicher Geschäfts- oder Firmenwert** zugeordnet wurde, fordert IAS 36.134 bezüglich der Zahlungsstromprognosen für die Ermittlung des Nutzungswerts folgende Angaben:

- Eine Beschreibung jeder wesentlichen Annahme, auf der das Management seine Cashflow-Prognosen für den durch die jüngsten Finanzpläne/ Vorhersagen abgedeckten Zeitraum aufgebaut hat. Die wesentlichen Annahmen sind diejenigen, auf die der Nutzungswert am sensibelsten reagiert (IAS 36.134 (d) (i)).
- Eine Beschreibung des Managementansatzes zur Bestimmung der jeder Annahme zugewiesenen Werte, ob diese Werte vergangene Erfahrungen widerspiegeln oder ob sie ggf. mit externen Informationsquellen übereinstimmen, und wenn nicht, auf welche Art und aus welchem Grund sie sich von vergangenen oder externen Informationsquellen unterscheiden (IAS 36.134 (d) (ii)).
- Der Zeitraum, für den das Management die Cashflows geplant hat, die auf den vom Management genehmigten Finanzplänen/ Vorhersagen beruhen; wenn für eine (Gruppe von) zahlungsmittelgenerierende(n) Einheit(en) ein Zeitraum von mehr als fünf Jahren benutzt wird, eine Erklärung über den Grund, der diesen längeren Zeitraum rechtfertigt (IAS 36.134 (d) (iii)).

1216 Dies ebenso hinsichtlich der Schätzung der künftigen Cashflows nach IAS 36 festhaltend BEYHS, O., Impairment of Assets, S. 296 sowie LIENAU, A./ZÜLCH, H., Ermittlung des value in use nach IFRS, S. 321.

1217 Vgl. Abschnitt 432.13.

1218 Vgl. hierzu sowohl die grundlegenden Ausführungen in Abschnitt 423.2 als auch die hieraus abgeleiteten Angabeforderungen in Abschnitt 432.2.

1219 Vgl. Abschnitt 432.2.

- Wird es für möglich gehalten, dass der Nutzungswert der zu bewertenden Einheit unter den Buchwert fällt, weil eine der wesentlichen Annahmen sich ändert, so sind gemäß IAS 36.134 (f) ferner anzugeben:
    - Der Betrag, mit dem der erzielbare Betrag der Bewertungseinheit (Gruppe von Einheiten) ihren Buchwert übersteigt (IAS 36.134 (f) (i)).
    - Der der wesentlichen Annahme zugewiesene Wert, für den eine Änderung für möglich gehalten wird (IAS 36.134 (f) (ii)).
    - Der Betrag, der die Änderung des Werts der wesentlichen Annahme hervorruft (nach Einbezug aller nachfolgenden Auswirkungen dieser Änderung auf die anderen Variablen, die zur Ermittlung des Nutzungswerts eingesetzt werden), damit der Nutzungswert der Einheit (Gruppe von Einheiten) gleich ihrem Buchwert ist (IAS 36.134 (f) (iii)).

Diese Angaben sind, wie oben bereits erwähnt, nur für die Werthaltigkeitsprüfung von (Gruppen von) Einheiten vorzunehmen, denen ein **wesentlicher** Geschäfts- oder Firmenwert zugeordnet wurde. IAS 36.135 schreibt hingegen auch Anhangangaben für die Werthaltigkeitsprüfung von Einheiten vor, denen **nicht wesentliche Teile des Geschäfts- oder Firmenwerts** zugeordnet wurden. Existieren solche Einheiten, ist diese Tatsache zusammen mit der Summe der Buchwerte der Geschäfts- oder Firmenwerte, die diesen Einheiten zugeordnet wurden, anzugeben (IAS 36.135).[1220] Wenn darüber hinaus die Bestimmung der Nutzungswerte (einiger) dieser Einheiten auf denselben wesentlichen Annahmen beruht und zudem die Summe der Buchwerte der Geschäfts- oder Firmenwerte, die diesen Einheiten zugeordnet wurden, wesentlich ist, hat ein Unternehmen hierüber zu berichten und weitere Angaben zu machen. Diese weiterführenden Angaben decken sich mit denen, die IAS 36.134 bei der Berichterstattung über die Werthaltigkeitsprüfung von Einheiten fordert, denen ein wesentlicher Teil des Geschäfts- oder Firmenwerts zugeordnet wurde.[1221]

Stellt man die Erläuterungsvorschriften des IAS 36 den im vorhergehenden Kapitel hergeleiteten Anforderungen an die Erläuterung der Zahlungsstromprognosen gegenüber, ist zu erkennen, dass zentralen Anforderungen durch den IAS 36 entsprochen wurde. Insbesondere die verpflichtende Beschreibung aller wesentlichen, im Sinne des IAS 36.134 (d) (i) also der wertsensitiven, Annahmen der Cashflow-Prognosen ist hierbei positiv hervorzuheben. Den Anforderungen an die Erläuterung wird ferner dadurch Rechnung getragen, dass eine für möglich gehaltene Änderung einer wesentlichen Annahme, die zu einer Wertminderung führen würde, weitere Berichtspflichten begründet (IAS 36.134 (f)). Dies wird in erster Linie die Fälle betreffen, in denen der Unterschied zwischen Nutzungswert und Buchwert der zu be-

1220 Vgl. hierzu exemplarisch auch BRÜCKS, M./KERKHOFF, G./RICHTER, M., IAS 36, Rn. 298.

1221 Vgl. hierzu exemplarisch KIRSCH, H.-J./KOELEN, P./TINZ, O., Berichterstattung der DAX-30-Unternehmen, Teil I, S. 91.

wertenden Einheit ohnehin tendenziell eher gering ist. Somit werden die externen Adressaten rechtzeitig auf die Gefahr einer möglichen Wertminderung aufmerksam gemacht, was durchaus positiv zu beurteilen ist.

Indes ist eher kritisch zu sehen, dass die Angabepflichten des IAS 36 der **Mehrwertigkeit der künftigen Zahlungsstromprognosen** nicht hinreichend Rechnung tragen.[1222] Zwar sind die wesentlichen Annahmen der zugrunde liegenden Zahlungsstromprognosen offenzulegen; allerdings wäre es wünschenswert, diese Angaben um weitere für denkbar erachtete Zahlungsstromentwicklungen i. S. einer Szenarioanalyse zu erweitern.[1223] Ist die künftige Entwicklung, beispielsweise eines Geschäftsbereichs eines Automobilkonzerns, in den nächsten zwei bis drei Jahren maßgeblich von der Nachfrage eines neuen Modells abhängig, erwiese sich eine Szenarioanalyse, z. B. auf Basis von Erfahrungen in der Vergangenheit in Form eines optimistischen, eines erwarteten und eines pessimistischen Szenarios, als eine in hohem Maße entscheidungsnützliche Information. Hierdurch würde die mit der Bewertung verbundene Unsicherheit noch transparenter dargelegt werden können. Kritisch zu betrachten ist darüber hinaus die Tatsache, dass Abweichungen der tatsächlich erzielten Cashflows in den Folgeperioden von den ursprünglich prognostizierten Cashflows und somit mögliche Fehleinschätzungen des bilanzierenden Managements nicht offengelegt werden müssen,[1224] wenngleich über eine solche Offenlegungspflicht vor der Verabschiedung des IAS 36 vom IASB diskutiert wurde.[1225] Begründet wurde die ablehnende Haltung unter anderem mit einer mangelnden Entscheidungsnützlichkeit der Informationen sowie mit Wirtschaftlichkeitsüberlegungen (IAS 36.BC197 (b)-(c)).

Ein zweiter und noch wesentlich kritischer zu beurteilender Punkt begründet sich darin, dass die oben beschriebenen und grundsätzlich zu befürwortenden Angabepflichten gemäß IAS 36.134 an eine **nicht näher konkretisierte Wesentlichkeitsgrenze** gekoppelt sind, die mit weitreichenden **Auslegungsspielräumen** behaftet ist.[1226] Zwar ist es sachgerecht, die Angabepflichten lediglich bei wesentlichen Geschäfts- oder Firmenwerten zu fordern, sodass die in IAS 36 begründete Wesentlichkeit durchaus positiv ist.[1227] Indes sollten Auslegungsspielräume hinsichtlich der Interpretation einer derartigen Wesentlichkeits„-grenze“ vermieden

1222 Ebenso BEYHS, O., Impairment of Assets, S. 298 m. w. N. Dies widerspricht den in Abschnitt 432.2 herausgearbeiteten Anforderungen an die Erläuterung.

1223 Vgl. zu dieser Forderung Abschnitt 432.2.

1224 Ebenso BRÜGGEMANN, B., Berichterstattung im Anhang des IFRS-Abschlusses, S. 168 sowie LÜDENBACH, N./FREIBERG, J., Objektivierungsbeitrag des Fair Value Measurement-Projekts, S. 444. Vgl. zu der Vorteilhaftigkeit einer solchen Offenlegungsvorschrift die Ausführungen in Abschnitt 432.2.

1225 Vgl. hierzu die weiteren Ausführungen am Ende dieses Abschnitts.

1226 Vgl. hierzu im Detail KIRSCH, H.-J./KOELEN, P./TINZ, O., Berichterstattung der DAX-30-Unternehmen, Teil II, S. 188-192.

1227 Vgl. zum allgemeinen Materiality-Grundsatz F.29-30, IAS 1.11-12, IAS 1.29-31 und IAS 8.8.

werden. Die bestehenden Ermessensspielräume bei der Auslegung der in IAS 36 kodifizierten Wesentlichkeit führen nämlich zu einem in der Praxis der Berichterstattung wohl recht heterogenen Verständnis der Wesentlichkeitsgrenze des IAS 36.134.[1228] Die mit diesen Spielräumen versehenen Gestaltungsmöglichkeiten der offenzulegenden Informationen sind aufgrund der bestehenden Anreize des bilanzierenden Managements, nicht im Sinne des (potenziellen) Investors zu berichten, stark zu kritisieren.[1229] Die Wesentlichkeitskonzeption sollte daher konkretisiert werden. Eine derartige Konkretisierung könnte sowohl das Verhältnis des einer (Gruppe von) zahlungsmittelgenerierenden Einheit(en) zugeordneten Geschäfts- oder Firmenwerts zur Bilanzsumme als auch sein Verhältnis zum bilanziellen Eigenkapital als Kriterien zugrunde legen, um eine Berichtspflicht zu begründen.[1230]

In diesem Zusammenhang ist nicht nur zu kritisieren, dass die generelle Pflicht, über die Werthaltigkeitsprüfung eines derivativen Geschäfts- oder Firmenwerts berichten zu müssen, an Ermessensentscheidungen geknüpft ist. Darüber hinaus sind vereinzelte, für die Einschätzung der Werthaltigkeit des Geschäfts- oder Firmenwerts zentrale Anhangangaben des IAS 36.134 selbst erneut mit **Ermessensspielräumen** verbunden.[1231] Exemplarisch sei hier die Vorschrift des IAS 36.134 (f) genannt, welche die Offenlegung der Ergebnisse einer internen Sensitivitätsanalyse fordert,[1232] wenn es **für möglich gehalten** wird, dass eine wesentliche Annahme sich derart ändert, dass der Nutzungswert der zu bewertenden Einheit unter ihren Buchwert fällt. Diese bedingte Angabepflicht eröffnet dem Bilanzierenden einen weiten Ermessensspielraum, der die Offenlegungspflicht faktisch zu einem Wahlrecht werden lässt.[1233] Dies lässt sich auch dadurch belegen, dass in der Berichtspraxis lediglich ein äußerst geringer Prozentsatz der Unternehmen dieser Angabepflicht nachkommt,[1234] obwohl das Ereignis, das die Berichtspflicht auslöst, als durchaus wahrscheinlich anzusehen ist.[1235] Aus diesem Grund wäre es zu begrüßen, wenn unbedingte, standardisierte Angaben zu den Sensitivi-

1228 Zu einer empirischen Untersuchung dieser Vermutung vgl. KIRSCH, H.-J./KOELEN, P./TINZ, O., Berichterstattung der DAX-30-Unternehmen, Teil II, S. 188-191.

1229 Vgl. hierzu die grundlegenden Ausführungen in den Abschnitten 41 und 421.

1230 Vgl. hierzu sowie zu einem konkreten Vorschlag einer Ausgestaltung einer solchen Wesentlichkeitsgrenze KIRSCH, H.-J./KOELEN, P./TINZ, O., Berichterstattung der DAX-30-Unternehmen, Teil II, S. 188-193.

1231 Hier sind beispielsweise die Angabevorschrift des IAS 36.134 (d) (i), die eine Beschreibung jeder *wesentlichen im Sinne einer wertsensitiven Annahme* fordert sowie die Vorschrift des IAS 36.134 (f) zu nennen, die eine Angabepflicht davon abhängig macht, ob eine bestimmte Entwicklung *für möglich gehalten* wird.

1232 Vgl. hierzu auch BRÜGGEMANN, B., Berichterstattung im Anhang des IFRS-Abschlusses, S. 171 sowie die konkreten Angabepflichten des IAS 36.134 (f).

1233 Vgl. exemplarisch KIRSCH, H.-J./KOELEN, P./TINZ, O., Berichterstattung der DAX-30-Unternehmen, Teil I, S. 96.

1234 Dies belegen die Ergebnisse mehrerer empirischer Untersuchungen über die Berichterstattung von kapitalmarktorientierten Unternehmen, vgl. KIRSCH, H.-J./KOELEN, P./TINZ, O., Berichterstattung der DAX-30-Unternehmen, Teil I, S. 96 sowie PwC (Hrsg.), Making Acquisitions Transparent, S. 60. Beide empirischen Untersuchungen gelangen hierbei zu dem Ergebnis, dass weniger als 5 % der Unternehmen über die in IAS 36.134 (f) geforderten Sensitivitätsanalysen berichten.

1235 Vgl. PwC (Hrsg.), Making Acquisitions Transparent, S. 61.

täten des Nutzungswerts auf Änderungen zentraler Bewertungsparameter verlangt werden würden, die nicht erst durch „positiv" getroffene Ermessensentscheidungen ausgelöst werden (müssen).[1236]

Die Kritik an den Offenlegungspflichten des IAS 36 sollte dem IASB allerdings bewusst sein, da zentrale Angabepflichten, die im Rahmen dieser Arbeit empfohlen werden, bereits im Vorfeld der endgültigen Verabschiedung des IAS 36 diskutiert wurden, letztlich indes nicht im IAS 36 berücksichtigt worden sind. So sah der ED IAS 36 beispielsweise noch vor, dass Sensitivitätsanalysen bezüglich zentraler Parameter offenzulegen sind (IAS 36.BC192 (d)). Ferner wurde darüber diskutiert, in Anlehnung an den britischen Standardsetter (FRS 11.54 f.) die Regelung des *subsequent monitoring of cash flows* verpflichtend einzuführen (IAS 36.BC195-198).[1237] Als Begründung für diese in Erwägung gezogenen, vergleichsweise umfassenden Offenlegungspflichten führte der IASB zunächst zutreffend an „that non-amortisation of goodwill [...] increases the reliance that must be placed on impairment tests"[1238]. Diese Begründung entspricht der Intention, die mit den in dieser Arbeit hergeleiteten Erläuterungsgrundsätzen verfolgt wird.[1239] Der IASB entschied sich letztlich, unter anderem aufgrund einer mangelhaften Entscheidungsnützlichkeit dieser Informationen (IAS 36.BC 197 (b)), bedauerlicherweise gegen eine Übernahme dieser umfassenden Offenlegungspflichten (IAS 36.BC 197 f.), was sowohl von einzelnen Boardmitgliedern[1240] als auch von weiten Teilen des Schrifttums kritisiert wird.[1241]

Festzuhalten bleibt, dass zum einen die Anhangangaben nach IAS 36 ausgeweitet werden sollten. Hier sind in erster Linie eine mehrwertige Berichterstattung sowie eine nach dem Vorbild des britischen Standardsetters durchzuführende ex post-Betrachtung der Cashflow-Prognosen als mögliche weitere Berichtselemente zu empfehlen. Zum anderen sind insbesondere die mit weiten Auslegungsspielräumen behafteten Ermessensentscheidungen zu kritisieren, die getroffen werden müssen, um eine mögliche Berichtspflicht nach IAS 36 überhaupt erst zu begründen.

1236 Vgl. zu dieser Forderung auch BRÜGGEMANN, B., Berichterstattung im Anhang des IFRS-Abschlusses, S. 171; KIRSCH, H.-J./KOELEN, P./TINZ, O., Berichterstattung der DAX-30-Unternehmen, Teil II, S. 191 f.

1237 Vgl. hierzu auch BRÜGGEMANN, B., Berichterstattung im Anhang des IFRS-Abschlusses, S. 168. Zu näheren Erläuterungen zum *subsequent monitoring of cash flows* vgl. die Ausführungen in Abschnitt 432.2.

1238 IAS 36.BC194.

1239 Vgl. hierzu die grundlegenden Ausführungen in den Abschnitten 421. und 423.2.

1240 Vgl. hierzu die Kritik in den Dissenting Opinions IAS 36.DO6, IAS 36.DO9-10.

1241 Vgl. statt vieler BEYHS, O., Impairment of Assets, S. 296-300 sowie BRÜGGEMANN, B., Berichterstattung im Anhang des IFRS-Abschlusses, S. 168 mit jeweils weiteren Nachweisen.

532. Konkretisierung der Nennergröße und der Angabepflichten

532.1 Ermittlung des Kapitalisierungszinssatzes und Beurteilung des Objektivierungsgrads

IAS 36 enthält keine exakten Vorgaben zur Ermittlung des Kapitalisierungszinssatzes.[1242] Es werden indes einige grundlegende Regelungen vorgegeben. Von entscheidender Bedeutung hierbei ist, dass der Kapitalisierungszinssatz **marktorientiert** abzuleiten ist (IAS 36.55-56, IAS 36.A16, IAS 36.BCZ54).[1243] Obwohl der Nutzungswert grundsätzlich einen unternehmensspezifischen Wert darstellt, ist der Kapitalisierungszinssatz nach Auffassung des IASB marktbezogen abzuleiten, weil er ansonsten nicht hinreichend genug objektiviert werden kann (IAS 36.BCZ54).[1244] Trotz der geforderten Marktsicht soll der Diskontierungsfaktor aber die **bewertungsobjektspezifischen Verhältnisse** widerspiegeln (IAS 36.55 (b), IAS 36.A18).[1245] Da bewertungsobjektspezifische Diskontierungszinssätze aufgrund der individuellen Charakteristika der zu bewertenden Einheiten i. d. R. nicht direkt aus Markttransaktionen ableitbar sind, müssen sachgerechte Schätzungen vorgenommen werden.[1246]

Die herrschende Meinung und auch die Unternehmenspraxis legen die Regelungen des IAS 36 dahingehend aus, dass das Konzept der WACC verbunden mit dem Ansatz des CAPM als Ausgangspunkt[1247] zur sachgerechten Schätzung der Eigenkapitalkosten herangezogen werden kann.[1248] Die in die WACC einfließenden Fremdkapitalkosten wurden, aufgrund des dieser Arbeit als Referenzmodell zugrunde liegenden Nettokapitalisierungsverfahrens, bereits

1242 Vgl. exemplarisch BRÜCKS, M./KERKHOFF, G./RICHTER, M., IAS 36, Rn. 169 m. w. N.

1243 Vgl. ferner BEYHS, O., Impairment of Assets, S. 130 f.; HOFFMANN, W.-D., § 11 Abschreibungen, Rn. 24; IDW (Hrsg.), IDW RS HFA 16, Rn. 110; WIRTH, J., Firmenwertbilanzierung nach IFRS, S. 68.

1244 Vgl. auch HALTER, J., Werthaltigkeitsprüfungen von zahlungsmittelgenerierenden Einheiten nach IAS 36, S. 54 sowie WIRTH, J., Firmenwertbilanzierung nach IFRS, S. 68.

1245 Dies kommentierend BARTELS, P./JONAS, M., § 27 Wertminderungen, Rn. 56; BRÜCKS, M./KERKHOFF, G./RICHTER, M., IAS 36, Rn. 169; SCHMUSCH, M./LAAS, T., Werthaltigkeitsprüfungen nach IAS 36, S. 1054-1056.

1246 Vgl. BARTELS, P./JONAS, M., § 27 Wertminderungen, Rn. 50; HALTER, J., Werthaltigkeitsprüfungen von zahlungsmittelgenerierenden Einheiten nach IAS 36, S. 56; WIRTH, J., Firmenwertbilanzierung nach IFRS, S. 68.

1247 Neben der Möglichkeit die WACC, ergänzt um das CAPM, als Ausgangspunkt zur Schätzung der Eigenkapitalkosten zu verwenden, führt IAS 36.A17(b) und (c) Renditen aus Neukrediten des Unternehmens oder aus marktgängigen Fremdkapitaltiteln an. Diese Ausgangsgrößen werden indes weder vom Schrifttum befürwortet noch von der Unternehmenspraxis häufig herangezogen. Vgl. hierzu ausführlich HUSMANN, S./SCHMIDT, M., Note on IAS 36, S. 51-61. Zu weiteren Nachweisen aus dem Schrifttum und der Unternehmenspraxis vgl. Fußnote 1248.

1248 Vgl. BRÜCKS, M./KERKHOFF, G./RICHTER, M., IAS 36, Rn. 169; HALTER, J., Werthaltigkeitsprüfungen von zahlungsmittelgenerierenden Einheiten nach IAS 36, S. 56; HEUSER, P. J./THEILE, C., IFRS Handbuch, Rn. 1562; KPMG (Hrsg.), Kapitalkosten- und Impairment Test-Studie I, S. 11; KPMG (Hrsg.), Kapitalkosten- und Impairment Test-Studie II, S. 17; LIENAU, A./ZÜLCH, H., Ermittlung des value in use nach IFRS, S. 323; SCHMUSCH, M./LAAS, T., Werthaltigkeitsprüfungen nach IAS 36, S. 1055; WIRTH, J., Firmenwertbilanzierung nach IFRS, S. 68 und 71 f.

bei der Ermittlung der zu diskontierenden Zahlungsreihe behandelt,[1249] sodass im Folgenden ausschließlich auf die Schätzung der Eigenkapitalkosten eingegangen werden soll.

Die **Eigenkapitalkosten** können mit Hilfe des CAPM aus Marktdaten abgeleitet werden. Hierbei gilt es zu beachten, dass die bewertungsobjektspezifischen Verhältnisse, insbesondere hinsichtlich der bestehenden Risiken, in den Eigenkapitalkosten widergespiegelt werden (IAS 36.55 (b), IAS 36.A18).[1250] Der Eigenkapitalkostensatz setzt sich nach dem **CAPM** aus einem risikolosen Zinssatz (Basiszinssatz) und einer Risikoprämie bzw. einem Risikozuschlag zusammen.[1251]

Der **Basiszinssatz** soll die aktuellen Markteinschätzungen des Zeitwerts des Geldes widerspiegeln (IAS 36.A16). Über diese Vorgabe hinaus gibt der IASB lediglich noch in IAS 36.BCZ52(a) den Hinweis, dass beispielsweise laufzeitäquivalente Staatseinleihen eine solche risikofreie Anlage repräsentieren könnten. Weitergehende Hinweise bzw. konkrete Vorgaben, auf welche Weise der Basiszinssatz zu ermitteln ist, gibt der Standard nicht, sodass Ermessensspielräume bei der Ableitung des Basiszinssatzes die Folge sind.[1252] So bleibt in IAS 36 beispielsweise ungeklärt, wie die Verzinsung im Anschluss an die endlichen Staatsanleihen bestimmt werden sollte oder auch, welche Staatsanleihen überhaupt zugrunde gelegt werden sollten.[1253]

Auch wenn das IDW sowie Teile des Schrifttums schon recht konkrete Empfehlungen zur Ermittlung des Basiszinssatzes ausgesprochen haben,[1254] die die Ermessensspielräume für den Bilanzierenden faktisch einschränken,[1255] ist zu hinterfragen, ob die durch IAS 36 gewährten Ermessensspielräume überhaupt erforderlich sind. Da der risikolose Zinssatz unabhängig vom zu bewertenden Objekt zu ermitteln ist und keinerlei objektspezifischer Anpassungen bedarf, sind Ermessensspielräume bei der Ableitung des Basiszinssatzes nicht zu begründen und somit zu kritisieren. Da bereits kleinste Änderungen hinsichtlich der Ermittlungsmethodik bedeutende Werteffekte nach sich ziehen können,[1256] ist eine normierte Ableitung des Basiszinssatzes sinnvoll. Eine mögliche, zweckadäquate und mit den Vorgaben des IAS 36 in Einklang

1249 Vgl. hierzu die Ausführungen in Abschnitt 531.1.

1250 Vgl. exemplarisch BRÜCKS, M./KERKHOFF, G./RICHTER, M., IAS 36, Rn. 169 sowie SCHMUSCH, M./LAAS, T., Werthaltigkeitsprüfungen nach IAS 36, S. 1056.

1251 Vgl. hierzu die grundlegenden Ausführungen in Abschnitt 433.11.

1252 Vgl. HALTER, J., Werthaltigkeitsprüfungen von zahlungsmittelgenerierenden Einheiten nach IAS 36, S. 89 sowie MAYER-WEGELIN, E. Impairmenttest nach IAS 36, S. 96.

1253 Vgl. hierzu auch die näheren Erläuterungen zur Ermittlung des Basiszinssatzes in Abschnitt 433.121.

1254 Vgl. Abschnitt 433.121.

1255 Vgl. IDW (Hrsg.), WP-Handbuch Bd. 1, Abschn. A, Rn. 366; ähnlich KIRSCH, H.-J./KÖHRMANN, H., Grundlagen der Lageberichterstattung, Rn. 26.

1256 Vgl. exemplarisch MUNKERT, M. J., Der Kapitalisierungszinssatz in der Unternehmensbewertung, S. 125.

stehende Methode einer ermessensfreien Ermittlung des risikolosen Zinssatzes, die zudem auf den Empfehlungen des IDW basiert, ist im Rahmen des hergeleiteten Bewertungsmodells bereits konkretisiert worden. Dabei sollte auf die stichtagsbezogenen und laufzeitspezifischen Zinssätze der Zinsstrukturkurve zurückgegriffen werden. Insbesondere die Möglichkeit, hierbei auf die Datenbank der Deutschen Bundesbank bzw. der Europäischen Zentralbank zurückzugreifen, trägt einen deutlichen Schritt hin zu einer objektivierten Ermittlung des Kapitalisierungszinssatzes bei.[1257]

Der **Risikozuschlag** wird nach dem CAPM durch das Produkt der Marktrisikoprämie und dem Betafaktor bestimmt.[1258] In IAS 36.A17(a) wird auf den CAPM-Ansatz verwiesen, um den Diskontierungszinssatz abzuleiten. Nähere Erläuterungen hinsichtlich der Bestimmung der Marktrisikoprämie oder des bewertungsobjektspezifisch abzuleitenden Betafaktors werden indes nicht gegeben. Dies ist vor dem Hintergrund der weitreichenden Ermessensspielräume, die eine Anwendung des CAPM gewährt, äußerst kritisch zu sehen.[1259] Es wurde bereits ausführlich dargelegt, dass die erheblichen Gestaltungsspielräume einer nicht näher konkretisierten Anwendung des CAPM es ermöglichen, einen „nahezu beliebigen" Risikozuschlag zu bestimmen,[1260] sodass der Nutzungswert als eigentliches Ergebnis der Werthaltigkeitsprüfung faktisch zur „exogenen Variable"[1261] wird, die durch bilanzpolitische Adjustierungen des Risikozuschlags realisiert werden kann.

Auch hinsichtlich des Risikozuschlags ist demnach zu hinterfragen, ob die gewährten Ermessensspielräume sachgerecht bzw. zu befürworten sind. Die **Marktrisikoprämie** ist, ebenso wie der Basiszinssatz, unabhängig von den spezifischen Verhältnissen des Bewertungsobjekts zu bestimmen,[1262] sodass es nicht erforderlich erscheint, hinsichtlich der Ermittlungsmethodik der Marktrisikoprämie Ermessensspielräume einzuräumen. Aus diesem Grund ist ein normiertes Verfahren zu befürworten, um die Marktrisikoprämie abzuleiten. Im vierten Kapitel wurde empfohlen, neben der Vorgabe des Aktienindex insbesondere die Länge der Messperiode, die Länge der Renditeintervalle sowie die Art der Renditeberechnung zu normieren, um die bestehenden Freiräume bei der Ableitung der Marktrisikoprämie zu beseitigen.[1263] Eine solche

1257 Vgl. hierzu die näheren Ausführungen in Abschnitt 433.121.

1258 Vgl. Abschnitt 433.11.

1259 Ebenso HACHMEISTER, D., Impairment-Test nach IFRS, S. 260; HEUSER, P. J./THEILE, C., IFRS Handbuch, Rn. 1564. Vgl. ausführlich zu den weitreichenden Ermessensspielräumen bei der Verwendung des CAPM die Abschnitte 433.122.2 und 433.122.3.

1260 Vgl. zu den bestehenden Ermessensspielräumen im Detail die Ausführungen in den Abschnitten 433.122.2 und 433.122.3.

1261 Die Bezeichnung des Nutzungswerts als „exogene Variable" prägt in diesem Kontext BEYHS, vgl. BEYHS, O., Impairment of Assets, S. 258.

1262 Vgl. BALLWIESER, W., Kalkulationszinsfuß in der Unternehmensbewertung, S. 739.

1263 Vgl. hierzu die Ausführungen in Abschnitt 433.122.2.

Konkretisierung der Ermittlungsmethodik wäre den Zwecken der IFRS-Rechnungslegung zuträglich und stünde zudem in Einklang mit den grundlegenden Vorgaben des IAS 36.

Der **Betafaktor** soll im Gegensatz zur Marktrisikoprämie die bewertungsobjektspezifischen Risikofaktoren abbilden, weshalb normierte Berechnungsvorgaben bewertungsobjektspezifische Besonderheiten vernachlässigen würden.[1264] Zwar kann und sollte stets die grundsätzliche Ermittlungsmethodik festgelegt werden.[1265] Bei der Auswahl der Kapitalmarktdaten kommt hierbei indes erschwerend hinzu, dass es sich bei den zu bewertenden Objekten, den (Gruppen von) zahlungsmittelgenerierenden Einheiten, i. d. R. um nicht börsennotierte Unternehmenseinheiten handelt.[1266] Die aus diesem Grund zu verwendenden Analogieansätze eröffnen Ermessensspielräume bei der Ableitung des Betafaktors. Dies ist darauf zurückzuführen, dass ein Vergleichsunternehmen ausgewählt werden muss, das den spezifischen Risiken des zu bewertenden Objekts möglichst genau entsprechen sollte.[1267] Eine bewertungsobjektunabhängige Auswahl eines Vergleichsunternehmens würde demnach zwangsläufig bewertungsobjektspezifische Besonderheiten vernachlässigen. Vor dem Hintergrund des IFRS-Rechnungslegungszwecks sollte die Ableitung des Betafaktors dennoch normiert werden. Eine zweckadäquate und mit den Vorgaben des IAS 36 in Einklang stehende Methode einer ermessensfreien Ermittlung des Betafaktors ist im Rahmen des hergeleiteten Bewertungsmodells bereits konkretisiert worden. Für nicht börsennotierte Bewertungsobjekte wurde hierbei empfohlen, Branchenbetas zu verwenden, wobei unter anderem eine normierte Abgrenzung der Branchen zu befürworten ist. Unabhängig davon, ob das Bewertungsobjekt börsennotiert ist oder nicht, sollten, analog zur empfohlenen Ableitung der Marktrisikoprämie, die bestehenden Ermessensspielräume hinsichtlich der Länge der Messperiode, der Länge der Renditeintervalle, der Art der Renditeberechnung sowie der Wahl des Marktportfoliosurrogats durch eine normierte Ermittlung des Betafaktors beseitigt werden.[1268]

Der auf Basis des CAPM abgeleitete Betafaktor spiegelt neben dem Geschäftsrisiko bzw. dem operativen Risiko auch das **Kapitalstrukturrisiko** der zugrunde liegenden Investition wider.[1269] Obwohl die Kapitalstruktur bei Anwendung der WACC zwingend zu berücksichtigen ist, soll das aus der Kapitalstruktur resultierende finanzwirtschaftliche Risiko bei der Ermittlung des Eigenkapitalkostensatzes wohl nicht berücksichtigt werden. Dies ist nach herrschender Meinung aus der Vorgabe des IAS 36 zu folgern, dass der Diskontierungsfaktor unabhän-

1264 Vgl. die näheren Erläuterungen in Abschnitt 433.122.3.

1265 Vgl. Abschnitt 433.122.3.

1266 Vgl. exemplarisch BEYHS, O., Impairment of Assets, S. 140 sowie HACHMEISTER, D., Impairment-Test nach IFRS, S. 260.

1267 Vgl. hierzu ausführlich die Erläuterungen in Abschnitt 433.122.3.

1268 Vgl. hierzu detailliert Abschnitt 433.122.3.

1269 Vgl. DINSTUHL, V., Konzernbezogene Unternehmensbewertung, S. 241; IDW (Hrsg.), WP-Handbuch 2008, Abschn. A, Rn. 304; MANDL, G./RABEL, K., Unternehmensbewertung, S. 299.

gig von der Kapitalstruktur zu bestimmen ist (IAS 36.A19).[1270] Die rechnerische Eliminierung des Kapitalstrukturrisikos (*unlevern*) wurde bereits allgemein diskutiert und soll deshalb an dieser Stelle nicht weiter vertieft werden.[1271] Festzuhalten bleibt indes, dass die Vernachlässigung des Kapitalstrukturrisikos für verschuldete Unternehmen bzw. (Gruppen von) zahlungsmittelgenerierenden Einheiten zur Berechnung zu niedriger (Eigen-) Kapitalkosten und somit zur Berechnung zu hoher Nutzungswerte führt.[1272] Diese Vorgabe des IAS 36 bzw. eine solche Auslegung des Standards steht in Widerspruch zu der Vorgehensweise des im vorangegangenen Kapitel konkretisierten Bewertungskalküls, welches eine an das finanzwirtschaftliche Risiko des zu bewertenden Objekts angepasste Berücksichtigung des Kapitalstrukturrisikos (*relevern*) vorsieht. Analog zur Bestimmung der Kapitalstruktur und der Höhe der Fremdkapitalkosten des spezifischen Bewertungsobjekts sollte auch das finanzwirtschaftliche Risiko des Bewertungsobjekts auf Basis der gesamtunternehmensspezifischen Finanzierungsverhältnisse ermittelt werden, da die Finanzierung i. d. R. auf der Ebene des Gesamtunternehmens durch die Unternehmenszentrale und nicht auf Ebene dezentraler Bewertungseinheiten durchgeführt wird.[1273]

Der anhand von Kapitalmarktdaten ermittelte Diskontierungszinssatz spiegelt zudem eine Rendite nach Unternehmenssteuern wieder.[1274] Da der Kapitalisierungszinssatz nach IAS 36.55 eine **Vorsteuergröße** sein soll, müsste er entsprechend angepasst werden (IAS 36.A20).[1275] Bereits bei der Konkretisierung der Zählergröße nach IAS 36 wurde indes darauf hingewiesen, dass die Auslegung des Standards dahingehend, ob die Berechnung des Nutzungswerts auf einer Vorsteuer- oder auf einer Nachsteuerbasis vorzunehmen ist, erhebliche Schwierigkeiten bereitet.[1276] So wird eine Berechnung des Nutzungswerts auf Basis eines Nachsteuerkalküls in Teilen des Schrifttums gemäß den Regelungen des IAS 36 für zulässig erachtet.[1277] Bei einer derartigen Interpretation des Standards wäre der Kapitalisierungszins-

1270 Vgl. zu dieser Interpretation des Standards BARTELS, P./JONAS, M., § 27 Wertminderungen, Rn. 57; BEYHS, O., Impairment of Assets, S. 131 und 142-144; HALTER, J., Werthaltigkeitsprüfungen von zahlungsmittelgenerierenden Einheiten nach IAS 36, S. 76; WIRTH, J., Firmenwertbilanzierung nach IFRS, S. 75 f.

1271 Vgl. hierzu Abschnitt 433.122.3.

1272 Vgl. exemplarisch BEYHS, O., Impairment of Assets, S. 242.

1273 Vgl. Abschnitt 433.122.3.

1274 Vgl. BARTELS, P./JONAS, M., § 27 Wertminderungen, Rn. 58; BEYHS, O., Impairment of Assets, S. 144.

1275 Vgl. hierzu exemplarisch WIRTH, J., Firmenwertbilanzierung nach IFRS, S. 79. Auf die Möglichkeiten einer Anpassung bzw. Umrechnung der Nachsteuergröße in einen Vorsteuerzinssatz soll an dieser Stelle lediglich verwiesen werden, vgl. hierzu FREIBERG, J./LÜDENBACH, N., Ermittlung des Diskontierungszinssatzes nach IAS 36, S. 485 f.; IDW (Hrsg.), IDW RS HFA 16, Rn. 111 sowie LIENAU, A./ZÜLCH, H., Ermittlung des value in use nach IFRS, S. 326 f.

1276 Vgl. Abschnitt 531.1.

1277 Vgl. BARTELS, P./JONAS, M., § 27 Wertminderungen, Rn. 59; BREITENSTEIN, U./HÄNNI, C., Pre-Tax-Diskontsatz nach IAS 36, S. 654; CASTEDELLO, M./KLINGBEIL, C./SCHRÖDER, J., IDW RS HFA 16, S. 1036; IDW (Hrsg.), IDW RS HFA 16, Rn. 111; SCHMUSCH, M./LAAS, T., Werthaltigkeitsprüfungen

satz vor Steuern lediglich für eine Anhangangabe zu ermitteln.[1278] Der IASB selbst sieht diese Interpretationsschwierigkeiten und strebt weitere Reformvorhaben an (IAS 36.BC93).[1279] An dieser Stelle bleibt zu empfehlen, dass der Diskontierungszinssatz eine Rendite nach Unternehmenssteuern widerspiegeln sollte.[1280]

Abschließend soll nun der **Grad der Objektivierung** bei der Ermittlung des Kapitalisierungszinssatzes gewürdigt werden, der durch die Vorgaben des IAS 36 erreicht wird. Aus Objektivierungsüberlegungen heraus hat der IASB festgelegt, dass der Kapitalisierungszinssatz marktorientiert abzuleiten ist (IAS 36.BCZ54). Der Standardsetter beabsichtigte hiermit, die Ermessensspielräume, die bei einer unreglementierten Ermittlung des Diskontierungszinssatzes bestehen würden, weitgehend einzuschränken.[1281] Es hat sich indes gezeigt, dass die bloße Vorgabe einer marktorientierten Ermittlung der Kapitalkosten ohne weitergehende Konkretisierungen lediglich einen äußerst geringen Objektivierungsbeitrag leisten kann.[1282]

Das Problem der verbleibenden, weitreichenden Ermessensspielräume wird weiter dadurch verschärft, dass häufig Kapitalmarktdaten fehlen, um für die im Rahmen der Werthaltigkeitsprüfung des derivativen Geschäfts- oder Firmenwerts zu bewertenden Einheiten spezifische Kapitalkosten ableiten zu können.[1283] Demzufolge müssen Näherungslösungen (Analogieansätze) verfolgt werden, die dem Bilanzierenden weitere Freiräume eröffnen.[1284] Diese weiteren Ermessensspielräume sollten grundsätzlich auch durch entsprechend weitergehende Vorgaben eingeschränkt werden. Hierbei sind zum einen eine Verwendung von Branchenbetas sowie zum anderen eine normierte Ableitung dieser Branchenbetas zu empfehlen.[1285] Da indes über die Vorgabe einer marktorientierten Ableitung hinaus, wie bereits erläutert, keine konkreten Hinweise auf die Ermittlungsmethodik des Kapitalisierungszinssatzes in IAS 36 gegeben werden, verfehlt der IASB mit seiner Umsetzung und der damit intendierten objekti-

nach IAS 36, S. 1053 f. Anderer Auffassung exemplarisch HALTER, J., Werthaltigkeitsprüfungen von zahlungsmittelgenerierenden Einheiten nach IAS 36, S. 82 sowie S. 84.

1278 Vgl. exemplarisch BARTELS, P./JONAS, M., § 27 Wertminderungen, Rn. 59 sowie CASTEDELLO, M./KLINGBEIL, C./SCHRÖDER, J., IDW RS HFA 16, S. 1036.

1279 Vgl. BRÜCKS, M./WIEDERHOLD, P., Business Combinations, S. 183; WIRTH, J., Firmenwertbilanzierung nach IFRS, S. 79.

1280 Vgl. hierzu auch CASTEDELLO, M./KLINGBEIL, C./SCHRÖDER, J., IDW RS HFA 16, S. 1036 sowie SCHMUSCH, M./LAAS, T., Werthaltigkeitsprüfungen nach IAS 36, S. 1053 f.

1281 Vgl. BEYHS, O., Impairment of Assets, S. 238.

1282 Vgl. über die Ausführungen dieses Abschnitts hinaus insbesondere Abschnitt 433.12.

1283 Vgl. HACHMEISTER, D., Impairment-Test nach IFRS, S. 260 sowie ausführlich BEYHS, O., Impairment of Assets, S. 240-242.

1284 Vgl. BEYHS, O., Impairment of Assets, S. 241 f.; HACHMEISTER, D., Impairment-Test nach IFRS, S. 260; HEUSER, P. J./THEILE, C., IFRS Handbuch, Rn. 1564.

1285 Vgl. hierzu insbesondere die Empfehlungen in Abschnitt 433.122.3.

vierten Ableitung der Kapitalkosten weitgehend sein Ziel.[1286] Dieses negative Urteil wiegt vor dem Hintergrund, dass eine objektivierte Ermittlung des Kapitalisierungszinssatzes durchaus erreicht werden kann,[1287] umso schwerer.

Bereits bei der Ermittlung der zu diskontierenden Zahlungsreihe nach IAS 36 wurde auf Inkonsistenzen des Standards hingewiesen.[1288] Eine weitere Interpretationsschwierigkeit des Standards könnte darin gesehen werden, dass IAS 36 einerseits auf das Konzept der gewogenen durchschnittlichen Kapitalkosten (WACC), ergänzt um das CAPM, verweist, um einen Ausgangspunkt für die Schätzung des bewertungsobjektspezifischen Diskontierungszinssatzes zu erhalten (IAS 36.A17). Andererseits fordert IAS 36, dass der Nutzungswert unabhängig von der Kapitalstruktur bestimmt werden soll (IAS 36.A19), die indes zwingend erforderlich ist, um die WACC zu ermitteln.[1289]

532.2 Ermittlung der Wachstumsrate und Beurteilung des Objektivierungsgrads

Ein mögliches Wachstum der nachhaltigen Zahlungsüberschüsse in der Phase der ewigen Rente wird üblicherweise durch einen Wachstumsabschlag im Nenner des Bewertungskalküls berücksichtigt.[1290] Wie bereits erläutert, können mit dem mengen- bzw. strukturbedingten, dem thesaurierungsbedingten sowie dem inflationsbedingten Wachstum grundsätzlich drei Wachstumskomponenten unterschieden werden.[1291] Inwieweit die Regelungen des IAS 36 die Thematik eines möglichen Wachstums in der Phase der ewigen Rente aufgreifen, soll im Folgenden analysiert werden.

Der IASB sieht für die Phase der ewigen Rente eine Fortschreibung der Cashflow-Prognosen aus dem Detailplanungszeitraum, der nach IAS 36.35 grundsätzlich maximal fünf Jahre umfasst, vor (IAS 36.33 (c)). Es wird betont, dass die Extrapolation der Cashflow-Schätzungen regelmäßig unter der Annahme einer Wachstumsrate zu erfolgen hat (IAS 36.33 (c)). Die **Höhe der Wachstumsrate** wird dabei grundsätzlich durch die Marktentwicklung, beispielsweise durch das durchschnittliche Wachstum der Branche, der die zu bewertende Einheit zu-

1286 Ähnlich BEYHS, O., Impairment of Assets, S. 241 f.; HACHMEISTER, D., Impairment-Test nach IFRS, S. 260; HALTER, J., Werthaltigkeitsprüfungen von zahlungsmittelgenerierenden Einheiten nach IAS 36, S. 89. In einem eher allgemeineren Kontext zu diesem Ergebnis gelangend BAETGE, J., Verwendung von DCF-Kalkülen, S. 22.

1287 Zu einer möglichen Umsetzung einer ermessensfreien Ermittlung des Kapitalisierungszinssatzes vgl. Abschnitt 433.12.

1288 Vgl. Abschnitt 531.1.

1289 Ebenso auf diesen Widerspruch des Standards hinweisend, vgl. exemplarisch BEYHS, O., Impairment of Assets, S. 133-137 sowie WIRTH, J., Firmenwertbilanzierung nach IFRS, S. 72 m. w. N.

1290 Vgl. Abschnitt 322.232.

1291 Vgl. hierzu die näheren Erläuterungen in Abschnitt 322.232.

zuordnen ist, begrenzt (IAS 36.33 (c)).[1292] IAS 36.37 führt hierzu begründend an, dass günstige Bedingungen wahrscheinlich Wettbewerber anziehen, sodass es i. d. R. schwierig sein dürfte, die durchschnittliche Wachstumsrate des Marktes über einen längeren Zeitraum zu überschreiten. Nur in Ausnahmefällen darf deshalb die unterstellte Wachstumsrate die marktübliche Wachstumsrate übersteigen (IAS 36.33 (c)).[1293] Falls angemessen, kann die anzusetzende Wachstumsrate auch Null oder negativ sein (IAS 36.36).

Hinsichtlich des **zeitlichen Verlaufs des Wachstums** ist grundsätzlich davon auszugehen, dass die Wachstumsrate als gleichbleibend oder fallend anzusetzen ist (IAS 36.36). Eine steigende Wachstumsrate ist nach IAS 36.36 nur zulässig, wenn dies aus objektiven Informationen über den Verlauf des Lebenszyklus des relevanten Produkts oder der relevanten Branche hervorgeht und ist wohl eher als Ausnahmefall zu erachten.[1294]

Bereits weiter oben wurde erläutert, dass die Regelungen des IAS 36 inhaltliche Parallelen zur Wurzeltheorie und somit eine Art Stichtagsprinzip erkennen lassen, wonach künftige Cashflows nur auf Basis des gegenwärtigen Zustands der zu bewertenden Einheit zu schätzen sind (IAS 36.44).[1295] Dieses **Stichtagsprinzip** des IAS 36 besagt unter anderem, dass geplante Erweiterungsinvestitionen, die die Ertragskraft des Bewertungsobjekts verbessern oder erhöhen, grundsätzlich nicht in die Cashflow-Prognosen einbezogen werden dürfen (IAS 36.44 (b)).[1296] Vor dem Hintergrund dieser Restriktionen des IAS 36 ist es fraglich, wie der Ansatz einer Wachstumsrate in der Phase der ewigen Rente gerechtfertigt werden kann. Ein (ewiges) Wachstum der Cashflows ohne weitere Investitionen erscheint, zumindest unter der Annahme der Preisstabilität, nämlich wenig sachgerecht, was erneut auf eine **Inkonsistenz** der Regelungen des IAS 36 hindeutet.[1297]

Dieser mögliche Widerspruch in den Regelungen des IAS 36 bestünde indes nicht, wenn von der Annahme der Preisstabilität abgewichen und ein Wachstum nur in Höhe der erwarteten

1292 Vgl. ergänzend FREIBERG, J./LÜDENBACH, N., Ermittlung des Diskontierungszinssatzes nach IAS 36, S. 484; HOFFMANN, W.-D., § 11 Abschreibungen, Rn. 29.

1293 Vgl. hierzu auch BEYHS, O., Impairment of Assets, S. 257 sowie HOFFMANN, W.-D., § 11 Abschreibungen, Rn. 30.

1294 Vgl. hierzu auch HALTER, J., Werthaltigkeitsprüfungen von zahlungsmittelgenerierenden Einheiten nach IAS 36, S. 51; LIENAU, A./ZÜLCH, H., Ermittlung des value in use nach IFRS, S. 327.

1295 Vgl. hierzu neben den Ausführungen in Abschnitt 523. auch HALTER, J., Werthaltigkeitsprüfungen von zahlungsmittelgenerierenden Einheiten nach IAS 36, S. 50 f. sowie HOFFMANN, W.-D., § 11 Abschreibungen, Rn. 29.

1296 Vgl. hierzu auch die näheren Erläuterungen in Abschnitt 531.1.

1297 Ebenso HACHMEISTER, D., Impairment-Test nach IFRS, S. 258; HALTER, J., Werthaltigkeitsprüfungen von zahlungsmittelgenerierenden Einheiten nach IAS 36, S. 51 sowie HOFFMANN, W.-D., § 11 Abschreibungen, Rn. 29.

überwälzbaren Preissteigerungen angesetzt werden würde.[1298] Eine derartige Interpretation der Regelungen des IAS 36, die im Übrigen in Einklang mit der Vorgehensweise des im Rahmen dieser Arbeit konkretisierten Bewertungskalküls stehen würde, wird zwar im Schrifttum erwähnt, gefolgt wird dieser Interpretation indes nicht. Vielmehr wird im Ergebnis davon ausgegangen, dass in der Phase der ewigen Rente nahezu sämtliche Restriktionen des IAS 36 (IAS 36.33-37) ausgehebelt werden können, solange sich Wachstumsannahmen plausibel begründen lassen.[1299]

Die Regelungen des IAS 36 zur Wachstumsrate in der Phase der ewigen Rente lassen erkennen, dass den **Ermessensspielräumen** des Bilanzierenden keine hinreichenden Grenzen gesetzt werden.[1300] Die in IAS 36.33 (c) genannte „grundsätzliche" Obergrenze für die Wachstumsrate in Höhe des durchschnittlichen Marktwachstums stellt eher eine widerlegbare Vermutung dar.[1301] Die bestehenden Ermessensspielräume sind insbesondere für die Cashflow-Prognosen in der Phase der ewigen Rente kritisch zu sehen. Aufgrund der zeitlich weiten Entfernung dieser zweiten Planungsphase vom Bewertungsstichtag sind die Cashflow-Prognosen grundsätzlich mit höheren Unsicherheiten und somit auch mit höheren Ermessensspielräumen behaftet.[1302] Aus diesem Grund sind erhöhte Anforderungen an die Objektivierung zu stellen.[1303] Diesen **erhöhten Objektivierungsanforderungen** wurde im Rahmen des entwickelten Referenzmodells in erster Linie durch die Empfehlung Rechnung getragen, dass für die Phase der ewigen Rente ein mengen- bzw. strukturbedingtes Wachstum ausgeschlossen und ein Inflationswachstum nur in einem plausibel begründbaren Rahmen berücksichtigt werden sollte.[1304] Derartige Regelungen bzw. Grenzen für ein in der Phase der ewigen Rente unterstelltes Wachstum hat der IASB, wie erläutert, nicht kodifiziert. Es bleibt demnach festzuhalten, dass die **Vorgaben des IAS 36** den Objektivierungsanforderungen, die an den Ansatz einer Wachstumsrate in der ewigen Rente zu stellen sind, **nicht hinreichend entsprechen**.

1298 Auf eine derartige Interpretation aufmerksam machend, vgl. insbesondere HACHMEISTER, D., Impairment-Test nach IFRS, S. 258 sowie dies aufgreifend HALTER, J., Werthaltigkeitsprüfungen von zahlungsmittelgenerierenden Einheiten nach IAS 36, S. 51.

1299 Vgl. BEYHS, O., Impairment of Assets, S. 257; FREIBERG, J./LÜDENBACH, N., Ermittlung des Diskontierungszinssatzes nach IAS 36, S. 485 sowie HOFFMANN, W.-D., § 11 Abschreibungen, Rn. 30.

1300 Vgl. HOFFMANN, W.-D., § 11 Abschreibungen, Rn. 30. BEYHS ordnet die Regelungen des IAS 36 zur Wachstumsrate unter den Katalog der „unzureichenden Objektivierungsmechanismen" ein, vgl. BEYHS, O., Impairment of Assets, S. 257.

1301 Vgl. BARTELS, P./JONAS, M., § 27 Wertminderungen, Rn. 42; BEYHS, O., Impairment of Assets, S. 257; HOFFMANN, W.-D., § 11 Abschreibungen, Rn. 30.

1302 Vgl. zur steigenden Unsicherheit bei zunehmender zeitlicher Entfernung der zu schätzenden Zahlungsströme KIRSCH, H.-J., Objektivierung künftiger Zahlungsströme bei einer Bewertung nach IFRS, S. 369; PEEMÖLLER, V. H./KUNOWSKI, S., Ertragswertverfahren, Rn. 91.

1303 Vgl. hierzu auch die grundlegenden Ausführungen in Abschnitt 432.112.

1304 Vgl. zu diesen Empfehlungen Abschnitt 433.13.

532.3 Darstellung und Beurteilung der Angabepflichten

Wie bereits bei der Erläuterung der Angabepflichten zur Zählergröße angeführt, werden die Angabepflichten nach IAS 36 für die Werthaltigkeitsprüfung eines derivativen Geschäfts- oder Firmenwerts gesondert geregelt und sind lediglich dann zu befolgen, wenn den Einheiten ein **wesentlicher** Geschäfts- oder Firmenwert zugeordnet wurde.[1305] Hinsichtlich der Parameter der Nennergröße bei der Ermittlung des Nutzungswerts fordert IAS 36.134 folgende Angaben:[1306]

- Die Wachstumsrate, die zur Extrapolation der Cashflow-Prognosen jenseits des Zeitraums benutzt wird, auf den sich die jüngsten Finanzpläne/ Vorhersagen beziehen, und die Rechtfertigung für die Anwendung jeglicher Wachstumsrate, die die langfristige durchschnittliche Wachstumsrate für die Produkte, die Industriezweige oder das Land bzw. die Länder, in welchen das Unternehmen tätig ist oder für den Markt, für den die Einheit (Gruppe von Einheiten) bestimmt ist, übersteigt (IAS 36.134 (d) (iv)).
- Der auf die Cashflow-Prognosen angewandte Diskontierungszinssatz (IAS 36.134 (d) (v)).
- Wird es für möglich gehalten, dass der Nutzungswert der zu bewertenden Einheit unter den Buchwert fällt, weil eine der wesentlichen Annahmen sich ändert, so sind gemäß IAS 36.134 (f) anzugeben:[1307]
    - Der Betrag, mit dem der erzielbare Betrag der Bewertungseinheit (Gruppe von Einheiten) ihren Buchwert übersteigt (IAS 36.134 (f) (i)).
    - Der der wesentlichen Annahme zugewiesene Wert, für den eine Änderung für möglich gehalten wird (IAS 36.134 (f) (ii)).
    - Der Betrag, der die Änderung des Werts der wesentlichen Annahme hervorruft (nach Einbezug aller nachfolgenden Auswirkungen dieser Änderung auf die anderen Variablen, die zur Ermittlung des Nutzungswerts eingesetzt werden), damit der Nutzungswert der Einheit (Gruppe von Einheiten) gleich ihrem Buchwert ist (IAS 36.134 (f) (iii)).

Hinsichtlich der Angabe des Diskontierungszinssatzes ist zu ergänzen, dass zusätzlich zur Angabe des Zinssatzes, der bei der gegenwärtigen Schätzung des Nutzungswerts verwendet

1305 Vgl. Abschnitt 531.2.

1306 Die Ausführungen zu den Angabepflichten des IAS 36.135 im Kontext der Zählergröße, die sich auf Fälle bezogen, in denen den einzelnen zu überprüfenden Einheiten jeweils kein wesentlicher Teil des Geschäfts- oder Firmenwerts zugeordnet wurde und die Bestimmung der Nutzungswerte einiger dieser Einheiten auf denselben wesentlichen Annahmen beruhen und die Summe der diesen Einheiten zugeordneten Teile des Geschäfts- oder Firmenwerts wesentlich ist, lassen sich sinngemäß auf die Nennergröße übertragen und sollen hier nicht erneut aufgegriffen werden, vgl. hierzu deshalb die entsprechenden Ausführungen in Abschnitt 531.2.

1307 Diese ggf. durchzuführende Sensitivitätsanalyse gilt gleichermaßen für die Parameter der Zähler- und der Nennergröße, weshalb diese Angabepflicht hier erneut angeführt wird.

wurde, auch der Zinssatz der vorhergehenden Schätzung (sofern vorhanden) anzugeben ist, wenn ein **wesentlicher Wertminderungsaufwand** tatsächlich festgestellt wurde (IAS 36.130 (g)).

Die **Kritik** an der nicht näher konkretisierten und somit weitreichende Auslegungsspielräume gewährenden **Wesentlichkeitsgrenze des IAS 36**, ab der eine Angabepflicht überhaupt erst besteht, wurde bereits bei den Angabepflichten zu den Cashflow-Prognosen aufgegriffen und gilt ebenso für die Angabepflichten zur Nennergröße.[1308]

Unabhängig davon, dass die Berichtspflicht an die Wesentlichkeit des Geschäfts- oder Firmenwerts geknüpft ist, sollen im Folgenden auch die Angaben selbst kritisch untersucht werden. Den **Beurteilungsmaßstab** für die Würdigung der Angabepflichten des IAS 36 können hierbei indes nicht die empfohlenen Erläuterungen für das im vorhergehenden Kapitel konkretisierten Bewertungskalkül darstellen, da die Ableitung der Parameter der Nennergröße unterschiedlich konkret gefasst wurde. Während die Ermessensspielräume im hergeleiteten Referenzmodell weitgehend beseitigt werden konnten, verbleiben nach IAS 36 erhebliche Freiräume.[1309] Als Beurteilungsgrundlage für die Angaben nach IAS 36 sind deshalb die allgemeinen Grundsätze ordnungsmäßiger Erläuterung heranzuziehen. Die Angaben nach IAS 36 sollten demnach insbesondere die mit der Bestimmung der Parameter der Nennergröße verbundenen Ermessensspielräume offenlegen und zeigen, inwieweit die einzelnen Parameter und somit auch das Bewertungsergebnis durch Ermessensentscheidungen geprägt sind (Grundsatz der Transparenz).[1310]

Um diesen Anforderungen entsprechen zu können, müssten die Herleitungen des Diskontierungszinssatzes und der Wachstumsrate umfassend erläutert werden. Die Angabepflichten des IAS 36 zum **Kapitalisierungszinssatz** beschränken sich indes auf die bloße Angabe des Zinssatzes (IAS 36.134 (d) (v)). Die alleinige Angabe des Zinssatzes lässt aber noch nicht auf die Angemessenheit bzw. auf die Plausibilität der Herleitung des Zinssatzes schließen.[1311] Ferner wird nicht transparent, wie die einzelnen Komponenten des Kapitalisierungszinssatzes (Basiszinssatz, Marktrisikoprämie, Betafaktor) abgeleitet wurden. Dies ist vor dem Hintergrund der weitreichenden Ermessensspielräume, welche die Ableitung jeder einzelnen dieser Komponenten bietet,[1312] äußerst kritisch zu sehen. Es sollten demnach sowohl die einzelnen Kompo-

1308 Vgl. hierzu im Detail die Ausführungen in Abschnitt 531.2.

1309 Vgl. zu den Vorgaben im Referenzmodell die Abschnitte 433.12 und 433.13 sowie für die Analyse der Regelungen des IAS 36 die Abschnitte 532.1 und 532.2.

1310 Vgl. hierzu die Ausführungen zum Grundsatz der Transparenz in Abschnitt 423.2. Vgl. ferner die Ausführungen von BRÜGGEMANN zur Erläuterungsaufgabe des IFRS-Anhangs: BRÜGGEMANN, B., Berichterstattung im Anhang des IFRS-Abschlusses, S. 35 f.

1311 Ebenso BEYHS, O., Impairment of Assets, S. 297.

1312 Vgl. Abschnitt 532.1.

nenten des Kapitalisierungszinssatzes offengelegt (Grundsatz der Informationszerlegung) als auch die Ableitung dieser erläutert werden (Grundsatz der Transparenz).

Die Angabepflichten des IAS 36 zur **Wachstumsrate** in der Phase der ewigen Rente beschränken sich für den Regelfall, dass die Wachstumsrate die durchschnittliche Wachstumsrate des relevanten Marktes nicht überschreitet (IAS 36.33 (c)), ebenfalls auf die bloße Nennung der angesetzten Wachstumsrate (IAS 36.134 (d) (iv)). Dadurch, dass die verwendete Wachstumsrate nicht näher zu erläutern und zu begründen ist, ist der externe Bilanzleser nicht in der Lage, sie nachzuvollziehen und zu plausibilisieren.[1313] Dies ist vor dem Hintergrund der bestehenden Ermessensspielräume bei der Ableitung der Wachstumsrate zu kritisieren. Lediglich für den Fall, dass die zugrunde gelegte Wachstumsrate das durchschnittliche Marktwachstum übersteigt, ist zu begründen, warum eine Wachstumsrate in dieser Höhe angesetzt wurde (IAS 36.134 (d) (iv)).[1314] Demnach sollte die Ableitung der Wachstumsrate stets begründet und erläutert werden. Hierfür könnten beispielsweise vergangene Wachstumsentwicklungen des zu bewertenden Objekts herangezogen werden sowie aktuelle Marktstudien über die Wachstumsaussichten des zu bewertenden Bereichs.

Demnach bleibt festzuhalten, dass die in IAS 36 kodifizierten Angabepflichten den weitreichenden Ermessensspielräumen, die sich dem Bilanzierenden bei der Ableitung des Kapitalisierungszinssatzes und der Wachstumsrate eröffnen, nicht ausreichend Rechnung tragen. Die eher rudimentären Angabepflichten hinsichtlich des verwendeten Diskontierungszinssatzes und der unterstellten Wachstumsrate lassen keine Plausibilitätsbeurteilung zu. Auch eine mögliche disziplinierende ex ante-Wirkung von Angabepflichten hinsichtlich einer Einschränkung von Missbräuchen der vorhandenen Ermessensspielräume kann folglich nicht erwartet werden.[1315]

Hält der IASB an den gegenwärtigen, tendenziell eher rudimentären Vorgaben des IAS 36 zur Ermittlung des Kapitalisierungszinssatzes und der Wachstumsrate fest, sind demnach weitaus umfassendere Offenlegungs- und Erläuterungspflichten zur Herleitung beider Nennergrößen zu fordern (Second-Best-Lösung). Es wäre indes zu empfehlen, dass der IASB die Ermittlungsmethodik, insbesondere der einzelnen Komponenten des Kapitalisierungszinssatzes, normiert vorgibt (First-Best-Lösung).[1316] Auf eine mögliche Umsetzung wurde im Rahmen der Herleitung des im vorhergehenden Kapitel konkretisierten Bewertungskalküls bereits ein-

1313 Vgl. hierzu auch die Ausführungen in Abschnitt 432.2.

1314 Hierzu wird in den Illustrative Examples des IAS 36 eine beispielhafte Begründung angeführt, vgl. IAS 36.IE89.

1315 Vgl. hierzu die Ausführungen zum Grundsatz der Transparenz in Abschnitt 423.2 sowie BEYHS, O., Impairment of Assets, S. 296 f.

1316 Eine mögliche Empfehlung hierfür wurde im vorhergehenden Kapitel bereits konkretisiert. Vgl. hierzu die Ausführungen in Abschnitt 433.12.

gegangen. Auch bei der Bestimmung der Wachstumsrate für die Phase der ewigen Rente wären ermessensbeschränkende Vorgaben wünschenswert, wobei in erster Linie ein mengen- und strukturbedingtes Wachstum ausgeschlossen sowie ein inflationsbedingtes Wachstum nach oben hin begrenzt werden sollte.[1317] Die hierdurch erreichbaren weitreichenden Einschränkungen der Ermessensspielräume bei der Ermittlung des Kapitalisierungszinssatzes sowie der Wachstumsrate würden zudem den Umfang der erforderlichen Angaben deutlich reduzieren.[1318] Dies wäre zugleich dem Grundsatz der Klarheit zuträglich.[1319]

54 Zwischenfazit

Die Regelungen des IAS 36 zur Ermittlung des Nutzungswerts im Rahmen der Werthaltigkeitsprüfung eines derivativen Geschäfts- oder Firmenwerts gewähren dem Bilanzierenden weitreichende Ermessensspielräume. Wie erörtert, treten diese Gestaltungsspielräume bei sämtlichen zu ermittelnden Parametern des Bewertungskalküls auf. Im Folgenden soll die durchgeführte Analyse der Vorschriften des Standards noch einmal knapp zusammenfassend gewürdigt werden und auf die weitere Untersuchung übergeleitet werden.

Die Schätzung der zu diskontierenden **Cashflows** nach IAS 36 basiert auf einem ähnlichen Grundkonzept, wie es auch dem entwickelten Referenzmodell zugrunde liegt. Es sind die aktuellen, vom Management genehmigten Finanzpläne heranzuziehen, auf deren Basis die Cashflows des Detailplanungszeitraums und auch die nachhaltigen Zahlungsüberschüsse in der Phase der ewigen Rente abzuleiten sind. Grundsätzlich ist der gegenwärtige Zustand der zu bewertenden Einheit für die Schätzung der Cashflows maßgeblich.[1320] Eine solche, aus Objektivierungsüberlegungen resultierende, verengte Sicht der Zukunft wurde auch im konkretisierten Referenzmodell eingenommen.[1321] Indes wird dieser grundsätzliche Objektivierungsbeitrag zum einen dadurch, dass die internen Planungsrechnungen für Zwecke der Werthaltigkeitsprüfung nach IAS 36 modifiziert werden müssen, wodurch erst neue Ermessensspielräume entstehen, konterkariert.[1322] Zum anderen wird er durch die zur verengten Sicht der Zukunft nicht konsistente Regelung einer nicht strikt nach oben hin begrenzten **Wachstumsrate** des IAS 36 in der Phase der ewigen Rente abgeschwächt.[1323] Die Festlegung einer nicht

1317 Zu möglichen Einschränkungen der Ermessensspielräume bei der Ermittlung der Wachstumsrate vgl. die Empfehlungen in Abschnitt 433.13.

1318 Auf diese grundsätzliche Konsequenz wurde bereits in Abschnitt 433.2 hingewiesen.

1319 Der Grundsatz der Klarheit impliziert unter anderem die Forderung, einen *information overload* des Abschlussadressaten zu vermeiden, vgl. hierzu die grundlegenden Ausführungen in Abschnitt 423.3.

1320 Vgl. Abschnitt 531.1.

1321 Vgl. ausführlich zum Kriterium der hinreichend konkretisierten Maßnahmen Abschnitt 432.11.

1322 Vgl. die Ausführungen in den Abschnitten 431. und 432.111.

1323 Vgl. Abschnitt 532.2.

widerlegbaren Obergrenze der Wachstumsrate wäre, wie im Referenzmodell gefordert, zu empfehlen.[1324] Darüber hinaus sind die teilweise mit Interpretationsspielräumen behafteten und somit weitere Gestaltungsspielräume gewährenden Begriffsdefinitionen des IAS 36 bei der Ableitung der Cashflow-Prognosen zu kritisieren.[1325]

Da die Schätzungen der Cashflows, zumindest für den Detailplanungszeitraum, in weiten Teilen auf den hinreichend konkretisierten, gegenwärtigen Finanzplänen basieren, wird zwar eine eingeschränkte Objektivierung erreicht. Bei den Prognosen handelt es sich indes weiterhin um subjektive Schätzungen des Managements. Um die Problematik dieses tendenziell geringen Objektivierungsbeitrags abzuschwächen, sind im Rahmen des entwickelten Referenzmodells sowohl umfassende Erläuterungen als auch eine konsequente Ausrichtung am *management approach* gefordert worden.[1326] Die Regelungen des IAS 36 entsprechen beiden Anforderungen indes nicht in hinreichendem Maße.[1327]

Der **Kapitalisierungszinssatz** ist ebenso wie im Referenzmodell auch nach IAS 36 marktorientiert abzuleiten. Der Standardsetter beabsichtigte hiermit, die Ermessensspielräume, die bei einer unreglementierten Ermittlung des Diskontierungszinssatzes bestehen würden, weitgehend einzuschränken.[1328] Da indes über die Vorgabe einer marktorientierten Ableitung hinaus keine hinreichend konkreten Hinweise auf die Ermittlungsmethodik des Kapitalisierungszinssatzes in IAS 36 gegeben werden, verfehlt der IASB mit der intendierten objektivierten Ableitung der Kapitalkosten weitgehend sein Ziel. Es wurde gezeigt, dass die bloße Vorgabe einer marktorientierten Ermittlung der Kapitalkosten ohne weitergehende Konkretisierungen lediglich einen äußerst geringen Objektivierungsbeitrag leistet.[1329] Aus diesem Grund sind im entwickelten Referenzmodell zahlreiche Normierungen bei der Ermittlung des Kapitalisierungszinssatzes festgelegt worden, die die bestehenden Ermessensspielräume weitestgehend beseitigen.[1330] Darüber hinaus sind auch die Angabepflichten des IAS 36 zu kritisieren. Sie tragen den weitreichenden Ermessensspielräumen, die bei der Ermittlung des Kapitalisierungszinssatzes nach den Regelungen des Standards verbleiben, nicht ausreichend Rechnung.[1331]

Der im Schrifttum geäußerten Auffassung, dass die „verheerenden Gestaltungsmöglichkeiten“[1332] der Regelungen des IAS 36 zu einer „Entobjektivierung der Bilanz“[1333] beitrügen,

1324 Vgl. hierzu die näheren Erläuterungen in Abschnitt 433.13.

1325 Vgl. Abschnitt 531.1.

1326 Zu näheren Erläuterungen vgl. die Ausführungen in den beiden Abschnitten 432.13 und 432.2.

1327 Vgl. hierzu die Abschnitte 531.1 sowie 531.2.

1328 Vgl. Abschnitt 532.1.

1329 Vgl. hierzu die Abschnitte 532.1 und 433.12.

1330 Vgl. Abschnitt 433.12.

1331 Vgl. Abschnitt 532.3.

1332 BAETGE, J., DCF-Verfahren in Unternehmensbewertung und Bilanzierung, S. 1.

weshalb auf eine „baldige Revision des IAS 36"[1334] zu drängen sei,[1335] ist demnach grundsätzlich zuzustimmen. Es wurde herausgearbeitet, dass zum einen durch eine durchweg konsistente und eindeutige Formulierung des Standards Interpretations- und somit auch Ermessensspielräume vermindert werden könnten. Zum anderen konnte gezeigt werden, dass die Ermessensspielräume insbesondere auch durch eine in stärkerem Maße konkretisierte Ermittlung der einzelnen Parameter, die im Referenzmodell durch zahlreiche Normierungen erreicht wird, erheblich eingeschränkt werden könnten.

Abschließend soll nochmals darauf hingewiesen werden, dass die Implementierung eines zukunfts- und zahlungsstrombezogenen Gesamtbewertungskalküls aufgrund der der Zukunft inhärenten Unsicherheiten stets Ermessens- und somit auch Gestaltungsspielräume einräumt. So wurde zwar versucht diese Freiräume des Bilanzierenden im Rahmen des im vorangehenden Kapitel konkretisierten Bewertungskalküls einzuschränken. Die Frage indes, ob hierbei letztlich ein für die Zwecke der IFRS-Rechnungslegung zufriedenstellender Grad an Objektivierung erreicht werden kann, wurde bislang noch nicht abschließend geklärt. Im Folgenden ist deshalb zu erörtern, ob das im Rahmen dieser Arbeit konkretisierte Bewertungskalkül, das vor dem Hintergrund einer stärkeren Betonung der *valuation usefulness*-Funktion entwickelt wurde, tatsächlich geeignet ist, im IFRS-Abschluss angewendet zu werden. Hierbei sind zwingend auch mögliche Konsequenzen für die *stewardship*-Funktion des IFRS-Abschlusses zu beachten, der eine ebenso hohe Bedeutung wie der *valuation usefulness*-Funktion beizumessen ist.[1336]

1333 KÜTING, K., Entobjektivierung der Bilanz, S. 3.

1334 HALTER, J., Werthaltigkeitsprüfungen von zahlungsmittelgenerierenden Einheiten nach IAS 36, S. 94.

1335 Dieser Forderung folgend, vgl. exemplarisch HALTER, J., Werthaltigkeitsprüfungen von zahlungsmittelgenerierenden Einheiten nach IAS 36, S. 94; ebenso die weitreichenden Gestaltungsspielräume kritisierend HOFFMANN, W.-D., § 11 Abschreibungen, Rn. 78.

1336 Vgl. hierzu grundlegend die Ausführungen in den Abschnitten 314.1 und 314.2.

6 Möglichkeiten und Grenzen unternehmenswertorientierter Bewertungen im IFRS-Abschluss

61 Die Bedeutung verlässlicher Informationen im Zielsystem der IFRS-Rechnungslegung

Aufgrund des gegenüber der Unternehmensbewertung in der IFRS-Rechnungslegung tendenziell stärker ausgeprägten Prinzipal-Agenten-Konflikts sind an die Verlässlichkeit der Informationen im IFRS-Abschluss vergleichsweise höhere Anforderungen zu stellen.[1337] Dies ist stets zu berücksichtigen, wenn Bewertungsmodelle aus der Unternehmensbewertungstheorie in der IFRS-Rechnungslegung verwendet werden sollen.

Der erforderliche Grad an Verlässlichkeit in der IFRS-Rechnungslegung lässt sich nicht konkret bestimmen.[1338] Die Bestimmung wird dadurch erschwert, dass die beiden Subzielsetzungen der *valuation usefulness*- und der *stewardship*-Funktion hinsichtlich der Verlässlichkeit unterschiedliche Anforderungen an die Rechnungslegungsinformationen stellen.[1339] Wie bereits erläutert, verlangt die *stewardship*-Funktion hierbei ein weitaus höheres Maß an Verlässlichkeit. Dies ist zum einen auf den Kontrollcharakter der *stewardship*-Funktion zurückzuführen und zum anderen auf die Tatsache, dass in einem von Informationsasymmetrien und Interessenkonflikten geprägten Berichtsumfeld verlässliche Informationen grundsätzlich eine höhere Bedeutung erlangen. Hieraus wurde die Forderung nach einer tendenziell eher vergangenheitsorientierten Berichterstattung abgeleitet.[1340] Hingegen verlangt die *valuation usefulness*-Funktion tendenziell eher zukunftsbezogene und somit zugleich mit Unsicherheit behaftete Informationen, die mit einem geringeren Grad an Verlässlichkeit einhergehen können.[1341]

Da die Bedeutung verlässlicher Informationen bei den beiden Subzielsetzungen unterschiedlich stark zu gewichten ist, müssten idealerweise zwei Informationsinstrumente genutzt werden, um durch eine jeweils zweckentsprechende Gewichtung der Verlässlichkeit beiden Subzielsetzungen gerecht werden zu können.[1342] Sollen die *valuation usefulness*- und die *stew-*

1337 Vgl. hierzu die grundlegenden Ausführungen in Abschnitt 41.

1338 Vgl. BERNDT, T., Wahrheits- und Fairnesskonzeptionen in der Rechnungslegung, S. 212; BRINKMANN, J., Informationsfunktion der Rechnungslegung nach IFRS, S. 231.

1339 Vgl. exemplarisch GJESDAL, F., Accounting for Stewardship, S. 224 und 226 sowie COENENBERG, A. G./STRAUB, B., Rechenschaft versus Entscheidungsunterstützung, S. 22. Zu ausführlicheren Erläuterungen sowie weiteren Nachweisen vgl. die Ausführungen in den Abschnitten 312. und 313.

1340 Zu näheren Erläuterungen vgl. Abschnitt 313.

1341 Vgl. HAAKER, A., Goodwill-Bilanzierung nach IFRS, S. 174; PAARZ, M., Investororientierte Bankrechnungslegung, S. 10 f. sowie zu weiteren Ausführungen Abschnitt 312.

1342 Vgl. hierzu auch COENENBERG, A. G./STRAUB, B., Rechenschaft versus Entscheidungsunterstützung, S. 22.

ardship-Funktion indes in einer Rechnung erfüllt werden, müsste ein Zielkompromiss geschlossen werden, der einer bestimmten Gewichtung der Verlässlichkeit bedarf.[1343] Im Rahmen dieser Arbeit wird von einer Gleichgewichtung beider Subzielsetzungen ausgegangen,[1344] wenngleich dies tendenziell nur wenig hilfreich erscheint, um hieraus konkrete Anforderungen an die Verlässlichkeit bzw. an die Rechnungslegungsvorschriften ableiten zu können. Dies ist insbesondere auch darauf zurückzuführen, dass ein (mathematischer) Zusammenhang zwischen der Entscheidungsnützlichkeit als abhängiger und der Verlässlichkeit als unabhängiger Variable (unter Beachtung der Veränderung der Relevanz der vermittelten Information) weitgehend unbekannt und nur durch Tendenzaussagen einzuschätzen ist.[1345] Demzufolge stellt es eine subjektive **Wertungsfrage** dar, welcher Grad an Verlässlichkeit verfolgt und, bezogen auf die Bewertung, welche Art von Bewertungsverfahren hieraus abgeleitet werden sollten.[1346]

Auch der IASB muss im Rahmen des Standardsetting diesbezüglich eine Grundsatzentscheidung treffen.[1347] Gegenwärtig vorherrschend ist ein sogenannter *mixed model approach*, der Wertmaßstäbe mit unterschiedlichen Verlässlichkeitsausprägungen enthält.[1348] Hieraus könnte geschlossen werden, dass der IASB derzeit keine klare Antwort auf die oben genannte Wertungsfrage gibt.[1349]

Nachfolgend sollen die im Rahmen dieser Arbeit erörterten unternehmenswertorientierten Bewertungskalküle vor dem Hintergrund des IFRS-Zielsystems gewürdigt werden. Während das entwickelte Referenzmodell unter besonderer Berücksichtigung der *valuation usefulness*-Funktion konzipiert wurde,[1350] sollen nun insbesondere auch die Auswirkungen auf die Erfüllung der *stewardship*-Funktion erörtert werden.

1343 So auch COENENBERG, A. G./STRAUB, B., Rechenschaft versus Entscheidungsunterstützung, S. 22 f. Vgl. hierzu bereits die Ausführungen in Abschnitt 313.

1344 Vgl. zu dieser Annahme die grundlegenden Ausführungen in den Abschnitten 314.1 und 314.2.

1345 Vgl. BRINKMANN, J., Informationsfunktion der Rechnungslegung nach IFRS, S. 231; KIRCHNER, C., Probleme von Ermessensspielräumen, S. 62; WAGENHOFER, A./EWERT, R., Externe Unternehmensrechnung, S. 105.

1346 Vgl. KAHLE, H., Informationsversorgung des Kapitalmarkts, S. 104. WAGENHOFER spricht hinsichtlich der Erörterung der Frage, ob eine Bewertung mit Fair Values gegenüber Anschaffungs- und Herstellungskosten zu einer Erhöhung der Entscheidungsnützlichkeit führt, von einer Glaubensfrage, vgl. WAGENHOFER, A., Fair Value-Bewertung und nützliche Finanzberichterstattung, S. 192. Dies belegt den subjektiven Charakter der Entscheidung über den hier zu lösenden Zielkonflikt. BAETGE betont in diesem Zusammenhang, dass wenig verlässliche Bewertungsverfahren stets ausführlich erläutert werden sollten, sodass die Abschlussadressaten die Bewertungen einschätzen können und es ihnen überlassen bleibt, ob sie den Bewertungen Glauben schenken oder nicht, vgl. BAETGE, J., Verwendung von DCF-Kalkülen, S. 23.

1347 Vgl. KESSLER, H., Fair Value, S. 66.

1348 Vgl. BAETGE, J., Verwendung von DCF-Kalkülen, S. 16. Vgl. zum *mixed model approach* ferner BAETGE, J./LIENAU, A., Gläubigerschutzgedanke, S. 71-73.

1349 Ähnlich BAETGE, J., Verwendung von DCF-Kalkülen, S. 16.

1350 Vgl. hierzu insbesondere die Ausführungen in Abschnitt 315.

62 Kritische Würdigung der Verwendung unternehmenswertorientierter Bewertungsmodelle im IFRS-Abschluss

„Für das übergeordnete Ziel der IFRS, entscheidungsnützliche Informationen zu vermitteln, sind [DCF-] Bewertungsmodelle mehr hinderlich als hilfreich, denn die qualitative Anforderung der Verlässlichkeit erfüllen sie nicht.“[1351] Die „besorgniserregenden Schwachpunkte“[1352] einer Verwendung dieser aus der Unternehmensbewertung stammenden Bewertungskalküle in der IFRS-Rechnungslegung liegen BAETGE zufolge insbesondere in den weitreichenden Ermessensspielräumen und in der Intransparenz der DCF-Kalküle begründet.[1353]

Dieser ablehnenden Haltung gegenüber den zukunftsbezogenen Bewertungskalkülen ist vor dem Hintergrund der analysierten Werthaltigkeitsprüfung eines derivativen Geschäfts- oder Firmenwerts nach IAS 36, die i. d. R. auf Grundlage ebendieser Bewertungsmodelle durchzuführen ist, uneingeschränkt zu folgen. Es konnten zum einen weitreichende Ermessens- und daraus resultierende Gestaltungsspielräume bei der Durchführung der Werthaltigkeitsprüfung identifiziert werden. Diese Freiräume für den Bilanzierenden sind bei der Ermittlung nahezu aller Parameter des Bewertungskalküls festzustellen. Zum anderen erweitern die teilweise mit Interpretationsspielräumen behafteten Begriffsdefinitionen des IAS 36 sogar die bestehenden Freiräume.[1354] Darüber hinaus wurde herausgearbeitet, dass die eher rudimentären Angabepflichten des IAS 36 dazu führen, dass die durchgeführte Bewertung aus Sicht des Abschlussadressaten in hohem Maße intransparent bleibt.[1355] Durch die weitreichenden Ermessensspielräume und durch die Intransparenz wird insbesondere die für die *stewardship*-Funktion zentrale Kontrollmöglichkeit durch den externen Adressaten stark verwässert, was zu einem zusätzlichen Vertrauensverlust in die ohnehin bereits unsicheren Informationen führt.[1356] Demzufolge ist der oben angeführten von BAETGE geäußerten Kritik an der gegenwärtigen Anwendung der DCF-Kalküle in der IFRS-Rechnungslegung vollumfänglich zuzustimmen.

1351 BAETGE, J., Verwendung von DCF-Kalkülen, S. 23. BAETGE verweist in diesem Kontext zum einen auf WAGENHOFER, der die *mark-to-model*-Bewertungskalküle als „mark-to-maybe“-Bewertungen bezeichnet, vgl. hierzu WAGENHOFER, A., Zeit der Bewerter, S. 320. Zum anderen belegt BAETGE seine Auffassung durch eine Umfrage unter Finanzanalysten, der zufolge den *mark-to-model*-Bewertungen eine äußerst geringe Entscheidungsnützlichkeit beigemessen wird, vgl. hierzu GASSEN, J./SCHWEDLER, K., Survey – Attitudes towards Measurement Concepts, S. 17.

1352 BAETGE, J., Verwendung von DCF-Kalkülen, S. 14.

1353 Vgl. BAETGE, J., DCF-Verfahren in Unternehmensbewertung und Bilanzierung, S. 1 sowie insbesondere auch BAETGE, J., Verwendung von DCF-Kalkülen, S. 14 f.; BAETGE betont in letzterem Nachweis ferner, dass auch die gegenwärtige Subprime-Krise durch die subjektiv geprägten Bewertungsmodelle verschärft wurde; ebenso KÜTING in FOCKENBROCK, D., Fair Value, S. 19 sowie SINGER, J., Moxter hatte Recht, S. 377.

1354 Vgl. zusammenfassend zu den im fünften Kapitel herausgearbeiteten weitreichenden Ermessens- und Gestaltungsspielräumen bei der Durchführung der Werthaltigkeitsprüfung nach IAS 36 Abschnitt 54.

1355 Vgl. hierzu die Abschnitte 531.2 sowie 532.3.

1356 Vgl. BAETGE, J., Verwendung von DCF-Kalkülen, S. 15 sowie grundlegend zum Kontrollcharakter der Rechnungslegungsinformationen, den die *stewardship*-Funktion zu erreichen versucht, Abschnitt 313.

BAETGE indes sieht dennoch eine Möglichkeit, die dem IASB bleibt, auch unter Verwendung zukunftsgerichteter DCF-Kalküle hinreichend verlässliche und c. p. auch entscheidungsnützliche Informationen vermitteln zu können. Zum einen müsste für die einzelnen Parameter des Bewertungskalküls durch den IASB ein (möglichst enges) „Objektivierungs-Korsett“[1357] geschnürt werden. Zum anderen müsste über die Parameter, bei deren Ermittlung weiterhin Ermessensspielräume verbleiben, ausführlich im Anhang berichtet werden. Ferner müssten sie durch das Management entsprechend begründet werden. Mit einer solch umfassenden Berichterstattung und der hieraus resultierenden Transparenz der Bewertung sieht BAETGE den Vorteil verbunden, dass es den Abschlussadressaten überlassen bliebe, ob sie den Prämissen des Managements Glauben schenken oder nicht. Darüber hinaus würde den Adressaten hierdurch die Möglichkeit eingeräumt werden, die Bewertungen gemäß ihren eigenen Einschätzungen zu modifizieren.[1358]

Mit dem in dieser Arbeit konkretisierten Bewertungskalkül wurde versucht, die von BAETGE erwähnte Möglichkeit eines „Objektivierungs-Korsetts“ umzusetzen.[1359] Hierbei wurden die einzelnen Bewertungsparameter soweit objektiviert, wie dies unter angemessener Berücksichtigung der individuellen Verhältnisse der zu bewertenden Einheiten möglich und sachgerecht erschien. Es wurde herausgearbeitet, dass insbesondere die einzelnen Komponenten der Nennergröße durch sachgerechte Normierungen in hohem Maße objektiviert ermittelt werden können.[1360] Die Cashflow-Prognosen hingegen können zwar durch die eingenommene verengte Sicht der Zukunft in eingeschränktem Maße objektiviert werden, dennoch stellen sie weiterhin subjektive (Ein-) Schätzungen des Managements dar.[1361] Eine umfassendere Objektivierung durch bewertungsobjektübergreifende Normierungen erscheint vor dem Hintergrund, dass die individuellen Verhältnisse des Bewertungsobjekts für die Zahlungsstromprognosen maßgeblich sein sollten, nicht sachgerecht. Den eingeschränkten Objektivierungsmöglichkeiten der Cashflow-Prognosen wurde indes durch die Pflicht, umfassende Erläuterungen und Plausibilisierungen vorzunehmen sowie durch eine konsequente Ausrichtung am *management approach* begegnet.[1362] Hierdurch sollte zum einen der bestehende Prinzipal-Agenten-Konflikt zwischen Management und Abschlussadressat entschärft und zum anderen den Abschlussadressaten der Bewertungsprozess in möglichst hohem Maße transparent gemacht werden.[1363]

1357 Zu dem Begriff des Objektivierungs-Korsetts vgl. BAETGE, J., Verwendung von DCF-Kalkülen, S. 23.

1358 Vgl. zu dieser Möglichkeit, eine hinreichende Verlässlichkeit zu wahren und somit auch zur Entscheidungsnützlichkeit der vermittelten Informationen beizutragen, BAETGE, J., Verwendung von DCF-Kalkülen, S. 23.

1359 Zur Konkretisierung der einzelnen Parameter des Bewertungskalküls vgl. Abschnitt 43.

1360 Vgl. Abschnitt 433.1.

1361 Vgl. Abschnitt 432.1.

1362 Vgl. hierzu die Abschnitte 432.111 sowie 432.2.

1363 Zu näheren Ausführungen 432.13 und 432.2.

Wie aber bereits oben erläutert,[1364] wird es sich immer um eine nur subjektiv zu beantwortende Wertungsfrage handeln, ob ein bestimmter, eingeschränkter Grad an Verlässlichkeit als hinreichend und somit die vermittelte Information c. p. als entscheidungsnützlich beurteilt wird. Dies gilt sicherlich auch für das im Rahmen dieser Arbeit konkretisierte Bewertungskalkül. Insbesondere vor dem Hintergrund der *stewardship*-Funktion des IFRS-Abschlusses, die der Verlässlichkeit tendenziell einen recht hohen Stellenwert einräumt,[1365] kann daher zumindest in Frage gestellt werden, ob das hier erörterte Bewertungsmodell geeignet i. S. v. entscheidungsnützlich erscheint. Wie BAETGE deshalb zutreffend fordert, sollte es dem Abschlussadressaten überlassen werden, zu entscheiden, ob er derartigen, nur teilweise objektivierten und somit weiterhin mit Ermessensspielräumen behafteten Bewertungskalkülen Glauben schenkt oder nicht.[1366] Dies lenkt die Untersuchung nicht nur auf die Frage, **ob** das im Rahmen dieser Arbeit hergeleitete Bewertungsmodell im IFRS-Abschluss angewendet werden sollte; auch die Frage des „**wo**", d. h., die Frage, welches Abschlussinstrument man sich zunutze macht, um die entsprechenden unternehmenswertorientierteren Informationen zu vermitteln, ist zu erörtern.

Ob zukunfts- und gesamtbewertungsorientierte Wertmaßstäbe im IFRS-Abschluss angewendet werden sollten, kann, wie gezeigt, nicht pauschal befürwortet werden und ist insbesondere vor dem Hintergrund der *stewardship*-Funktion durchaus in Zweifel zu ziehen. Aus Sicht der *valuation usefulness*-Funktion können derartige Bewertungen, soweit sie hinreichend objektiviert sind und man den nur in einer Bandbreite ermittelbaren Ergebnissen Glauben schenkt, indes durchaus entscheidungsnützliche Informationen darstellen. Da diese „Glaubensfrage"[1367] nur von den Abschlussadressaten selbst beantwortet werden kann, sollten die im Rahmen dieser Arbeit erörterten, unternehmenswertorientierten Bewertungskalküle nicht das zentrale bzw. dominierende Element des IFRS-Abschlusses darstellen.

Den teilweise im Schrifttum geäußerten Forderungen nach einer (CGU-) Informationsbilanz, denen zufolge (Teil-) Unternehmensbewertungen durchzuführen und bilanziell (Frage des „**wo**") abzubilden sind,[1368] sollte deshalb nicht gefolgt werden. Die hiermit verbundene Abkehr vom Einzelbewertungsgrundsatz, der eine Grundobjektivierung der Bilanz sicher-

1364 Vgl. Abschnitt 61.

1365 Vgl. hierzu die Ausführungen zur Bedeutung der Verlässlichkeit bei der *stewardship*-Funktion des IFRS-Abschlusses in Abschnitt 313.

1366 Vgl. BAETGE, J., Verwendung von DCF-Kalkülen, S. 23.

1367 Diesen Begriff verwendet WAGENHOFER im Kontext der Diskussion über eine Bewertung zum Fair Value, vgl. WAGENHOFER, A., Fair Value-Bewertung und nützliche Finanzberichterstattung, S. 192.

1368 Zu den Forderungen bzw. Vorschlägen im Einzelnen sowie zu den jeweiligen Nachweisen vgl. die näheren Ausführungen in Abschnitt 315.

stellt,[1369] würde nämlich der Funktion der Bilanz als „Glaubwürdigkeits-" und „Kontrollinstrument"[1370] und somit auch der *stewardship*-Funktion entgegenwirken.[1371] Ferner würde eine solche unternehmenswertorientierte Bilanz bzw. Erfolgsrechnung zu mitunter gravierenden Interpretationsschwierigkeiten der Gewinngröße führen. Einen objektivierten, durch realisierte Zahlungen intersubjektiv nachprüfbaren und somit verlässlichen Periodengewinn zu ermitteln, würde u. U. nicht mehr möglich sein.[1372] Um der *stewardship*-Funktion des IFRS-Abschlusses gerecht werden zu können, sollte folglich an den gegenwärtig bestehenden Objektivierungsrestriktionen der Bilanz[1373] festgehalten und von einer Anwendung unternehmenswertorientierter Bewertungsmodelle in der Bilanz abgesehen werden.

Hingegen könnte versucht werden, den bestehenden Konflikt zwischen den beiden Subzielsetzungen der *valuation usefulness*- und der *stewardship*-Funktion mit Hilfe einer Lösung MOXTERS zu entschärfen,[1374] die er in einem inhaltlich vergleichbaren Konflikt entwickelt hat und die als **Abkopplungsthese** in die Literatur eingegangen ist.[1375] **MOXTER** entkoppelt im Sinne einer Separationsstrategie[1376] die „anspruchsvollere" Informationsfunktion von der Ausschüttungsbemessungsfunktion des handelsrechtlichen Abschlusses. Dabei verwendet er das Instrumentarium des Anhangs als zentrales Kommunikationselement, um den möglicherweise durch die Beachtung der handelsrechtlichen GoB in Bilanz und Gewinn- und Verlust-

---

1369 Vgl. exemplarisch KAHLE, H., Informationsversorgung des Kapitalmarkts, S. 98 sowie MOXTER, A., Grundsätze ordnungsgemäßer Rechnungslegung, S. 23.

1370 Vgl. zu diesen Begriffen STREIM, H., Vermittlung von entscheidungsnützlichen Informationen, S. 122, der sich in diesem Kontext zudem auf die Untersuchungsergebnisse von BARKER bezieht, der eine Befragung unter Finanzanalysten und Fondsmanagern durchgeführt hat, vgl. BARKER, R. G., Valuation models.

1371 Vgl. JACOBI, A., Analyse bilanztheoretischer Grundlagen, S. 12 f. sowie MOXTER, A., Grundsätze ordnungsgemäßer Rechnungslegung, S. 23 f. Zu einer ausführlichen kritischen Würdigung einer kapitaltheoretischen Bilanz vgl. bereits SEICHT, G., Die kapitaltheoretische Bilanz, S. 587-593.

1372 Vgl. exemplarisch JACOBI, A., Analyse bilanztheoretischer Grundlagen, S. 13. Dies deutet auch WAGENHOFER im Zusammenhang mit der Fair Value-Bewertung an. Dadurch, dass Ergebniseffekte vermehrt aus lediglich fiktiven Transaktionen auf hypothetischen Märkten realisiert werden können, stellen sich neue Herausforderungen für die Interpretation der Erfolgsgröße. In diesem Zuge kritisiert WAGENHOFER eine abnehmende Verlässlichkeit der vermittelten Informationen, wenn der Fair Value nicht marktorientiert, sondern mit Schätzmethoden wie z. B. den DCF-Bewertungskalkülen ermittelt wird, vgl. hierzu WAGENHOFER, A., IFRS-Abschluss und Bilanzanalyse, S. 37. Vgl. hierzu auch KIRSCH, H.-J./DOHRN, M., Fair Value, S. 147 f.

1373 Zu diesen Objektivierungsrestriktionen trägt insbesondere der Einzelbewertungsgrundsatz entscheidend bei, vgl. exemplarisch BALLWIESER, W., Grundsätze ordnungsmäßiger Buchführung, Rn. 58.

1374 Vgl. hierzu MOXTER, A., Der Einfluß der EG-Bilanzrichtlinie, S. 1629; MOXTER, A., Bilanzrecht, S. 67 sowie MOXTER, A., Standort Deutschland, S. 31-40.

1375 Vgl. statt vieler HOMMEL, M./SCHMIDT, R. H./WÜSTEMANN, J., Moxter und die Grundsätze, S. 93; SCHILDBACH, T., Generalklausel, S. 13 sowie STREIM, H., Generalnorm, S. 403.

1376 Vgl. zu dem Begriff der Separationsstrategie in diesem Kontext BEYHS, O., Impairment of Assets, S. 308.

rechnung entstehenden verzerrten bzw. verfälschten Einblick in die Vermögens-, Finanz- und Ertragslage einer Kapitalgesellschaft kompensieren zu können.[1377]

Diese Argumentationslinie MOXTERS könnte sinngemäß auf den im Rahmen dieser Arbeit bestehenden Zielkonflikt zwischen der *valuation usefulness*- und der *stewardship*-Funktion übertragen werden. Ähnlich wie von MOXTER gefordert, wäre es auch hier denkbar, dass die Rechenwerke der Bilanz und der Gewinn- und Verlustrechnung in hohem Maße objektiviert bleiben, um insbesondere die *stewardship*-Funktion adäquat erfüllen zu können. Neben den verlässlichen Kontrollinstrumenten der Bilanz und der Gewinn- und Verlustrechnung könnte in einem hiervon getrennten bzw. abgekoppelten Berichtsinstrument versucht werden, die *valuation usefulness*-Funktion in stärkerem Maße zu berücksichtigen. Auf diese Weise könnten einerseits in höherem Maße vergangenheitsorientierte und objektivierte Rechnungslegungsinformationen und andererseits überwiegend zukunftsorientierte Informationen vermittelt werden, wobei die unterschiedliche Verlässlichkeit offen zu Tage treten würde.[1378] Hierdurch könnte beiden Subzielsetzungen durch eine unterschiedliche, jeweils zweckadäquate Gewichtung der Verlässlichkeit entsprochen werden.[1379] Mit der Trennung bzw. Abkopplung einer eher zukunfts- und unternehmenswertorientierten Berichterstattung von den in höherem Maße verlässlichen Berichtsinstrumenten ist zugleich der Vorteil verbunden, dass es den Abschlussadressaten überlassen bliebe, ob sie den (zusätzlichen) weniger verlässlichen Informationen Glauben schenken oder nicht.

63 Die Möglichkeit einer erweiterten Segmentberichterstattung

631. Vorbemerkungen

Das Ziel, die *valuation usefulness*-Funktion zu stärken, impliziert, dass den Investoren Informationen zur Verfügung gestellt werden, die für ihre unternehmenswertorientierten Bewertungskalküle erforderlich sind. Die auf Abschlussebene häufig in hohem Maße aggregierten Rechnungslegungsdaten verwässern dabei i. d. R. den Aussagegehalt der ursprünglich disaggregierten Informationen. Der Informationsverlust hoch aggregierter Rechnungslegungsdaten ist insbesondere dann als gravierend anzusehen, wenn ein Unternehmen in verschiedenen heterogenen Geschäftsfeldern tätig, also stark diversifiziert, ist.[1380] Dadurch, dass die Rech-

1377 Vgl. MOXTER, A., Verhältnis von handelsrechtlichen GoB, S. 427. Vgl. hierzu ferner DÖLLERER, G., Handelsbilanz gleich Steuerbilanz, S. 163 f.; HOMMEL, M./SCHMIDT, R. H./WÜSTEMANN, J., Moxter und die Grundsätze, S. 93 m. w. N.

1378 Vgl. zu diesem Vorschlag ebenso BEYHS, O., Impairment of Assets, S. 308.

1379 Vgl. hierzu auch COENENBERG, A. G./STRAUB, B., Rechenschaft versus Entscheidungsunterstützung, S. 22.

1380 Vgl. PEJIC, P., Segmentberichterstattung, S. 46 sowie ALVAREZ, M., Segmentberichterstattung und Segmentanalyse, S. 20-22 mit zahlreichen weiteren Nachweisen.

nungslegungsdaten der einzelnen Geschäftsfelder auf Abschlussebene aggregiert wiedergegeben werden, findet eine „Quasi-Homogenisierung" dieser Einheiten statt. Die u. U. äußerst heterogenen Chancen und Risiken sämtlicher Produktbereiche und Märkte werden hierdurch nivelliert.[1381]

Mehrfach wird betont, dass insbesondere die **Segmentberichterstattung** ein zentrales Instrument für eine differenzierte Analyse und Bewertung eines Unternehmens darstellt.[1382] Die Segmentberichterstattung hat die Aufgabe, durch bereichsbezogene Angaben den verwässerten Aussagegehalt aggregrierter Abschlussinformationen zu kompensieren (Grundsatz der Informationszerlegung)[1383].[1384] Als Segment ist jede isolierbare Einheit, wie z. B. eine Produktgruppe oder ein Geschäftsbereich, zu verstehen.[1385] Dabei sollten die Segmente in sich homogen und gegenüber anderen Segmenten heterogen sein, um Entscheidungen im Rahmen der internen Steuerung erleichtern zu können.[1386] Die Segmente unterliegen nämlich zumeist unterschiedlichen Umwelteinflüssen (z. B. hinsichtlich Konjunktur, Marktzugang, Nachfrage- und Wettbewerbssituation, technologischer Stand, Innovationsgeschwindigkeit oder politischer und sozialer Stabilität), welche die Wachstumsaussichten, Risiken und Gewinnspannen als differenzierende Merkmale der Segmente wesentlich beeinflussen.[1387] Angaben in segmentierter Form bieten daher den Vorteil, die Entwicklungen in den einzelnen Geschäftsfeldern bzw. Segmenten in ungleich höherem Maße transparent werden zu lassen.[1388]

Die segmentierten Informationen tragen erheblich dazu bei, künftige Zahlungsströme hinsichtlich ihrer Höhe, ihrer Unsicherheit sowie ihres zeitlichen Verlaufs, differenziert nach

---

1381 Vgl. exemplarisch ALVAREZ, M., Segmentberichterstattung und Segmentanalyse, S. 21 f.

1382 Vgl. ALVAREZ, M., Segmentberichterstattung und Segmentanalyse, S. 7; LEISSING, T., Wertorientiertes Konzernreporting, S. 22; MÜLLER, M., Shareholder Value Reporting, S. 140; STAUBER, J., Value Reporting auf Basis der IFRS, S. 149.

1383 Eine segmentierte Berichterstattung wurde auch aus dem Grundsatz der Informationszerlegung abgeleitet, vgl. hierzu Abschnitt 423.5.

1384 Vgl. ALVAREZ, M., Segmentberichterstattung und Segmentanalyse, S. 20; BAETGE, J./KIRSCH, H.-J./THIELE, S., Bilanzanalyse, S. 430-432 sowie BENECKE, B., Internationale Rechnungslegung und Management Approach, S. 165-168 m. w. N.

1385 Vgl. HAASE, K. D., Segmentplanung, S. 3 sowie dem folgend BENECKE, B., Internationale Rechnungslegung und Management Approach, S. 175 und PEJIC, P., Segmentberichterstattung, S. 3 f.

1386 Vgl. HALLER, A./PARK, P., Segmentberichterstattung, S. 510 f.; HUSMANN, R., Segmentierung, S. 352 sowie BENECKE, B., Internationale Rechnungslegung und Management Approach, S. 175 m. w. N.

1387 Vgl. ALVAREZ, M., Segmentberichterstattung und Segmentanalyse, S. 8 und 21; BAUMANN, K.-H., Segment-Berichterstattung, S. 3.

1388 Vgl. BENECKE, B., Internationale Rechnungslegung und Management Approach, S. 165; HAAKER, A./PAARZ, M., Informationsinstrument, S. 195. ALVAREZ stellt in diesem Zusammenhang insbesondere die Erhöhung der Werttransparenz sowie der Risikotransparenz als Komponenten der Informationstransparenz heraus, vgl. ALVAREZ, M., Segmentberichterstattung und Segmentanalyse, S. 20. Vgl. zu dieser Forderung im Kontext der Risikoberichterstattung im handelsrechtlichen Konzernlagebericht KAJÜTER, P., DRS 5, S. 208.

heterogenen Geschäftsbereichen, einschätzen zu können.[1389] Die Segmentberichterstattung nimmt deshalb auch einen hohen Stellenwert bei der Durchführung einer Unternehmensbewertung ein.[1390] Aufgrund der inhaltlichen Parallelen zur *valuation usefulness*-Funktion soll im Folgenden analysiert werden, welche Möglichkeiten die Segmentberichterstattung nach IFRS 8 bietet, die im Rahmen dieser Arbeit erörterten unternehmenswertorientierten Bewertungskalküle in den IFRS-Abschluss zu integrieren.

632. Der *management approach* in der Segmentberichterstattung nach IFRS 8

In der Segmentberichterstattung internationaler Rechnungslegungsstandards hat in der Vergangenheit ein Richtungswechsel hin zum sogenannten ***management approach*** stattgefunden.[1391] Nach dem *management approach* sind die Segmente in der externen Berichterstattung entsprechend der Segmentierung der Daten für unternehmensinterne Entscheidungen bzw. gemäß der internen Berichterstattung an das Management abzugrenzen.[1392] Der *management approach* basiert auf der Grundüberlegung, dass die Abschlussadressaten insbesondere an Informationen interessiert sind, die auch dem Management zur internen Planung, Kontrolle und Steuerung zur Verfügung stehen.[1393] Deshalb sollte das Unternehmen für den Abschlussadressaten so dargestellt werden, wie es sich aus Sicht des Managements zusammensetzt und gesteuert wird.[1394] Allgemeingültige Segmentierungskriterien, nach denen Unternehmen ihre Segmente im internen Rechnungswesen abgrenzen, existieren nicht. Die jeweiligen unternehmensindividuellen Verhältnisse führen nämlich i. d. R. zu unterschiedlichen Segmentierungskriterien und somit auch zu unternehmensspezifischen Segmentgefügen, die die Grundlage der internen Segmentplanung, -kontrolle und -steuerung darstellen.[1395]

1389 Vgl. RISSE, A., Segmentberichterstattung, S. 737 sowie STAUBER, J., Value Reporting auf Basis der IFRS, S. 150; ähnlich: ALVAREZ, M./FINK, C., Qualität der Segmentberichterstattung, S. 287; BENECKE, B., Internationale Rechnungslegung und Management Approach, S. 165.

1390 Vgl. ALVAREZ, M., Segmentberichterstattung nach DRS 3, S. 2063; BÖRSIG, C., Segmentberichterstattung, S. 232 sowie STAUBER, J., Value Reporting auf Basis der IFRS, S. 150 und 152 m. w. N.

1391 Im Jahr 1997 verabschiedete der FASB den SFAS 131, der den *management approach* in der Segmentberichterstattung kodifizierte. 2006 übernahm auch der IASB den *management approach* in die Segmentberichterstattung, indem er die Regelungen des SFAS 131 nahezu wortgleich übernahm, vgl. hierzu BAETGE, J./HAENELT, T., Segmentberichterstattung nach IFRS 8, S. 43 sowie KAJÜTER, P./BARTH, D., Segmentberichterstattung, S. 110.

1392 Vgl. CASEY, A., IFRS 8, S. 325; KAJÜTER, P./BARTH, D., Segmentberichterstattung nach IFRS 8, S. 428; BAETGE, J./KIRSCH, H.-J./THIELE, S., Konzernbilanzen, S. 579 f.; ZÜLCH, H./BURGHARDT, S., IFRS 8, S. 21.

1393 Vgl. BAETGE, J./HAENELT, T., Segmentberichterstattung nach IFRS 8, S. 47; HALLER, A./PARK, P., Segmentberichterstattung auf Basis des Management Approach, S. 60.

1394 Vgl. ALVAREZ, M., Segmentberichterstattung und Segmentanalyse, S. 46; BENECKE, B., Internationale Rechnungslegung und Management Approach, S. 176 sowie KIRSCH, H.-J./EWELT, C., Konvergenz, S. 316 mit jeweils weiteren Nachweisen.

1395 Vgl. BENECKE, B., Internationale Rechnungslegung und Management Approach, S. 176 f.; HUSMANN, R., Segmentberichterstattung, S. 821 f.

Der IASB führte den *management approach* in der Segmentberichterstattung ein, als er Ende November 2006 den **IFRS 8 „Operating Segments"** verabschiedete. Für Geschäftsjahre ab 2009 sind die Regelungen des IFRS 8 und somit auch der *management approach* in der Segmentberichterstattung verpflichtend anzuwenden (IFRS 8.35).[1396] Das intern eingerichtete, als Beurteilungs- und Steuerungsgrundlage dienende Berichtssystem wird folglich für die externe Segmentabgrenzung übernommen. Demnach setzt die Identifikation eines *operating segment* (Geschäftssegments) gemäß IFRS 8.5 auch voraus, dass es sich um (interne) Organisationseinheiten handelt, deren Betriebsergebnisse regelmäßig von einem Hauptentscheidungsträger (*chief operating decision maker*)[1397] überwacht und zur Beurteilung der Performance sowie zu Ressourcenallokationsentscheidungen herangezogen werden (IFRS 8.5 (b)). Ferner müssen eigenständige Finanzinformationen für die betreffende Organisationseinheit vorliegen, damit diese als *operating segment* zu qualifizieren ist (IFRS 8.5 (c)).[1398]

Der *management approach* bezieht sich neben der Abgrenzung der Segmente auf Grundlage der internen Organisationsstruktur auch auf die Ermittlung der Segmentdaten selbst (sog. *full management approach*), d. h., dass die zur internen Steuerung dienenden Daten auch im Rahmen der externen Berichterstattung kommuniziert werden.[1399] Die externen Segmentdaten sind demnach in Übereinstimmung mit den intern angewandten Bewertungsmethoden zu ermitteln (IFRS 8.25).[1400] Bei Abweichungen der internen Segmentdaten von den Daten des IFRS-Abschlusses bestehen indes weitere Angabepflichten, damit die auf Basis des *management approach* ermittelten Segmentdaten aus Sicht der Adressaten besser nachvollzogen werden können (IFRS 8.27 f.).[1401]

Im folgenden Abschnitt soll erörtert werden, ob sich die Segmentberichterstattung nach IFRS 8 als Ausgangspunkt für eine unternehmenswertorientiertere Berichterstattung im IFRS-Abschluss grundsätzlich eignet. Hierbei soll in erster Linie analysiert werden, inwieweit sich die auf Basis der internen Organisationsstruktur abgegrenzten Segmente eignen könnten, als Bewertungsobjekte für das im Rahmen dieser Arbeit hergeleitete Bewertungskalkül zu dienen.

1396 Da der IFRS 8 bereits Ende November 2007 in das EU-Recht übernommen wurde, können deutsche, nach IFRS bilanzierende Unternehmen, die Regelungen des IFRS 8 bereits für Geschäftsjahre ab 2007 (vorzeitig) anwenden, vgl. hierzu IFRS 8-Verordnung, S. 8.

1397 Die Institution des *chief operating decision maker* ist hierbei gemäß IFRS 8.7 nicht personenbezogen, sondern funktional zu verstehen, vgl. BEINE, F./NARDMANN, H., Segmentberichterstattung, Rn. 78 f. sowie HÜTTEN, C./FINK, C., § 36 Segmentberichterstattung, Rn. 21.

1398 Zu näheren Erläuterungen der Kriterien des IFRS 8.5 vgl. BEINE, F./NARDMANN, H., Segmentberichterstattung, Rn. 78-85 sowie HALLER, A., IFRS 8 Geschäftssegmente, Rn. 41-45.

1399 Vgl. BAETGE, J./HAENELT, T., Segmentberichterstattung nach IFRS 8, S. 45; KAJÜTER, P./BARTH, D., Segmentberichterstattung nach IFRS 8, S. 432.

1400 Vgl. exemplarisch BAETGE, J./HAENELT, T., Segmentberichterstattung nach IFRS 8, S. 45.

1401 Vgl. hierzu weiterführend BAETGE, J./HAENELT, T., Segmentberichterstattung nach IFRS 8, S. 46.

633. Die Eignung der Segmentberichterstattung nach IFRS 8 als Ausgangspunkt für eine unternehmenswertorientiertere Berichterstattung

Nachfolgend soll erläutert werden, ob die Segmentberichterstattung ein geeignetes Berichtsinstrument darstellt, den Abschlussadressaten unternehmenswertorientierte Informationen zu vermitteln. Aufbauend auf den Regelungen des IFRS 8 soll untersucht werden, ob die einzelnen Parameter des Bewertungskalküls für das Bewertungsobjekt „Segment" sinnvoll bestimmt werden können, was zum einen die Frage der Datenbeschaffung und zum anderen der Aussagekraft einer Bewertung auf Segmentebene betrifft. Hinsichtlich der Frage der Aussagekraft soll erörtert werden, ob der Disaggregationsgrad eines operativen Segments nach IFRS 8 geeignet ist, um den Investoren für ihre unternehmenswertorientierten Bewertungskalküle die erforderlichen Informationen zu vermitteln.

Die zu schätzenden **Zahlungsüberschüsse** sowohl für die Detailplanungsphase als auch für die Phase der ewigen Rente sollten dem in dieser Arbeit entwickelten Bewertungskalkül zufolge auf Basis der operativen Unternehmensplanung hergeleitet werden.[1402] Um die Zählergröße des Bewertungskalküls bestimmen zu können, sind folglich die zur internen Steuerung verwendeten Planungsrechnungen heranzuziehen. Demnach wird hier dem Ansatz des *management approach* gefolgt. Werden nun Segmente als Bewertungsobjekte des Kalküls betrachtet, ist zunächst zu hinterfragen, ob auf Segmentebene die erforderlichen operativen Planungsrechnungen vorhanden sind.

Durch den in IFRS 8 kodifizierten *management approach* werden die extern berichteten Geschäftssegmente auf Basis interner Organisationsstrukturen und somit auch auf Grundlage interner Steuerungs- und Berichtsstrukturen abgegrenzt.[1403] Hierdurch bildet die für die interne Steuerung generierte Datenbasis zugleich die Grundlage für die Segmentberichterstattung. Wie bereits erläutert, definiert IFRS 8 ein Segment als interne Organisationseinheit, für die eigenständige Finanzinformationen vorliegen (IFRS 8.5 (c)). Hieraus geht indes noch nicht hervor, ob diese internen Finanzinformationen auch zukunftsorientiert ausgerichtet sind. Da zukunftsorientierte Daten allerdings die Grundlage für unternehmensinterne Investitions- und Kapitalallokationsentscheidungen bilden, kann davon ausgegangen werden, dass zur internen Steuerung Planungsrechnungen über die erwarteten künftigen Zahlungsströme auf Segmentebene vorhanden sein sollten.[1404] Häufig wird zudem betont, dass insbesondere auf Segment-

1402 Vgl. hierzu die näheren Ausführungen in den Abschnitten 432.111 und 432.112.

1403 Vgl. Abschnitt 632.

1404 Vgl. DINSTUHL, V., Konzernbezogene Unternehmensbewertung, S. 229; KIRSCH, H.-J./STEINHAUER, L., Controlling, S. 429; NOWAK, K., Marktorientierte Unternehmensbewertung, S. 9-26 sowie ausführlich SCHUMANN, J., Unternehmenswertorientierung in Konzernrechnungslegung und Controlling, S. 87-194.

ebene regelmäßig unternehmenswertorientierte Bewertungen als Grundlage für ein effektives Controlling durchgeführt werden.[1405]

Aber auch ein Blick auf die bereits erörterte Werthaltigkeitsprüfung eines derivativen Geschäfts- oder Firmenwerts nach IAS 36 zeigt, dass Informationen über die künftig erwarteten Zahlungsüberschüsse auf Segmentebene im Regelfall vorhanden sind. Ebenso wie die Segmentberichterstattung nach IFRS 8 folgt auch die Werthaltigkeitsprüfung nach IAS 36 nämlich dem Ansatz des *management approach.*[1406] Demnach ist auch der Nutzungswert auf Basis interner Planungsrechnungen zu ermitteln (IAS 36.33).[1407] Aus mehreren empirischen Untersuchungen geht hervor, dass die Werthaltigkeitsprüfung eines derivativen Geschäfts- oder Firmenwerts i. d. R. auf Ebene der Segmente oder auch auf einer Ebene unterhalb der Segmente durchgeführt wird, woraus gefolgert werden kann, dass entsprechende zukunftsbezogene Planungsdaten auf Segmentebene aus dem internen Rechnungswesen abgeleitet werden können.[1408] Da ein nach IFRS 8.5 definiertes *operating segment* gemäß IAS 36.80 (b) zudem die Obergrenze für den Umfang der auf eine Wertminderung zu prüfenden Einheit darstellt, sollten somit spätestens auf Segmentebene Daten für die zu diskontierende Zahlungsreihe verfügbar sein.[1409] Für kleinere Betrachtungsobjekte hingegen ist es durchaus fragwürdig, ob entsprechende, hinreichend konkrete und detaillierte Planungsrechnungen vorliegen.

Das Bewertungsobjekt Segment ist über die Frage der Datenverfügbarkeit hinaus danach zu beurteilen, ob die vermittelten Informationen auf Segmentebene aussagekräftig sind. Bereits dadurch, dass hinsichtlich der Segmentabgrenzung der internen Organisation eines Unternehmens gefolgt wird, sollte dem Grundgedanken des *management approach* zufolge gewährleistet sein, dass die intern generierten bereichs- und unternehmenswertorientierten Daten in höchstem Maße aussagekräftig sind.[1410] Insbesondere die interne Abgrenzung dieser Einheiten sollte nämlich eine wirksame interne Steuerung gewährleisten. Da die abgegrenzten Segmente, wie oben bereits erläutert,[1411] i. d. R. in sich sehr homogene und gegenüber ande-

1405 Vgl. hierzu exemplarisch DINSTUHL, V., Konzernbezogene Unternehmensbewertung, S. 229 sowie NOWAK, K., Marktorientierte Unternehmensbewertung, S. 26.

1406 Vgl. WIRTH, J., Firmenwertbilanzierung nach IFRS, S. 17 f. sowie SCHUMANN, J., Unternehmenswertorientierung in Konzernrechnungslegung und Controlling, S. 320 m. w. N.

1407 Zu näheren Ausführungen vgl. die Erläuterungen in Abschnitt 531.1.

1408 Vgl. exemplarisch KIRSCH, H.-J./KOELEN, P./TINZ, O., Berichterstattung der DAX-30-Unternehmen, Teil I, S. 92 sowie PWC (Hrsg.), Making Acquisitions Transparent, S. 50.

1409 SCHUMANN betont in diesem Kontext, dass das interne unternehmenswertorientierte Controlling hinreichend flexibel sei, um mit den verschiedenen Aggregationsstufen, auf denen zahlungsmittelgenerierende Einheiten im Rahmen der Werthaltigkeitsprüfung angesiedelt sein können, zu korrespondieren, vgl. SCHUMANN, J., Unternehmenswertorientierung in Konzernrechnungslegung und Controlling, S. 328.

1410 Vgl. ALVAREZ, M., Segmentberichterstattung und Segmentanalyse, S. 46 f.; BÖCKING, H.-J./BENECKE, B., Segmentberichterstattung, S. 840; FINK, C./ULBRICH, P., Paradigmenwechsel in der Segmentberichterstattung, S. 981.

1411 Vgl. Abschnitt 632.

ren Segmenten eher heterogene wertbestimmende Charakteristika aufweisen (z. B. hinsichtlich des Marktzugangs, des Wettbewerbs, der Nachfragesituation), können auf Segmentebene sinnvolle strategische wie auch operative Entscheidungen getroffen werden.[1412] Auf Ebene der Segmente werden folglich die wesentlichen Erfolgsquellen und -determinanten eines Unternehmens erkennbar, die für eine Beurteilung der künftigen Entwicklung des Unternehmens (*valuation usefulness*-Funktion) zentral sind.[1413] Aus diesem Grund knüpfen auch Unternehmensbewertungen häufig an der Segmentberichterstattung eines Unternehmens an, um basierend auf den wesentlichen Erfolgsquellen eines Unternehmens die künftig zu erwartenden Zahlungsströme schätzen zu können.[1414] Eine in höherem Maße disaggregierte Bewertung, also eine Bewertung kleinerer Betrachtungsobjekte, verbunden mit einer entsprechend differenzierteren Berichterstattung, ist neben der möglichen Problematik der Datenverfügbarkeit darüber hinaus im Regelfall auch nicht sinnvoll, da die künftigen Entwicklungspotenziale sachgerecht auf Ebene der (in sich homogenen) Segmente wiedergegeben werden können.

Festzuhalten bleibt, dass das Bewertungsobjekt „Segment" vor dem Hintergrund der für das Bewertungskalkül erforderlichen Zahlungsstromprognosen geeignet erscheint. Die für die zu diskontierende Zahlungsreihe erforderlichen Daten sind zum einen auf Segmentebene verfügbar und zum anderen sind die segmentbezogenen Zahlungsstromprognosen in hohem Maße aussagekräftig. Hinsichtlich einer segmentspezifischen Kapitalstruktur, segmentspezifischen Fremdkapitalkosten sowie eines segmentspezifischen Ertragsteuersatzes ist aus den im vierten Kapitel genannten Gründen zu empfehlen,[1415] auf die entsprechenden Größen auf Ebene des Gesamtunternehmens zurückzugreifen, sofern es aus konkreten Gründen nicht sachgerechter erscheint, segmentspezifische Größen zu verwenden.

Als Parameter der **Nennergröße** des Bewertungskalküls sind die Komponenten des Kapitalisierungszinssatzes sowie die Wachstumsrate in der Phase der ewigen Rente zu bestimmen. Hinsichtlich der Frage, ob die einzelnen Parameter auf Segmentebene sinnvoll bestimmt werden können, sind an dieser Stelle indes lediglich die Ableitung des **Betafaktors** sowie die Ableitung der **Wachstumsrate** zu beurteilen. Dies begründet sich darin, dass sowohl der Ba-

1412 KUNZ betont, dass durch die Segmentierung in einzelne Geschäftsbereiche, entsprechend der jeweils gegebenen (heterogenen) Rahmenbedingungen für die einzelnen Unternehmensteilbereiche, spezifische Entscheidungen hinsichtlich der künftigen Ausrichtung getroffen werden können, vgl. KUNZ, H., Wertorientierte Steuerung von Geschäftsbereichen, S. 40. Vgl. ferner STAUBER, J., Value Reporting auf Basis der IFRS, S. 148-151.

1413 Vgl. RISSE, A., Segmentberichterstattung, S. 737 sowie STAUBER, J., Value Reporting auf Basis der IFRS, S. 149 f.; ähnlich: ALVAREZ, M./FINK, C., Qualität der Segmentberichterstattung, S. 287; BENECKE, B., Internationale Rechnungslegung und Management Approach, S. 165.

1414 Vgl. ALVAREZ, M., Segmentberichterstattung nach DRS 3, S. 2063; BÖRSIG, C., Segmentberichterstattung, S. 232 sowie STAUBER, J., Value Reporting auf Basis der IFRS, S. 150 und 152 m. w. N.

1415 Vgl. hierzu die Ausführungen in Abschnitt 432.111.

siszinssatz als auch die Marktrisikoprämie bewertungsobjektunabhängig zu ermitteln sind.[1416] Beide Parameter sind demnach unabhängig von der Aggregationsebene zu bestimmen, auf der die Bewertung durchgeführt wird.

Der **Betafaktor** soll die spezifischen Risikofaktoren des Bewertungsobjekts abbilden und wäre somit entsprechend den individuellen Risiken des zu bewertenden Segments zu bestimmen. Im Gegensatz zu einzelnen Vermögenswerten oder zum Gesamtunternehmen selbst als mögliche Bewertungsobjekte, dürfte sich die Segmentebene tendenziell in höherem Maße eignen, risikoentsprechende Zuschläge zu bestimmen. Die i. d. R. homogenen Risiken innerhalb eines Segments und die gegenüber den weiteren Segmenten vergleichsweise heterogenen Risiken[1417] sprechen nämlich dafür, dass Risikozuschläge insbesondere auf Segmentebene sinnvoll berücksichtigt und somit als aussagekräftig beurteilt werden können.[1418] In dem in dieser Arbeit konkretisierten Bewertungskalkül wurde empfohlen, aus Gründen der Objektivierung Branchenbetas zu verwenden, um den risikospezifischen Zuschlag im Bewertungskalkül abzuleiten.[1419] Die zu bewertenden Segmente dürften hierbei den entsprechenden Branchen i. d. R. gut zuzuordnen sein, um letztlich die risikospezifischen Branchenbetas ableiten zu können. Die Datenverfügbarkeit von Branchenbetas wurde bereits im Rahmen der Konkretisierung des Bewertungskalküls näher erörtert und als tendenziell wenig problematisch erachtet.[1420]

Als differenzierendes Merkmal auf Ebene der Segmente sind, aufgrund der oben angeführten i. d. R. unterschiedlichen Umwelteinflüsse, denen die einzelnen Segmente ausgesetzt sind, auch die Wachstumsaussichten herauszustellen.[1421] Somit weisen die Segmente, vergleichbar zu den oben diskutierten Risiken, auch hinsichtlich der künftigen Wachstumsaussichten spezifische Eigenschaften auf. Da die **Wachstumsrate** in der ewigen Rente als gesonderter Parameter in das Bewertungskalkül einfließt und somit segmentspezifisch berücksichtigt werden kann, ist die Segmentebene auch in dieser Hinsicht eine geeignete Bewertungsebene. Interne Planungen über die Höhe der Wachstumsrate dürften indes aufgrund der zeitlichen Entfernung der Phase der ewigen Rente (Bereich der strategischen Planung) häufig nicht konkret

---

1416 Vgl. hierzu die näheren Ausführungen in den Abschnitten 433.121, 433.122.2 sowie 433.14.

1417 Dies ist insbesondere darauf zurückzuführen, dass die einzelnen Segmente i. d. R. unterschiedlichen Umwelteinflüssen unterliegen, vgl. hierzu auch die Ausführungen in Abschnitt 632.

1418 Vgl. ALVAREZ, M., Segmentberichterstattung und Segmentanalyse, S. 8 und 21. Vgl. zur Notwendigkeit der Bestimmung segmentspezifischer Betafaktoren aufgrund der heterogenen Risiken der einzelnen Segmente DINSTUHL, V., Konzernbezogene Unternehmensbewertung, S. 233 sowie ausführlich S. 235-261. Zur Notwendigkeit und zu möglichen Ansätzen zur Bestimmung von segmentspezifischen Betafaktoren vgl. ferner NOWAK, K., Marktorientierte Unternehmensbewertung, S. 97-117.

1419 Vgl. Abschnitt 433.122.3.

1420 Vgl. Abschnitt 433.122.3.

1421 Vgl. ALVAREZ, M., Segmentberichterstattung und Segmentanalyse, S. 8 und 21; BAUMANN, K.-H., Segment-Berichterstattung, S. 3.

vorliegen (Datenbeschaffung) und auch nicht verlässlich zu schätzen sein.[1422] Deshalb wurde im Bewertungskalkül empfohlen, die Wachstumsrate in der Phase der ewigen Rente objektivierungsbedingt durch eine zu kodifizierende Obergrenze zu beschränken.[1423] Unter Berücksichtigung dieser Obergrenze ist die Wachstumsrate für das Bewertungsmodell segmentspezifisch zu schätzen.

Demnach bleibt auch für die Komponenten der Nennergröße des im Rahmen dieser Arbeit konkretisierten Bewertungskalküls festzuhalten, dass Segmente als Bewertungsobjekte geeignet erscheinen. Es konnte gezeigt werden, dass die bewertungsobjektspezifisch zu bestimmenden Parameter insbesondere auf Segmentebene in hohem Maße aussagekräftig sind. Ferner sind die Hürden, um die erforderlichen Daten auf Segmentebene zu generieren, als durchaus überwindbar zu erachten.

Das im Rahmen dieser Arbeit konkretisierte Bewertungskalkül könnte demnach in einer um Zukunftselemente erweiterten, unternehmenswertorientierten Segmentberichterstattung angewendet werden. Hierdurch würde der *valuation usefulness*-Funktion in einem höheren Maße entsprochen werden. Die aufgrund der stärkeren Zukunftsorientierung abnehmende Verlässlichkeit wirkt sich indes tendenziell negativ auf die Erfüllung der *stewardship*-Funktion aus. Die unternehmenswertorientierte Berichterstattung sollte deshalb **ergänzend** zu den gegenwärtig bestehenden Berichtspflichten in der Segmentberichterstattung implementiert werden. Hierdurch bliebe die Beeinträchtigung der *stewardship*-Funktion auf den unternehmenswertorientierten Bereich der Berichterstattung beschränkt. Die gegenwärtig primär vergangenheitsorientierte Segmentberichterstattung nach IFRS 8 könnte dem hier geäußerten Vorschlag zufolge uneingeschränkt bestehen bleiben. Somit bliebe es letztlich auch den Abschlussadressaten überlassen, den zusätzlichen Informationen im IFRS-Abschluss Glauben zu schenken oder nicht.

Durch den in IFRS 8 eingeführten *management approach* und den hieraus resultierenden mangelnden Bezug zum konsolidierten Abschluss wurde die ursprüngliche Disaggregationsfunktion der Segmentberichterstattung in dem Sinne aufgeweicht, dass sie keine reine Aufgliederung abschlussbezogener Daten mehr darstellt.[1424] Dadurch, dass die Segmentberichterstattung von den Berichtsinstrumenten der Bilanz und der Gewinn- und Verlustrechnung „abgekoppelt" wurde und nunmehr der internen Berichtsstruktur sowie der internen Datenbasis gefolgt wird, ergibt sich der Vorteil, dass nun auch entsprechend bereichsbezogene und unternehmenswertorientierte Informationen, die als Grundlage für die interne Steuerung dienen, in

1422 Vgl. hierzu die näheren Erläuterungen in Abschnitt 432.112.

1423 Vgl. Abschnitt 433.13.

1424 Vgl. ALVAREZ, M., Segmentberichterstattung und Segmentanalyse, S. 107.

die externe Segmentberichterstattung aufgenommen werden könnten. Die gegenwärtig vergangenheitsorientiert ausgerichtete Segmentberichterstattung könnte aufgrund der zur internen Berichtsstruktur parallelen Segmentabgrenzung gleichzeitig zu Plausibilisierungszwecken einer stärker zukunftsorientiert ausgerichteten Segmentberichterstattung herangezogen werden.

Werden derartige Abkopplungs- bzw. Separationsstrategien nicht befürwortet, bleibt offen, wie das Spannungsverhältnis zwischen der *valuation usefulness*- und der *stewardship*-Funktion gelöst werden soll.[1425] Eine zunehmende Verwendung von unternehmenswertorientierten Bewertungskalkülen in der Bilanz, die beispielsweise aus einer Ausweitung des Fair Value-Accounting aufgrund mangelnder Marktwerte resultieren würde,[1426] ist aufgrund der negativen Auswirkungen auf die *stewardship*-Funktion grundsätzlich abzulehnen.[1427] Wie bereits mehrfach betont, ist hinsichtlich der Frage, ob aus der Unternehmensbewertung stammende Bewertungsmodelle auch in der IFRS-Rechnungslegung angewendet werden sollten, insbesondere der gegenüber der Unternehmensbewertung tendenziell stärker ausgeprägte Prinzipal-Agenten-Konflikt in der IFRS-Rechnungslegung zu beachten. Hieraus sollte gefolgert werden, dass die gegenwärtig bestehenden Rechnungslegungsvorschriften, denen u. U. eine vergleichsweise „zu starke" Betonung der *stewardship*-Funktion „vorgeworfen" werden könnte, **nicht** durch unternehmenswertorientierte Bewertungskalküle **ersetzt**, **sondern** allenfalls **erweitert** werden sollten. Als ein möglicher Weg, die *valuation usefulness*-Funktion stärker zu berücksichtigen, wird deshalb eine erweiterte Segmentberichterstattung vorgeschlagen.

1425 Ähnlich BEYHS, O., Impairment of Assets, S. 309.

1426 Vgl. hierzu jüngst KUßMAUL, H./WEILER, D., Fair Value-Bewertung im Licht aktueller Entwicklungen, S. 169-171 m. w. N.

1427 Eine Ausweitung der Fair Value-Bewertung in der Bilanz wäre aber auch aus konzeptioneller Sicht abzulehnen. Der Einzelbewertungsgrundsatz der Bilanz kollidiert mit dem unter investitionstheoretischen Gesichtspunkten zu befürwortenden Gesamtbewertungsgrundsatz, sodass eine aussagefähigere Rechnungslegung durch eine zunehmende Fair Value-Bewertung lediglich eingeschränkt erreicht werden könnte, vgl. hierzu auch BEYHS, O., Impairment of Assets, S. 309.

7 Zusammenfassung und Ausblick

In jüngerer Vergangenheit sind zunehmende Forderungen nach einer verstärkt unternehmenswertorientiert ausgerichteten IFRS-Rechnungslegung sowie ein Vordringen von Bewertungskonzepten, die der Investitions- und Kapitalmarkttheorie entstammen, in das IFRS-Normensystem festzustellen. Diese Entwicklungen wurden zum Anlass genommen, vor dem Hintergrund des IFRS-Zielsystems Möglichkeiten und Grenzen einer unternehmenswertorientierteren IFRS-Rechnungslegung zu erörtern. Die folgenden Ausführungen geben die zentralen Erkenntnisse der Untersuchung in komprimierter Form wieder.

Unter der Vielzahl verschiedener Adressatengruppen der externen Rechnungslegung mit teilweise sehr heterogenen Interessen haben die Eigenkapitalgeber den umfangreichsten Informationsbedarf. Innerhalb der Gruppe der Eigenkapitalgeber werden die Kleinanleger als vorrangig schutzwürdige **Adressaten** herausgestellt, da sie keinen Zugang zu unternehmensinternen Informationsquellen haben und daher auf öffentlich frei zugängliche Informationen angewiesen sind. Die Investitionsentscheidungen der Kleinanleger (*buy-hold-sell*-Entscheidungen) determinieren ihren **Informationsbedarf**. Insbesondere Informationen über erwartete künftige Zahlungsströme (Höhe, Unsicherheit, zeitlicher Verlauf) zwischen dem Kleinanleger als Investor und dem Investitionsobjekt konkretisieren das Informationsinteresse der Kleinanleger. Auf Basis dieser Informationen kann der Wert des Anlageobjekts geschätzt und somit eine fundierte Anlageentscheidung getroffen werden.

Um die erforderlichen Informationen zu konkretisieren, die im Rahmen der externen Rechnungslegung vermittelt werden sollten, ist zwingend zu beachten, dass sich Informationssender (Management des Investitionsobjekts) und Informationsadressat (Investor) in einem von Informationsasymmetrien und Interessenkonflikten geprägten Berichtsumfeld befinden. Resultat eines solchen Informationsumfelds sind **Prinzipal-Agenten-Konflikte**. Dieses Konfliktpotenzial zwischen Management und Abschlussadressat beeinflusst die Anforderungen an die Eigenschaften der zu vermittelnden Informationen. Hierbei ist insbesondere die zentrale Bedeutung verlässlicher Informationen herauszustellen. Die **Verlässlichkeit** einer Information bzw. eines Bewertungsmodells wird im Rahmen dieser Arbeit durch die Streuung möglicher Ergebnisausgänge bestimmt.

Zukunftsorientierte Informationen, die den primären Informationsbedarf der Kleinanleger darstellen, sind von Natur aus sehr unsicher. Demnach besteht ein grundsätzliches **Spannungsverhältnis** zwischen den Zielen, einerseits für die Kapitalanlageentscheidung relevante, d. h. primär zukunftsorientierte Informationen zu vermitteln, und andererseits zugleich in hohem Maße verlässliche Informationen zu kommunizieren.

Dieses Spannungsverhältnis besteht auch auf der **Zielebene der IFRS-Rechnungslegung**, die als kapitalmarktorientiertes Informationsinstrument im Fokus dieser Arbeit steht. Durch den IFRS-Abschluss sollen nämlich zum einen Informationen vermittelt werden, anhand derer die Fähigkeit des Unternehmens, künftig Zahlungsüberschüsse zu erwirtschaften (*valuation usefulness*-Funktion), beurteilt werden kann, und zum anderen Informationen über die Managementleistung in der rechenschaftspflichtigen Periode (*stewardship*-Funktion). Während für die *valuation usefulness*-Funktion tendenziell in stärkerem Maße zukunftsorientierte und somit unsichere Informationen erforderlich sind, werden für die *stewardship*-Funktion, die in erster Linie eine Kontrollfunktion darstellt, vorrangig verlässliche Informationen benötigt. Beide Zielsetzungen sind im Zielsystem der IFRS-Rechnungslegung als gleichgewichtig anzusehen.

Die Subzielsetzung der *valuation usefulness*-Funktion weist enge inhaltliche Parallelen zur **Konzeption einer Unternehmensbewertung** auf. Zudem lassen gegenwärtige Entwicklungen, zu nennen sind sowohl Forderungen in der Literatur als auch Entwicklungen auf Ebene des IASB, eine Tendenz zu einer zunehmenden Verwendung unternehmenswertorientierter Bewertungskonzepte in der IFRS-Rechnungslegung erkennen, die auf eine beabsichtigte stärkere Berücksichtigung der *valuation usefulness*-Funktion schließen lassen.

Hinsichtlich der Frage, inwieweit eine **stärkere Berücksichtigung der *valuation usefulness*-Funktion** durch unternehmenswertorientierte Bewertungen in der IFRS-Rechnungslegung möglich und sachgerecht erscheint, sind zwingend die unterschiedlichen Rahmenbedingungen zu berücksichtigen, denen die IFRS-Rechnungslegung und die Unternehmensbewertung ausgesetzt sind. Herausgearbeitet wird, dass die IFRS-Rechnungslegung vergleichsweise stärker ausgeprägten Prinzipal-Agenten-Konflikten unterliegt. Dies ist bei der zweckorientierten Konkretisierung unternehmenswertorientierter Bewertungen im IFRS-Abschluss entsprechend zu berücksichtigen.

Ausgehend von der Konzeption einer Unternehmensbewertung wird unter Berücksichtigung der zum Teil divergierenden Rahmenbedingungen ein theoretisches Fundament hergeleitet, auf dessen Grundlage unternehmenswertorientierte Bewertungen im IFRS-Abschluss konkretisiert werden könnten. Das theoretische Fundament bilden hierbei **Grundsätze ordnungsmäßiger Bewertung** sowie **Grundsätze ordnungsmäßiger Erläuterung**.

Aufgrund des Untersuchungsziels dieser Arbeit, eine stärkere Berücksichtigung der *valuation usefulness*-Funktion im IFRS-Abschluss zu erörtern, nimmt der Grundsatz der Zukunftsorientierung eine übergeordnete Stellung im System der **Grundsätze ordnungsmäßiger Bewertung** ein. Der zwingend zu beachtenden „Nebenbedingung“ einer möglichst verlässlichen, d. h. weitgehend objektivierten Bewertung, soll hierbei der Grundsatz der Objektivierung Rechnung tragen. Der bereits auf der Zielebene der IFRS-Rechnungslegung identifizierte

Konflikt tritt auf Ebene der Bewertungsgrundsätze erneut deutlich hervor und konkretisiert sich in den beiden konfliktären Grundsätzen der Zukunftsorientierung und der Objektivierung. Insbesondere zukunftsorientierte Informationen sind nämlich in hohem Maße unsicher. Diese Unsicherheit eröffnet Beurteilungs- und somit auch Ermessensspielräume, die bei unterschiedlichen Bewertern grundsätzlich zu einer höheren Streuung der Bewertungsergebnisse führen. Zukunftsbezogene Informationen sind somit nur eingeschränkt verlässlich und vergleichsweise schwer zu objektivieren. Eine mögliche Lösung des Zielkonflikts wird dadurch erschwert, dass ein hinreichender Grad an Objektivierung weder bekannt ist noch allgemeingültig operationalisiert werden kann.

Die grundsätzlich nur eingeschränkte Möglichkeit, zukunftsorientierte Bewertungen zu objektivieren, begründet die Notwendigkeit, **Grundsätze ordnungsmäßiger Erläuterung** herzuleiten. Eine übergeordnete Stellung nimmt hierbei der Grundsatz der Transparenz ein. Es sind umfassende Erläuterungen zur durchgeführten Bewertung zu fordern, die den Bewertungsprozess möglichst in hohem Maße transparent werden lassen. Insbesondere sollen hierbei Ermessensspielräume auf Ebene der Bewertung erkennbar werden. Dies trägt dazu bei, dass die Bewertung aus Sicht der Abschlussadressaten besser nachvollzogen, beurteilt und u. U. entsprechend eigenen Einschätzungen modifiziert werden kann. Die vermittelten Informationen werden hierdurch aus Sicht der Adressaten glaubwürdiger und so auch entscheidungsnützlicher. Die Grundsätze ordnungsmäßiger Erläuterung sollen darüber hinaus bestehende Ermessensspielräume auf Ebene der Berichterstattung einschränken.

Auf Basis der zweckgerichtet ausgestalteten allgemeinen Grundsätze ordnungsmäßiger Bewertung und Erläuterung können nun die konkreten Bewertungsparameter und Erläuterungen abgeleitet werden. Die **Zahlungsstromprognosen** in der Zählergröße des konkretisierten Bewertungskalküls basieren auf den internen Planungsrechnungen des Managements und sind somit subjektiv und ermessensbehaftet. Die Ermessensspielräume der Schätzung der künftigen Zahlungsströme werden durch eine gewissermaßen verengte Sicht der Zukunft einzuschränken versucht. Dies soll durch das kodifizierte Kriterium der hinreichend konkretisierten Maßnahmen sichergestellt werden, wonach nur die finanziellen Auswirkungen bereits konkretisierter, d. h. in der operativen Unternehmensplanung quantifizierter, Maßnahmen in die Zahlungsstromprognosen einfließen. Die Schätzung der Zahlungsströme für den über die operative Planung hinausgehenden Planungszeitraum basiert grundsätzlich auf den Planungsrechnungen der operativen Planungsphase. Dies bewirkt, dass auch die fernere Planungsphase auf den aus Sicht des Bewertungsstichtags realistischeren i. S. v. stärker konkretisierten Zukunftserwartungen basiert. Die Schätzungen der zu diskontierenden Zahlungsströme bleiben indes weiterhin subjektiv, wenngleich die Ermessensspielräume durch die verengte Sicht der Zukunft eingeschränkt werden können. Die Problematik des tendenziell nur geringen Objektivierungsbeitrags wird allerdings dadurch relativiert, dass die Zahlungsstromprognosen auf internen, zur Steuerung verwendeten Planungsdaten beruhen. Die Anreize für das Management, diese Daten für Zwecke der externen Kommunikation der Informationen zu verzerren, werden hierdurch vermindert, sodass c. p. die Prinzipal-Agenten-Problematik entschärft und der zu fordernde Objektivierungsanspruch reduziert werden könnten. Die Empfehlung, die Datenbasis der operativen Unternehmensplanung für die Bewertung zu verwenden, impliziert indes auch, dass ein hinreichend hoher Aggregationsgrad des Bewertungsobjekts sichergestellt sein muss, da bei einem tiefen Aggregationsgrad des zu bewertenden Objekts häufig spezifische interne Planungsrechnungen fehlen.

Die prognostizierten finanziellen Überschüsse sind mit einem **Kapitalisierungszinssatz** auf den Bewertungsstichtag abzuzinsen. Der Kapitalisierungszinssatz, der die Renditeforderung der Eigenkapitalgeber repräsentiert, sollte hierbei unter Rückgriff auf Kapitalmarktdaten typisiert ermittelt werden. Es wird gezeigt, dass die weitreichenden Ermessensspielräume, die auch bei einer kapitalmarktorientierten Ableitung des Kapitalisierungszinssatzes bestehen bleiben, durch sachgerechte Normierungen beseitigt werden können. Die hierdurch realisierbaren Objektivierungsvorteile, beispielsweise durch die Verwendung von Branchenbetas, verhindern indes auch eine vollständig bewertungsobjektspezifisch angepasste Risikoberücksichtigung bei der Bewertung kleinerer Betrachtungsobjekte. Die Höhe der **Wachstumsrate** in der Phase der ewigen Rente sollte hingegen bewertungsobjektspezifisch bestimmt werden, sodass entsprechende Freiräume verbleiben. Objektivierungsbedingt sollte indes ausschließlich ein inflationsbedingtes Wachstum in der Phase der ewigen Rente berücksichtigt werden, das zudem durch eine Obergrenze zu beschränken ist.

Die einzelnen Parameter des konkretisierten Bewertungskalküls weisen jeweils unterschiedliche Objektivierungsgrade auf. Objektivierungen sind insbesondere in den Fällen leichter zu erreichen, in denen die Parameter unabhängig von den spezifischen Verhältnissen des zu bewertenden Objekts und somit normiert ermittelt werden können. Das unterschiedliche Ausmaß der jeweils verbleibenden Ermessensspielräume bei der Ermittlung der einzelnen Parameter determiniert die jeweils zu fordernden konkreten **Erläuterungspflichten**. Demnach sind insbesondere die ermessensbehafteten Zahlungsstromprognosen umfassend zu erläutern. Die wesentlichen Annahmen der Prognose sowie die zentralen Ursache-Wirkungs-Zusammenhänge, die diesen Annahmen zugrunde liegen, sollen hierbei erläutert werden. Sensitivitäts- und Szenarioanalysen wirken unterstützend, die Unsicherheit der künftigen Entwicklung zu verdeutlichen. Durch eine umfassende Erläuterung der Zahlungsstromprognosen wird eine verbesserte Kontrolle des Prognosegebers ermöglicht. Einhergehend hiermit ist zudem eine disziplinierende ex ante-Wirkung auf das Management hinsichtlich einer extensiven Ausübung der bestehenden Ermessensspielräume zu erwarten, wodurch das Vertrauen in die vermittelten Informationen gestärkt werden kann. Gegenüber den ausführlichen Erläuterungen der Zählergröße sind die Parameter der Nennergröße weniger umfassend zu erläutern, da diese aufgrund der befürworteten Normierungen unter vergleichsweise weitaus geringeren Ermessensspielräumen zu ermitteln sind.

Bereits gegenwärtig werden derartige, investitionstheoretisch geprägte Bewertungsmodelle in der IFRS-Rechnungslegung angewendet. Als konkretes Beispiel kann der im Rahmen der **Werthaltigkeitsprüfung eines derivativen Geschäfts- oder Firmenwerts nach IAS 36** im Regelfall verwendete Nutzungswert als ein solcher unternehmenswertorientierter Wertmaßstab genannt werden. In einem nächsten Schritt wird deshalb das in dieser Arbeit konkretisierte unternehmenswertorientierte Bewertungsmodell als Referenzmodell herangezogen, um die einzelnen in den Nutzungswert einfließenden Parameter hieran spiegeln zu können. Als zentrale Erkenntnis dieser Analyse ist festzuhalten, dass die Ermittlung des Nutzungswerts mit weitreichenden Ermessens- und Gestaltungsspielräumen behaftet ist. Diese bestehen bei nahezu allen zu ermittelnden Parametern des Bewertungskalküls. In Ansätzen erkennbare Objektivierungsintentionen des IAS 36 werden durch fehlende Konkretisierungen, inkonsistente Regelungen sowie Interpretationsschwierigkeiten weitgehend konterkariert. Gegenüber den Empfehlungen des Referenzmodells sind zahlreiche Schwachstellen der gegenwärtigen Regelungen des IAS 36 festzustellen.

Durch das im Rahmen dieser Arbeit konkretisierte Bewertungsmodell könnte es grundsätzlich gelingen, die *valuation usefulness*-Funktion der IFRS-Rechnungslegung zu stärken. Indes gilt zu beachten, dass eine zunehmende Verwendung unternehmenswertorientierter Bewertungsmodelle die Erfüllung der *stewardship*-Funktion, die in erster Linie verlässliche Informationen erfordert, in Frage stellen würde. Insofern ist es durchaus anzuzweifeln, ob investitionstheoretische Bewertungskalküle, wie das in dieser Arbeit konkretisierte Kalkül, tatsächlich im IFRS-Abschluss verwendet werden sollten. Um beiden Subzielsetzungen der IFRS-Rechnungslegung dennoch in möglichst hohem Maße gerecht werden zu können, wird im Sinne der **Abkopplungsthese** MOXTERS vorgeschlagen, voneinander abgekoppelte Informationsinstrumente zu nutzen. Hierdurch könnte beiden Subzielsetzungen durch eine unterschiedliche, jeweils zweckadäquate Gewichtung der Verlässlichkeit entsprochen werden. Mit der Trennung bzw. Abkopplung einer unternehmenswertorientierten und somit tendenziell stärker ermessensbehafteten Berichterstattung von einer in hohem Maße verlässlichen Berichterstattung wäre zugleich der Vorteil verbunden, dass es den Abschlussadressaten überlassen bliebe, ob sie den weniger verlässlichen Informationen Glauben schenken oder nicht.

Als Informationsinstrument für eine stärker unternehmenswertorientiert ausgerichtete Berichterstattung eignet sich die **Segmentberichterstattung**. Insbesondere auf Segmentebene erweisen sich die zu bestimmenden Parameter des konkretisierten Bewertungskalküls als in hohem Maße aussagekräftig. Die unternehmenswertorientierte Berichterstattung sollte hierbei ergänzend zu den gegenwärtig bestehenden Berichtspflichten in der Segmentberichterstattung nach IFRS 8 implementiert werden. Eine mögliche Beeinträchtigung der *stewardship*-Funktion bliebe somit auf den zusätzlichen Teil der Segmentberichterstattung beschränkt.

Werden derartige Abkopplungsstrategien nicht befürwortet, bleibt offen, auf welche Weise das bestehende Spannungsverhältnis zwischen der *valuation usefulness*- und der *stewardship*-Funktion bei der **künftigen Entwicklung** von Rechnungslegungsvorschriften gelöst werden soll. Eine stärkere Berücksichtigung der *valuation usefulness*-Funktion in den gegenwärtig (noch) vergleichsweise verlässlichen Rechenwerken der Bilanz und Gewinn- und Verlustrechnung ist aufgrund der damit einhergehenden negativen Auswirkungen auf die *stewardship*-Funktion abzulehnen. Wenngleich der Fokus dieser Arbeit darauf gerichtet ist, ein möglichst enges Objektivierungskorsett für unternehmenswertorientierte Bewertungen in der IFRS-Rechnungslegung zu schnüren, bleibt stets zu bedenken, dass eine zukunftsbezogene Bewertung von Natur aus unsicher und somit ermessensbehaftet ist. Wie bereits der deutsche Philosoph KARL JASPERS formuliert hat, ist „[d]ie Zukunft [...] als Raum der Möglichkeiten der Raum unserer Freiheit.“[1428] Die grundsätzlich positiv zu sehenden Möglichkeiten und Freiheiten, die uns die Zukunft gewährt, erscheinen bezogen auf eine zukunftsorientierte Berichterstattung im Kontext der IFRS-Rechnungslegung in tendenziell eher negativem Licht. Unternehmenswertorientierte Bewertungen bleiben weitgehend eine Glaubensfrage, die nur subjektiv beantwortet werden kann und sollte.

1428 JASPERS, K., Zukunft des Menschen, S. 395.

Quellenverzeichnis

Literaturverzeichnis

AAA – AMERICAN ACCOUNTING ASSOCIATION'S FINANCIAL ACCOUNTING STANDARDS COMMITTEE (Hrsg.), Equity Valuation Models and Measuring Goodwill Impairment, in: Accounting Horizons 2001, S. 161-170 (Equity Valuation).

ADLER, HANS/DÜRING, WALTHER/SCHMALTZ, KURT (ADS) (Hrsg.), Rechnungslegung nach Internationalen Standards – Kommentar, Stuttgart 2005 (Rechnungslegung nach Internationalen Standards).

AICPA – American Institute of Certified Public Accountants (Hrsg.), Improving Business Reporting – A Customer Focus. Meeting the Information Needs of Investors and Creditors, New York 1994 (Improving Business Reporting).

ALBRECHT, THOMAS, Was wissen wir über die Höhe der Marktrisikoprämie bei Aktien? – Überlegungen zur Ermittlung sinnvoller Eigenkapitalkosten im Rahmen von Shareholder-Value-Konzepten, in: BFuP 1997, S. 567-579 (Höhe der Marktrisikoprämie bei Aktien).

ALVAREZ, MANUEL, Segmentberichterstattung nach DRS 3, in: DB 2003, S. 2057-2063 (Segmentberichterstattung nach DRS 3).

ALVAREZ, MANUEL, Segmentberichterstattung und Segmentanalyse, Wiesbaden 2004 (Segmentberichterstattung und Segmentanalyse).

ALVAREZ, MANUEL, IFRS 8 Geschäftssegmente, in: THIELE, STEFAN/KEITZ, ISABEL VON/BRÜCKS, MICHAEL (Hrsg.), Internationales Bilanzrecht – Rechnungslegung nach IFRS – Kommentar, Bonn 2008 (IFRS 8 Geschäftssegmente).

ALVAREZ, MANUEL/FINK, CHRISTIAN, Qualität der Segmentberichterstattung in Deutschland, in: KoR 2003, S. 275-288 (Qualität der Segmentberichterstattung).

ARBEITSKREIS „EXTERNE UNTERNEHMENSRECHNUNG" DER SCHMALENBACH-GESELLSCHAFT FÜR BETRIEBSWIRTSCHAFT E. V., Grundsätze für das Value Reporting, in: DB 2002, S. 2337-2340 (Value Reporting).

ARBEITSKREIS „EXTERNE UND INTERNE ÜBERWACHUNG DER UNTERNEHMUNG" DER SCHMALENBACH-GESELLSCHAFT FÜR BETRIEBSWIRTSCHAFT E. V., Probleme der Prognoseprüfung, in: DB 2003, S. 105-111 (Probleme der Prognoseprüfung).

ARBEITSKREIS „FINANZIERUNG" DER SCHMALENBACH-GESELLSCHAFT FÜR BETRIEBSWIRTSCHAFT E. V., Wertorientierte Unternehmenssteuerung mit differenzierten Kapitalkosten, in: zfbf 1996, S. 543-578 (Wertorientierte Unternehmenssteuerung).

ARBEITSKREIS „IMMATERIELLE WERTE IM RECHNUNGSWESEN“ DER SCHMALENBACH-GESELLSCHAFT FÜR BETRIEBSWIRTSCHAFT E. V., Erfassung immaterieller Werte in der Unternehmensberichterstattung vor dem Hintergrund handelsrechtlicher Rechnungslegungsnormen, in: HORVÁTH, PÉTER/MÖLLER, KLAUS (Hrsg.), Intangibles in der Unternehmenssteuerung, München 2004, S. 221-250 (Erfassung immaterieller Werte).

ARBEITSKREIS UNTERNEHMENSBEWERTUNG, Eckdaten zur Bestimmung des Kapitalisierungszinssatzes bei der Unternehmensbewertung – Basiszinssatz, in: IDW-FN 2005, S. 555-556 (Eckdaten zur Bestimmung des Kapitalisierungszinssatzes).

ASB (Hrsg.), Financial Reporting Standard 11, Impairment of Fixed Assets and Goodwill, July 1998, abrufbar unter: http://www.frc.org.uk/images/uploaded/documents/FRS11.pdf, Stand: 26.02.2009 (FRS 11).

BAETGE, JÖRG, Möglichkeiten der Objektivierung des Jahreserfolges, Düsseldorf 1970 (Möglichkeiten der Objektivierung).

BAETGE, JÖRG, Januskopf: DCF-Verfahren in der Unternehmensbewertung und in der Bilanzierung, in: BB 2005, BB-Special 7, S. 1 (DCF-Verfahren in Unternehmensbewertung und Bilanzierung).

BAETGE, JÖRG, Verwendung von DCF-Kalkülen bei der Bilanzierung nach IFRS, in: WPg 2009, S. 13-23 (Verwendung von DCF-Kalkülen).

BAETGE, JÖRG/BALLWIESER, WOLFGANG, Zum bilanzpolitischen Spielraum der Unternehmensleitung, in: BFuP 1977, S. 199-215 (Bilanzpolitischer Spielraum der Unternehmensleitung).

BAETGE, JÖRG/BEERMANN, THOMAS, Die Bilanzierung von Vermögenswerten in der Bilanz nach International Accounting Standards und der dynamischen Bilanztheorie Schmalenbachs, in: BFuP 1998, S. 154-168 (Bilanzierung von Vermögenswerten).

BAETGE, JÖRG/BREMBT, TOBIAS/BRÜGGEMANN, PETER, Die Mark-to-Model-Bewertung des IAS 39 in der Subprime-Krise, in: WPg 2008, S. 1001-1010 (Mark-to-Model-Bewertung des IAS 39 in der Subprime-Krise).

BAETGE, JÖRG/FEY, DIRK/FEY, GERD, Kommentierung von § 243 HGB, in: KÜTING, KARL-HEINZ /WEBER, CLAUS-PETER (Hrsg.), Handbuch der Rechnungslegung, Kommentar zur Bilanzierung und Prüfung, 5. Aufl., Stuttgart 2002 (Kommentierung von § 243 HGB).

BAETGE, JÖRG/FISCHER, THOMAS R./PASKERT, DIERK, Der Lagebericht – Aufstellung, Prüfung und Offenlegung, Stuttgart 1989 (Lagebericht).

BAETGE, JÖRG/HAENELT, TIMO, Kritische Würdigung der neu konzipierten Segmentberichterstattung nach IFRS 8 unter Berücksichtigung prüfungsrelevanter Aspekte, in: IRZ 2008, S. 43-50 (Segmentberichterstattung nach IFRS 8).

BAETGE, JÖRG/HOLLMANN, SEBASTIAN, Zur Zuverlässigkeit der Rechnungslegung nach IFRS, in: DÖRING, ULRICH/KUßMAUL, HEINZ (Hrsg.), Spezialisierung und Internationalisierung – Entwicklungstendenzen der deutschen Betriebswirtschaftslehre – Festschrift für Prof. Dr. Dr. h.c. mult. Günter Wöhe zum 80. Geburtstag am 2. Mai 2004, Wiesbaden 2004, S. 347-378 (Rechnungslegung nach IFRS).

BAETGE, JÖRG/KIRSCH, HANS-JÜRGEN, Grundsätze ordnungsmäßiger Buchführung, in: KÜTING, KARLHEINZ/WEBER, CLAUS-PETER (Hrsg.), Handbuch der Rechnungslegung, Kommentar zur Bilanzierung und Prüfung, 5. Aufl., Stuttgart 2002, Kapitel 4 (Grundsätze ordnungsmäßiger Buchführung).

BAETGE, JÖRG/KIRSCH, HANS-JÜRGEN/THIELE, STEFAN, Bilanzanalyse, 2. Aufl., Düsseldorf 2004 (Bilanzanalyse).

BAETGE, JÖRG/KIRSCH, HANS-JÜRGEN/THIELE, STEFAN, Konzernbilanzen, 2. Aufl., Düsseldorf 2004 (Konzernbilanzen).

BAETGE, JÖRG/KIRSCH, HANS-JÜRGEN/THIELE, STEFAN, Bilanzen, 9. Aufl., Düsseldorf 2007 (Bilanzen).

BAETGE, JÖRG/KIRSCH, HANS-JÜRGEN/WOLLMERT, PETER/BRÜGGEMANN, PETER, Grundlagen der IFRS-Rechnungslegung, in: BAETGE, JÖRG/WOLLMERT, PETER/KIRSCH, HANS-JÜRGEN/OSER, PETER/BISCHOF, STEFAN (Hrsg.), Rechnungslegung nach IFRS – Kommentar auf der Grundlage des deutschen Bilanzrechts, 2. Aufl., Stuttgart 2003, Ergänzungslieferung Dezember 2007 (Grundlagen der IFRS-Rechnungslegung).

BAETGE, JÖRG/KRAUSE, CLEMENS, Die Berücksichtigung des Risikos in der Unternehmensbewertung – Eine empirisch gestützte Betrachtung des Kalkulationszinses, in: BFuP 1994, S. 433-456 (Berücksichtigung des Risikos in der Unternehmensbewertung).

BAETGE, JÖRG/KROLAK, THOMAS/THIELE, STEFAN/HAIN, THORSTEN, IAS 36 – Wertminderung von Vermögenswerten, in: BAETGE, JÖRG/WOLLMERT, PETER/KIRSCH, HANS-JÜRGEN/OSER, PETER/BISCHOF, STEFAN (Hrsg.), Rechnungslegung nach IFRS – Kommentar auf der Grundlage des deutschen Bilanzrechts, 2. Aufl., Stuttgart 2003, Ergänzungslieferung Dezember 2008 (IAS 36).

BAETGE, JÖRG/KRUSE, ARIANE, Objektivität der Urteilsbildung, in: LÜCK, WOLFGANG (Hrsg.), Lexikon der Internen Revision, München 2001, S. 204-205 (Objektivität der Urteilsbildung).

BAETGE, JÖRG/LIENAU, ACHIM, Der Gläubigerschutzgedanke im Mixed Fair Value-Modell des IASB, in: SCHNEIDER, DIETER/RÜCKLE, DIETER/KÜPPER, HANS-ULRICH/WAGNER, FRANZ W. (Hrsg.), Kritisches zu Rechnungslegung und Unternehmensbesteuerung – Festschrift zur Vollendung des 65. Lebensjahres von Theodor Siegel, Berlin 2005, S. 65-86 (Gläubigerschutzgedanke).

BAETGE, JÖRG/NIEMEYER, KAI/KÜMMEL, JENS, Bewertungsverfahren – Teil B: Darstellung der Discounted-Cashflow-Verfahren (DCF-Verfahren) mit Beispiel, in: PEEMÖLLER, VOLKER H. (Hrsg.), Praxishandbuch der Unternehmensbewertung, 3. Aufl., Herne/Berlin 2005, S. 265-362 (Bewertungsverfahren).

BAETGE, JÖRG/NOELLE, JENNIFER, Shareholder-Value-Reporting sowie Prognose- und Performancepublizität, in: KoR 2001, S. 174-180 (Shareholder-Value-Reporting).

BAETGE, JÖRG/SCHULZE, DENNIS, Möglichkeiten der Objektivierung der Lageberichterstattung über „Risiken der künftigen Entwicklung" – Ein Vorschlag zur praktischen Umsetzung der vom KonTraG verlangten Berichtspflichten –, in: DB 1998, S. 937-948 (Möglichkeiten der Objektivierung der Lageberichterstattung).

BAETGE, JÖRG/SOLMECKE, HENRIK, Grundsätze und Konzeption des Value Reporting, in: ZfCM-Sonderheft 3/2006, S. 16-30 (Grundsätze des Value Reporting).

BAETGE, JÖRG/THIELE, STEFAN, Gesellschafterschutz versus Gläubigerschutz – Rechenschaft versus Kapitalerhaltung – Zu den Zwecken des deutschen Einzelabschlusses vor dem Hintergrund der internationalen Harmonisierung, in: BUDDE, WOLFGANG DIETER/MOXTER, ADOLF/OFFERHAUS, KLAUS (Hrsg.), Handelsbilanzen und Steuerbilanzen – Festschrift zum 70. Geburtstag von Prof. Dr. h.c. Heinrich Beisse, Düsseldorf 1997, S. 11-24 (Gesellschafterschutz versus Gläubigerschutz).

BAETGE, JÖRG/ZÜLCH, HENNING, Fair Value Accounting, in: BFuP 2001, S. 543-562 (Fair Value Accounting).

BAETGE, JÖRG/ZÜLCH, HENNING, Rechnungslegungsgrundsätze nach HGB und IFRS, in: WYSOCKI, KLAUS (Hrsg.), Handbuch des Jahresabschlusses in Einzeldarstellungen, Köln 2004, Abt. I/2 (Rechnungslegungsgrundsätze nach HGB und IFRS).

BALLWIESER, WOLFGANG, Insiderrecht und positive Aktienkurstheorie, in: zfbf 1976, S. 231-253 (Insiderrecht).

BALLWIESER, WOLFGANG, Zur Begründbarkeit informationsorientierter Jahresabschlußverbesserungen, in: zfbf 1982, S. 772-793 (Begründbarkeit informationsorientierter Jahresabschlußverbesserungen).

BALLWIESER, WOLFGANG, Kapitalmarkt und Informationsversorgung mit Jahresabschlüssen, in: CLAUSSEN, CARSTEN P./HÜBL, LOTHAR/SCHNEIDER, HANS-PETER (Hrsg.), Zweihundert Jahre Geld und Brief. Herausforderungen an die Kapitalmärkte. Festgabe an die Niedersächsische Börse zu Hannover aus Anlaß ihres 200jährigen Bestehens, Frankfurt 1987, S. 163-178 (Kapitalmarkt und Informationsversorgung).

BALLWIESER, WOLFGANG, Methoden der Unternehmensbewertung, in: GEBHARDT, GÜNTHER (Hrsg.), Handbuch des Finanzmanagements – Instrumente und Märkte der Unternehmensfinanzierung, München 1993, S. 151-176 (Methoden der Unternehmensbewertung).

BALLWIESER, WOLFGANG, Aktuelle Aspekte der Unternehmensbewertung, in: WPg 1995, S. 119-129 (Aspekte der Unternehmensbewertung).

BALLWIESER, WOLFGANG, Chancen und Gefahren einer Übernahme amerikanischer Rechnungslegung, in: BUDDE, WOLFGANG DIETER/MOXTER, ADOLF/OFFERHAUS, KLAUS (Hrsg.), Handelsbilanzen und Steuerbilanzen – Festschrift zum 70. Geburtstag von Prof. Dr. h.c. Heinrich Beisse, Düsseldorf 1997, S. 11-24 (Übernahme amerikanischer Rechnungslegung).

BALLWIESER, WOLFGANG, Unternehmensbewertung, in: GERKE, WOLFGANG/STEINER, MANFRED (Hrsg.), Handwörterbuch des Bank- und Finanzwesens, 3. Aufl., Stuttgart 2001, Sp. 2082-2095 (Unternehmensbewertung II).

BALLWIESER, WOLFGANG, Informations-GoB – auch im Lichte von IAS und US-GAAP, in: KoR 2002, S. 115-121 (Informations-GoB).

BALLWIESER, WOLFGANG, Der Kalkulationszinsfuß in der Unternehmensbewertung: Komponenten und Ermittlungsprobleme, in: WPg 2002, S. 736-743 (Kalkulationszinsfuß in der Unternehmensbewertung).

BALLWIESER, WOLFGANG, Zum risikolosen Zins für die Unternehmensbewertung, in: RICHTER, FRANK/SCHÜLER, ANDREAS/SCHWETZLER, BERNHARD (Hrsg.), Kapitalgeberansprüche, Marktwertorientierung und Unternehmenswert – Festschrift für Prof. Dr. Dr. h.c. Jochen Drukarczyk zum 65. Geburtstag, München 2003, S. 19-35 (Zum risikolosen Zins für die Unternehmensbewertung).

BALLWIESER, WOLFGANG, IFRS-Rechnungslegung – Konzept, Regeln und Wirkungen, München 2006 (IFRS-Rechnungslegung).

BALLWIESER, WOLFGANG, Grundsätze ordnungsmäßiger Buchführung, in: CASTAN, EDGAR/BÖCKING, JOACHIM/HEYMANN, GERD/PFITZER, NORBERT/SCHEFFLER, EBERHARD (Hrsg.), Beck'sches Handbuch der Rechnungslegung, B 105, 24. Ergänzungslieferung, München 2007 (Grundsätze ordnungsmäßiger Buchführung).

BALLWIESER, WOLFGANG, Unternehmensbewertung – Prozeß, Methoden und Probleme, 2. Aufl., Stuttgart 2007 (Unternehmensbewertung).

BALLWIESER, WOLFGANG, Unternehmensbewertung im Rahmen der IFRS, in: FREIDANK, CARL-CHRISTIAN/PEEMÖLLER, VOLKER H. (Hrsg.), Corporate Governance und Interne Revision – Handbuch für die Neuausrichtung des Internal Auditing, Berlin 2008, S. 351-364 (Unternehmensbewertung im Rahmen der IFRS).

BALZ, ULRICH/BORDEMANN, HEINZ-GERD, Ermittlung von Eigenkapitalkosten zur Unternehmensbewertung mittelständischer Unternehmen mithilfe des CAPM, in: FB 2007, S. 737-743 (Unternehmensbewertung mittelständischer Unternehmen).

BARKER, RICHARD G., The role of dividends in valuation models used by analysts and fund managers, in: The European Accounting Review 1999, S. 195-218 (Valuation models).

BARNEY, JOPSON, Investors fear stewardship under threat, in: Financial Times vom 20.07.2006, S. 12 (Investors fear stewardship).

BARTELHEIMER, JÖRN/KÜCKELHAUS, MARKUS/WOHLTHAT, ANDREAS, Auswirkungen des Impairment of Assets auf die interne Steuerung, in: ZfCM-Sonderheft 2/2004, S. 22-30 (Impairment of Assets).

BARTELS, PETER/JONAS, MARTIN, § 27 Wertminderungen, in: BOHL, WERNER/RIESE, JOACHIM/SCHLÜTER, JÖRG (Hrsg.), Beck'sches IFRS-Handbuch – Kommentierung der IFRS/IAS, 2. Aufl., München (u. a.) 2006, S. 739-774 (§ 27 Wertminderungen).

BAUMANN, KARL-HERMANN, Die Segment-Berichterstattung im Rahmen der externen Finanzpublizität, in: HAVERMANN, HANS (Hrsg.), Bilanz- und Konzernrecht, Festschrift für Reinhard Goerdeler, Düsseldorf 1987, S. 1-23 (Segment-Berichterstattung).

BEAVER, WILLIAM H., Financial Reporting. An Accounting Revolution, 3. Aufl., Upper Saddle River 1998 (Financial Reporting).

BECHTEL, WILFRIED/KÖSTER, HEINRICH/STEENKEN, HANS-ULRICH, Die Veröffentlichung und Prüfung von Vorhersagen über die Entwicklung von Unternehmungen, in: BAETGE, JÖRG/MOXTER, ADOLF/SCHNEIDER, DIETER (Hrsg.), Bilanzfragen, Düsseldorf 1976, S. 205-216 (Die Veröffentlichung und Prüfung von Vorhersagen).

BEINE, FRANK/NARDMANN, HENDRIK, Segmentberichterstattung, in: BALLWIESER, WOLFGANG/BEINE, FRANK/HAYN, SVEN/PEEMÖLLER, VOLKER H./SCHRUFF, LOTHAR/WEBER, CLAUS-PETER (Hrsg.), Wiley – Kommentar zur internationalen Rechnungslegung nach IFRS 2008, 4. Aufl., Weinheim 2008, Abschnitt 20, S. 961-1001 (Segmentberichterstattung).

BELLINGER, BERNHARD, Eine Wende in der Unternehmensbewertung? – Zur Stichtagsbezogenheit jeder Unternehmensbewertung, in: WPg 1980, S. 575-584 (Stichtagsbezogenheit jeder Unternehmensbewertung).

BELLINGER, BERNHARD/VAHL, GÜNTER, Unternehmensbewertung in Theorie und Praxis, 2. Aufl., Wiesbaden 1992 (Unternehmensbewertung).

BENECKE, BIRKA, Internationale Rechnungslegung und Management Approach – Bilanzierung derivativer Finanzinstrumente und Segmentberichterstattung, Wiesbaden 2000 (Internationale Rechnungslegung und Management Approach).

BENNINGA, SIMON Z./SARIG, ODED H., Corporate Finance. A Valuation Approach, New York 1997 (Corporate Finance).

BENTELE, MARTINA, Immaterielle Vermögenswerte in der Unternehmensberichterstattung – eine kritische Analyse, Frankfurt am Main (u. a.) 2004 (Immaterielle Vermögenswerte).

BERNDLMAIER, ALEXANDER F./KLEIN, GEORG A., Kundenorientierung in der US-amerikanischen Rechnungslegung: Der Comprehensive Report des Special Committee on Financial Reporting des AICPA, in: DB 1997, S. 1089-1095 (Kundenorientierung in der US-amerikanischen Rechnungslegung).

BERNDT, THOMAS, Wahrheits- und Fairnesskonzeptionen in der Rechnungslegung, Stuttgart 2005 (Wahrheits- und Fairnesskonzeptionen in der Rechnungslegung).

BEYHS, OLIVER, Impairment of Assets nach International Accounting Standards, Frankfurt am Main 2002 (Impairment of Assets).

BIEKER, MARCUS, Ökonomische Analyse des Fair Value Accounting, Frankfurt am Main 2006 (Analyse des Fair Value Accounting).

BISCHOFF, JÖRG, Das Shareholder Value-Konzept – Darstellung, Probleme, Handhabungsmöglichkeiten, 3. Aufl., Wiesbaden 1998 (Shareholder Value-Konzept).

BLUME, MARSHALL E./CROCKETT, JEAN/FRIEND, IRWIN, Stockownership in the United States: Characteristics and Trends, in: Survey of Current Business 1974, S. 16-40 (Stockownership).

BÖCKING, HANS-JOACHIM, Zum Verhältnis von Rechnungslegung und Kapitalmarkt: Vom „financial accounting" zum „business reporting", in: Rechnungslegung und Steuern international, hrsg. v. BALLWIESER, WOLFGANG/SCHILDBACH, THOMAS, Düsseldorf 1998, S. 17-53 (Rechnungslegung und Kapitalmarkt).

BÖCKING, HANS-JOACHIM/BENECKE, BIRKA, Der Entwurf des DRSC zur Segmentberichterstattung „E-DRS 3" – Eine Orientierung an dem Standard SFAS 131 des FASB und/oder an dem Standard IAS 14 *revised* des IASC?, in: WPg 1999, S. 839-845 (Segmentberichterstattung).

BÖCKING, HANS-JOACHIM/DUTZI, ANDREAS, § 289 HGB, in: BAETGE, JÖRG/KIRSCH, HANS-JÜRGEN/THIELE, STEFAN (Hrsg.), Bilanzrecht Kommentar – Handelsrecht mit Steuerrecht und den Regelungen des IASB, 1. Aufl., Bonn, Berlin 2002 (§ 289 HGB).

BÖCKING, HANS-JOACHIM/NOWAK, KARSTEN, Der Beitrag der Discounted Cash Flow-Verfahren zur Lösung der Typisierungsproblematik bei Unternehmensbewertungen, in: DB 1998, S. 685-690 (Typisierungsproblematik bei Unternehmensbewertungen).

BÖCKING, HANS-JOACHIM/WESNER, PETER, Value Reporting und Corporate Governance – Anreizkompatible Vergütung, Performancemessung und Unternehmensüberwachung, in: Wirtschaftsprüfung und Zeitgeist, WPg-Sonderheft 2004, S. 98-107 (Value Reporting).

BÖRNER, DIETRICH, Unternehmensbewertung, in: ALBERS, WILLI (u. a.) (Hrsg.), Handwörterbuch der Wirtschaftswissenschaft, Bd. 8, Stuttgart (u. a.) 1980, S. 111-123 (Unternehmensbewertung).

BÖRSIG, CLEMENS, Unternehmenswert und Unternehmensbewertung, in: zfbf 1993, S. 79-91 (Unternehmenswert und Unternehmensbewertung).

BÖRSIG, CLEMENS, Segmentberichterstattung – Ziele und Probleme, in: COENENBERG, ADOLF G./POHLE, KLAUS (Hrsg.), Internationale Rechnungslegung: Konsequenzen für Unternehmensführung, Rechnungswesen, Standardsetting, Prüfung und Kapitalmarkt, Stuttgart 2001, S. 231-245 (Segmentberichterstattung).

BOGAJEWSKAJA, JANINA, Reporting Financial Performance – Konzeption und Darstellung der Erfolgsrechnung nach Vorschriften des ASB, FASB und IASB, Wiesbaden 2007 (Reporting Financial Performance).

BORN, KARL, Unternehmensanalyse und Unternehmensbewertung, 2. Aufl., Stuttgart 2003 (Unternehmensanalyse und Unternehmensbewertung).

BREITENSTEIN, URS/HÄNNI, CYRILL, Impairment-Tests und der Pre-Tax-Diskontsatz nach IAS 36, in: Der Schweizer Treuhänder 2005, S. 650-657 (Pre-Tax-Diskontsatz nach IAS 36).

BREKER, NORBERT, Rechenschaftsfunktion und Verlässlichkeit von Abschlussinformationen – zwei zentrale Aspekte des IASB-Framework, in: WPg 2007, S. I (Rechenschaftsfunktion und Verlässlichkeit des IASB-Framework).

BRENNAN, MICHAEL, Taxes, Market Valuation and Corporate Financial Policy, National Tax Journal 1970, S. 417-427 (Taxes).

BRETZKE, WOLF-RÜDIGER, Das Prognoseproblem bei der Unternehmensbewertung: Ansätze zu einer risikoorientierten Bewertung ganzer Unternehmungen auf der Grundlage modellgestützter Erfolgsprognosen, Düsseldorf 1975 (Prognoseproblem bei der Unternehmensbewertung).

BRINKMANN, JÜRGEN, Zweckadäquanz der Rechnungslegung nach IFRS, Berlin 2006 (Zweckadäquanz).

BRINKMANN, JÜRGEN, Die Informationsfunktion der Rechnungslegung nach IFRS – Anspruch und Wirklichkeit – Teil I: Anforderungen an informationsvermittelnde Rechenwerke, in: Zeitschrift für Corporate Governance 2007, S. 228-232 (Informationsfunktion der Rechnungslegung nach IFRS).

BRÖSEL, GERRIT, Unternehmenswert, in: KOLLMANN, TOBIAS (Hrsg.), Gabler Kompakt-Lexikon Unternehmensgründung, Wiesbaden 2005, S. 416-417 (Unternehmenswert).

BRÖSEL, GERRIT, Eine Systematisierung der Nebenfunktionen der funktionalen Unternehmensbewertungstheorie, in: BFuP 2006, S. 128-143 (Nebenfunktionen der funktionalen Unternehmensbewertungstheorie).

BRÜCKS, MICHAEL/KERKHOFF, GUIDO/RICHTER, MICHAEL, Impairment Test für den Goodwill nach IFRS – Vergleich mit den Regelungen nach US-GAAP: Gemeinsamkeiten und Unterschiede, in: KoR 2005, S. 1-7 (Impairment Test für den Goodwill nach IFRS).

BRÜCKS, MICHAEL/KERKHOFF, GUIDO/RICHTER, MICHAEL, IAS 36 Wertminderung von Vermögenswerten, in: THIELE, STEFAN/KEITZ, ISABEL VON/BRÜCKS, MICHAEL (Hrsg.), Internationales Bilanzrecht – Rechnungslegung nach IFRS – Kommentar, Bonn 2008 (IAS 36).

BRÜCKS, MICHAEL/WIEDERHOLD, PHILIPP, IFRS 3 Business Combinations, in: KoR 2004, S. 177-185 (Business Combinations).

BRÜGGEMANN, BENEDIKT, Die Berichterstattung im Anhang des IFRS-Abschlusses, Düsseldorf 2007 (Berichterstattung im Anhang des IFRS-Abschlusses).

BRUGGER, WALTER, Philosophisches Wörterbuch, 14. Aufl., Freiburg (u. a.) 1976 (Philosophisches Wörterbuch).

BRUNS, CHRISTOPH/MEYER-BULLERDIEK, FRIEDER, Professionelles Portfoliomanagement – Aufbau, Umsetzung und Erfolgskontrolle strukturierter Anlagestrategien, 3. Aufl., Stuttgart 2003 (Professionelles Portfoliomanagement).

BUCHHEIM, REGINE/KNORR, LIESEL/SCHMIDT, MARTIN, Anwendung der IFRS in Europa: Das neue Endorsement-Verfahren, in: KoR 2008, S. 334-341 (Anwendung der IFRS in Europa).

BURGER, ANTON/BURCHHART, ANTON, Integration des Rechnungswesens im Shareholder Value-Ansatz, in: DB 2001, S. 549-554 (Shareholder Value-Ansatz).

BURWICK, ANDREAS, Neue Unternehmensplanung, Erfolgreiche Unternehmen als denkende Netzwerke, 3. Aufl., Düsseldorf 2005 (Unternehmensplanung).

BUSCH, KAI, Unternehmensbewertung von kleinen und mittleren Unternehmen – Theorie und Praxis, Göttingen 2008 (Unternehmensbewertung von kleinen und mittleren Unternehmen).

BUSSE VON COLBE, WALTHER, Der Zukunftserfolg – die Ermittlung des künftigen Unternehmungserfolges und seine Bedeutung für die Bewertung von Industrieunternehmen, Wiesbaden 1957 (Zukunftserfolg).

BUSSE VON COLBE, WALTHER, Prognosepublizität von Aktiengesellschaften, in: ANGEHRN, OTTO/KÜNZI, HANS PAUL (Hrsg.), Beiträge zur Lehre von der Unternehmung, Festschrift für Karl Käfer, Stuttgart 1968, S. 91-118 (Prognosepublizität).

BUSSE VON COLBE, WALTHER, Die Entwicklung des Jahresabschlusses als Informationsinstrument, in: zfbf-Sonderheft 32, Düsseldorf 1993, S. 11-29 (Jahresabschluss als Informationsinstrument).

BUSSE VON COLBE, WALTHER, Unternehmenskontrolle durch Rechnungslegung, in: SANDROCK, OTTO/JÄGER, WILHELM (Hrsg.), Internationale Unternehmenskontrolle und Unternehmenskultur – Beiträge zu einem Symposium, Tübingen 1994, S. 37-57 (Unternehmenskontrolle durch Rechnungslegung).

CARLETON, WILLIARD T./LAKONISHOK, JOSEF, Risk and Return on Equity: The Use and Misuse of Historical Estimates, in: Financial Analyst Journal, January/February 1985, S. 38-47 (Use and Misuse of Historical Estimates).

CASEY, ANGELIKA, IFRS 8 Operating Segments: Neuerungen bei der Segmentberichterstattung – Echter Gestaltungsspielraum oder geringer Handlungsbedarf?, in: IRZ 2007, S. 325-329 (IFRS 8).

CASTEDELLO, MARC/KLINGBEIL, CHRISTIAN/SCHRÖDER, JAKOB, *IDW RS HFA 16*: Bewertungen bei der Abbildung von Unternehmenserwerben und bei Werthaltigkeitsprüfungen nach IFRS, in: WPg 2006, S. 1028-1036 (IDW RS HFA 16).

CHAMBERS, RAYMOND J., Accounting, Evaluation and Economic Behavior, Reprint Houston 1974 (Accounting).

COENENBERG, ADOLF G., Jahresabschluss und Jahresabschlussanalyse. Betriebswirtschaftliche, handelsrechtliche, steuerrechtliche und internationale Grundsätze – HGB, IFRS und US-GAAP, unter Mitarbeit von Bischof, Bettina (u. a.), 20. Aufl., Stuttgart 2005 (Jahresabschluss und Jahresabschlussanalyse).

COENENBERG, ADOLF G./SCHULTZE, WOLFGANG, Unternehmensbewertung: Konzeptionen und Perspektiven, in: DBW 2002, S. 597-621 (Unternehmensbewertung: Konzeptionen und Perspektiven).

COENENBERG, ADOLF G./STRAUB, BARBARA, Rechenschaft versus Entscheidungsunterstützung: Harmonie oder Disharmonie der Rechnungszwecke?, in: KoR 2008, S. 17-26 (Rechenschaft versus Entscheidungsunterstützung).

COPELAND, TOM/KOLLER, TIM/MURRIN, JACK, Valuation – Measuring and Managing the Value of Companies, 3. Aufl., New York (u. a.) 2000 (Valuation).

COPELAND, TOM/KOLLER, TIM/MURRIN, JACK, Unternehmenswert: Methoden und Strategien für eine wertorientierte Unternehmensführung, 3. Aufl., Frankfurt am Main (u. a.) 2002 (Unternehmenswert).

DASKE, HOLGER/GEBHARDT, GÜNTHER/KLEIN, STEFAN, Estimating the Expected Cost of Equity Using Consensus Forecasts, Working Paper Series: Finance and Accounting, No. 124, Johann Wolfgang Goethe-Universität Frankfurt am Main 2004 (Expected Cost of Equity Using Consensus Forecasts).

DAMODARAN, ASWATH, Damodaran on Valuation – Security Analysis for Investment and Corporate Finance, New York (u. a.) 1994 (Damodaran on Valuation).

DELLMANN, KLAUS/DELLMANN, MARC, Jahresabschlußbasierte DCF-Valuation ganzer Unternehmen und Risikoanalyse, in: BOYSEN, KURT/DYCKERHOFF, CHRISTIAN/OTTE, HOLGER, Der Wirtschaftsprüfer und sein Umfeld zwischen Tradition und Wandel zu Beginn des 21. Jahrhunderts – Festschrift zum 75. Geburtstag von Hans-Heinrich Otte, Düsseldorf 2001, S. 67-93 (DCF-Valuation).

DELOITTE (Hrsg.), Stellungnahme zum Exposure Draft of An improved Conceptual Framework for Financial Reporting: Chapter 1: The Objective of Financial Reporting, Chapter 2: Qualitative Characteristics and Constraints of Decision-useful Financial Reporting Information, abrufbar unter: http://www.iasb.org/NR/rdonlyres/07F4EED1-9776-45FF-BC00-77753E9F2A50/8006/20080929150933_DTTCLEDFrameworkCh12_final.pdf, Stand: 16.01.2009 (Stellungnahme zum Exposure Draft).

DEMSKI, JOEL S./FELTHAM, GERALD A., Cost Determination – A conceptual approach, Iowa 1976 (A conceptual approach).

DEUTSCHE BUNDESBANK (Hrsg.), Zeitreihe – Zinsstrukturkurve (Svensson-Methode), abrufbar unter: http://www.bundesbank.de/statistik/statistik_zeitreihen.php?func=list&tr=www_s300_it03, Stand: 13.11.2008 (Zeitreihe – Zinsstrukturkurve (Svensson-Methode)).

DEUTSCHE BUNDESBANK (Hrsg.), Monatsberichte, abrufbar unter: http://www.bundesbank.de/volkswirtschaft/vo_monatsbericht_2008.php, Stand: 26.11.2008 (Monatsberichte).

DEUTSCHE BÖRSE (Hrsg.), Sektor-Indizes, abrufbar unter: http://deutsche-boerse.com/dbag/dispatch/de/kir/gdb_navigation/market_data_analytics/20_indices/150_sector_indices, Stand: 23.11.2008 (Sektor-Indizes).

DINSTUHL, VOLKMAR, Konzernbezogene Unternehmensbewertung – DCF-orientierte Konzern- und Segmentbewertung unter Berücksichtigung der Besteuerung, Wiesbaden 2003 (Konzernbezogene Unternehmensbewertung).

DIRRIGL, HANS, Wertorientierung und Konvergenz in der Unternehmensrechnung, in: BFuP 1998, S. 540-579 (Wertorientierung).

DOBLER, MICHAEL/HETTICH, SILVIA, Geplante Änderungen der Rahmenkonzepte von IASB und FASB – Konzeption, Vergleich, Würdigung, in: IRZ 2007, S. 29-36 (Geplante Änderungen der Rahmenkonzepte von IASB und FASB).

DÖLLERER, GEORG, Handelsbilanz ist gleich Steuerbilanz, in: BAETGE, JÖRG (Hrsg.), Der Jahresabschluß im Widerstreit der Interessen – Vortragsreihe des Instituts für Revisionswesen an der Westfälischen Wilhelms-Universität Münster, Düsseldorf 1983, S. 157-177 (Handelsbilanz gleich Steuerbilanz).

DÖRSCHELL, ANDREAS/FRANKEN, LARS/SCHULTE, JÖRN, Bewertung von Beteiligungen nach IDW RS HFA 10 – Darstellung und Analyse vor dem Hintergrund der Neufassung des IDW S1 sowie des IDW RS HFA 16, in: WPg 2006, S. 1060-1069 (Bewertung von Beteiligungen nach IDW RS HFA 10).

DÖRSCHELL, ANDREAS/FRANKEN, LARS/SCHULTE, JÖRN/BRÜTTING, CHRISTIAN, Ableitung CAPM-basierter Risikozuschläge bei der Unternehmensbewertung – eine kritische Analyse ausgewählter Problemkreise im Rahmen von IDW S 1 i. d. F. 2008, in: WPg 2008, S. 1152-1162 (Ableitung CAPM-basierter Risikozuschläge).

DOHRN, MATTHIAS, Entscheidungsrelevanz des Fair Value-Accounting am Beispiel von IAS 39 und IAS 40, Lohmar-Köln 2004 (Entscheidungsrelevanz des Fair Value Accounting).

DOW JONES (Hrsg.), Dow Jones STOXX Sector Indices, abrufbar unter: http://www.stoxx.com/indices/types/sector.html, Stand: 27.11.2008 (Sector Indices).

DOW JONES/FTSE (Hrsg.), Industry Classification Benchmark (ICB), abrufbar unter: http://www.icbenchmark.com/, Stand: 27.11.2008 (Industry Classification Standard).

DRSC (Hrsg.), Financial reporting issues arising from the sub-prime crisis and subsequent market turmoil, abrufbar unter: http://www.standardsetter.de/drsc/news/news.php?lp=13&list_id=0&language=german, Stand: 02.09.2008 (Financial reporting issues).

DRSC (Hrsg.), Gemeinsames Statement zur Finanzmarktkrise, in: DRSC-Newsletter vom 11.07.2008, abrufbar unter: http://www.standardsetter.de/drsc/mailinglist/archive.php?language=&ml_id=, Stand: 02.09.2008 (Gemeinsames Statement zur Finanzmarktkrise).

DRUKARCZYK, JOCHEN, DCF-Methoden und Ertragswertmethode – einige klärende Anmerkungen, in: WPg 1995, S. 329–334 (DCF-Methoden und Ertragswertmethode).

DRUKARCZYK, JOCHEN/SCHÜLER, ANDREAS, Unternehmensbewertung, 5. Aufl., München 2007 (Unternehmensbewertung).

DUHR, ANDREAS, Grundsätze ordnungsmäßiger Geschäftswertbilanzierung – Objektivierungskonzeptionen des Geschäftswertes nach HGB, IFRS und U.S.GAAP, Düsseldorf 2006 (Grundsätze ordnungsmäßiger Geschäftswertbilanzierung).

DUSEMOND, MICHAEL, Goodwill Impairment Test in Theorie und Praxis, in: BALLWIESER, WOLFGANG/BEYER, SVEN/ZELGER, HANSJÖRG (Hrsg.), Unternehmenskauf nach IFRS und US-GAAP – Purchase Price Allocation, Goodwill und Impairment Test, 2. Aufl., Stuttgart 2008, S. 317-348 (Goodwill Impairment-Test).

EFRAG (Hrsg.), Stewardship/Accountability as an Objective of Financial Reporting – A comment on the IASB/FASB Conceptual Framework Project, abrufbar unter: http://www.efrag.org/files/ProjectDocuments/Other%20projects/070823%20%20PAAinE%20Stewardship%20paper%20final%20version.pdf, Stand: 16.01.2009 (Stewardship as an Objective).

EGGER, ANTON/WINTERHELLER, MANFRED, Kurzfristige Unternehmensplanung – Budgetierung, 2. Aufl., Wien 1984 (Kurzfristige Unternehmensplanung).

EGNER, HENNING, Bilanzen, München 1974 (Bilanzen).

EHRMANN, HARALD, Unternehmensplanung, 3. Aufl., Ludwigshafen 1999 (Unternehmensplanung).

EIERLE, BRIGITTE, Die Entwicklung der Differenzierung der Unternehmensberichterstattung in Deutschland und Großbritannien – Ansatzpunkte für die Diskussion der zukünftigen Gestaltung der Abschlusserstellung nicht kapitalmarktorientierter Unternehmen in Deutschland, Frankfurt am Main 2004 (Differenzierung der Unternehmensberichterstattung).

EMMRICH, MARKUS, Ansätze und Perspektiven einer Reform der externen Rechnungslegung in Deutschland, Aachen 1999 (Perspektiven der externen Rechnungslegung).

EPPINGER, CHRISTOPH T. G., Die Bewertung von Beteiligungen in der Handelsbilanz – Konzeption informationsorientierter Bewertungsgrundsätze de lege lata und de lege ferenda, Hamburg 2008 (Bewertung von Beteiligungen in der Handelsbilanz).

EUROPEAN CENTRAL BANK (Hrsg.), Euro area yield curve, abrufbar unter: http://www.ecb.int/stats/money/yc/html/index.en.html, Stand: 13.11.2008 (Euro area yield curve).

EUROPEAN CENTRAL BANK (Hrsg.), Long-term interest rate statistics for EU Member States, abrufbar unter: http://www.ecb.int/stats/money/long/html/index.en.html, Stand: 13.11.2008 (Long-term interest rate statistics for EU Member States).

EWERT, RALF, Rechnungslegung, Gläubigerschutz und Agency-Probleme, Wiesbaden 1986 (Agency-Probleme).

FAMA, EUGENE F., Foundations of Finance – Portfolio Decisions and Security Prices, New York 1976 (Foundations of Finance).

FAMA, EUGENE F., Agency Problems and the Theory of the Firm, in: Journal of Political Economy 1980, S. 288-307 (Agency Problems and the Theory of the Firm).

FASB (Hrsg.), Statement of Financial Accounting Standards No. 131, Disclosures about Segments of an Enterprise and Related Information, Norwalk 1997, abrufbar unter: http://www.fasb.org/pdf/fas131.pdf, Stand: 26.02.2009 (SFAS 131).

FASB/IASB (Hrsg.), Conceptual Framework – Joint Project of the IASB and FASB, abrufbar unter: http://www.fasb.org/project/conceptual_framework.shtml, Stand: 16.01.2009 (Conceptual Framework).

FIELDS, THOMAS D./RANGAN, SRINIVASAN/THIAGARAJAN, S. RAMU, An Evaluation of the Usefulness of Non-GAAP Accounting Measures in the Real Estate Investment Trust Industry, in: Review of Accounting Studies 1998, S. 103-130 (Usefulness of Accounting Measures).

FINK, CHRISTIAN, Lageberichterstattung und Erfolgspotenzialanalyse – Eignung der Lageberichterstattung nach deutschem Recht und IFRS für die strategische Unternehmensanalyse, Marburg 2007 (Lageberichterstattung und Erfolgspotenzialanalyse).

FINK, CHRISTIAN/KECK, BARBARA, Lageberichterstattung nach E-DRS 20 – Kritische Würdigung aus Sicht der Unternehmensanalyse, in: WPg 2004, S. 1077-1091 (Lageberichterstattung).

FINK, CHRISTIAN/ULBRICH, PHILIPP, IFRS 8: Paradigmenwechsel in der Segmentberichterstattung, in: DB 2007, S. 981-985 (Paradigmenwechsel in der Segmentberichterstattung).

FISCHER, ALEXANDER, Shareholder Value Reporting mittels jahresabschlussergänzender Angaben – Untersuchung ökonomischer Wirkungsweisen der Investor Relations im Rahmen einer wertorientierten Unternehmensführung, Bern (u. a.) 2003 (Shareholder Value Reporting).

FISCHER, HELLMUTH, Unternehmensplanung, München 1997 (Unternehmensplanung).

FISCHER, THOMAS M./WENZEL, JULIA, Value Reporting, in: DBW 2002, S. 327-332 (Value Reporting).

FOCKENBROCK, DIETER, Reform des Bilanzrechts – Professoren machen Front gegen Fair Value, in: Handelsblatt vom 19.11.2008, S. 19 (Fair Value).

FORSTER, KARL-HEINZ, Zur angemessenen Barabfindung (§ 305 AktG), in: MARTENS, KLAUS-PETER (Hrsg.), Festschrift für Carsten Peter Claussen zum 70. Geburtstag, Köln (u. a.) 1997, S. 91-101 (Zur angemessenen Barabfindung).

FRANKE, GÜNTER/HAX, HERBERT, Finanzwirtschaft des Unternehmens und Kapitalmarkt, 5. Aufl., Berlin (u. a.) 2004 (Finanzwirtschaft des Unternehmens und Kapitalmarkt).

FREIBERG, JENS/LÜDENBACH, NORBERT, Ermittlung des Diskontierungszinssatzes nach IAS 36, in: KoR 2005, S. 479-487 (Ermittlung des Diskontierungszinssatzes nach IAS 36).

FREIDANK, CARL-CHRISTIAN, Internationale Rechnungslegungspolitik und Unternehmenswertsteigerung, in: LACHNIT, LAURENZ/FREIDANK, CARL-CHRISTIAN (Hrsg.), Investororientierte Unternehmenspublizität – Neue Entwicklungen von Rechnungslegung, Prüfung und Jahresabschlussanalyse, Wiesbaden 2000, S. 3-29 (Internationale Rechnungslegungspolitik und Unternehmenswertsteigerung).

FUHR, ANNETTE, Die Prüfung der Unternehmensplanung – Ein Instrument zur Überwachung der Unternehmensleitung in Kapitalgesellschaften, Düsseldorf 2003 (Prüfung der Unternehmensplanung).

FULLER, RUSSELL J./KERR, HALBERT S., Estimating the Divisional Cost of Capital: An Analysis of the Pure-Play Technique, in: Journal of Finance 1981, S. 997-1009 (Analysis of the Pure-Play Technique).

GASSEN, JOACHIM, Are stewardship and valuation usefulness compatible or alternative objectives of financial accounting, Working Paper, Humboldt-Universität zu Berlin 2008 (Stewardship and valuation usefulness).

GASSEN, JOACHIM/SCHWEDLER, KRISTINA, Survey: The View of European Professional Investors and their Advisors – Attitudes towards Fair Value and Other Measurement Concepts: An Evaluation of their Decision-usefulness, abrufbar unter: http://www.ieaf.es/_img_admin/1210001265Survey_Summary_April08.pdf, Stand: 23.01.2009, Berlin 2008 (Survey – Attitudes towards Measurement Concepts).

GATTUNG, ANDREAS/LORSON, PETER, Die Forderung nach einer „faithful representation" – Verhältnis zur Objektivität, Neutralität und Nachprüfbarkeit, in: KoR 2008, S. 556-565 (Forderung nach einer „faithful representation").

GEBHARDT, GÜNTHER/DASKE, HOLGER, Kapitalmarktorientierte Bestimmung von risikofreien Zinssätzen für die Unternehmensbewertung, in: WPg 2005, S. 649-655 (Kapitalmarktorientierte Bestimmung von risikofreien Zinssätzen).

GJESDAL, FRØYSTEIN, Accounting for Stewardship, in: Journal of Accounting Research 1981, S. 208-231 (Accounting for Stewardship).

GLÖCKLE, THOMAS, Die zukunftsbezogene Publizität von Kapitalgesellschaften in der Bundesrepublik Deutschland, Tübingen 1996 (Zukunftsbezogene Publizität von Kapitalgesellschaften).

GÖPPL, HERMANN, Unternehmensbewertung und Capital-Asset-Pricing-Theorie, in: WPg 1980, S. 237-245 (Unternehmensbewertung und Capital-Asset-Pricing-Theorie).

GORNY, CHRISTIAN, Unternehmensbewertung in Verhandlungsprozessen – Ansätze zur Lösung der Argumentationsfunktion, Wiesbaden 2002 (Unternehmensbewertung).

GORNY, CHRISTIAN/ROSENBAUM, DIRK, Zur Verwendung kapitalmarktbasierter Risikozuschläge in phasenorientierten Unternehmensbewertungsmodellen, in: FB 2002, S. 486-489 (Verwendung kapitalmarktbasierter Risikozuschläge).

GRASS, DORIS, Aufseher fordern transparentere Bilanzen – Wertpapierbehörden reagieren auf Bewertungsprobleme, in: Financial Times Deutschland vom 14.07.2008, S. 17 (Aufseher fordern transparentere Bilanzen).

GREINERT, MARKUS, Weitergehende Anforderungen an den Konzernlagebericht durch E-DRS 20 sowie das Bilanzrechtsreformgesetz, in: KoR 2004, S. 51-60 (Anforderungen an den Konzernlagebericht).

GROßFELD, BERNHARD, Elemente der Unternehmensbewertung, in: FORSTMOSER, PETER (Hrsg.), Freiheit und Verantwortung im Recht, Festschrift zum 60. Geburtstag für Arthur Meier-Hayoz, Bern 1982 (Elemente der Unternehmensbewertung).

GROßFELD, BERNHARD, Unternehmens- und Anteilsbewertung im Gesellschaftsrecht, 4. Aufl., Köln 2002 (Unternehmens- und Anteilsbewertung).

GÜNTHER, ROLF, Unternehmensbewertung: Kapitalisierungszinssatz nach Einkommensteuer bei Risiko und Wachstum im Phasenmodell, in: BB 1998, S. 1834-1842 (Unternehmensbewertung).

GÜNTHER, THOMAS, Trends und Entwicklungsperspektiven im wertorientierten Controlling, in: COENENBERG, ADOLF G./POHLE, KLAUS (Hrsg.), Internationale Rechnungslegung. 54. Deutscher Betriebswirtschafter-Tag, Stuttgart 2001, S. 181-212 (Entwicklungsperspektiven).

GÜNTHER, THOMAS/BEYER, DIRK, Value Based Reporting – Entwicklungspotenziale der externen Unternehmensberichterstattung, in: BB 2001, S. 1623-1630 (Value Based Reporting).

HAAKER, ANDREAS, Grundgedanken zu einer Reform der Bilanzierung von immateriellen Vermögenswerten nach IAS 38 und zur zweckadäquaten Ausgestaltung einer „IFRS-Informationsbilanz“ (Teil I) – Erfüllung des Informationszwecks und Reform des IAS 38, in: KoR 2007, S. 254-262 (Ausgestaltung einer IFRS-Informationsbilanz, Teil I).

HAAKER, ANDREAS, Grundgedanken zu einer Reform der Bilanzierung von immateriellen Vermögenswerten nach IAS 38 und zur zweckadäquaten Ausgestaltung einer „IFRS-Informationsbilanz" (Teil II) – Weiterentwicklung der IFRS-Bilanz zu einer entobjektivierten Informationsbilanz, in: KoR 2007, S. 332-341 (Ausgestaltung einer IFRS-Informationsbilanz, Teil II).

HAAKER, ANDREAS, Potenzial der Goodwill-Bilanzierung nach IFRS für eine Konvergenz im wertorientierten Rechnungswesen – Eine messtheoretische Analyse, Wiesbaden 2008 (Goodwill-Bilanzierung nach IFRS).

HAAKER, ANDREAS/PAARZ, MICHAEL, Die Segmentberichterstattung als Informationsinstrument – Gewährleisten die Regelungen des IAS 14 eine zweckadäquate Segmentabgrenzung?, in: KoR 2005, S. 194-199 (Informationsinstrument).

HAASE, KLAUS DITTMAR, Segment-Bilanzen – Rechnungslegung diversifizierter Industrieunternehmen, Wiesbaden 1974 (Segment-Bilanzen).

HAASE, KLAUS DITTMAR, Segmentplanung und -bilanzierung, in: FUCHS, JOSEF/SCHWANTAG, KARL (Hrsg.), agplan-Handbuch zur Unternehmensplanung, 3. Bd., München 1982, S. 1-36 (Segmentplanung).

HACHMEISTER, DIRK, Impairment-Test nach IFRS und US-GAAP, in: BALLWIESER, WOLFGANG/BEYER, SVEN/ZELGER, HANSJÖRG (Hrsg.), Unternehmenskauf nach IFRS und US-GAAP – Purchase Price Allocation, Goodwill und Impairment Test, 2. Aufl., Stuttgart 2008, S. 229-266 (Impairment-Test nach IFRS).

HACHMEISTER, DIRK/WIESE, JÖRG, Der Zinsfuß in der Unternehmensbewertung: Aktuelle Probleme und Rechtsprechung, in: WPg 2009, S. 54-65 (Zinsfuß in der Unternehmensbewertung).

HACKER, BERND, Zum Nutzen des Value Reporting mit Segmentberichten, in: DStR 2003, S. 1270-1272 (Value Reporting mit Segmentberichten).

HAGEST, JOACHIM/KELLINGHUSEN, GEORG, Zur Problematik der Prognoseprüfung und der Entwicklung von Grundsätzen ordnungsmäßiger Prognosebildung, in: WPg 1977, S. 405-415 (Problematik der Prognoseprüfung).

HALLER, AXEL, Die Grundlagen der externen Rechnungslegung in den USA. Unter besonderer Berücksichtigung der rechtlichen, institutionellen und theoretischen Rahmenbedingungen, 4. Aufl., Stuttgart 1994 (Grundlagen der externen Rechnungslegung).

HALLER, AXEL, IFRS 8 Geschäftssegmente (operating segments), in: BAETGE, JÖRG/WOLLMERT, PETER/KIRSCH, HANS-JÜRGEN/OSER, PETER/BISCHOF, STEFAN (Hrsg.), Rechnungslegung nach IFRS – Kommentar auf der Grundlage des deutschen Bilanzrechts, 2. Aufl., Stuttgart 2003, Ergänzungslieferung August 2008 (IFRS 8 Geschäftssegmente).

HALLER, AXEL/PARK, PETER, Grundsätze ordnungsmäßiger Segmentberichterstattung, in: zfbf 1994, S. 499-524 (Segmentberichterstattung).

HALLER, AXEL/PARK, PETER, Segmentberichterstattung auf Basis des „Management Approach“ – Inhalt und Konsequenzen, in: krp-Sonderheft 3/1999, S. 59-66 (Segmentberichterstattung auf Basis des Management Approach).

HALTER, JÜRGEN, Werthaltigkeitsprüfungen von zahlungsmittelgenerierenden Einheiten nach IAS 36 – Darstellung und konzeptionelle Kritik unter besonderer Berücksichtigung des Nutzungswerts, Sternenfels 2008 (Werthaltigkeitsprüfungen von zahlungsmittelgenerierenden Einheiten nach IAS 36).

HARTLE, JOACHIM, Möglichkeiten der Entobjektivierung der Bilanz – Eine ökonomische Analyse, Frankfurt am Main 1984 (Möglichkeiten der Entobjektivierung der Bilanz).

HARTMANN, CHRISTINA, Internationalisierung der Lageberichterstattung – Darstellung und Vergleich des deutschen Lageberichts und der US-amerikanischen MD&A, Marburg 2006 (Internationalisierung der Lageberichterstattung).

HARTMANN-WENDELS, THOMAS, Rechnungslegung der Unternehmen und Kapitalmarkt aus informationsökonomischer Sicht, Heidelberg 1991 (Rechnungslegung der Unternehmen).

HARTMANN-WENDELS, THOMAS, Agency-Theorie und Publizitätspflicht nichtbörsennotierter Kapitalgesellschaften, in: BFuP 1992, S. 412-425 (Agency-Theorie).

HARTUNG, SVEN, Anhang und Lagebericht im Spannungsfeld zwischen Bilanztheorie und Bilanzpolitik – eine theoretische und empirische Analyse, Aachen 2002 (Spannungsfeld zwischen Bilanztheorie und Bilanzpolitik).

HAVERMANN, HANS, Internationale Entwicklung in der Rechnungslegung, in: BALLWIESER, WOLFGANG/BÖCKING, HANS-JOACHIM/DRUKARCZYK, JOCHEN (Hrsg.), Bilanzrecht und Kapitalmarkt, Festschrift zum 65. Geburtstag von Adolf Moxter, Düsseldorf 1994, S. 655-677 (Internationale Rechnungslegung).

HAX, HERBERT, Investitionsrechnung und Periodenerfolgsmessung, in: DELFMANN, WERNER (Hrsg.), Der Integrationsgedanke in der Betriebswirtschaftslehre – Helmut Koch zum 70. Geburtstag, Wiesbaden 1989, S. 153-170 (Investitionsrechnung und Periodenerfolgsmessung).

HAX, HERBERT, Theorie der Unternehmung – Information, Anreize und Vertragsgestaltung, in: ORDELHEIDE, DIETER/RUDOLPH, BERND/BÜSSELMANN, ELKE (Hrsg.), Betriebswirtschaftslehre und Ökonomische Theorie, Stuttgart 1991, S. 51-72 (Theorie der Unternehmung).

HAYN, SVEN, Unternehmensbewertung: Die funktionalen Wertkonzeptionen, in: DB 2000, S. 1346-1353 (Die funktionalen Wertkonzeptionen).

HAYN, SVEN, Entwicklungstendenzen im Rahmen der Anwendung von IFRS in der Konzernrechnungslegung, in: BFuP 2005, S. 424-439 (Entwicklungstendenzen der IFRS).

HAYN, SVEN/MATENA, SONJA, Prüfung des Value Reporting durch den Abschlussprüfer, in: Zeitschrift für Planung & Unternehmenssteuerung 2005, S. 425-449 (Prüfung des Value Reporting).

HELBLING, CARL, DCF-Methode und Kapitalkostensatz in der Unternehmensbewertung, in: Der Schweizer Treuhänder 1993, S. 157-164 (DCF-Methode).

HELBLING, CARL, Unternehmensbewertung und Steuern, 9. Aufl., Düsseldorf 1998 (Unternehmensbewertung).

HENSELMANN, KLAUS, Gründe und Formen typisierender Unternehmensbewertung, in: BFuP 2006, S. 144-157 (Typisierte Unternehmensbewertungen).

HENSELMANN, KLAUS/WEILER, AXEL, Empirische Erkenntnisse zu Restwertverläufen in der Unternehmensbewertung, in: FB 2007, S. 354-362 (Erkenntnisse zu Restwertverläufen in der Unternehmensbewertung).

HEPERS, LARS, Entscheidungsnützlichkeit der Bilanzierung von Intangible Assets in den IFRS, Lohmar/Köln 2005 (Entscheidungsnützlichkeit der Bilanzierung von Intangible Assets).

HEUMANN, RAINER, Value Reporting in IFRS-Abschlüssen und Lageberichten, Düsseldorf 2005 (Value Reporting).

HEUSER, PAUL J./THEILE, CARSTEN, IFRS Handbuch – Einzel- und Konzernabschluss, 3. Aufl., Köln 2007 (IFRS Handbuch).

HIELSCHER, UDO, Investmentanalyse, 3. Aufl., München (u. a.) 1999 (Investmentanalyse).

HINZ, HOLGER/BEHRINGER, STEFAN, Unternehmensbewertung: Anlässe, Funktionen, Instrumente, in: WiSt 2000, S. 21-27 (Unternehmensbewertung).

HIRSCH, BERNHARD/HUFSCHLAG, KLAUS/PIEROTH, GUIDO, Die Mittelfristplanung als verknüpfendes Element zwischen Strategieformulierung und operativer Umsetzung von Zielen, in: Zeitschrift für Planung und Unternehmenssteuerung 2005, S. 249-266 (Mittelfristplanung).

HIRSCHMAN, ALBERT O., Exit, Voice, and Loyalty – responses to decline in firms, organizations, and states, Cambridge 1970 (Exit and Voice).

HOFFMANN, WOLF-DIETER, § 11 Ausserplanmässige Abschreibungen, Wertaufholung, in: LÜDENBACH, NORBERT/HOFFMANN, WOLF-DIETER (Hrsg.), Haufe IFRS-Kommentar, 6. Aufl., Freiburg im Breisgau 2008, S. 447-526 (§ 11 Abschreibungen).

HOLLMANN, SEBASTIAN, Reporting Performance, Düsseldorf 2003 (Reporting Performance).

HOMMEL, MICHAEL, Bilanzierung immaterieller Anlagewerte, Stuttgart 1998 (Bilanzierung immaterieller Anlagewerte).

HOMMEL, MICHAEL/PAULY, DENISE/NAGELSCHMITT, SABINE, IDW ES 1 – Neuerungen beim objektivierten Unternehmenswert, in: BB 2007, S. 2728-2731 (Neuerungen beim objektivierten Unternehmenswert).

HOMMEL, MICHAEL/SCHMIDT, REINHARD H./WÜSTEMANN, JENS, Adolf Moxter und die Grundsätze ordnungsgemäßer Rechnungslegung, in: WPg-Sonderheft 2004, S. 84-98 (Moxter und die Grundsätze).

HOWER, SASCHA, Unternehmensbewertung mit dem Tax-CAPM: Fortschritt oder nicht pragmatische Komplexitätssteigerung, Aachen 2008 (Unternehmensbewertung mit dem Tax-CAPM).

HÜTTEN, CHRISTOPH/FINK, CHRISTIAN, § 36 Segmentberichterstattung, in: LÜDENBACH, NORBERT/HOFFMANN, WOLF-DIETER (Hrsg.), Haufe IFRS-Kommentar, 6. Aufl., Freiburg im Breisgau 2008, S. 2141-2176 (§ 36 Segmentberichterstattung).

HUSMANN, RAINER, Segmentierung des Konzernabschlusses zur bilanzanalytischen Untersuchung der wirtschaftlichen Lage des Konzerns, in: WPg 1997, S. 349-359 (Segmentierung).

HUSMANN, RAINER, Würdigung der Segmentberichterstattung nach dem Management Approach auf der Basis der deutschen Bilanzierungspraxis, in: WPg 1998, S. 816-823 (Segmentberichterstattung).

HUSMANN, SVEN/SCHMIDT, MARTIN, The Discount Rate: A Note on IAS 36, in: Accounting in Europe 2008, S. 49-62 (Note on IAS 36).

IASB (Hrsg.), International Financial Reporting Standards 2009, London 2009 (IFRS 2009).

IASB (Hrsg.), Discussion Paper – Preliminary Views on an improved Conceptual Framework for Financial Reporting: The Objective of Financial Reporting and Qualitative Characteristics of Decision-useful Financial Reporting Information, abrufbar unter: http://www.iasb.org/NR/rdonlyres/4651ADFC-AB83-4619-A75A-4F279C175006/0/DP_ConceptualFramework.pdf, Stand: 16.01.2009 (Discussion Paper).

IASB (Hrsg.), Exposure Draft – An improved Conceptual Framework for Financial Reporting: Chapter 1: The Objective of Financial Reporting, Chapter 2: Qualitative Characteristics and Constraints of Decision-useful Financial Reporting Information, abrufbar unter: http://www.iasb.org/NR/rdonlyres/464C50D6-00FD-4BE7-A6FF-1BEAD353CD97/0/conceptual_framework_exposure_draft.pdf, Stand: 16.01.2009 (Exposure Draft).

IASB (Hrsg.), Comment Letters – Conceptual Framework, abrufbar unter: http://www.iasb.org/Current+Projects/IASB+Projects/Conceptual+Framework/Exposure+Draft+and+Comment+Letters+-+Phase+A/Comment+Letters/Comment+Letters.htm, Stand: 16.01.2009 (Comment Letters – Conceptual Framework).

INSTITUT DER WIRTSCHAFTSPRÜFER IN DEUTSCHLAND E. V.(IDW) (Hrsg.), WP-Handbuch 2008, Bd. 2, bearbeitet v. GELHAUSEN, HANS FRIEDRICH (u. a.), 13. Aufl., Düsseldorf 2007 (WP-Handbuch 2008).

INSTITUT DER WIRTSCHAFTSPRÜFER IN DEUTSCHLAND E. V.(IDW) (Hrsg.), WP-Handbuch 2006, Bd. 1, bearbeitet v. GEIB, GERD (u. a.), 13. Aufl., Düsseldorf 2006 (WP-Handbuch Bd. 1).

INSTITUT DER WIRTSCHAFTSPRÜFER IN DEUTSCHLAND E. V.(IDW) (Hrsg.), IDW Standard: Grundsätze zur Durchführung von Unternehmensbewertungen (IDW S1 i. d. F. 2008), in: IDW-FN 2008, S. 271-292 (IDW S1 (2008)).

INSTITUT DER WIRTSCHAFTSPRÜFER IN DEUTSCHLAND E. V.(IDW) (Hrsg.), IDW Standard: Anforderungen an Insolvenzpläne (IDW S2), in: WPg 2000, S. 285-291 (IDW S2).

INSTITUT DER WIRTSCHAFTSPRÜFER IN DEUTSCHLAND E. V.(IDW) (Hrsg.), IDW Prüfungsstandard: Die Prüfung von geschätzten Werten in der Rechnungslegung (IDW PS 314), in: WPg 2001, S. 906-909 (IDW PS 314).

INSTITUT DER WIRTSCHAFTSPRÜFER IN DEUTSCHLAND E. V.(IDW) (Hrsg.), IDW Stellungnahme zur Rechnungslegung: Anwendung der Grundsätze des IDW S1 bei der Bewertung von Beteiligungen und sonstigen Unternehmensanteilen für die Zwecke eines handelsrechtlichen Einzelabschlusses (IDW RS HFA 10), in: WPg 2005, S. 1322-1323 (IDW RS HFA 10).

INSTITUT DER WIRTSCHAFTSPRÜFER IN DEUTSCHLAND E. V.(IDW) (Hrsg.), IDW Stellungnahme zur Rechnungslegung: Bewertungen bei der Abbildung von Unternehmenserwerben und bei Werthaltigkeitsprüfungen nach IFRS (IDW RS HFA 16), in: WPg 2005, S. 1415-1426 (IDW RS HFA 16).

INSTITUT DER WIRTSCHAFTSPRÜFER IN DEUTSCHLAND E. V.(IDW) (Hrsg.), Stellungnahme zum Exposure Draft of An improved Conceptual Framework for Financial Reporting: Chapter 1: The Objective of Financial Reporting, Chapter 2: Qualitative Characteristics and Constraints of Decision-useful Financial Reporting Information, abrufbar unter: http://www.iasb.org/NR/rdonlyres/74604BCF-A485-4E8B-A18B-73E5F1439E77/7494/20080910100931_EDObjective_QualitativeCharacteristics_20080909.doc, Stand: 16.01.2009 (Stellungnahme zum Exposure Draft).

INSTITUT DER WIRTSCHAFTSPRÜFER IN DEUTSCHLAND E. V.(IDW) (Hrsg.), Ergänzende Hinweise des FAUB zur Bestimmung des Basiszinssatzes im Rahmen objektivierter Unternehmensbewertungen, in: IDW-FN 2008, S. 490-491 (Hinweise des FAUB zur Bestimmung des Basiszinssatzes im Rahmen objektivierter Unternehmensbewertungen).

INWINKL, PETRA/SCHNEIDER, GEORG, Unternehmensbewertung und Zustands-Grenzpreismodelle bei Agency-Problemen, in: BFuP 2008, S. 276-292 (Unternehmensbewertung und Zustands-Grenzpreismodelle).

IJIRI, YUJI, Theory of Accounting Measurement, in: AMERICAN ACCOUNTING ASSOCIATION (Hrsg.), Studies in Accounting Research No. 10, 1975 (Theory of Accounting Measurement).

IJIRI, YUJI/JAEDICKE, ROBERT K., Reliability and Objectivity of Accounting Measurements, in: The Accounting Review 1966, S. 474-483 (Reliability and Objectivity of Accounting Measurements).

JACOBI, ARNE, Analyse bilanztheoretischer Grundlagen der International Accounting Standards als Basis für deren Interpretation und Weiterentwicklung, Aachen 2003 (Analyse bilanztheoretischer Grundlagen).

JAECKEL, ULF, Zur Bestimmung des Basiszinsfußes bei der Ertragswertermittlung, in: BFuP 1988, S. 553-563 (Bestimmung des Basiszinsfußes).

JASPERS, KARL, Die Atombombe und die Zukunft des Menschen – Politisches Bewußtsein in unserer Zeit, 6. Aufl., München 1982 (Zukunft des Menschen).

JENSEN, MICHAEL C./MECKLING, WILLIAM H., Theory of the Firm, Managerial Behaviour, Agency Costs and Ownership Structure, in: Journal of Financial Economics 1976, S. 305-360 (Theory of the Firm).

JONAS, MARTIN, Ausschüttungsverhalten und Betafaktor deutscher Aktiengesellschaften, in: FB 2006, S. 479-485 (Ausschüttungsverhalten und Betafaktor).

JONAS, MARTIN, Unternehmensbewertung: Zur Anwendung der Discounted-Cash-flow-Methode in Deutschland, in: BFuP 1995, S. 83-98 (Unternehmensbewertung).

JONAS, MARTIN/LÖFFLER, ANDREAS/WIESE, JÖRG, Das CAPM mit deutscher Einkommensteuer, in: WPg 2004, S. 898-906 (CAPM mit deutscher Einkommensteuer).

JONAS, MARTIN/WIELAND-BLÖSE, HEIKE/SCHIFFARTH, STEFAN, Basiszinssatz in der Unternehmensbewertung, in: FB 2005, S. 647-653 (Basiszinssatz in der Unternehmensbewertung).

JUNG, UDO, Average Prudent Investor (API), in: LÜCK, WOLFGANG (Hrsg.), Lexikon der Rechnungslegung und Abschlußprüfung, 4. Aufl., München 1998, S. 68 (Average Prudent Investor).

KAHLE, HOLGER, Informationsversorgung des Kapitalmarkts über internationale Rechnungslegungsstandards, in: KoR 2002, S. 95-107 (Informationsversorgung des Kapitalmarkts).

KAHLE, HOLGER, Zur Zukunft der Rechnungslegung in Deutschland: IAS im Einzel- und Konzernabschluß?, in: WPg 2003, S. 262-275 (Zukunft der Rechnungslegung).

KAJÜTER, PETER, Der Entwurf des DRS 5 zur Risikoberichterstattung, in: WPg 2001, S. 205-209 (DRS 5).

KAJÜTER, PETER, Prüfung der Risikoberichterstattung im Lagebericht, in: BB 2002, S. 243-249 (Risikoberichterstattung).

KAJÜTER, PETER, Der Lagebericht als Instrument einer kapitalmarktorientierten Rechnungslegung – Umfassende Reformen nach dem Entwurf zum BilReG und E-DRS 20, in: DB 2004, S. 197-203 (Lagebericht).

KAJÜTER, PETER, Berichterstattung über Chancen und Risiken im Lagebericht – Auswirkungen des Referentenentwurfs für das Bilanzrechtsreformgesetz, in: BB 2004, S. 427-433 (Chancen und Risiken).

KAJÜTER, PETER, Finanzbedarfsrechnung, in: FREIDANK, CARL-CHRISTIAN/LACHNIT, LAURENZ/TESCH, JÖRG (Hrsg.), Vahlens Großes Auditing Lexikon, München 2007, S. 469-471 (Finanzbedarfsrechnung).

KAJÜTER, PETER, Wertorientierte Unternehmensführung, in: BUSSE VON COLBE, WALTHER/COENENBERG, ADOLF G./KAJÜTER, PETER/LINNHOFF, ULRICH/PELLENS, BERNHARD (Hrsg.), Betriebswirtschaft für Führungskräfte – Eine Einführung für Ingenieure, Naturwissenschaftler, Juristen und Geisteswissenschaftler, 3. Aufl., Stuttgart 2007, S. 27-46 (Wertorientierte Unternehmensführung).

KAJÜTER, PETER, Harmonisierung des Rechnungswesens: Ein Ansatz zur Vereinfachung des Controllings?, in: VOM BROCKE, JAN/BECKER, JÖRG (Hrsg.), Einfachheit in Wirtschaftsinformatik und Controlling – Festschrift für Heinz Lothar Grob, München 2008, S. 337-354 (Harmonisierung des Rechnungswesens).

KAJÜTER, PETER/BARTH, DANIELA, Segmentberichterstattung in diversifizierten Konzernen – Eine Fallstudie zur Anwendung der neuen Regelungen nach IFRS, in: KoR 2007, S. 110-116 (Segmentberichterstattung).

KAJÜTER, PETER/BARTH, DANIELA, Segmentberichterstattung nach IFRS 8 – Übernahme des Management Approach, in: BB 2007, S. 428-434 (Segmentberichterstattung nach IFRS 8).

KAJÜTER, PETER/ESSER, SIMON, Risiko- und Chancenberichterstattung im Lagebericht – Eine empirische Analyse der HDAX-Unternehmen, in: IRZ 2007, S. 381-390 (Lagebericht).

KAMES, CHRISTIAN, Unternehmensbewertung durch Finanzanalysten als Ausgangspunkt eines Value Based Measurement, Frankfurt am Main (u. a.) 2000 (Unternehmensbewertung durch Finanzanalysten).

KAMPMANN, HELGA/SCHWEDLER, KRISTINA, Zum Entwurf eines gemeinsamen Rahmenkonzepts von FASB und IASB, in: KoR 2006, S. 521-530 (Rahmenkonzept von FASB und IASB).

KARMAN, ALEXANDER, Principal-Agent-Modelle und Risikoallokation, in: WiSt 1992, S. 557-562 (Principal-Agent-Modelle und Risikoallokation).

KESSLER, HARALD, Ist der Fair Value fair?, in: BIEG, HARTMUT/HEYD, REINHARD (Hrsg.), Fair Value – Bewertung in Rechnungswesen, Controlling und Finanzwirtschaft, München 2005, S. 57-81 (Fair Value).

KIESO, DONALD E./WEYGANDT, JERRY J./WARFIELD, TERRY D., Intermediate Accounting, 10. Aufl., New York (u. a.) 2001 (Accounting).

KIRCHNER, CHRISTIAN, Bilanzrecht und neue Institutionenökonomik: Interdisziplinäre Überlegungen, in: BUDDE, WOLFGANG DIETER/MOXTER, ADOLF/OFFERHAUS, KLAUS (Hrsg.), Handelsbilanzen und Steuerbilanzen – Festschrift zum 70. Geburtstag von Prof. Dr. h.c. Heinrich Beisse, Düsseldorf 1997, S. 267-283 (Bilanzrecht und neue Institutionenökonomik).

KIRCHNER, CHRISTIAN, Der Wettbewerbsfaktor „Entscheidungsnützlichkeit von Rechnungslegungsinformationen“: eine institutionenökonomische Analyse, in: zfbf-Sonderheft 45/2000, S. 41-68 (Entscheidungsnützlichkeit von Rechnungslegungsinformationen).

KIRCHNER, CHRISTIAN, Probleme von Ermessensspielräumen in der fair value-Bewertung nach Internationalen Rechnungslegungsstandards, in: zfbf-Sonderheft 55/2006, S. 61-78 (Probleme von Ermessensspielräumen).

KIRSCH, HANNO, Wahrscheinliche Tendenzen durch das Discussion Paper „Preliminary Views on an improved Conceptual Framework for Financial Reporting“, in: DStZ 2007, S. 416-421 (Tendenzen durch das Discussion Paper).

KIRSCH, HANS-JÜRGEN, Die Equity-Methode im Konzernabschluß – Der Charakter der deutschen Regelungen vor dem Hintergrund der internationalen Entwicklung, Düsseldorf 1990 (Equity-Methode).

KIRSCH, HANS-JÜRGEN, Erwartungslücke und Bestätigungsvermerk, in: FISCHER, THOMAS R./ HÖMBERG, REINHOLD (Hrsg.), Jahresabschluß und Jahresabschlußprüfung – Probleme, Perspektiven, internationale Einflüsse – Festschrift zum 60. Geburtstag von Jörg Baetge, Düsseldorf 1997, S. 955-980 (Erwartungslücke).

KIRSCH, HANS-JÜRGEN, Vom Bilanzrichtlinien-Gesetz zum Transparenz- und Publizitätsgesetz – die Entwicklung der deutschen Bilanzierungsnormen in den vergangenen 20 Jahren – , in: WPg 2002, S. 743-755 (Entwicklung der deutschen Bilanzierungsnormen).

KIRSCH, HANS-JÜRGEN, Zur Frage der Umsetzung der Mitgliedstaatenwahlrechte der EU-Verordnung zur Anwendung der IAS/IFRS, in: WPg 2003, S. 275-278 (Anwendung der IAS/IFRS).

KIRSCH, HANS-JÜRGEN, Die Objektivierung künftiger Zahlungsströme bei einer Bewertung nach IFRS, in: KIRSCH, HANS-JÜRGEN/THIELE, STEFAN (Hrsg.), Rechnungslegung und Wirtschaftsprüfung – Festschrift zum 70. Geburtstag von Jörg Baetge, Düsseldorf 2007, S. 361-380 (Objektivierung künftiger Zahlungsströme bei einer Bewertung nach IFRS).

KIRSCH, HANS-JÜRGEN/DOHRN, MATTHIAS, Umsetzung der Fair Value-Richtlinie in Deutschland, in: BIEG, HARTMUT/HEYD, REINHARD, Fair Value – Bewertung in Rechnungswesen, Controlling und Finanzwirtschaft, München 2005, S. 129-154 (Fair Value).

KIRSCH, HANS-JÜRGEN/EWELT, CORINNA, Die Konvergenz von internem und externem Rechnungswesen: Vereinfachung und Qualitätssteigerung durch Vereinheitlichung, in: VOM BROCKE, JAN/BECKER, JÖRG (Hrsg.), Einfachheit in Wirtschaftsinformatik und Controlling – Festschrift für Heinz Lothar Grob, München 2008, S. 307-320 (Konvergenz).

KIRSCH, HANS-JÜRGEN/KÖHRMANN, HANNES, Grundlagen der Lageberichterstattung, in: CASTAN, EDGAR/BÖCKING, JOACHIM/HEYMANN, GERD/PFITZER, NORBERT/SCHEFFLER, EBERHARD (Hrsg.), Beck'sches Handbuch der Rechnungslegung, B 500, München 2007 (Grundlagen der Lageberichterstattung).

KIRSCH, HANS-JÜRGEN/KÖHRMANN, HANNES, Inhalt des Lageberichts, in: CASTAN, EDGAR/BÖCKING, JOACHIM/HEYMANN, GERD/PFITZER, NORBERT/SCHEFFLER, EBERHARD (Hrsg.), Beck'sches Handbuch der Rechnungslegung, B 510, München 2007 (Inhalt des Lageberichts).

KIRSCH, HANS-JÜRGEN/KOELEN, PETER, IFRS-Rechnungslegung und Unternehmensbewertung – Möglichkeiten und Grenzen bei Ersteller und Analysten, in: HEYD, REINHARD/KEITZ, ISABEL VON (Hrsg.), IFRS-Management – Interessenschutz auf dem Prüfstand – Treffsichere Unternehmensbeurteilung – Konsequenzen für das Management, München 2007 (IFRS-Rechnungslegung und Unternehmensbewertung).

KIRSCH, HANS-JÜRGEN/KOELEN, PETER, IAS 10 – Ereignisse nach dem Bilanzstichtag, in: HENNRICHS, JOACHIM/KLEINDIECK, DETLEF/WATRIN, CHRISTOPH (Hrsg.), Münchener Kommentar zum Bilanzrecht, München 2009 (IAS 10).

KIRSCH, HANS-JÜRGEN/KOELEN, PETER/TINZ, OLIVER, Die Berichterstattung der DAX-30-Unternehmen in Bezug auf die Neuregelung des impairment only approach des IASB (Teil I), in: KoR 2008, S. 88-97 (Berichterstattung der DAX-30-Unternehmen, Teil I).

KIRSCH, HANS-JÜRGEN/KOELEN, PETER/TINZ, OLIVER, Die Berichterstattung der DAX-30-Unternehmen in Bezug auf die Neuregelung des impairment only approach des IASB (Teil II), in: KoR 2008, S. 188-193 (Berichterstattung der DAX-30-Unternehmen, Teil II).

KIRSCH, HANS-JÜRGEN/KRAUSE, CLEMENS, Kritische Überlegungen zur Discounted Cash Flow-Methode, in: ZfB 1996, S. 793-812 (Kritische Überlegungen zur DCF-Methode).

KIRSCH, HANS-JÜRGEN/METH, DIRK, Adressaten einer IFRS-Rechnungslegung für mittelständische Unternehmen, in: BB 2007, S. 7-12 (Adressaten einer IFRS-Rechnungslegung).

KIRSCH, HANS-JÜRGEN/NIMWEGEN, SEBASTIAN, Prüfung des Lageberichts, in: CASTAN, EDGAR/BÖCKING, JOACHIM/HEYMANN, GERD/PFITZER, NORBERT/SCHEFFLER, EBERHARD (Hrsg.), Beck'sches Handbuch der Rechnungslegung, B 520, München 2007 (Prüfung des Lageberichts).

KIRSCH, HANS-JÜRGEN/SCHEELE, ALEXANDER, E-DRS 20: Ausweitung der Lageberichterstattung zum Value Reporting?, in: BB 2003, S. 2733-2739 (Lageberichterstattung).

KIRSCH, HANS-JÜRGEN/SCHEELE, ALEXANDER, Neugestaltung von Prognose- und Risikoberichterstattung im Lagebericht durch das Bilanzrechtsreformgesetz, in: WPg 2005, S. 1149-1154 (Prognose- und Risikoberichterstattung im Lagebericht).

KIRSCH, HANS-JÜRGEN/SCHEELE, ALEXANDER, Diskussionspapier des IASB zum „Management Commentary", in: WPg 2006, S. 89-91 (Management Commentary).

KIRSCH, HANS-JÜRGEN/SCHEELE, ALEXANDER, Prüfung der Chancen- und Risikoberichterstattung im Lagebericht, in: FREIDANK, CARL-CHRISTIAN/PEEMÖLLER, VOLKER H. (Hrsg.), Corporate Governance und Interne Revision – Handbuch für die Neuausrichtung des Internal Auditing, Berlin 2008, S. 337-350 (Prüfung im Lagebericht).

KIRSCH, HANS-JÜRGEN/STEINHAUER, LEIF, Zum Einfluß der internationalen Rechnungslegung auf das Controlling, in: Zeitschrift für Planung und Unternehmenssteuerung 2003, S. 415-435 (Controlling).

KNOLL, LEONHARD/SEDLACEK, CHRISTOPH, Gewinnwachstum börsennotierter Unternehmen in Deutschland – Empirische Befunde einer Stichprobe für die Jahre 1992-2006, in: Zeitschrift für Steuern & Recht 2008, S. 135-142 (Gewinnwachstum börsennotierter Unternehmen).

KOCH, HELMUT, Neuere Beiträge zur Unternehmensplanung, Wiesbaden 1980 (Unternehmensplanung).

KPMG (Hrsg.), Kapitalkosten- und Impairment Test-Studie – Eine empirische Befragung der Prime Standard-Unternehmen, 2006 (Kapitalkosten- und Impairment Test-Studie I).

KPMG (Hrsg.), Kapitalkosten- und Impairment Test-Studie – Empirische Befragung von Unternehmen aus Deutschland, der Schweiz und Österreich, 2008 (Kapitalkosten- und Impairment Test-Studie II).

KRATZ, NORBERT/WANGLER, CLEMENS, Unternehmensbewertung bei nicht kapitalmarktorientierten Unternehmen: Das Problem der Ermittlung entscheidungsrelevanter Kapitalkosten, in: FB 2005, S. 169-176 (Ermittlung entscheidungsrelevanter Kapitalkosten).

KRÖNERT, BJÖRN, Grundsätze informationsorientierter Rechnungslegung – Eine Untersuchung über die Erfüllung der Informationsfunktion von Jahresabschlüssen durch die US-GAAP, Sternenfels 2001 (Grundsätze informationsorientierter Rechnungslegung).

KROLAK, THOMAS, Die bilanzielle Behandlung des aus der Kapitalkonsolidierung resultierenden Geschäfts- oder Firmenwertes nach HGB, US-GAAP und IAS, Düsseldorf 2000 (Geschäfts- oder Firmenwert).

KRUSCHWITZ, LUTZ/LÖFFLER, ANDREAS, Unendliche Probleme bei der Unternehmensbewertung, in: DB 1998, S. 1041-1043 (Probleme bei der Unternehmensbewertung).

KRUSCHWITZ, LUTZ/LÖFFLER, ANDREAS, Kapitalkosten aus theoretischer und praktischer Perspektive, in: WPg 2008, S. 803-810 (Kapitalkosten aus theoretischer und praktischer Perspektive).

KUBIN, KONRAD W., Der Aktionär als Aktienkunde – Anmerkungen zum Shareholder Value, zur Wiedervereinigung der internen und externen Rechnungslegung und zur globalen Verbesserung der Berichterstattung, in: MÖLLER, HANS PETER/SCHMIDT, FRANZ (Hrsg.), Rechnungswesen als Instrument für Führungsentscheidungen, Stuttgart 1998, S. 525-558 (Shareholder Value).

KÜMMEL, JENS, Grundsätze für die Fair Value-Ermittlung mit Barwertkalkülen – Eine Untersuchung auf der Grundlage des Statement of Financial Accounting Concepts No. 7, Düsseldorf 2002 (Grundsätze für die Fair Value-Ermittlung).

KÜNNEMANN, MARTIN, Objektivierte Unternehmensbewertung, Frankfurt am Main (u. a.) 1985 (Objektivierte Unternehmensbewertung).

KUßMAUL, HEINZ/WEILER, DENNIS, Fair Value-Bewertung im Licht aktueller Entwicklungen (Teil 1), in: KoR 2009, S. 163-171 (Fair Value-Bewertung im Licht aktueller Entwicklungen).

KÜTING, KARLHEINZ, Auf dem Weg zu einer Entobjektivierung der Bilanz, in: KÜTING, KARLHEINZ/PFITZER, NORBERT/WEBER, CLAUS-PETER, Internationale Rechnungslegung – Standortbestimmung und Zukunftsperspektiven, Stuttgart 2006, S. 1-6 (Entobjektivierung der Bilanz).

KÜTING, KARLHEINZ/DAWO, SASCHA, Bilanzpolitische Gestaltungspotenziale im Rahmen der International Financial Reporting Standards (IFRS), in: StuB 2002, S. 1205-1213 (Bilanzpolitische Gestaltungspotenziale).

KUHNER, CHRISTOPH, Das Spannungsverhältnis zwischen Einzelfallgerechtigkeit und Willkürfreiheit – im Recht und in der Rechnungslegung, in: BFuP 2001, S. 523-542 (Spannungsverhältnis zwischen Einzelfallgerechtigkeit und Willkürfreiheit).

KUHNER, CHRISTOPH/MALTRY, HELMUT, Unternehmensbewertung, Heidelberg 2006 (Unternehmensbewertung).

KUNZ, HENDRIK, Wertorientierte Steuerung von Geschäftsbereichen – Ein Modell zur integrierten Rendite-/ Risikobeurteilung auf der Basis des VaR, Sternenfels 2007 (Wertorientierte Steuerung von Geschäftsbereichen).

LABHART, PETER A., Value Reporting – Informationsbedürfnisse des Kapitalmarktes und Wertsteigerung durch Reporting, Zürich 1999 (Value Reporting).

LABHART, PETER A./VOLKART, RUDOLF, Value Reporting, in: COENENBERG, ADOLF/POHLE, KLAUS (Hrsg.), Konsequenzen für Unternehmensführung, Rechnungswesen, Standardsetting, Prüfung und Kapitalmarkt, Stuttgart 2001, S. 115-142 (Value Reporting).

LAMPENIUS, NIKLAS/OBERMAIER, ROBERT/SCHÜLER, ANDREAS, Der Einfluss stichtags- und laufzeitäquivalenter Basiszinssätze auf den Unternehmenswert: eine empirische Untersuchung, in: Zeitschrift für Bankrecht und Bankwirtschaft 2008, S. 245-254 (Einfluss stichtags- und laufzeitäquivalenter Basiszinssätze auf den Unternehmenswert).

LANGENKÄMPER, CHRISTOF, Unternehmensbewertung – DCF-Methoden und simulativer VOFI-Ansatz, Wiesbaden 2000 (Unternehmensbewertung).

LEFFSON, ULRICH, Die Grundsätze ordnungsmäßiger Buchführung, 7. Aufl., Düsseldorf 1987 (Grundsätze ordnungsmäßiger Buchführung).

LEISSING, THOMAS, Controller's Roadmap Teil 2: Wertorientiertes, internes und externes Konzernreporting nach IAS und US-GAAP, in: Controlling-Berater 2002, S. 17-39 (Wertorientiertes Konzernreporting).

LEITNER, FRIEDRICH, Wirtschaftslehre der Unternehmung, 5. Aufl., Berlin (u. a.) 1926 (Wirtschaftslehre der Unternehmung).

LIENAU, ACHIM/ZÜLCH, HENNING, Die Ermittlung des value in use nach IFRS – Eine Betrachtung der Einflussfaktoren des value in use vor dem Hintergrund der Vermittlung entscheidungsnützlicher Abschlussinformationen, in: KoR 2006, S. 319-329 (Ermittlung des value in use nach IFRS).

LINDEMANN, JENS, Kapitalmarktrelevanz der Rechnungslegung – Konzepte, Methodik und Ergebnisse empirischer Forschung, in: ZfB 2006, S. 967-1003 (Kapitalmarktrelevanz der Rechnungslegung).

LÖFFLER, ANDREAS, Was kann die Wirtschaftswissenschaft für die Unternehmensbewertung (nicht) leisten?, in: WPg 2007, S. 808-811 (Unternehmensbewertung).

LÜDENBACH, NORBERT/FREIBERG, JENS, Zweifelhafter Objektivierungsbeitrag des Fair Value Measurement-Projekts für die IFRS-Bilanz, in: KoR 2006, S. 437-445 (Objektivierungsbeitrag des Fair Value Measurement-Projekts).

LÜDENBACH, NORBERT/HOFFMANN, WOLF-DIETER, § 1 Rahmenkonzept, in: LÜDENBACH, NORBERT/HOFFMANN, WOLF-DIETER (Hrsg.), Haufe IFRS-Kommentar, 6. Aufl., Freiburg im Breisgau 2008, S. 27-85 (Rahmenkonzept).

MACKENSEN, MARCUS, Institutionelle Anleger im Unternehmensrecht Deutschlands und der USA, Frankfurt am Main 2000 (Institutionelle Anleger).

MAIER, DAVID A., Der Betafaktor in der Unternehmensbewertung, in: FB 2001, S. 298-302 (Betafaktor in der Unternehmensbewertung).

MAYER-WEGELIN, EBERHARD, Impairmenttest nach IAS 36 – Realität und Ermessensspielraum, in: BB 2009, S. 94-96 (Impairmenttest nach IAS 36).

MANDL, GERWALD/RABEL, KLAUS, Unternehmensbewertung – Eine praxisorientierte Einführung, Wien 1997 (Unternehmensbewertung).

MANDL, GERWALD/RABEL, KLAUS, Grundlagen der Unternehmensbewertung – Teil D: Methoden der Unternehmensbewertung, in: PEEMÖLLER, VOLKER H. (Hrsg.), Praxishandbuch der Unternehmensbewertung, 3. Aufl., Herne/Berlin 2005, S. 47-88 (Methoden der Unternehmensbewertung).

MARKOWITZ, HARRY M., Portfolio Selection – Efficient Diversification of Investments, 2. Aufl., New York (u. a.) 1991 (Efficient Diversification).

MATSCHKE, MANFRED JÜRGEN, Der Gesamtwert der Unternehmung als Entscheidungswert, in: BFuP 1972, S. 146-161 (Gesamtwert der Unternehmung als Entscheidungswert).

MATSCHKE, MANFRED JÜRGEN, Funktionale Unternehmensbewertung, Bd. II, Der Arbitriumwert der Unternehmung, Wiesbaden 1979 (Funktionale Unternehmensbewertung).

MATSCHKE, MANFRED JÜRGEN/BRÖSEL, GERRIT, Unternehmensbewertung. Funktionen – Methoden – Grundsätze, 3. Aufl., Wiesbaden 2007 (Unternehmensbewertung).

MATTERN, FRANK/HEIDEGGER, HELMUT/LOTTNER, JENS, Fusionsmanagement, in: GERKE, WOLFGANG/STEINER, MANFRED (Hrsg.), Handwörterbuch des Bank- und Finanzwesens, 3. Aufl., Stuttgart 2001, Sp. 935-944 (Fusionsmanagement).

MAUCHER, MATHIAS, Grundsätze ordnungsmäßiger Lageberichterstattung – zur Systembildung prognoseorientierter Informationspflichten in wirtschaftlicher Betrachtungsweise, Wiesbaden 2008 (Grundsätze ordnungsmäßiger Lageberichterstattung).

MAUL, KARL-HEINZ, Offene Probleme der Bewertung von Unternehmen durch Wirtschaftsprüfer, in: DB 1992, S. 1253-1259 (Probleme der Bewertung von Unternehmen).

MELLEROVICZ, KONRAD, Der Wert der Unternehmung als Ganzes, Essen 1952 (Wert der Unternehmung).

METH, DIRK, Die IFRS als Grundlage der Rechnungslegung mittelständischer Unternehmen – Eine Analyse der Eignung der IFRS für mittelständische Unternehmen unter Berücksichtigung des IASB-Projektes „Accounting Standards for Small and Medium-sized Entities“, Lohmar/Köln 2007 (Rechnungslegung mittelständischer Unternehmen).

METZ, VOLKER, Der Kapitalisierungszinssatz bei der Unternehmensbewertung – Basiszinssatz und Risikozuschlag aus betriebswirtschaftlicher Sicht und aus Sicht der Rechtsprechung, Wiesbaden 2007 (Kapitalisierungszinssatz bei der Unternehmensbewertung).

MEYER, MARCO, Unternehmenswertorientierte Berichterstattung auf Basis der IAS/IFRS. Eine bilanztheoretische und bilanzpolitische Betrachtung aus deutscher Sicht, Wiesbaden 2005 (Unternehmenswertorientierte Berichterstattung).

MODIGLIANI, FRANCO/MILLER, MERTON H., The Cost of Capital, Corporation Finance and the Theory of Investment, in: American Economic Review 1958, S. 261-297 (Cost of Capital).

MODIGLIANI, FRANCO/MILLER, MERTON H., Corporate Income Taxes and Cost of Capital: A Correction, in: American Economic Review 1963, S. 433-443 (Corporate Income Taxes and Cost of Capital).

MÖLLER, HANS PETER/HÜFNER, BERND, Zur Bedeutung der Rechnungslegung für den deutschen Aktienmarkt – Begründung, Messprobleme und Erkenntnisse empirischer Forschung, in: SEICHT, GERHARD (Hrsg.), Jahrbuch für Controlling und Rechnungswesen, Wien 2002, S. 405-463 (Zur Bedeutung der Rechnungslegung).

MOXTER, ADOLF, Präferenzstruktur und Aktivitätsfunktion des Unternehmens, in: zfbf 1964, S. 6-35 (Präferenzstruktur und Aktivitätsfunktion).

MOXTER, ADOLF, Bilanzlehre, 1. Aufl., Wiesbaden 1974 (Bilanzlehre).

MOXTER, ADOLF, Fundamentalgrundsätze ordnungsmäßiger Rechenschaft, in: BAETGE, JÖRG/MOXTER, ADOLF/SCHNEIDER, DIETER (Hrsg.), Bilanzfragen – Festschrift zum 65. Geburtstag von Prof. Dr. Ulrich Leffson, Düsseldorf 1976, S. 87-100 (Fundamentalgrundsätze).

MOXTER, ADOLF, Der Einfluß der EG-Bilanzrichtlinie auf das Bilanzsteuerrecht, in: BB 1978, S. 1629-1632 (EG-Bilanzrichtlinie).

MOXTER, ADOLF, Betriebswirtschaftliche Gewinnermittlung, Tübingen 1982 (Betriebswirtschaftliche Gewinnermittlung).

MOXTER, ADOLF, Grundsätze ordnungsmäßiger Unternehmensbewertung, 2. Aufl., Wiesbaden 1983 (Grundsätze ordnungsmäßiger Unternehmensbewertung).

MOXTER, ADOLF, Bilanzlehre, Band II: Einführung in des neue Bilanzrecht, 3. Aufl., Wiesbaden 1986 (Bilanzrecht).

MOXTER, ADOLF, Standort Deutschland: Zur Überlegenheit des deutschen Rechnungslegungsrechts, in: PEEMÖLLER, VOLKER H./UECKER, PETER (Hrsg.), Standort Deutschland: Grundsatzfragen und aktuelle Perspektiven für die Besteuerung, die Prüfung und das Controlling – Festschrift Heigl, Berlin 1995, S. 31-41 (Standort Deutschland).

MOXTER, ADOLF, Zum Verhältnis von handelsrechtlichen Grundsätzen ordnungsmäßiger Bilanzierung und True-and-fair-view-Gebot bei Kapitalgesellschaften, in: FÖRSCHLE, GERHART/KAISER, KLAUS/MOXTER, ADOLF (Hrsg.), Rechenschaftslegung im Wandel – Festschrift für Wolfgang Dieter Budde, München 1995, S. 419-429 (Verhältnis von handelsrechtlichen GoB).

MOXTER, ADOLF, Zur Interpretation des True-and-fair-view-Gebots der Jahresabschlussrichtlinie, in: FISCHER, THOMAS R./HÖMBERG, REINHOLD (Hrsg.), Jahresabschluss und Jahresabschlussanalyse – Probleme, Perspektiven, internationale Einflüsse – Festschrift zum 60. Geburtstag von Jörg Baetge, Düsseldorf 1997, S. 97-116 (Interpretation des True-and-fair-view-Gebots).

MOXTER, ADOLF, Rechnungslegungsmythen, in: BB 2000, S. 2143-2149 (Rechnungslegungsmythen).

MOXTER, ADOLF, Rahmenkonzept-Entwurf des DRSC: „Grundsätze ordnungsgemäßer Rechnungslegung"?, in: BB 2002, Heft 50, S. I-II (Rahmenkonzept).

MOXTER, ADOLF, Grundsätze ordnungsgemäßer Rechnungslegung, Düsseldorf 2003 (Grundsätze ordnungsgemäßer Rechungslegung).

STANDARD & POORS, Indices, abrufbar unter: http://www2.standardandpoors.com/portal/site/sp/en/us/page.category/indices/2,3,1,0,0,0,0,0,0,0,0,0,0,0,0,0.html, Stand: 27.11.2008 (Indices).

MUELLER, DENNIS C., Information, Mobility and Profit, in: Kyklos 1976, S. 419-448 (Information).

MÜLLER, MICHAEL, Shareholder Value Reporting – ein Konzept wertorientierter Kapitalmarktinformation, in: MÜLLER, MICHAEL/LEVEN, FRANZ-JOSEF (Hrsg.), Shareholder Value Reporting: Veränderte Anforderungen an die Berichterstattung von Unternehmen, Wien 1998, S. 123-144 (Shareholder Value Reporting).

MÜNSTERMANN, HANS, Wert und Bewertung der Unternehmung, Wiesbaden 1966 (Wert und Bewertung der Unternehmung).

MUJKANOVIC, ROBIN, Fair Value im Financial Statement nach International Accounting Standards, Stuttgart 2002 (Fair Value im Financial Statement).

MUNKERT, MICHAEL J., Der Kapitalisierungszinssatz in der Unternehmensbewertung – Theorie, Gutachtenpraxis und Rechtsprechung in Spruchverfahren, Wiesbaden 2005 (Der Kapitalisierungszinssatz in der Unternehmensbewertung).

MYERS, STEWART C., Interactions of Corporate Financing and Investment Decisions – Implications for Capital Budgeting, in: Journal of Finance 1974, S. 1-25 (Corporate Financing and Investment Decisions).

NEUS, WERNER, Einführung in die Betriebswirtschaftslehre aus institutionenökonomischer Sicht, 4. Aufl., Tübingen 2005 (Betriebswirtschaftslehre).

NIEMEYER, KAI, Bilanzierung von Finanzinstrumenten nach International Accounting Standards (IAS) – eine kritische Analyse aus kapitalmarktorientierter Sicht, Düsseldorf 2003 (Bilanzierung von Finanzinstrumenten).

NONNENMACHER, ROLF, Der Eintritt in eine Personengesellschaft als Gegenstand der Unternehmensbewertung, in: WPg 1980, S. 351-359 (Personengesellschaft als Gegenstand der Unternehmensbewertung).

NOWAK, KARSTEN, Marktorientierte Unternehmensbewertung – Discounted Cash Flow, Realoption, Economic Value Added und der Direct Comparison Approach, 2. Aufl., Wiesbaden 2003 (Marktorientierte Unternehmensbewertung).

OBERMAIER, ROBERT, Bewertung, Zins und Risiko – Anmerkungen zu Grundproblemen der entscheidungsorientierten Unternehmensbewertung und der wertorientierten Unternehmensführung, Frankfurt am Main 2004 (Bewertung, Zins und Risiko).

OBERMAIER, ROBERT, Unternehmensbewertung bei Auszahlungsüberschüssen – Risikozu- oder -abschlag?, in: DB 2004, S. 2761-2766 (Unternehmensbewertung – Risikozu- oder -abschlag).

OBERMAIER, ROBERT, Die kapitalmarktorientierte Bestimmung des Basiszinssatzes für die Unternehmensbewertung: the Good, the Bad and the Ugly, in: FB 2008, S. 493-507 (Kapitalmarktorientierte Bestimmung des Basiszinssatzes).

OSSADNIK, WOLFGANG, Wesentlichkeit als Bestimmungsfaktor für Angabepflichten in Anhang und Lagebericht, in: BB 1993, S. 1763-1767.

OSSADNIK, WOLFGANG, Grundsatz und Interpretation der „Materiality", in: WPg 1993, S. 617-629 (Grundsatz und Interpretation der „Materiality").

PAARZ, MICHAEL, Investororientierte Bankrechnungslegung nach IFRS. Eine Analyse des IFRS 7 unter Berücksichtigung des Konzepts der Marktdisziplin nach Basel II, Düsseldorf 2007 (Investororientierte Bankrechnungslegung).

PAPE, ULRICH, Wertorientierte Unternehmensführung und Controlling, 3. Aufl., Sternenfels 2004 (Wertorientierte Unternehmensführung).

PAULSEN, ANNE-JOSÉ, Unternehmensbewertung und Rechtsprechung, in: WPg-Sonderheft 2008, S. 109-113 (Unternehmensbewertung und Rechtsprechung).

PEEMÖLLER, VOLKER H., Grundlagen der Unternehmensbewertung – Teil A: Wert und Werttheorien, in: PEEMÖLLER, VOLKER H. (Hrsg.), Praxishandbuch der Unternehmensbewertung, 3. Aufl., Herne/Berlin 2005, S. 1-14 (Wert und Werttheorien).

PEEMÖLLER, VOLKER H., Grundlagen der Unternehmensbewertung – Teil B: Anlässe der Unternehmensbewertung, in: PEEMÖLLER, VOLKER H. (Hrsg.), Praxishandbuch der Unternehmensbewertung, 3. Aufl., Herne/Berlin 2005, S. 15-25 (Anlässe der Unternehmensbewertung).

PEEMÖLLER, VOLKER H., Grundlagen der Unternehmensbewertung – Teil C: Grundsätze ordnungsmäßiger Unternehmensbewertung, in: PEEMÖLLER, VOLKER H. (Hrsg.), Praxishandbuch der Unternehmensbewertung, 3. Aufl., Herne/Berlin 2005, S. 27-45 (Grundsätze ordnungsmäßiger Unternehmensbewertung).

PEJIC, PHILIP, Segmentberichterstattung im externen Jahresabschluß – Internationale Normierungspraxis und Informationsbedürfnisse der Adressaten, Wiesbaden 1997 (Segmentberichterstattung).

PEEMÖLLER, VOLKER H./KUNOWSKI, STEFAN, Bewertungsverfahren – Teil A: Ertragswertverfahren nach IDW, in: PEEMÖLLER, VOLKER H. (Hrsg.), Praxishandbuch der Unternehmensbewertung, 3. Aufl., Herne/Berlin 2005, S. 201-263 (Ertragswertverfahren).

PELGER, CHRISTOPH, Entscheidungsnützlichkeit in neuem Gewand: Der Exposure Draft zur Phase A des Conceptual Framework-Projekts, in: KoR 2009, S. 156-163 (Exposure Draft zur Phase A des Conceptual Framework-Projekts).

PELLENS, BERNHARD/CRASSELT, NILS/SELLHORN, THORSTEN, Solvenztest zur Ausschüttungsbemessung – Berücksichtigung unsicherer Zukunftserwartungen, in: zfbf 2007, S. 264-283 (Solvenztest zur Ausschüttungsbemessung).

PELLENS, BERNHARD/FÜLBIER, ROLF UWE/GASSEN, JOACHIM/SELLHORN, THORSTEN, Internationale Rechnungslegung – IFRS 1 bis 8, IAS 1 bis 41, IFRIC-Interpretationen, Standardentwürfe – Mit Beispielen, Aufgaben und Fallstudie, 7. Aufl., Stuttgart 2008 (Internationale Rechnungslegung).

PELLENS, BERNHARD/HILLEBRANDT, FRANCA/TOMASZEWSKI, CLAUDE, Value Reporting – Eine empirische Analyse der DAX-Unternehmen, in: WAGENHOFER, ALFRED/HREBICEK, GERHARD (Hrsg.), Wertorientiertes Management. Konzepte und Umsetzungen zur Unternehmenswertsteigerung, Stuttgart 2000, S. 177-207 (Value Reporting).

PELLENS, BERNHARD/NEUHAUS, STEFAN/SCHMIDT, ANDRÉ, Relevanz unterschiedlicher Wertmaßstäbe für die Ausgestaltung der Unternehmensberichterstattung, in: WPg-Sonderheft 2008, S. 82-88 (Ausgestaltung der Unternehmensberichterstattung).

PFAFF, DIETER, Gewinnverwendungsregelungen als Instrument zur Lösung von Agency-Problemen, Frankfurt am Main (u. a.) 1989 (Agency-Probleme).

PLOCK, MARCUS, Ertragsrealisation nach International Financial Reporting Standards (IFRS), Düsseldorf 2004 (Ertragsrealisation nach IFRS).

POOTEN, HOLGER, Grundsätze ordnungsmäßiger Unternehmensbewertung – Ermittlung und Inhalt aus Käufersicht, Büren 1999 (Grundsätze ordnungsmäßiger Unternehmensbewertung).

POPPER, KARL, Logik der Forschung, 11. Aufl., Tübingen 2005 (Logik der Forschung).

PORTER, MICHAEL E., Competitive Strategy: Techniques for Analyzing Industries and Competition, New York 1980 (Competitive Strategy).

PWC (Hrsg.), Making Acquisitions Transparent – An Evaluation of M&A-Related IFRS Disclosures by European Companies in 2005, Frankfurt am Main (u. a.) 2007 (Making Acquisitions Transparent).

RICHTER, FRANK, Die Finanzierungsprämissen des Entity-Ansatzes vor dem Hintergrund des APV-Ansatzes zur Bestimmung von Unternehmenswerten, in: zfbf 1996, S. 1076-1097 (Finanzierungsprämissen des Entity-Ansatzes).

RICHTER, FRANK, Kapitalmarktorientierte Unternehmensbewertung, Frankfurt am Main (u. a.) 2002 (Kapitalmarktorientierte Unternehmensbewertung).

RICHTER, MICHAEL, Die Bewertung des Goodwill nach SFAS No. 141 und SFAS No. 142, Düsseldorf 2004 (Bewertung des Goodwill).

RICHTER, RUDOLF/FURUBOTN, EIRIK G., Neue Institutionenökonomik, 3. Aufl., Tübingen 2003 (Neue Institutionenökonomik).

RISSE, AXEL, Segmentberichterstattung: Neue Entwicklungen bei IASC und mögliche Auswirkungen auf Deutschland, in: DB 1995, S. 737-742 (Segmentberichterstattung).

RODERMANN, MARCUS, Strategisches Synergiemanagement, Wiesbaden 1999 (Synergiemanagement).

ROMMELFANGER, HEINRICH J./EICKEMEIER, SUSANNE H., Entscheidungstheorie – Klassische Konzepte und Fuzzy-Erweiterungen, Berlin (u. a.) 2002 (Entscheidungstheorie).

ROSS, STEVEN A., The Current Status of the Capital Asset Pricing Model (CAPM), in: Journal of Finance 1978, S. 885-901 (Capital Asset Pricing Model).

ROSS, STEVEN A./WESTERFIELD, RANDOLPH W./JAFFE, JEFFREY, Corporate Finance, 7. Aufl., Boston (u. a.) 2005 (Corporate Finance).

RÜCKLE, DIETER, Externe Prognosen und Prognoseprüfung, in: DB 1984, S. 57-69 (Prognosen und Prognoseprüfung).

RUHNKE, KLAUS/SCHMIDT, MARTIN, Überlegungen zur Prüfung von beizulegenden Zeitwerten, in: WPg 2003, S. 1037-1051 (Prüfung von beizulegenden Zeitwerten).

RUHWEDEL, FRANCA, Eigentümerstruktur und Unternehmenserfolg: Eine theoretische und empirische Analyse deutscher börsennotierter Unternehmen, Frankfurt am Main 2003 (Eigentümerstruktur und Unternehmenserfolg).

RUHWEDEL, FRANCA/SCHULTZE, WOLFGANG, Value Reporting: Theoretische Konzeption und Umsetzung bei den DAX 100-Unternehmen, in: zfbf 2002, S. 602-632 (Value Reporting).

SCHEELE, ALEXANDER, Strategieorientierte Lageberichterstattung – Eine kritische Analyse internationaler Entwicklungen vor dem Hintergrund des Management Commentary des IASB, Lohmar/Köln 2007 (Lageberichterstattung).

SCHILDBACH, THOMAS, Analyse des betrieblichen Rechnungswesens aus der Sicht der Unternehmensbeteiligten – dargestellt am Beispiel der Aktiengesellschaft, Wiesbaden 1975 (Analyse des betrieblichen Rechnungswesens).

SCHILDBACH, THOMAS, Jahresabschluß und Markt, Berlin (u. a.) 1986 (Jahresabschluß und Markt).

SCHILDBACH, THOMAS, Die neue Generalklausel für den Jahresabschluß von Kapitalgesellschaften – zur Interpretation des Paragraphen 264 Abs. 2 HGB, in: BFuP 1987, S. 1-15 (Generalklausel).

SCHILDBACH, THOMAS, US-GAAP. Amerikanische Rechnungslegung und ihre Grundlagen, 2. Aufl., München 2002 (US-GAAP).

SCHILDBACH, THOMAS, Der handelsrechtliche Jahresabschluss, 7. Aufl., Herne/Berlin 2004 (Jahresabschluss).

SCHISCHKOFF, GEORGI, Philosophisches Wörterbuch, 19. Aufl., Stuttgart 1974 (Philosophisches Wörterbuch).

SCHLICHT, KLAUS/GEHRI, CLEMENS, Grundlagen der Verkehrswertermittlung – Normierte und nichtnormierte Wertermittlungsverfahren, Rechte und Belastungen, Sonderfälle, Köln 2007 (Grundlagen der Verkehrswertermittlung).

SCHMALENBACH, EUGEN, Die Werte von Anlagen und Unternehmungen in der Schätzungstechnik, in: ZfhF 1917/18, S. 1-20 (Werte von Anlagen und Unternehmungen).

SCHMIDT, INGO M., Ansätze für eine umfassende Rechnungslegung zur Zahlungsbemessung und Informationsvermittlung – Eine Analyse am Beispiel der Goodwill-Bilanzierung, Bayreuth 2007 (Rechnungslegung zur Informationsvermittlung).

SCHMIDT, MATTHIAS, Das Konzept einer kapitalmarktorientierten Rechnungslegung – Legitimation, Ableitung einer Sollvorstellung und Brauchbarkeit nationaler sowie internationaler Regelungen, Bielefeld 2000 (Konzept einer kapitalmarktorientierten Rechnungslegung).

SCHMUSCH, MATTHIAS/LAAS, TIM, Werthaltigkeitsprüfungen nach IAS 36 in der Interpretation von *IDW RS HFA 16*, in: WPg 2006, S. 1048-1060 (Werthaltigkeitsprüfungen nach IAS 36).

SCHNEIDER, DIETER, Eine Warnung vor Frühwarnsystemen – Statistische Jahresabschlussanalysen als Prognosen zur finanziellen Gefährdung einer Unternehmung?, in: DB 1985, S. 1489-1494 (Eine Warnung vor Frühwarnsystemen).

SCHREDELSEKER, KLAUS, Der Nutzen von Bilanzinformationen für Kapitalanlageentscheidungen, in: GROSS, GERHARD (Hrsg.), Der Wirtschaftsprüfer im Schnittpunkt nationaler und internationaler Entwicklungen – Festschrift zum 60. Geburtstag von Klaus von Wysocki, Düsseldorf 1985, S. 129-141 (Nutzen von Bilanzinformationen).

SCHRÖDER, ERNST F., Wertorientiertes Controlling, in: HORVÁTH, PÉTER (Hrsg.), Controlling & Finance – Aufgaben, Kompetenzen und Tools effektiv koordinieren, Stuttgart 1999, S. 75-100 (Wertorientiertes Controlling).

SCHULTZE, WOLFGANG/FINK, CHRISTIAN/STRAUB, BARBARA, Value Reporting: Informationsbedürfnisse der Investoren und Anforderungen an die Gestaltung des Lageberichts, in: WPg 2007, S. 563-571 (Value Reporting).

SCHULTZE, WOLFGANG, Methoden der Unternehmensbewertung, 2. Aufl., Düsseldorf 2003 (Methoden der Unternehmensbewertung).

SCHUMANN, JÖRG, Unternehmenswertorientierung in Konzernrechnungslegung und Controlling – Impairment of Assets (IAS 36) im Kontext bereichsbezogener Unternehmensbewertung und Performancemessung, Wiesbaden 2008 (Unternehmenswertorientierung in Konzernrechnungslegung und Controlling).

SCHWETZLER, BERNHARD, Zinsänderungsrisiko und Unternehmensbewertung: Das Basiszinsfuß-Problem bei der Ertragswertermittlung, in: ZfB 1996, S. 1081-1101 (Zinsänderungsrisiko und Unternehmensbewertung).

SEC (Hrsg.), Roadmap for the Potential Use of Financial Statements prepared in accordance with International Financial Reporting Standards by U.S. Issuers, abrufbar unter: http://www.sec.gov/rules/proposed/2008/33-8982.pdf, Stand: 18.02.2009 (IFRS Roadmap).

SEICHT, GERHARD, Die kapitaltheoretische Bilanz und die Entwicklung der Bilanztheorien, Berlin 1970 (Die kapitaltheoretische Bilanz).

SEICHT, GERHARD, Objektivierter und subjektiver Wert von Unternehmen und Unternehmensanteilen, in: SEICHT, GERHARD (Hrsg.), Jahrbuch für Controlling und Rechnungswesen 2005, Wien 2005, S. 1-24 (Objektivierter und subjektiver Wert von Unternehmen).

SELCHERT, FRIEDRICH W./ERHARDT, MARTIN, Internationale Rechnungslegung, 3. Aufl., München (u. a.) 2003 (Internationale Rechnungslegung).

SEPPELFRICKE, PETER, Handbuch Aktien- und Unternehmensbewertung. Bewertungsverfahren, Unternehmensanalyse, Erfolgsprognose, Stuttgart 2003 (Aktien- und Unternehmensbewertung).

SIEBEN, GÜNTER, Der Entscheidungswert in der Funktionenlehre der Unternehmensbewertung, in: BFuP 1976, S. 491-504 (Funktionenlehre der Unternehmensbewertung).

SIEBEN, GÜNTER, Funktionen der Bewertung ganzer Unternehmen und von Unternehmensanteilen – Ein Beitrag zur Bewertung ganzer Unternehmen, in: Wirtschaftsstudium 1983, S. 539-542 (Funktionen der Bewertung ganzer Unternehmen).

SIEBEN, GÜNTER/KIRCHNER, MARTIN, Renaissance des Substanzwertes, in: DBW 1988, S. 540-543 (Substanzwert).

SIEBEN, GÜNTER/LUTZ, HARALD, Abfindungsklauseln in Gesellschaftsverträgen, in: BFuP 1985, S. 200-213 (Abfindungsklauseln in Gesellschaftsverträgen).

SIEFKE, MICHAEL, Externes Rechnungswesen als Datenbasis der Unternehmenssteuerung – Vergleich mit der Kostenrechnung und Shareholder-Value-Ansätzen, Wiesbaden 1999 (Externes Rechnungswesen).

SIEGEL, THEODOR, Unternehmensbewertung, Unsicherheit und Komplexitätsreduktion, in: BFuP 1994, S. 457-476 (Unternehmensbewertung, Unsicherheit und Komplexitätsreduktion).

SIELAFF, MEINHARD, Die Steuerbemessungsfunktion der Unternehmensbewertung, in: GOETZKE, WOLFGANG/SIEBEN, GÜNTER (Hrsg.), Moderne Unternehmensbewertung und Grundsätze ihrer ordnungsmäßigen Durchführung, Köln 1977, S. 105-119 (Steuerbemessungsfunktion der Unternehmensbewertung).

SIEPE, GÜNTER/DÖRSCHELL, ANDREAS/SCHULTE, JÖRN, Der neue IDW Standard: Grundsätze zur Durchführung von Unternehmensbewertungen (IDW S 1), in: WPg 2000, S. 946-960 (Grundsätze zur Durchführung von Unternehmensbewertungen).

SINGER, JÜRGEN, Rechnungslegung – Moxter hatte Recht!, in Zeitschrift für das gesamte Kreditwesen 2008, S. 377 (Moxter hatte Recht).

SOLOMONS, DAVID, Economic and Accounting Concepts of Income, in: Accounting Review 1961, S. 374-383 (Economic and Accounting Concepts).

STAUBER, JÜRGEN, Voluntary Value Reporting auf Basis der IFRS/IAS, Frankfurt am Main 2004 (Value Reporting auf Basis der IFRS).

STEINER, MANFRED/KLEEBERG, JOCHEN, Zum Problem der Indexauswahl im Rahmen der wissenschaftlich-empirischen Anwendung des Capital Asset Pricing Model, in: DBW 1991, S. 171-182 (Anwendung des Capital Asset Pricing Model).

STEINHAUER, LEIF, Die Objektivierung des kapitalmarktorientierten Value Reporting, Lohmar/Köln 2007 (Value Reporting).

STELLBRINK, JÖRN, Der Restwert in der Unternehmensbewertung, Düsseldorf 2005 (Restwert in der Unternehmensbewertung).

STIGLITZ, JOSEPH E., Principal and Agent, in: EATWELL, JOHN/MILGATE, MURRAY/NEWMAN, PETER (Hrsg.), The New Palgrave: Allocation, Information and Markets, London (u. a.) 1989, S. 241-253 (Principal and Agent).

STREIM, HANNES, Die Generalnorm des § 264 Abs. 2 HGB – Eine kritische Analyse, in: BALLWIESER, WOLFGANG/BÖCKING, HANS-JOACHIM/DRUKARCZYK, JOCHEN/SCHMIDT, REINHARD H. (Hrsg.), Bilanzrecht und Kapitalmarkt – Festschrift zum 65. Geburtstag von Professor Dr. Dr. h.c. Dr. h.c. Adolf Moxter, Düsseldorf 1994, S. 391-406 (Generalnorm).

STREIM, HANNES, Vermittlung von entscheidungsnützlichen Informationen durch Bilanz und GuV – Ein nicht einlösbares Versprechen der internationalen Standardsetter, in: BFuP 2000, S. 111-131 (Vermittlung von entscheidungsnützlichen Informationen).

STREIM, HANNES, Diskussionsbeiträge im Rahmen der Expertendiskussion zum Thema: IAS – Kristallisationspunkt der internationalen Harmonisierung der Rechnungslegung?, in: BFuP 2002, S. 279-291 (Diskussionsbeiträge im Rahmen der IAS).

STREIM, HANNES/BIEKER, MARCUS/ESSER, MAIK, Vermittlung entscheidungsnützlicher Informationen durch Fair Values – Sackgasse oder Licht am Horizont?, in: BFuP 2003, S. 457-479 (Vermittlung entscheidungsnützlicher Informationen).

STREIM, HANNES/BIEKER, MARCUS/ESSER, MAIK, Der schleichende Abschied von der Ausschüttungsbilanz – Grundsätzliche Überlegungen zum Inhalt einer Informationsbilanz, in: DIRRIGL, HANS/WELLISCH, DIETMAR/WENGER, EKKEHARD (Hrsg.), Steuern, Rechnungslegung und Kapitalmarkt – Festschrift für Franz W. Wagner zum 60. Geburtstag, Wiesbaden 2004, S. 229-244 (Überlegungen zum Inhalt einer Informationsbilanz).

STREIM, HANNES/BIEKER, MARCUS/LEIPPE, BRITTA, Anmerkungen zur theoretischen Fundierung der Rechnungslegung nach International Accounting Standards, in: STÜTZEL, WOLFGANG/KETZEL, EBERHART/PRIGGE, STEFAN (Hrsg.), Moderne Konzepte für Finanzmärkte – Beschäftigung und Wirtschaftsverfassung, Tübingen 2001, S. 177-206 (Theoretische Fundierung).

THIELE, STEFAN, Zeitbewertung und Rechnungslegungsgrundsätze – Hat der Fair Value eine Chance?, in: KIRSCH, HANS-JÜRGEN/THIELE, STEFAN (Hrsg.), Rechnungslegung und Wirtschaftsprüfung – Festschrift zum 70. Geburtstag von Jörg Baetge, Düsseldorf 2007, S. 625-644 (Zeitbewertung und Rechnungslegungsgrundsätze).

TIMMRECK, CHRISTIAN, β-Faktoren – Anwendungsprobleme und Lösungsansätze, in: FB 2002, S. 300-307 (β-Faktoren).

TRÜTZSCHLER, KLAUS/DAVID, ULRICH/STRAUCH, JOACHIM/TOMASZEWSKI, CLAUDE, Unternehmensbewertung und Rechnungslegung von Akquisitionen: Die Vorschriften nach IFRS und HGB vs. betriebswirtschaftliche Rationalität, in: Zeitschrift für Planung und Unternehmenssteuerung 2005, S. 383-406 (Unternehmensbewertung und Rechnungslegung von Akquisitionen).

TSCHÖPEL, ANDREAS, Risikoberücksichtigung bei Grenzpreisbestimmungen im Rahmen der Unternehmensbewertung, Lohmar/Köln 2004 (Grenzpreisbestimmungen).

UNZEITIG, EDUARD/KÖTHNER, DIETMAR, Shareholder Value Analyse, Stuttgart 1995 (Shareholder Value Analyse).

VELTE, PATRICK, Intangible Assets und Goodwill im Spannungsfeld zwischen Entscheidungsrelevanz und Verlässlichkeit – Eine normative, entscheidungsorientierte und empirische Analyse vor dem Hintergrund internationaler und nationaler Rechnungslegungs- und Prüfungsstandards, Wiesbaden 2008 (Intangible Assets und Goodwill).

VOGELS, MANFRED, Grundstücks- und Gebäudebewertung – marktgerecht, 4. Aufl., Wiesbaden (u. a.) 1991 (Grundstücks- und Gebäudebewertung).

WAGENHOFER, ALFRED, Die Bestimmung von Argumentationspreisen in der Unternehmensbewertung, in: zfbf 1988, S. 340-359 (Bestimmung von Argumentationspreisen in der Unternehmensbewertung).

WAGENHOFER, ALFRED, Agency Probleme bei Haftungsbeschränkungen, in: SEICHT, GERHARD (Hrsg.), Gläubigerschutz, Betriebswirtschaftslehre und Recht – Festgabe für Otmar Koren zum 75. Geburtstag, Wien 1993, S. 239-256 (Agency Probleme).

WAGENHOFER, ALFRED, Fair Value-Bewertung im IFRS-Abschluss und Bilanzanalyse, in: IRZ 2006, S. 31-37 (IFRS-Abschluss und Bilanzanalyse).

WAGENHOFER, ALFRED, Fair Value-Bewertung: Führt sie zu einer nützlicheren Finanzberichterstattung, in: zfbf 2008, S. 185-194 (Fair Value-Bewertung und nützliche Finanzberichterstattung).

WAGENHOFER, ALFRED, Die Zeit der (Markt-) Bewerter ist gekommen, in: IRZ 2008, S. 320-324 (Zeit der Bewerter).

WAGENHOFER, ALFRED/EWERT, RALF, Externe Unternehmensrechnung, 2. Aufl., Berlin (u. a.) 2007 (Externe Unternehmensrechnung).

WAGNER, WOLFGANG/JONAS, MARTIN/BALLWIESER, WOLFGANG/TSCHÖPEL, ANDREAS, Weiterentwicklung der Grundsätze zur Durchführung von Unternehmensbewertungen (IDW S1), in: WPg 2004, S. 889-898 (Grundsätze zur Durchführung von Unternehmensbewertungen).

WAGNER, WOLFGANG/JONAS, MARTIN/BALLWIESER, WOLFGANG/TSCHÖPEL, ANDREAS, Unternehmensbewertung in der Praxis – Empfehlungen und Hinweise zur Anwendung von IDW S1, in: WPg 2006, S. 1005-1028 (Unternehmensbewertung).

WANICZEK, MIRKO, Unternehmensplanung neu – Vom teuren Managementprozess zum wirkungsvollen Steuerungsinstrument, Wien 2008 (Unternehmensplanung).

WATRIN, CHRISTOPH, Internationale Rechnungslegung und Regulierungstheorie, Wiesbaden 2001 (Internationale Rechnungslegung).

WATRIN, CHRISTOPH/HOEHNE, FELIX/LAMMERT, JOACHIM, IAS 27 – Konzern- und separate Einzelabschlüsse nach IFRS, in: HENNRICHS, JOACHIM/KLEINDIECK, DETLEF/WATRIN, CHRISTOPH (Hrsg.), Münchener Kommentar zum Bilanzrecht, München 2009 (IAS 27).

WEIßENBERGER, BARBARA E./MAIER, MICHAEL, Der Management Approach in der IFRS-Rechnungslegung: Fundierung der Finanzberichterstattung durch Informationen aus dem Controlling, in: DB 2006, S. 2077-2083 (Management Approach in der IFRS-Rechnungslegung).

WELGE, MARTIN K./AL-LAHAM, ANDREAS/KAJÜTER, PETER, Der Prozeß des strategischen Managements, in: WELGE, MARTIN K./AL-LAHAM, ANDREAS/KAJÜTER, PETER (Hrsg.), Praxis des strategischen Managements, Wiesbaden 2000, S. 3-16 (Management).

WENTLAND, NORBERT, Die Konzernbilanz als Bilanz der wirtschaftlichen Einheit Konzern: Grundlagen der Konzernrechnungslegung unter Berücksichtigung der Vorschriften des Aktiengesetzes und der Vorstellungen einer 7. EG-Richtlinie, Frankfurt am Main (u. a.) 1979 (Bilanz der wirtschaftlichen Einheit).

WERNER, THOMAS/PADBERG, THOMAS/KRIETE, THOMAS, IFRS-Bilanzanalyse, Stuttgart 2005 (IFRS-Bilanzanalyse).

WIDMANN, BERND/SCHIESZL, SVEN/JEROMIN, AXEL, Der Kapitalisierungszinssatz in der praktischen Unternehmensbewertung, in: FB 2003, S. 800-810 (Kapitalisierungszinssatz in der Unternehmensbewertung).

WIESE, JÖRG, Unternehmensbewertung mit dem Nachsteuer-CAPM?, Münchener Wirtschaftswissenschaftliche Beiträge, Ludwig-Maximilians-Universität München 2004 (Unternehmensbewertung mit dem Nachsteuer-CAPM).

WIESE, JÖRG, Das Nachsteuer-CAPM im Mehrperiodenkontext, in: FB 2006, S. 242-248 (Nachsteuer-CAPM im Mehrperiodenkontext).

WIESE, JÖRG, Komponenten des Zinsfußes in Unternehmensbewertungskalkülen – Theoretische Grundlagen und Konsistenz, Frankfurt am Main (u. a.) 2006 (Komponenten des Zinsfußes in Unternehmensbewertungskalkülen).

WIESE, JÖRG, Unternehmensbewertung und Abgeltungssteuer, in: WPg 2007, S. 368-375 (Unternehmensbewertung und Abgeltungssteuer).

WIESE, JÖRG/GAMPENRIEDER, PETER, Marktorientierte Ableitung des Basiszinses mit Bundesbank- und EZB-Daten, in: BB 2008, S. 1722-1726 (Marktorientierte Ableitung des Basiszinses).

WIESE, HARALD, Entscheidungs- und Spieltheorie, Berlin (u. a.) 2002 (Entscheidungs- und Spieltheorie).

WINKELMANN, MICHAEL, Aktienbewertung in Deutschland, Königstein 1984 (Aktienbewertung).

WIRTH, JOHANNES, Firmenwertbilanzierung nach IFRS – Unternehmenszusammenschlüsse, Werthaltigkeitstest, Endkonsolidierung, Stuttgart 2005 (Firmenwertbilanzierung nach IFRS).

WITTMANN, WALDEMAR, Unternehmung und unvollkommene Information. Unternehmerische Voraussicht – Ungewißheit und Planung, Köln/Opladen 1959 (Unternehmung und unvollkommene Information).

WOLLMERT, PETER/ACHLEITNER, ANN-KRISTIN, Konzeptionelle Grundlagen der IAS-Rechnungslegung (Teil I), in: WPg 1997, S. 209-222 (Konzeptionelle Grundlagen der IAS-Rechnungslegung).

WOLLNY, CHRISTOPH, Der objektivierte Unternehmenswert – Unternehmensbewertung bei gesetzlichen und vertraglichen Bewertungsanlässen, Hamm 2008 (Der objektivierte Unternehmenswert).

WÜSTEMANN, JENS, Generally Accepted Accounting Principles: Zur Bedeutung und Systembildung der Rechnungslegungsregeln der USA, Berlin 1999 (Accounting Principles).

WÜSTEMANN, JENS, Institutionenökonomik und internationale Rechnungslegungsordnungen, Tübingen 2002 (Institutionenökonomik und internationale Rechnungslegungsordnungen).

WÜSTEMANN, JENS, Basiszinssatz und Risikozuschlag in der Unternehmensbewertung: aktuelle Rechtsprechungsentwicklungen, in: BB 2007, S. 2223-2227 (Basiszinssatz und Risikozuschlag).

WÜSTEMANN, JENS, BB-Rechtsprechungsreport Unternehmensbewertung 2007/08, in: BB 2008, S. 1499-1503 (Unternehmensbewertung).

ZEHNER, KLAUS, Unternehmensbewertung im Rechtsstreit – Zur Fehlinterpretation neuer höchstrichterlicher Entscheidungen, in: DB 1981, S. 2109-2117 (Unternehmensbewertung im Rechtsstreit).

ZEITLER, FRANZ-CHRISTOPH, „Konservative Bilanzierung" versus IAS – ein verlorener Kampf?, in: BUDDE, WOLFGANG DIETER/MOXTER, ADOLF/OFFERHAUS, KLAUS (Hrsg.), Handelsbilanzen und Steuerbilanzen – Festschrift zum 70. Geburtstag von Prof. Dr. h.c. Heinrich Beisse, Düsseldorf 1997, S. 599-608 (Bilanzierung).

ZIEGER, MARTIN/SCHÜTTE-BIASTOCH, SONJA, Gelöste und ungelöste Fragen bei der Bewertung von kleinen und mittleren Unternehmen (KMU), in: FB 2008, S. 590-601 (Fragen bei der Bewertung von KMU).

ZIMMERMANN, PETER, Schätzung und Prognose von Betawerten – Eine Untersuchung am deutschen Aktienmarkt, Bad Soden 1997 (Schätzung und Prognose von Betawerten).

ZÜLCH, HENNING, Die Bilanzierung von Investment Properties nach IAS 40, Düsseldorf 2003 (Bilanzierung von Investment Properties nach IAS 40).

ZÜLCH, HENNING/GEBHARDT, RONNY, Anmerkungen zum Entwurf eines überarbeiteten Conceptual Framework für die Finanzberichterstattung, in: PiR 2006, S. 203-204 (Conceptual Framework).

ZÜLCH, HENNING/BURGHARDT, STEPHAN, IFRS 8 „Operating Segment", in: PiR 2007, S. 21-23 (IFRS 8).

Verzeichnis der Rechtsquellen

BayObLG, Beschluss vom 28.10.2005 – 3Z BR 71/00, in: AG 2006, S. 41-45 (Beschluss vom 28.10.2005).

BGH, Urteil vom 17.01.1973 – IV ZR 142/70, in: DB 1973, S. 563-565 (Urteil vom 17.01.1973).

BGH, Beschluss vom 04.03.1998 – II ZB 5/97, in: NZG 1998, S. 379-382 (Beschluss vom 04.03.1998).

Handelsgesetzbuch (HGB) vom 10.05.1897, RGBl. 1897, S. 219-436, zuletzt geändert durch Gesetz vom 23.10.2008, BGBl. I 2008, S. 2026 (HGB).

LG Dortmund, Beschluss vom 19.03.2007 – 18 AktE 5/03, in: AG 2007, S. 792-797 (Beschluss vom 19.03.2007).

OLG Düsseldorf, Beschluss vom 02.04.1998 – 19 W 3/93, in: WM 1998, S. 2058-2064 (Beschluss vom 02.04.1998).

OLG Düsseldorf, Urteil vom 23.01.2008 – I-26 W 6/06 AktE, in: AG 2008, S. 822-826 (Urteil vom 23.01.2008).

OLG Stuttgart, Beschluss vom 16.02.2007 – 20 W 25/05, in: AG 2007, S. 596-599 (Beschluss vom 16.02.2007).

OLG Stuttgart, Beschluss vom 14.02.2008 – 20 W 9/06, in: AG 2008 S. 783-790 (Beschluss vom 14.02.2008).

Verordnung (EG) Nr. 1606/2002 des Europäischen Parlaments und des Rates vom 19. Juli 2002 betreffend die Anwendung internationaler Rechnungslegungsstandards, Amtsblatt der EG Nr. L 243 vom 11.09.2002, S. 1-4 (IAS-Verordnung).

Verordnung (EG) Nr. 1358/2007 der Kommission vom 21. November 2007 betreffend die Übernahme bestimmter internationaler Rechnungslegungsstandards in Übereinstimmung mit der Verordnung (EG) Nr. 1606/2002 des Europäischen Parlaments und des Rates im Hinblick auf den International Financial Reporting Standard (IFRS) 8, Amtsblatt der Europäischen Union Nr. L 304/9 vom 22.11.2007, S. 1-12 (IFRS 8-Verordnung).

Verordnung (EG) Nr. 1126/2008 der Kommission vom 3. November 2008 zur Übernahme bestimmter internationaler Rechnungslegungsstandards gemäß der Verordnung (EG) Nr. 1606/2002 des Europäischen Parlaments und des Rates, Amtsblatt der Europäischen Union Nr. L 320/1 vom 29.11.2008, S. 1-481 (IFRS-Verordnung).